住房和城乡建设部“十四五”规划教材
高等职业教育土建类专业“互联网+”数字化创新教材

建筑识图与构造学习指导及实训（第二版）

邢 洁 戚晓鸽 主 编

中国建筑工业出版社

图书在版编目（CIP）数据

建筑识图与构造学习指导及实训 / 邢洁，戚晓鸽主编. -- 2版. -- 北京：中国建筑工业出版社，2025. 5.（2025. 12重印）（住房和城乡建设部“十四五”规划教材）（高等职业教育土建类专业“互联网+”数字化创新教材）. -- ISBN 978-7-112-31195-8

Ⅰ. TU2

中国国家版本馆 CIP 数据核字第 2025T38A82 号

本教材是一本集“建筑识图”和“建筑构造”课程相关知识点于一体的高等职业院校土木建筑大类专业学习指导和实训教材，意在解决两个问题：一是根据职业类学生动手能力较强的特点，增加建筑识图与构造课程，教学资源加以辅助，以达到培养学生空间想象和思维能力、领悟建筑构造知识、尽快适应行（企）业用人和职业岗位需求的目的；二是采用最新的国家标准和规范要求进行编写。

本教材根据我国职业教育改革需求，参照土木建筑大类各相关专业人才培养方案中的职业岗位和职业能力培养要求，主要内容包括制图国家标准相关规定、建筑识图投影知识、民用建筑构造概述、基础与地下室、墙体、楼地层、楼梯、屋顶、门窗、变形缝、建筑施工图识读、综合技能实训并附有两套图纸。

本书适合智能建造技术、建筑工程技术等土木建筑类专业以及工程造价、工程管理专业学生作为学习建筑构造和建筑施工图用书，也可供行（企）业技术人员培训、自学参考。

为方便教学，作者自制课件资源，索取方式为：1. 邮箱：jckj@cabp.com.cn；2. 电话：(010) 58337285。

责任编辑：王予芊
责任校对：王　烨

住房和城乡建设部“十四五”规划教材
高等职业教育土建类专业“互联网+”数字化创新教材
建筑识图与构造学习指导及实训（第二版）
邢　洁　戚晓鸽　主　编

*

中国建筑工业出版社出版、发行(北京海淀三里河路9号)
各地新华书店、建筑书店经销
北京鸿文瀚海文化传媒有限公司制版
河北京平诚乾印刷有限公司印刷

*

开本：787毫米×1092毫米　横1/8　印张：21½　字数：610千字
2025年5月第二版　2025年12月第二次印刷
定价：**49.00**元（赠教师课件）
ISBN 978-7-112-31195-8
(43956)

出版说明

党和国家高度重视教材建设。2016年，中办国办印发了《关于加强和改进新形势下大中小学教材建设的意见》，提出要健全国家教材制度。2019年12月，教育部牵头制定了《普通高等学校教材管理办法》和《职业院校教材管理办法》，旨在全面加强党的领导，切实提高教材建设的科学化水平，打造精品教材。住房和城乡建设部历来重视土建类学科专业教材建设，从“九五”开始组织部级规划教材立项工作，经过近30年的不断建设，规划教材提升了住房和城乡建设行业教材质量和认可度，出版了一系列精品教材，有效促进了行业部门引导专业教育，推动了行业高质量发展。

为进一步加强高等教育、职业教育住房和城乡建设领域学科专业教材建设工作，提高住房和城乡建设行业人才培养质量，2020年12月，住房和城乡建设部办公厅印发《关于申报高等教育职业教育住房和城乡建设领域学科专业“十四五”规划教材的通知》（建办人函〔2020〕656号），开展了住房和城乡建设部“十四五”规划教材选题的申报工作。经过专家评审和部人事司审核，512项选题列入住房和城乡建设领域学科专业“十四五”规划教材（简称规划教材）。2021年9月，住房和城乡建设部印发了《高等教育职业教育住房和城乡建设领域学科专业“十四五”规划教材选题的通知》（建人函〔2021〕36号）。为做好“十四五”规划教材的编写、审核、出版等工作，《通知》要求：（1）规划教材的编著者应依据《住房和城乡建设领域学科专业“十四五”规划教材申请书》（简称《申请书》）中的立项目标、申报依据、工作安排及进度，按时编写出高质量的教材；（2）规划教材编著者所在单位应履行《申请书》中的学校保证计划实施的主要条件，支持编著者按计划完成书稿编写工作；（3）高等学校土建类专业课程教材与教学资源专家委员会、全国住房和城乡建设职业教育教学指导委员会、住房和城乡建设部中等职业教育专业指导委员会应做好规划教材的指导、协调和审稿等工作，保证编写质量；（4）规划教材出版单位应积极配合，做好编辑、出版、发行等工作；（5）规划教材封面和书脊应标注“住房和城乡建设部‘十四五’规划教材”字样和统一标识；（6）规划教材应在“十四五”期间完成出版，逾期不能完成的，不再作为《住房和城乡建设领域学科专业“十四五”规划教材》。

住房和城乡建设领域学科专业“十四五”规划教材的特点，一是重点以修订教育部、住房和城乡建设部“十二五”“十三五”规划教材为主；二是严格按照专业标准规范要求编写，体现新发展理念；三是系列教材具有明显特点，满足不同层次和类型的学校专业教学要求；四是配备了数字资源，适应现代化教学的要求。规划教材的出版凝聚了作者、主审及编辑的心血，得到了有关院校、出版单位的大力支持，教材建设管理过程有严格保障。希望广大院校及各专业师生在选用、使用过程中，对规划教材的编写、出版质量进行反馈，以促进规划教材建设质量不断提高。

住房和城乡建设部“十四五”规划教材办公室

2021年11月

再版前言

党的二十大报告中指出，加快建设国家战略人才力量，努力培养造就更多大师、战略科学家、一流科技领军人才和创新团队、青年科技人才、卓越工程师、大国工匠、高技能人才。这一目标更加强调了职业院校在人才培养目标、知识技能结构、课程体系改革和教学内容等方面创新的必要性和紧迫性。

“建筑识图与构造”是高等职业教育土木建筑类专业的一门必修专业基础课程。主要培养学生识读建筑工程图的能力。实践性很强，与实际工程结合紧密，本次修订从土建类相关专业高素质技能型人才的职业需要出发，紧跟工程技术发展新动态，使教材更加科学合理、更符合教学和工程实践需要，同时进一步强调对学生理解和掌握房屋建筑构造原理、识读建筑施工图及处理相关建筑构造问题等职业能力的培养。

《建筑识图与构造学习指导及实训（第二版）》包括十三部分，其中前十一个项目中每个项目由学习基本要求、知识要点概述和理论实践自测三部分组成；项目十二是基于“1＋X”建筑工程识图职业技能等级考试模拟的综合技能实训，以提高学生的应试能力，助力课证融通和岗课赛证教学改革；最后为学习参考（数字资源），选取最新国家标准图集内容和典型图例（数字资源形式）。本次修订丰富了各项目的知识要点和数字化资源，新增两套施工图纸，更有利于开展项目教学。教材内容难度循序渐进、由浅入深，注重实用、提高技能并配有较多的图例供学生识读和绘制。同时教师在讲授过程中，可根据具体专业需要进行选择。

本教材由河南建筑职业技术学院邢洁、戚晓鸽担任主编，鞠洁、李瑞、孙秋彦、冯黎娜担任副主编，具体分工是：邢洁编写项目一、项目七；戚晓鸽编写项目三、项目十二；鞠洁编写项目二、项目四及书中部分插图；孙秋彦编写项目五、项目六、项目九；李瑞编写项目八、项目十；冯黎娜编写项目十一及学习参考。教材附图由郑州大学综合设计研究院有限公司杨刚绘制。河南海纳建设管理有限公司高级工程师冯双华担任主审，并提供了宝贵意见和资源，在此表示衷心感谢。

本教材在编写的过程中，参考了有关最新标准规范、书籍、图片及其他资料，得到了中国建筑工业出版社和编者所在单位的领导、同事的鼎力支持，在此一并致谢。由于其涉及专业面较广，虽经反复推敲，但限于编者水平有限，书中难免有不妥之处，恳请广大读者提出宝贵意见。

第一版前言

“建筑识图与构造”是高职高专土木建筑类专业的一门既有理论又有实践知识的必修专业基础课程。它具有较强的综合性和应用性，以培养学生的读图能力和房屋建筑构造的认知能力为主要目标，同时兼顾后续专业课程的学习需要以及建筑工程领域八大员岗位资格要求。

为方便学生学习和教师指导，针对课程的系统性、实践性及该课程在专业中的重要性，故编写这本《建筑识图与构造学习指导及实训》。本教材内容共包括 13 个项目，其中前 12 个项目中，每个项目由知识框架、理论自测和实践操作三部分组成，第 13 个项目是综合技能实训，用来构建学生的认知体系。内容难度循序渐进、由浅入深，注重实用、提高技能并配有较多的图例供学生识读和绘制。教师在讲授过程中可根据具体专业需要进行选择。

本教材由河南建筑职业技术学院邢洁、戚晓鸽担任主编；鞠洁、李小霞担任副主编。其中邢洁编写项目一、项目三、项目八并统稿；戚晓鸽编写项目二、项目四、项目五、项目六、项目七、项目九；李小霞编写项目十、项目十一、项目十二；鞠洁编写项目十三、附图及部分插图。本教材由河南建筑职业技术学院刘乐辉担任主审，并提供了宝贵意见和资源，在此表示衷心感谢。

本教材在编写的过程中，参考了有关国家现行标准规范、书籍、图片及其他资料，得到了河南建筑职业技术学院有关领导、同事的鼎力支持，在此一并致谢。由于本教材涉及专业面较广，虽经反复推敲，但限于编者水平有限，书中难免有不妥之处，恳请广大读者提出宝贵意见。

目录

教材简介

项目一 Project 01

制图国家标准相关规定

学习基本要求

【知识目标】

了解图纸幅面规格及格式（标题栏、图框线、幅面线、装订边线和对中标志）；掌握图线种类、画法和应用，尺寸标注组成和标注要求；熟悉字体书写要求和字号，比例含义；掌握图纸中常用符号的基本要求。

【能力目标】

能按照制图标准要求绘制图线、书写字体、应用比例；能初步识读和绘制图样中的常见符号和常见建筑材料图例、构造及配件图例、总平面图例。

【素质目标】

通过建筑相关制图标准规定的认知，强调国家标准的科学性和规范性，建立规范意识、质量意识和法律意识；培养认真负责的工作态度和严谨细致的工作作风，具备良好的专业素养和职业道德。

知识要点概述

工程图样是工程界的技术语言，设计、施工、管理等人员都要依据工程图样进行沟通和交流。因此，所有图样的绘制和识读都必须有统一的标准。制图标准的主要内容是工程图样表达的各种规定，图示要求等，是绘制和识读工程图样的基础。

一、图纸幅面规格及格式

图纸幅面是指图纸宽度与长度组成的图面。通常有 A0、A1、A2、A3、A4 5 种规格（图 1-1）。

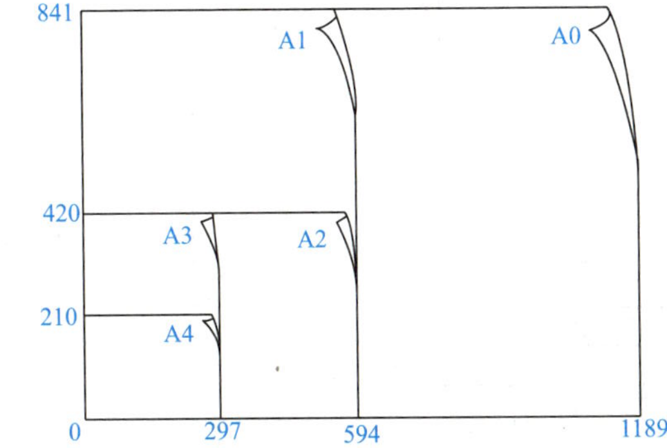

图 1-1　图纸幅面

必要时，A0～A3 幅面长边尺寸可加长，图纸的短边尺寸不应加长。

一个工程设计中，每个专业所使用的图纸，不宜多于两种幅面（不含目录及表格所采用的 A4 幅面）。

图纸以短边作为垂直边应为横式，以短边作为水平边应为立式。A0～A3 图纸宜横式使用；必要时，也可立式使用。图纸幅面格式如图 1-2 所示。其中：

b——幅面短边尺寸；

l——幅面长边尺寸；

c——图框线与幅面线间宽度；

a——图框线与装订边间宽度；

幅面线——表示图纸幅面大小的线；

图框线——是图纸中限定绘图区域的边界线，画图时必须在图纸上画上图框，图框用粗实线绘制；

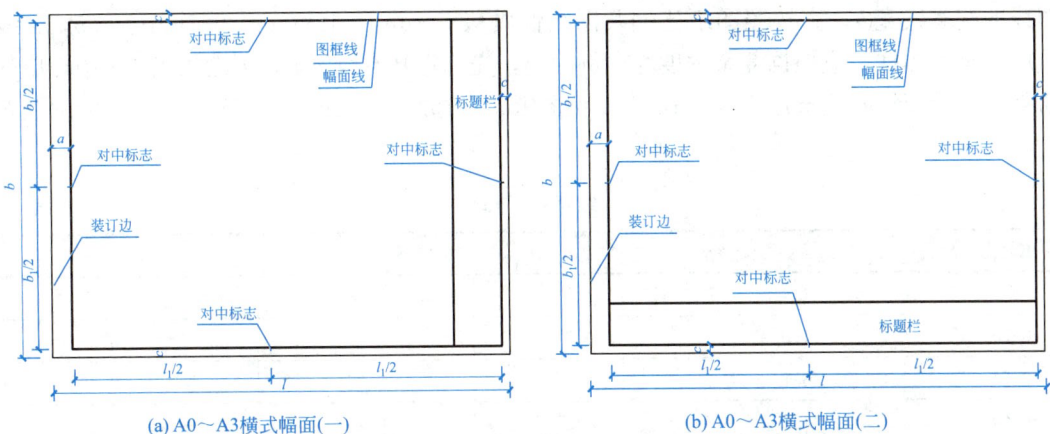

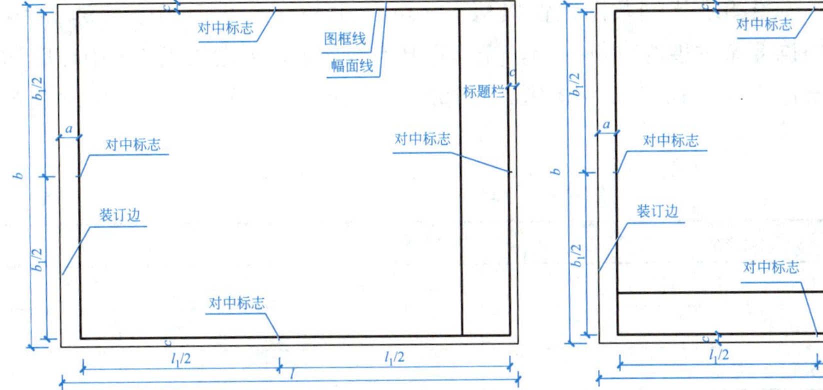

(a) A0～A3横式幅面(一)　(b) A0～A3横式幅面(二)

图 1-2　图纸幅面格式（一）

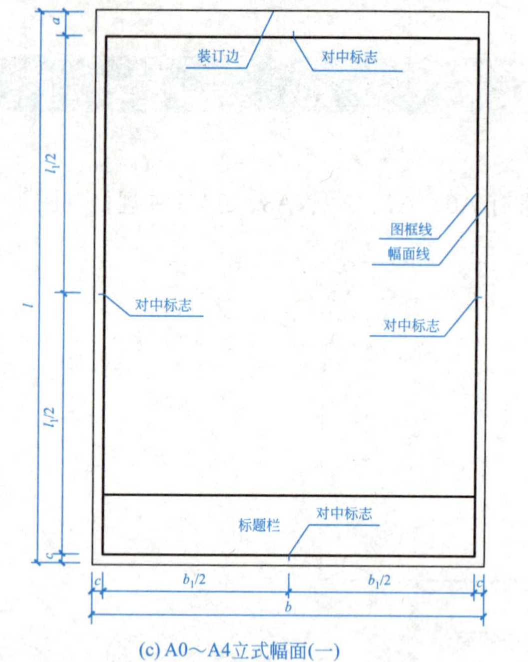

(c) A0～A4立式幅面(一)

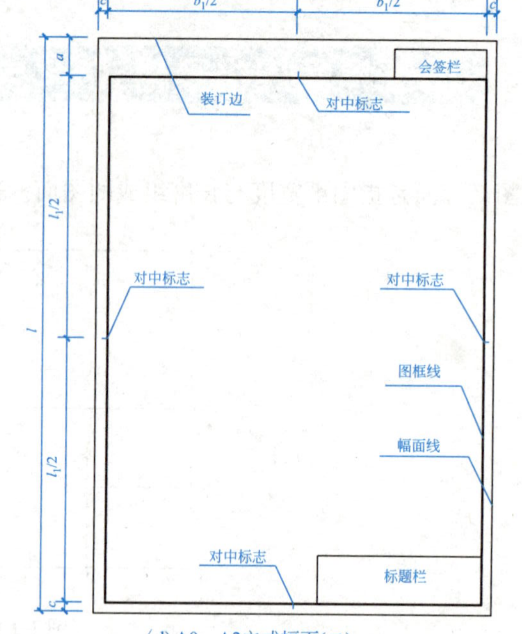

(d) A0～A2立式幅面(二)

图 1-2　图纸幅面格式（二）

对中标志——需要微缩复制的图纸，在图纸内框各边的中点处画出对中标志，其线宽为 0.35mm，并伸入内框边，在框外为 5mm；

标题栏——表示与建筑工程图样相关的信息，如工程名称、图名、图号、设计单位、相关人员姓名及日期等。涉外工程的标题栏内，各项主要内容的中文下方应附有译文，设计单位的上方或左方，应加“中华人民共和国”字样；

会签栏——是建筑、结构、给水排水、电气、暖通专业负责人签字用表格，以便于明确其技术职责。

二、图线

图线的基本线宽 b，宜按照图纸比例及图纸性质从 1.4mm、1.0mm、0.7mm、0.5mm 线宽系列中选取。每个图样，应根据复杂程度与比例大小，先选定基本线宽 b，再选用表 1-1 中相应的线宽组。通常大比例图纸 b 宜选用 1.4mm，中比例图纸 b 宜选用 1.0mm 或 0.7mm，小比例图纸 b 宜选用 0.5mm。

线宽组（mm）　　**表 1-1**

线宽比	线宽组			
b	1.4	1.0	0.7	0.5
$0.7b$	1.0	0.7	0.5	0.35
$0.5b$	0.7	0.5	0.35	0.25
$0.25b$	0.35	0.25	0.18	0.13

注：1. 需要缩微的图纸，不宜采用 0.18 及更细的线宽。
2. 同一张图纸内，各不同线宽中的细线，可统一采用较细的线宽组的细线。

◆《房屋建筑制图统一标准》GB/T 50001—2017 中规定的图线见表 1-2。

图线　　**表 1-2**

名称		线型	线宽	一般用途
实线	粗		b	主要可见轮廓线
	中粗		$0.7b$	可见轮廓线、变更云线
	中		$0.5b$	可见轮廓线、尺寸线
	细		$0.25b$	图例填充线、家具线
虚线	粗		b	见各有关专业制图标准
	中粗		$0.7b$	不可见轮廓线
	中		$0.5b$	不可见轮廓线、图例线
	细		$0.25b$	图例填充线、家具线
单点长画线	粗		b	见各有关专业制图标准
	中		$0.5b$	见各有关专业制图标准
	细		$0.25b$	中心线、对称线、轴线等
双点长画线	粗		b	见各有关专业制图标准
	中		$0.5b$	见各有关专业制图标准
	细		$0.25b$	假想轮廓线、成型前原始轮廓线
折断线	细		$0.25b$	断开界线
波浪线	细		$0.25b$	断开界线

◆ 工程图纸中图框和标题栏可采用表 1-3 的线宽。

工程图纸中图框和标题栏线宽（mm）　　**表 1-3**

幅面代号	图框线	标题栏外框线 对中标志	标题栏分格线 幅面线
A0、A1	b	$0.5b$	$0.25b$
A2、A3、A4	b	$0.7b$	$0.35b$

◆《建筑制图标准》GB/T 50104—2010 中规定的图线见表 1-4。

图线　　**表 1-4**

名称		线型	线宽	用途
实线	粗		b	1. 平、剖面图中被剖切的主要建筑构造(包括构配件)的轮廓线； 2. 建筑立面图或室内立面图的外轮廓线； 3. 建筑构造详图中被剖切的主要部分的轮廓线； 4. 建筑构配件详图中的外轮廓线； 5. 平、立、剖面的剖切符号

续表

名称		线型	线宽	用途
实线	中粗	——	0.7*b*	1. 平、剖面图中被剖切的次要建筑构造(包括构配件)的轮廓线； 2. 建筑平、立、剖面图中建筑构配件的轮廓线； 3. 建筑构造详图及建筑构配件详图中的一般轮廓线
	中	——	0.5*b*	小于 0.7*b* 的图形线、尺寸线、尺寸界限、索引符号、标高符号、详图材料做法引出线、粉刷线、保温层线、地面、墙面的高差分界线等
	细	——	0.25*b*	图例填充线、家具线、纹样线等
虚线	中粗	- - - -	0.7*b*	1. 建筑构造详图及建筑构配件不可见的轮廓线； 2. 平面图中的梁式起重机(吊车)轮廓线； 3. 拟建、扩建建筑物轮廓线
	中	- - - -	0.5*b*	投影线、小于 0.5*b* 的不可见轮廓线
	细	- - - -	0.25*b*	图例填充线、家具线等
单点长划线	粗	—·—	*b*	起重机(吊车)轨道线
	细	—·—	0.25*b*	中心线、对称线、定位轴线
折断线	细	—\/—	0.25*b*	部分省略表示时的断开界线
波浪线	细	〰	0.25*b*	部分省略表示时的断开界线，曲线形构件断开界限；构造层次的断开界限

注：地平线宽可用 1.4*b*。

三、字体

图样上常用的字体有汉字、阿拉伯数字、拉丁字母，有时也会出现罗马数字、希腊字母等。例如用汉字注写图名、建筑材料，用数字标注尺寸，用数字和字母表示轴线的编号等。均应笔画清晰、字体端正、排列整齐；标点符号应清楚正确。

文字的字号即字高，应从表 1-5 中选用。字高大于 10mm 的文字宜采用 True type 字体，如需书写更大的字，其高度应按$\sqrt{2}$的倍数递增。

文字的字高（字号）(mm) **表 1-5**

字体种类	汉字矢量字体	True type 字体及非汉字矢量字体
字高	3.5、5、7、10、14、20	3、4、6、8、10、14、20

矢量字体的宽高比宜为 0.7，如选用的是 5 号字，则字体的高度是 5mm，字体的宽度是 3.5mm。

字母及数字，有直体和斜体两种，当需写成斜体字时，其斜度应是从字的底线逆时针向上倾斜 75°；字母及数字的字高不应小于 2.5mm。字体应用示例如图 1-3 所示。

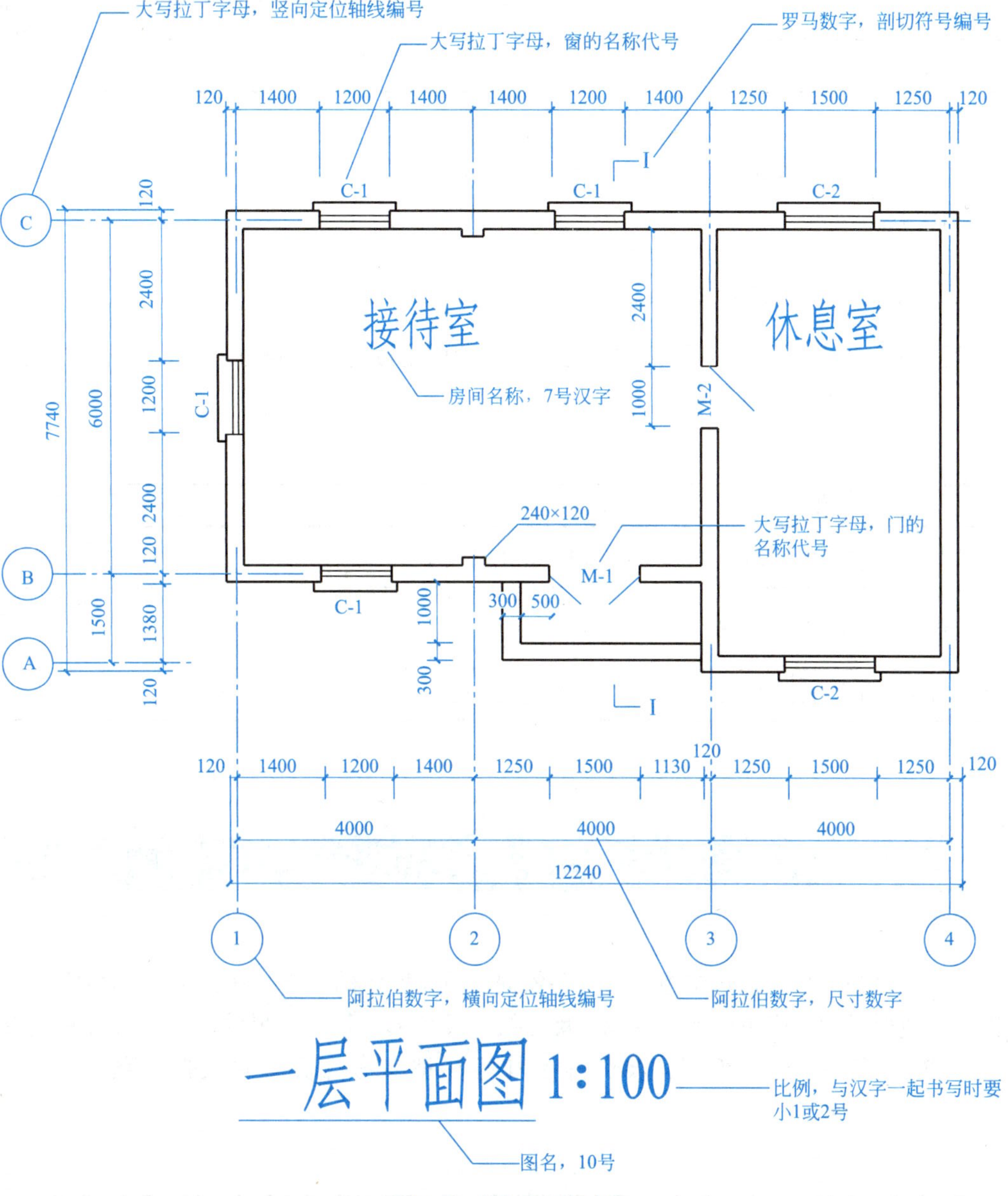

图 1-3 字体应用示例

四、比例

图样的比例是指图形与实物相对应的线性尺寸之比。

比例的符号应为“：”，比例应以阿拉伯数字表示。

比例的类型有：放大比例（如 10：1）、缩小比例（如 1：10）、原值比例（1：1），建筑工程图样最常用的是缩小比例。

绘图所用的比例应根据图样的用途与被绘对象的复杂程度确定，常用的绘图比例从表 1-6 中选用。

常用的绘图比例 **表 1-6**

图名	常用比例
总平面图	1∶500、1∶1000、1∶2000
建筑物或构筑物的平面图、立面图、剖面图	1∶50、1∶100、1∶150、1∶200、1∶300
建筑物或构筑物的局部放大图	1∶10、1∶20、1∶25、1∶30、1∶50
配件及构造详图	1∶1、1∶2、1∶5、1∶10、1∶20、1∶25、1∶30、1∶50

比例的注写要求见表 1-7。需要说明的是，工程图样是按比例绘制的，但标注的应是实物的实际尺寸，禁止用尺子在图样中直接量取。

比例的注写 **表 1-7**

比例的注写	图例
比例宜注写在图名的右侧，与图名的基准线相平齐，字高比图名的字高小 1 号或 2 号	平面图 1:100
使用详图符号作图名时，符号下不再画线	⑤ 1:20
当一张图样上的各图只有一种比例时，可以把比例写在图样的标题栏内	—

五、尺寸标注

尺寸表示实物的大小，是建筑施工的重要依据，因此尺寸标注要准确、完整、清晰、合理。

图样上的线形尺寸，应包括尺寸界线、尺寸线、尺寸起止符号、尺寸数字。尺寸标注基本要求见表 1-8。半径、直径、球、角度、坡度等尺寸标注请参考《房屋建筑制图统一标准》GB/T 50001—2017 中相关规定。

尺寸标注基本要求 **表 1-8**

内容	图示	说明
尺寸的组成	尺寸界线；尺寸起止符号；6050；尺寸线；尺寸数字；≥2mm；2～3mm	1. 尺寸界线应用细实线绘制，一般与被注长度垂直，其一端离开图样轮廓线不小于 2mm，另一端宜超出尺寸线 2～3mm。图样轮廓线可用作尺寸界线。 2. 尺寸线应用细实线绘制，与被注长度平行。 3. 尺寸起止符号用中粗斜短线绘制，其倾斜方向与尺寸界线成顺时针 45°角，长度宜为 2～3mm。 4. 图样上的尺寸，应以尺寸数字为准，不得从图上直接量取。 5. 图样上的尺寸单位，除标高及总平面以 m（米）为单位外，其他必须以 mm（毫米）为单位
箭头尺寸起止符号	b；$4b$～$5b$	半径、直径、角度与弧长的尺寸起止符号，宜用箭头表示。 b 为粗实线宽度

续表

内容	图示	说明
尺寸数字的注写位置	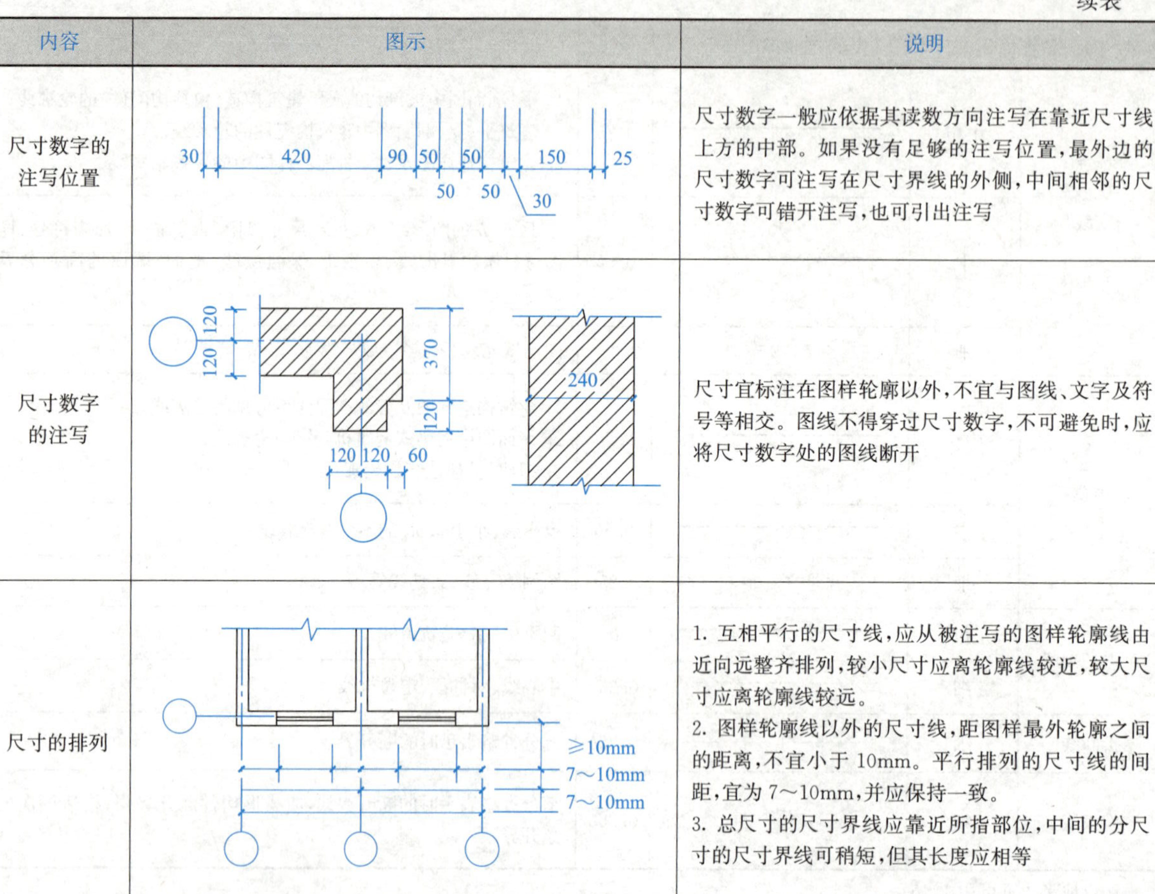	尺寸数字一般应依据其读数方向注写在靠近尺寸线上方的中部。如果没有足够的注写位置，最外边的尺寸数字可注写在尺寸界线的外侧，中间相邻的尺寸数字可错开注写，也可引出注写
尺寸数字的注写		尺寸宜标注在图样轮廓以外，不宜与图线、文字及符号等相交。图线不得穿过尺寸数字，不可避免时，应将尺寸数字处的图线断开
尺寸的排列		1. 互相平行的尺寸线，应从被注写的图样轮廓线由近向远整齐排列，较小尺寸应离轮廓线较近，较大尺寸应离轮廓线较远。 2. 图样轮廓线以外的尺寸线，距图样最外轮廓之间的距离，不宜小于 10mm。平行排列的尺寸线的间距，宜为 7～10mm，并应保持一致。 3. 总尺寸的尺寸界线应靠近所指部位，中间的分尺寸的尺寸界线可稍短，但其长度应相等

六、常用符号

1. 定位轴线

1-1 施工图常用符号

作用：建筑工程图中的定位轴线是设计和施工中的定位、放线的重要依据。房屋主要承重构件如承重墙、柱、梁等，都要画出定位轴线并对轴线进行编号，以确定其位置。

画法：用 0.25b 线宽的单点长画线绘制。编号应注写在轴线端部的圆内。圆应用 0.25b 线宽的实线绘制，直径宜为 8～10mm。定位轴线圆的圆心应在定位轴线的延长线上或延长线的折线上。

编号要求：

◆ 平面图上定位轴线的编号，宜标注在图样的下方及左侧，或在图样的四面标注。横向编号应用阿拉伯数字，从左至右顺序编写；竖向编号应用大写英文字母，从下至上顺序编写（图 1-4）。英文字母的 I、O、Z 不得用作轴线编号。当字母数量不够使用时，可增用双字母或单字母加数字注脚，如 AA、BA…YA 或 A1、B1…Y1。

◆ 对于非承重墙或次要承重构件，可以用附加定位轴线表示其位置。附加定位轴线的编号应以分数形式表示，详见表 1-9。

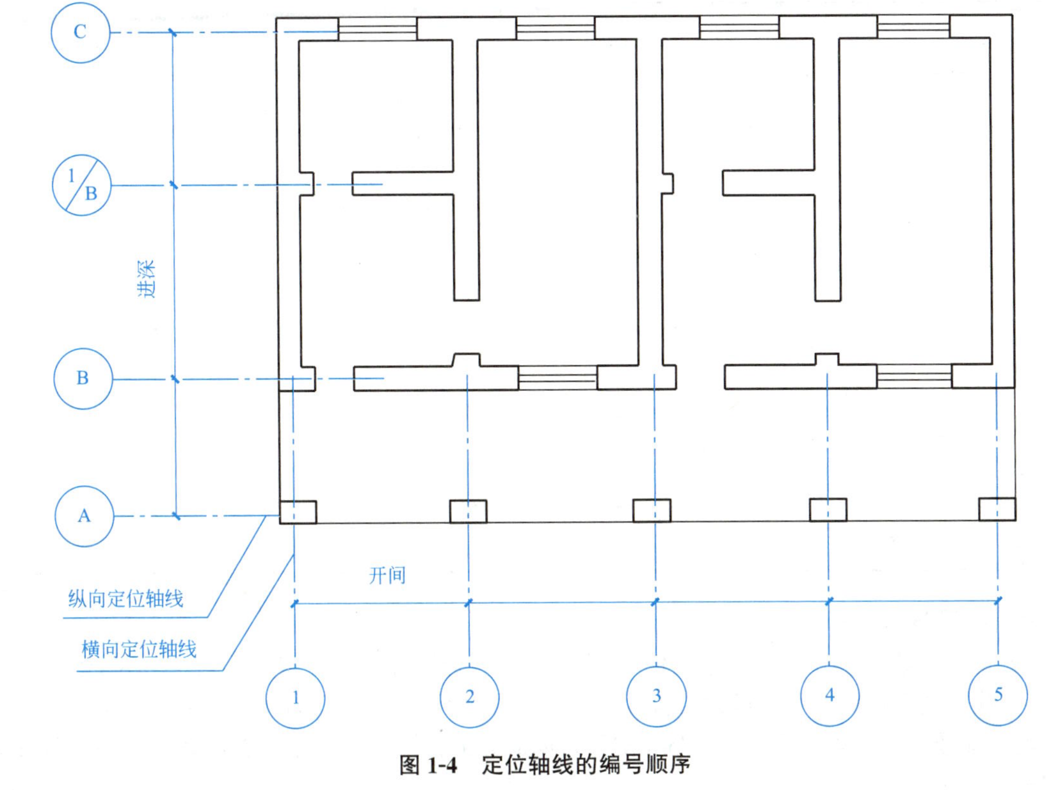

图 1-4　定位轴线的编号顺序

附加定位轴线的编号　　表 1-9

名称	轴线编号	说明
附加定位轴线编号	1/2	表示 2 号轴线之后附加的第一根轴线
	1/02	表示 2 号轴线之前附加的第一根轴线
	3/C	表示 C 号轴线之后附加的第三根轴线
	3/0A	表示 A 号轴线之前附加的第三根轴线

◆ 在详图中，一个详图适用于几根轴线时的编号详见表 1-10。

详图的轴线编号　　表 1-10

名称	轴线编号	说明
详图的轴线编号	1　3；1/3	一个详图适用于 2 根轴线

续表

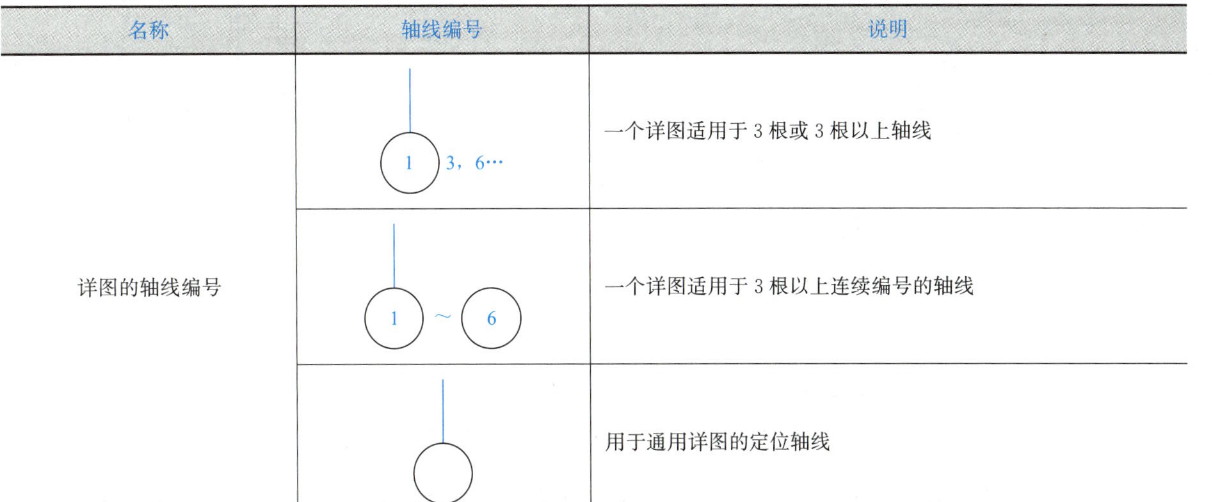

名称	轴线编号	说明
详图的轴线编号	1　3，6…	一个详图适用于 3 根或 3 根以上轴线
	1 ～ 6	一个详图适用于 3 根以上连续编号的轴线
	○	用于通用详图的定位轴线

◆ 组合较复杂的平面图中，定位轴线可采用分区编号如图 1-5 所示。

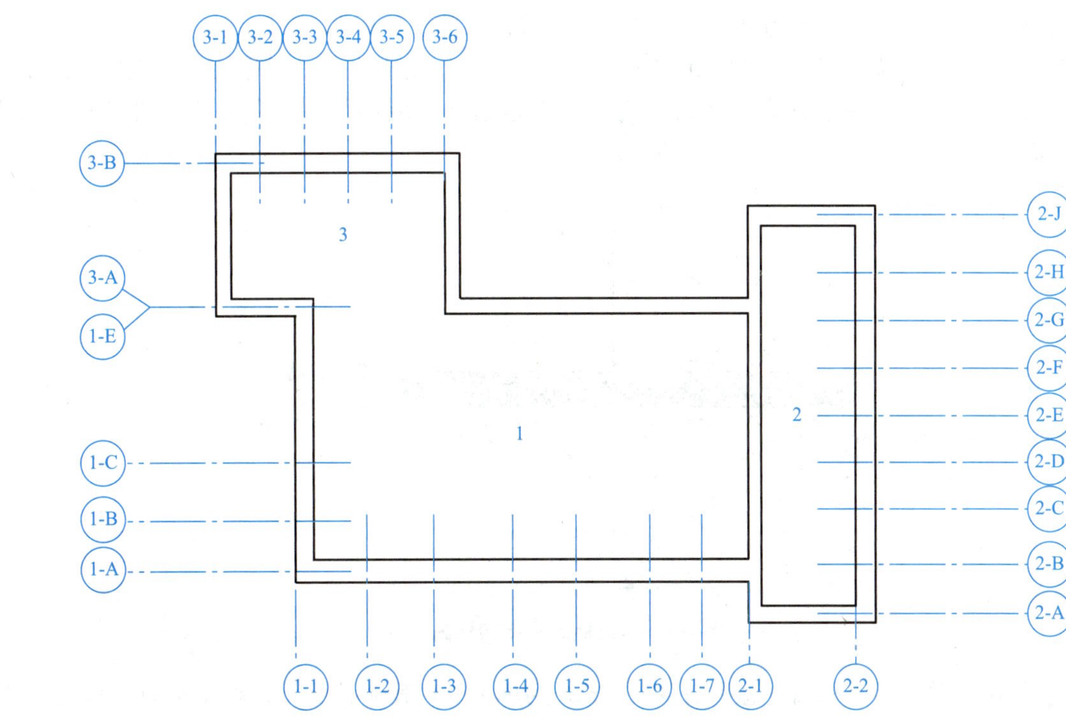

图 1-5　定位轴线采用分区编号

◆ 圆形平面图中的定位轴线，其径向轴线应以角度进行定位，其编号宜用阿拉伯数字表示，从左下角或−90°（若径向轴线很密，角度间隔很小）开始，按逆时针顺序编写；其环向轴线宜用大写英文字母表示，从外向内顺序编写，如图 1-6（a）所示；折线形平面图中定位轴线的编号如图 1-6（b）所示。

2. 标高

标高表示建筑物各部分的高度，是建筑物某一部位相对于基准面（标高的零点）的竖向高度，是竖向定位的依据。标高根据选择零点位置的不同分为绝对标高和相对标高。

◆ 绝对标高——指一个国家或一个地区统一规定的基准面作为零点的标高。我国规定以青岛附

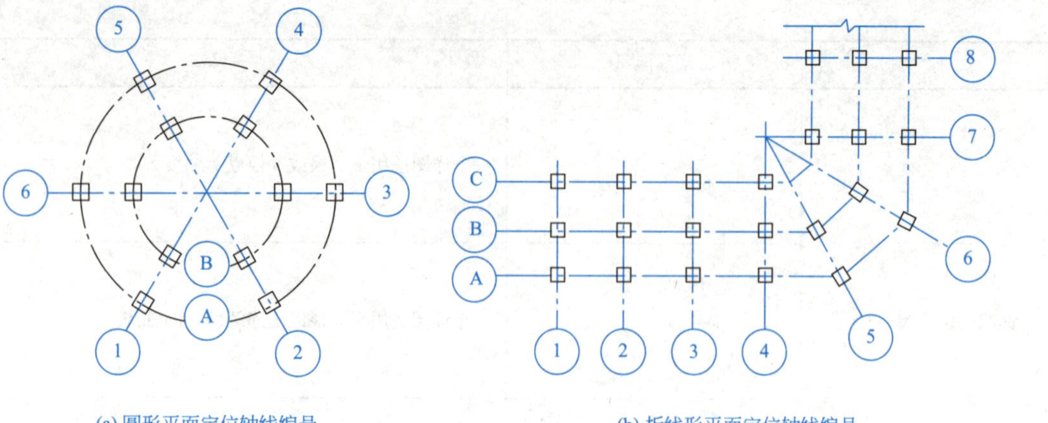

(a) 圆形平面定位轴线编号
(b) 折线形平面定位轴线编号

图 1-6　圆形及折线形平面定位轴线编号

近黄海的平均海平面作为零点，其他任何一个地点相对于黄海平均海平面的高差，即为该地点的绝对标高。

◆ 相对标高——指工程图样中用来表示建筑物各部分高度的标高。通常将建筑物首层主要室内地面作为相对标高的零点。以此为基准可以计算出建筑物各部位的高度。

相对标高按所注部位不同又有建筑标高和结构标高之分，建筑标高是指标注在建筑物装饰面层处的标高，如图 1-7 中楼面层标高；结构标高是指不包括建筑装饰面层，在结构构件如梁、板上（或下）表面标注的标高，如图 1-7 中结构板标高。

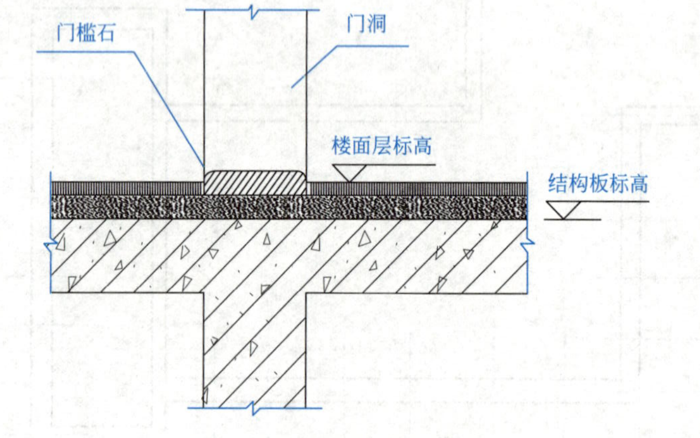

图 1-7　建筑标高和结构标高

图样上的尺寸单位，除标高及总平面以米（m）为单位外，其他必须以毫米（mm）为单位。标高符号基本要求见表 1-11。

标高符号基本要求　　**表 1-11**

序号	符号	说明
1	45°　≈3mm　45°	标高符号应以等腰直角三角形表示，用细实线绘制
2	45°　≈3mm　h　l　45°	标注位置不够时，标高符号的表示形式 l：取适当长度注写标高数字 h：根据需要取适当高度

续表

序号	符号	说明
3	≈3mm　45°	总平面图室外地坪标高符号，宜用涂黑的三角形表示
4	5.250　5.250	标高符号的尖端应指至被注高度的位置。尖端一般应向下，也可向上。标高数字应注写在标高符号的左侧或右侧。标高数字应以米（m）为单位，注写到小数点以后第三位。在总平面图中，可注写到小数点以后第二位
5	±0.000	零点标高应注写成±0.000
6	3.000	正数标高不注"＋"
7	−0.600	负数标高应注"－"
8	9.600 6.400 3.200	在图样的同一位置需表示几个不同标高时，标高数字的注写形式

3. 索引符号与详图符号

建筑工程图中某一部分由于采用比例小而无法表达清楚时，通常需要用较大比例画出其详图。为了便于查找和对照识读，可通过索引符号与详图符号来反映基本图与详图之间的对应关系。

◆ 索引符号——图样中的某一局部或构件，如需另见详图，应以索引符号索引。其画法及说明见表 1-12。

索引符号画法及说明　　**表 1-12**

名称	符号	说明
索引符号	（圆）	索引符号由直径为 8～10mm 的圆和水平直径组成，圆及水平直径线宽宜为 0.25b
	2/—	索引出的详图，如与被索引的图样同在一张图纸内，应在索引符号的上半圆中用阿拉伯数字注明该详图的编号，并在下半圆中间画一段水平细实线
	3/4	索引出的详图，如与被索引的图样不在同一张图纸内，应在索引符号的上半圆中用阿拉伯数字注明该详图的编号，在索引符号的下半圆中用阿拉伯数字注明该详图所在图纸的编号。 数字较多时，可加文字标注
	J103　5/2	索引出的详图，如采用标准图，应在索引符号水平直径的延长线上加注该标准图册的编号
剖视详图索引符号	1/—　2/—　3/1　J103　4/5	索引符号如用于索引剖视详图，应在被剖切的部位绘制剖切位置线，并以引出线引出索引符号，引出线所在的一侧应为投射方向

◆ 详图符号——表示详图的位置和编号（图名），它是索引符号的指向地。其画法及说明见表 1-13。

详图符号画法及说明 表 1-13

名称	符号	说明
详图符号		详图的位置和编号应以详图符号表示。详图符号的圆应以直径为 14mm 粗实线绘制
	5	详图与被索引的图样同在一张图纸内时，应在详图符号内用阿拉伯数字注明详图的编号
	5/3	详图与被索引的图样不在同一张图纸内时，应用细实线在详图符号内画一水平直径，在上半圆中注明详图编号。在下半圆中注明被索引的图纸的编号

4. 剖切符号

（1）剖切符号常用表示方法（图 1-8）

◆ 剖切符号是由剖切位置线及剖视方向线组成，均应以粗实线绘制，线宽宜为 b。

◆ 剖切位置线的长度宜为 6～10mm；剖视方向线应垂直于剖切位置线，长度应短于剖切位置线，宜为 4～6mm。绘制时，剖视剖切符号不应与其他图线互相接触。

◆ 编号宜采用粗阿拉伯数字，按剖切顺序由左至右、由下向上连续编排，并应注写在剖视方向线的端部。需要转折的剖切位置线，应在转角的外侧加注与该符号相同的编号。

◆ 断面的剖切符号应仅用剖切位置线表示，其编号应注写在剖切位置线的一侧；编号所在的一侧应为该断面的剖视方向，其余同剖面的剖切符号。

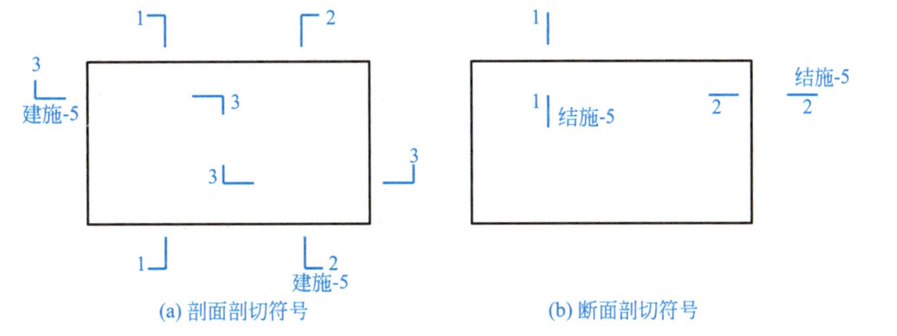

图 1-8 剖切符号常用表示方法

（2）剖切符号国际通用表示方法（图 1-9）

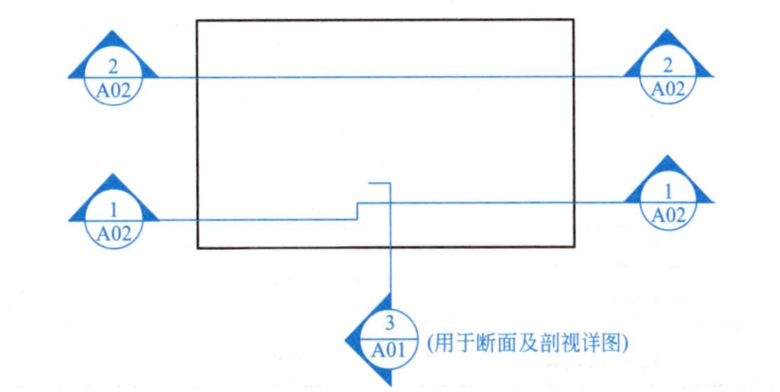

图 1-9 剖切符号国际通用表示方法

◆ 剖面剖切索引符号应由直径为 8～10mm 的圆和水平直径以及两条相互垂直且外切圆的线段组成，水平直径上方应为索引编号，下方应为图纸编号。

◆ 线段与圆之间应填充黑色并形成箭头表示剖视方向，索引符号应位于剖线两端。

◆ 断面及剖视详图剖切符号的索引符号应位于平面图外侧一端，另一端为剖视方向线，长度宜为 7～9mm，宽度宜为 2mm。

◆ 剖切线与符号线线宽应为 $0.25b$，剖切符号编号宜由左至右、由下向上连续编排。

5. 引出线（表 1-14）

引出线 表 1-14

名称	符号	说明
引出线	（文字说明） （文字说明） 5/12	引出线线宽应为 $0.25b$，宜采用水平方向的直线，与水平方向成 30°、45°、60°、90°的直线，并经上述角度再折为水平线。文字说明宜注写在水平线的上方，也可注写在水平线的端部。索引详图的引出线，应与水平直径线相连接
共用引出线	（文字说明） （文字说明）	同时引出几个相同部分的引出线，宜互相平行，也可画成集中于一点的放射线
多层构造引出线	5厚1:2水泥砂浆抹面 20厚1:3水泥砂浆找平 80厚C10混凝土；基层 15厚1:3水泥砂浆打底 10厚1:0.2:2.5水泥石灰混合砂浆 面砖	多层构造或多层管道共用引出线，应通过被引出的各层，并用圆点示意对应各层次。文字说明宜注写在水平线的上方，或注写在水平线的端部，说明的顺序应由上至下，并应与被说明的层次相互一致；如层次为横向排序，则由上至下的说明顺序应与由左至右的层次相互一致

6. 其他符号（表 1-15）

其他符号 表 1-15

名称	符号	说明
对称符号		对称符号由对称线和两端的两对平行线组成。对称线用细点画线绘制；平行线用细实线绘制，其长度宜为 6～10mm，每对的间距宜为 2～3mm；对称线垂直平分于两对平行线，两端超出平行线宜为 2～3mm
连接符号	A A A A A—连接符号	连接符号应以折断线表示需连接的部位。两部位相距过远时，折断线两端靠图样一侧应标注大写拉丁字母表示连接编号。两个被连接的图样必须用相同的字母编号
指北针	北	圆的直径宜为 24mm，用细实线绘制；指针尾部的宽度宜为 3mm，指针头部应注"北"或"N"字。需用较大直径绘制指北针时，指针尾部宽度宜为直径的 1/8

续表

名称	符号	说明
风玫瑰	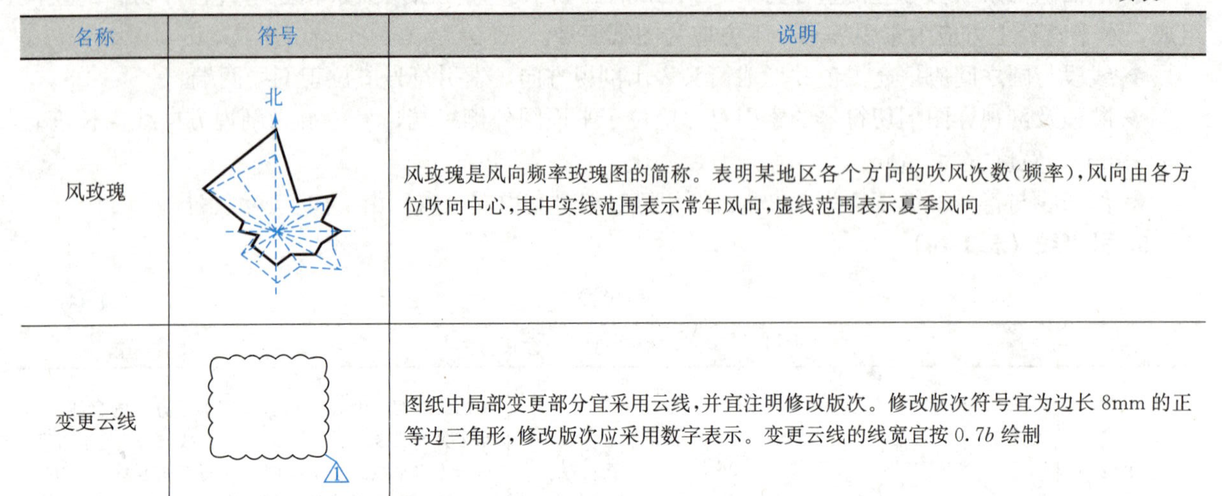	风玫瑰是风向频率玫瑰图的简称。表明某地区各个方向的吹风次数(频率),风向由各方位吹向中心,其中实线范围表示常年风向,虚线范围表示夏季风向
变更云线		图纸中局部变更部分宜采用云线,并宜注明修改版次。修改版次符号宜为边长 8mm 的正等边三角形,修改版次应采用数字表示。变更云线的线宽宜按 0.7b 绘制

七、常用图例

为方便绘图，并使图样表达清楚，国家相关制图标准规定了一系列的图形符号来代表建筑材料、建筑构配件、卫生设备等，这些图形符号即为图例。

1. 常用建筑材料图例（表 1-16）

常用建筑材料图例 表 1-16

序号	名称	图例	备注
1	自然土壤		包括各种自然土壤
2	夯实土壤		—
3	砂、灰土		—
4	砂砾石 碎砖三合土		—
5	石材		—
6	毛石		—
7	实心砖、 多孔砖		包括普通砖、多孔砖、混凝土砖等砌体
8	耐火砖		包括耐酸砖等砌体
9	空心砖、 空心砌块		包括空心砖、普通或轻骨料混凝土小型空心砌块等砌体

续表

序号	名称	图例	备注
10	加气混凝土		包括加气混凝土砌块砌体、加气混凝土墙板及加气混凝土材料制品等
11	饰面砖		包括铺地砖、玻璃马赛克、陶瓷锦砖、人造大理石等
12	焦渣、矿渣		包括与水泥、石灰等混合而成的材料
13	混凝土		1. 包括各种强度等级、骨料、添加剂的混凝土； 2. 在剖面图上绘制表达钢筋时，则不需绘制图例线； 3. 断面图形较小，不易绘制表达图例线时，可填黑或深灰（灰度宜为 70%）
14	钢筋混凝土		
15	多孔材料		包括水泥珍珠岩、沥青珍珠岩、泡沫混凝土、软木、蛭石制品等
16	纤维材料		包括矿棉、岩棉、玻璃棉、麻丝、木丝板、纤维板等
17	泡沫塑料 材料		包括聚苯乙烯、聚乙烯、聚氨酯等多聚合物类材料
18	木材		1. 上图为横断面，左上图为垫木、木砖或木龙骨； 2. 下图为纵断面
19	胶合板		应注明为×层胶合板
20	石膏板		包括圆孔或方孔石膏板、防水石膏板、硅钙板、防火石膏板等
21	金属		1. 包括各种金属； 2. 图形较小时，可填黑或深灰（灰度宜为 70%）
22	网状材料		1. 包括金属、塑料网状材料； 2. 应注明具体材料名称
23	液体		应注明具体液体名称
24	玻璃		包括平板玻璃、磨砂玻璃、夹丝玻璃、钢化玻璃、中空玻璃、夹层玻璃、镀膜玻璃等
25	橡胶		—
26	塑料		包括各种软、硬塑料及有机玻璃等
27	防水材料		构造层次多或绘制比例大时，采用上面的图例
28	粉刷		本图例采用较稀的点

注：1. 本表中所列图例通常在 1∶50 及以上比例的详图中绘制表达。
2. 序号 1、2、5、7、8、14、15、21 图例中的斜线、短斜线、交叉线等均为 45°。

建筑材料图例一般要求：

- ◆ 图例线应间隔均匀、疏密适度，做到图例正确、表示清楚；
- ◆ 不同品种的同类材料使用同一图例时，应在图上附加必要的说明；
- ◆ 两个相同的图例相接时，图例线宜错开或使倾斜方向相反（图 1-10）；
- ◆ 两个相邻的填黑或灰的图例间应留有空隙，其净宽度不得小于 0.5mm（图 1-11）；
- ◆ 需画出的建筑材料图例面积过大时，可在断面轮廓线内，沿轮廓线作局部表示（图 1-12）。

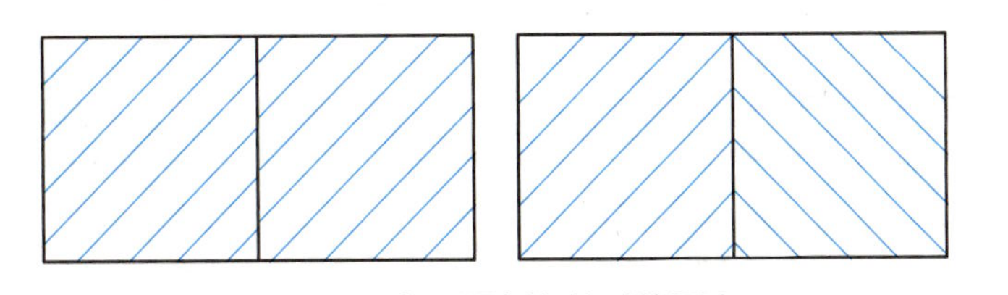

图 1-10 相同图例相接时的画法

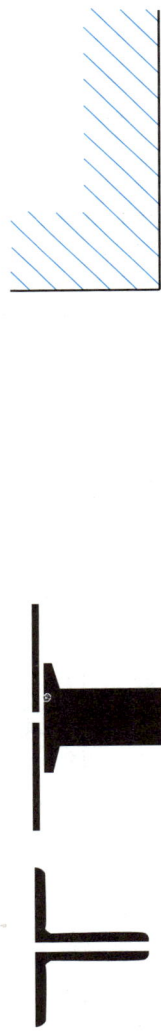

图 1-11 相邻涂黑图例的画法

图 1-12 局部表示图例的画法

2. 建筑构造及配件图例（表 1-17）

建筑构造及配件图例 表 1-17

序号	名称	图例	备注
1	墙体		1. 上图为外墙，下图为内墙； 2. 外墙细线表示有保温层或有幕墙； 3. 应加注文字或涂色或图案填充表示各种材料的墙体； 4. 在各层平面图中防火墙宜着重以特殊图案填充表示
2	隔断		1. 加注文字或涂色或图案填充表示各种材料的轻质隔断； 2. 适用于到顶与不到顶隔断
3	玻璃幕墙		幕墙龙骨是否表示由项目设计决定
4	栏杆		—
5	楼梯	下 下 上 上	1. 上图为顶层楼梯平面，中图为中间层楼梯平面，下图为底层楼梯平面； 2. 需设置靠墙扶手或中间扶手时，应在图中表示

续表

序号	名称	图例	备注
6	坡道	下	长坡道
		下 下 下	上图为两侧垂直的门口坡道，中图为有挡墙的门口坡道，下图为两侧找坡的门口坡道
7	台阶	下	—
8	平面高差	××	用于高差小的地面或楼面交接处，并应与门的开启方向协调
9	检查口		左图为可见检查口，右图为不可见检查口
10	孔洞		阴影部分亦可填充灰度或涂色代替
11	坑槽		—
12	墙预留洞、槽	宽×高或ϕ 标高 宽×高或ϕ×深 标高	1. 上图为预留洞，下图为预留槽； 2. 平面以洞(槽)中心定位； 3. 标高以洞(槽)底或中心定位； 4. 宜以涂色区别墙体和预留洞(槽)
13	地沟		上图为有盖板地沟，下图为无盖板明沟

续表

序号	名称	图例	备注
14	烟道		1. 阴影部分亦可填充灰度或涂色代替； 2. 烟道、风道与墙体为相同材料，其相接处墙身线应连通； 3. 烟道、风道根据需要增加不同材料的内衬
15	风道		

3. 总平面图例（表 1-18～表 1-20）

总平面图例 表 1-18

序号	名称	图例	备注
1	新建建筑物	X= Y= ① 12F/2D H=59.00m	1. 新建建筑物以粗实线表示与室外地坪相接处±0.00 外墙定位轮廓线； 2. 建筑物一般以±0.00 高度处的外墙定位轴线交叉点坐标定位。轴线用细实线表示，并标明轴号； 3. 根据不同设计阶段标注建筑编号、地上地下层数、建筑高度、建筑出入口位置(两种表示方法均可，但同一图纸采用同一种表示方法)； 4. 地下建筑物以粗虚线表示其轮廓； 5. 建筑上部(±0.00 以上)外挑建筑用细实线表示； 6. 建筑物上部连廊用细虚线表示并标注位置
2	原有建筑物		用细实线表示
3	计划扩建的预留地或建筑物		用中粗虚线表示
4	拆除的建筑物		用细实线表示
5	建筑物下面的通道		—
6	坐标	1. X=105.00 Y=425.00 2. A=105.00 B=425.00	1. 表示地形测量坐标系； 2. 表示自设坐标系。 坐标数字平行于建筑标注

续表

序号	名称	图例	备注
7	室内地坪标高	151.00 (±0.00)	数字平行于建筑物书写
8	室外地坪标高	143.000	室外标高也可采用等高线

道路图例 表 1-19

序号	名称	图例	备注
1	新建的道路	0.30% 100.00 R=6.00 107.50	“R=6.00”表示道路转弯半径；“107.50”为道路中心线交叉点设计标高，两种表示方式均可，同一图纸采用一种方式表示；“100.00”为变坡点之间距离，“0.30%”表示道路坡度，——►表示坡向
2	原有道路		—
3	计划扩建的道路		—

园林景观绿化图例 表 1-20

序号	名称	图例	序号	名称	图例
1	常绿针叶乔木		9	水生植物	
2	落叶针叶乔木		10	植草砖	
3	常绿阔叶乔木		11	土石假山	
4	落叶阔叶乔木		12	喷泉	
5	常绿阔叶灌木		13	草坪	1. 草坪； 2. 表示自然草坪； 3. 表示人工草坪；
6	落叶阔叶灌木				
7	落叶阔叶乔木林				
8	常绿阔叶乔木林		14	花卉	

理论实践自测

一、填空题

1. 图样上的线型有六种，分别是________、________、________、________、________、________。

2. 比例是指____。

3. 标注圆时，需在直径数字前加注直径符号________；标注圆球半径时，需在半径数字前加注符号________。

4. 图线的基本线宽 b，宜从________mm、________mm、________mm、________mm 线宽系列中选取。

5. 标高符号应以________________________表示，用________线绘制。

6. 平面图上定位轴线的编号，宜标注在图样的________及________，或在图样的四面标注。横向编号应用________________________________，从________至________顺序编写；竖向编号应用______________，从________至________顺序编写。

7. 在 200 中，横线的名称是________________，竖线的名称是________________，尺寸数字“200”的单位是________________。

8. 线性尺寸中的尺寸起止符号用________________________________线绘制，其倾斜方向是________________________，长度宜为________mm。

9. 标注坡度时，应加注坡度符号____________或____________。

10. 剖切位置线的长度宜为__________mm；剖视方向线应垂直于剖切位置线，长度宜为__________mm。

二、单选题

1. 根据相关制图标准规定，工程图纸优先选用的幅面规格有（　　）。

A. 6 种　　B. 5 种　　C. 4 种　　D. 3 种

2. 下列（　　）是 A2 图纸的幅面尺寸（单位：mm）。

A. 841×1189　　B. 594×841　　C. 420×594　　D. 297×420

3. 图框线用（　　）绘制。

A. 细实线　　B. 中实线

C. 中粗实线　　D. 粗实线

4. 建筑物的朝向用（　　）表示。

A. 对称符号　　B. 指北针

C. 索引符号　　D. 指引线

5. 关于尺寸界线下列说法正确的是（　　）。

A. 尺寸界线用细实线绘制，可以用其他线型代替

B. 尺寸界线用细实线绘制，不应用其他线型代替

C. 尺寸界线用中粗实线绘制，可以用其他线型代替

D. 尺寸界线用中粗实线绘制，不应用其他线型代替

6. 关于尺寸线下列说法正确的是（　　）。

A. 尺寸线用细实线绘制，可以用其他线型代替

B. 尺寸线用细实线绘制，不应用其他线型代替

C. 尺寸线与被标注的轮廓线垂直

D. 尺寸线应超出尺寸界线 2～3mm

7. 建筑形体的主要可见轮廓线用（　　）绘制。

A. 细实线　　B. 中粗实线

C. 中实线　　D. 粗实线

8. 定位轴线应用（　　）绘制。

A. 0.25b 线宽的单点长画线　　B. 0.5b 线宽的单点长画线

C. 0.25b 线宽的实线　　D. 0.5b 线宽的实线

9. 图样上的尺寸单位，除标高及总平面以（　　）为单位外，其他必须以（　　）为单位。

A. 米　分米　　B. 米　毫米

C. 毫米　米　　D. 分米　米

10. 某木门高度为 2.4m，现要求用 1∶100 的比例绘制，则其绘图时应画（　　）。

A. 2.4mm　　B. 24mm

C. 240mm　　D. 2400mm

11. 有一窗洞口，洞口的下标高为－0.800，上标高为 2.700，则洞口高为（　　）。

A. 2.700　　B. 1.900

C. 3.500　　D. 0.800

12. 图样中的汉字字体有六种号数，其中 14 号汉字的字高和字宽分别是（　　）mm。

A. 20　14　　B. 14　10

C. 14　14　　D. 10　10

13. 关于比例描述不正确的一项是（　　）。

A. 比例的大小是指比值的大小

B. 建筑工程多用放大的比例

C. 1∶10 表示图纸所画物体比实体缩小 10 倍

D. 比例应用阿拉伯数字表示

14. 风玫瑰图中所画的实线表示（　　）。

A. 全年主导风向　　B. 夏季主导风向

C. 某一年主导风向　　D. 春季主导风向

15. 图样中相对标高±0.000 选择在（　　）。

A. 青岛附近黄海平均海平面　　B. 新建建筑物首层室内主要地坪

C. 新建建筑物室外设计地坪　　D. 新建建筑物地下室地坪

16. 图线与文字不可避免重叠时，应（　　）。

A. 优先保证文字的清晰　　B. 优先保证图线的清晰

C. 由绘图人员确定　　D. 由设计师确定

17. 下列说法正确的是（　　）。

A. 单点长画线或双点长画线，当在较小图形中绘制有困难时，可用中实线代替

B. 单点长画线或双点长画线的两端，不应采用线段

C. 变更云线用细实线绘制

D. 虚线、单点长画线或双点长画线的线段长度和间隔，宜各自相等

18. 在尺寸标注中有“ϕ100”“R50”，其中“ϕ”和“R”的含义是（　　）。

A. ϕ 表示直径，R 表示半径　　B. ϕ 表示半径，R 表示直径

C. ϕ 和 R 均可表示半径　　D. ϕ 和 R 均可表示半径

三、综合题

1. 字体书写

土木建筑制图民用房屋东南西北中平立剖轴线说明

基础梁板柱墙楼梯承重结构框架门窗阳台雨篷散水

洞坡沟槽材料钢筋混凝砂石灰浆给水排暖详地厕所

ABCDEFGHIJKLMNOPQRSTUVWXYZ

abcdefghijklmnopqrstuvwxyz

1234567890 IV X Φ

ABCabcd1234 IV 75°

2. 将下表中的线型抄画在右边空白处，尺寸自定。

名称		线型
实线	粗	
	中粗	
	中	
	细	
虚线	粗	3~6 1
	中粗	
	中	
	细	
单点长画线	粗	10~15 3
	中	
	细	
双点长画线	粗	10~15 5
	中	
	细	
折断线	细	
波浪线	细	

3. 按 1∶50 的比例绘制某房间平面图，并注写图名比例（不注尺寸）。

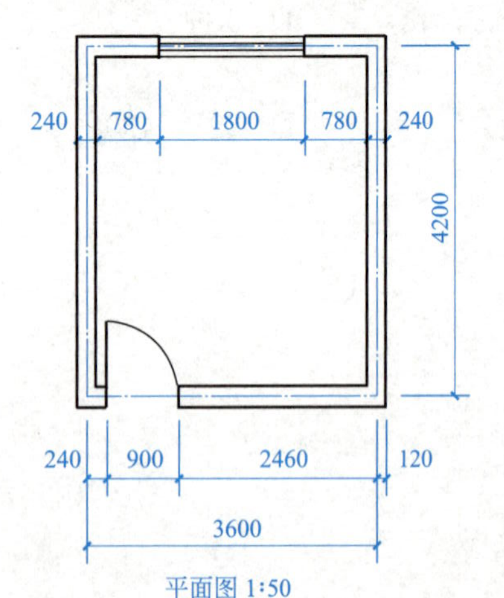

4. 按照示例，在下图中标注出尺寸界线、尺寸线、尺寸起止符号和尺寸数字，并注写图名比例。

平面图 1:100

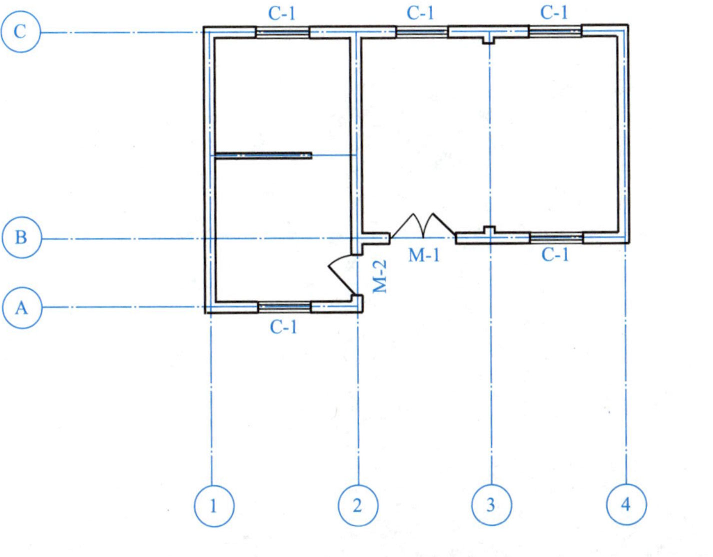

5. 根据制图标准要求绘制图例符号。

（1）首层平面图室内地面标高±0.000

（2）总平面图室外地坪标高为 98.76m

（3）6 号详图在第 10 张施工图的索引符号

（4）C 号定位轴线

（5）C 号定位轴线之前附加的第一根轴线

（6）指北针

（7）2 号详图在标准图集 15ZJ201 的第 14 页上的索引符号

（8）对称符号

（9）夯实土壤

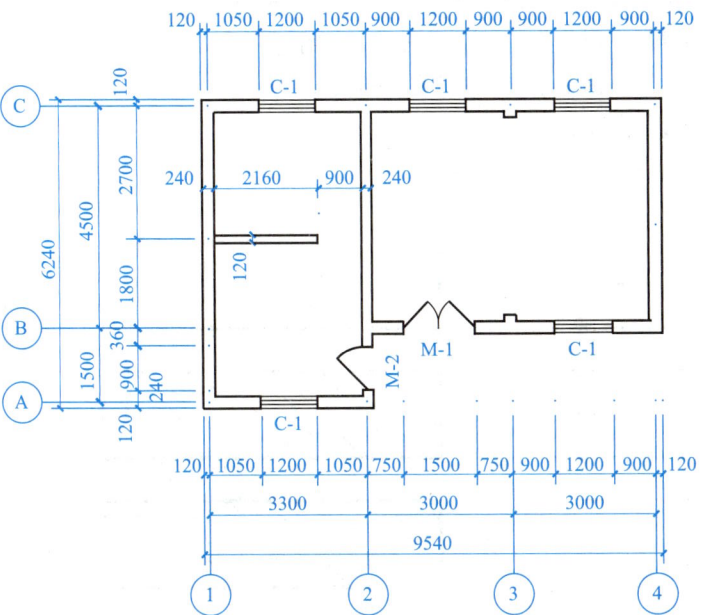

6. 标注下列某平面图的横向和纵向定位轴线及编号（厕所内墙厚为 120mm，其余墙厚均为 240mm）。

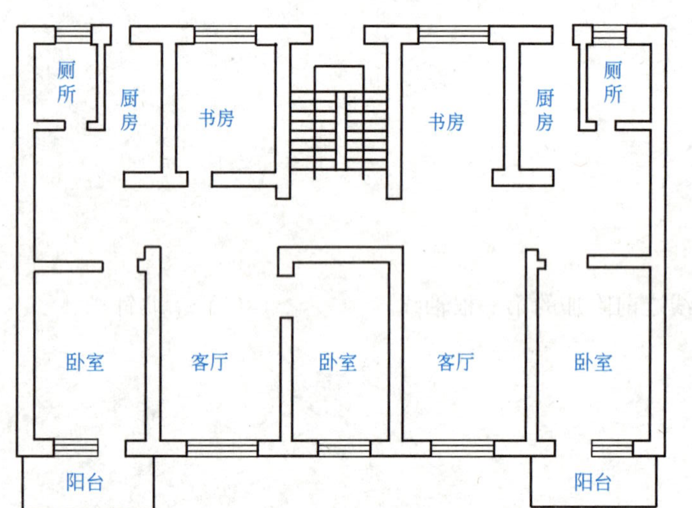

四、实训题

实训题目——线型练习

1. 实训目的：熟悉制图基本规定；掌握正确使用绘图工具和仪器，熟悉制图基本步骤和方法。
2. 实训内容：常用图线，建筑材料图例画法。
3. 实训要求：A3 图幅，横放，比例 1∶1，铅笔绘制（建议 b 取 1mm），不标注尺寸。
4. 作图步骤：

（1）绘图前的准备工作

◆ 明确实训任务内容和要求；

◆ 准备绘图工具，并且要求在绘图过程中始终保持绘图工具的清洁；

◆ 用胶带将图纸固定在图板的左下方，并保持图纸的干净和平整。

（2）绘制底稿图（建议用 2H 或 H 铅笔）

◆ 根据示例中的尺寸依次绘制，画出的图线应“细、浅、轻”以便提高绘图速度和质量；

◆ 画水平线时铅笔应从左往右，画垂直线时铅笔应从下往上。

（3）检查无误后，按制图标准要求加粗描深图线（建议用 B 或 2B 铅笔）

图线加粗描深一般步骤是：先粗后细，先曲后直，先水平后垂斜。

（4）书写文字，填写标题栏内容（建议用 HB 铅笔）

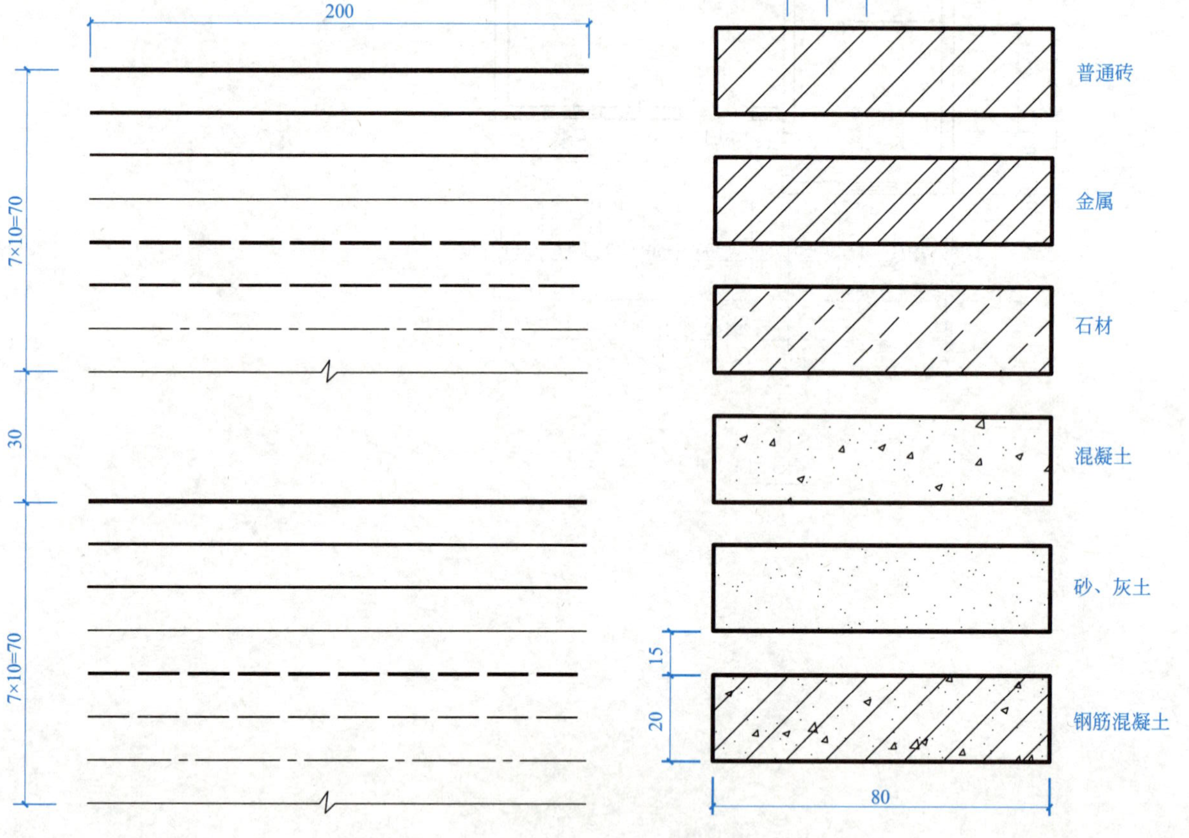

项目二 Project 02

建筑识图投影知识

学习基本要求

【知识目标】

了解投影的概念、分类及在工程中的应用；掌握正投影的特性以及三面正投影图的投影规律和绘制方法；熟悉轴测图的投影特点和绘制方法；掌握剖面图和断面图的绘制和标记方法。

【能力目标】

能根据正投影的投影特性，用形体分析法和线面分析法正确识读和绘制形体的三面正投影图；能根据轴测图的投影特点，绘制形体的正等轴测图；能区分剖面图和断面图的关系，并根据其剖切符号绘制出形体的剖面图和断面图；具备较强的空间想象力和空间思维能力。

【素质目标】

培养学生科学严谨、细致认真的工作态度，注重细节，避免疏漏，确保形体投影识读和绘图的精准；培养学生勇于探索、敢于创新的精神，尝试绘图新方法、新技巧，提高工作效率。

知识要点概述

设计人员将一幢拟建房屋的内外形状、大小以及各部分的结构和构造等，按照国家制图标准的规定，用正投影原理，详细准确地绘制在图纸上。工程技术人员为了更好地理解新建房屋的设计意图和施工要求，也必须学会识图的理论基础——投影基本知识。

一、投影的含义

1. 投影的概念及三要素

（1）投影概念

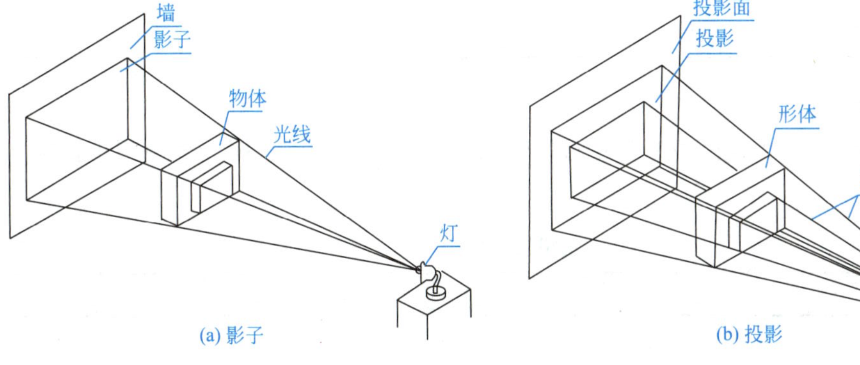

图 2-1　影子和投影

影子：物体在光线照射下，在地面或墙面等处会产生影子（外形轮廓），如图 2-1（a）所示。

投影：投射线透过形体，在投影面上形成的图形称为投影（图），如图 2-1（b）所示。其中做出形体投影的方法称为投影法。能够产生光线的光源称为投射中心，光线称为投射线，承影平面称为投影面。

（2）投影三要素：投射线、形体、投影面。

2. 投影的分类

根据投影三要素之间的关系，将投影分为中心投影和平行投影，平行投影又有正投影和斜投影之分，投影的分类详见表 2-1。

投影的分类　　表 2-1

投影类型		形成	图例	应用
中心投影		投射线交于一点		透视图
平行投影	斜投影	投射线相互平行，且倾斜于投影面		斜轴测图 管道系统图

续表

投影类型		形成	图例	应用
平行投影	正投影	投射线相互平行，且垂直于投影面	S A B C a b c H	三面正投影图（也称三视图）；正轴测图；标高投影图

3. 正投影的特性

在建筑工程制图中，最常用的投影是正投影。以直线、平面的正投影为例说明正投影特性，详见表 2-2。

正投影的特性　　表 2-2

正投影的特性	图例	
度量性	直线段平行于投影面时，其投影反映实长	平面平行于投影面时，其投影反映实形
积聚性	直线段垂直于投影面时，其投影积聚为一点	平面垂直于投影面时，其投影积聚为一条直线
类似性	直线段倾斜于投影面时，其投影为一短线	平面倾斜于投影面时，其投影为一类似形
平行性 从属性	平行性：互相平行的两直线在同一投影面上的正投影仍保持平行	从属性：点在直线段上，则点的投影必在直线段的投影上

二、三面正投影图

空间形体是三维的，有长、宽、高三个方向的尺度，而一个投影图只反映其中的 2 个维度，所以要准确、全面地表达形体的形状和大小，通常需要三面正投影。

1. 三面投影体系

三个相互垂直的投影面，称为三面投影体系，如图 2-2（a）所示，三个投影面分别是正立投影面 V、水平投影面 H、侧立投影面 W。

2. 投影图的形成

将形体放置在三面投影体系中，使形体的表面与投影面平行或垂直。从前向后在 V 面上作正投影，得正面投影图（主视图）；从上向下在 H 面上作正投影，得水平投影图（俯视图）；从左向右在 W 面上作正投影，得侧面投影图（左视图），如图 2-2（b）所示。

3. 投影面的展开

因三个投影图在三个互相垂直的投影面上，为方便作图，按规定假想将这三个投影图展平在同一平面上。展平规则是：V 面不动，H 面绕 OX 轴向下旋转 90°，W 面绕 OZ 轴向右旋转 90°，如图 2-2（c）和图 2-2（d）所示。

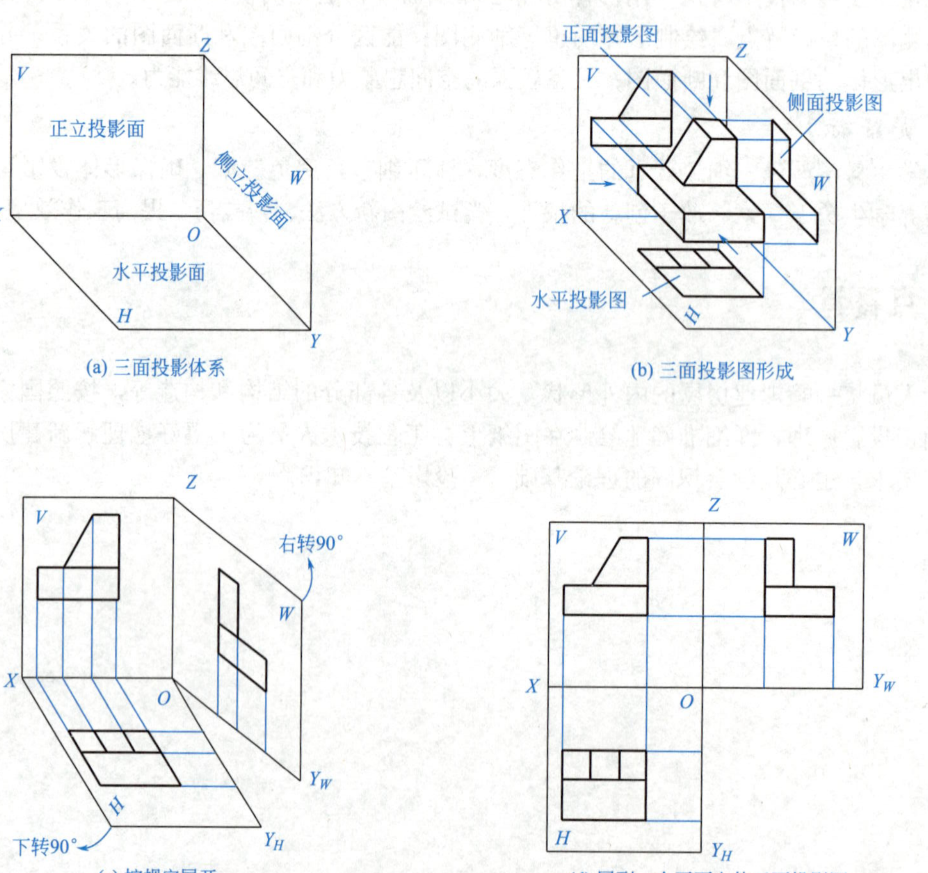

图 2-2　三面投影图

4. 投影规律

三面投影图的投影规律包括三者之间的尺寸（图 2-3）和方位对应关系（图 2-4）。

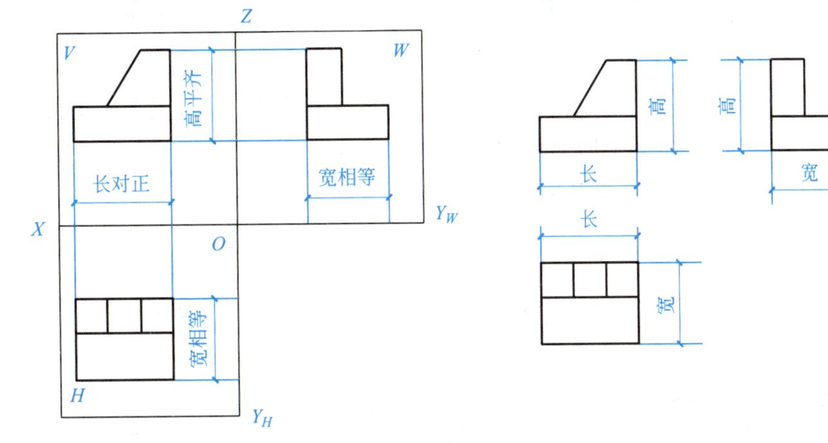
Z
V
W
高平齐
长对正
宽相等
X
O
Y_W
宽相等
H
Y_H
高
长
高
宽
长
宽

图 2-3 三面投影图尺寸

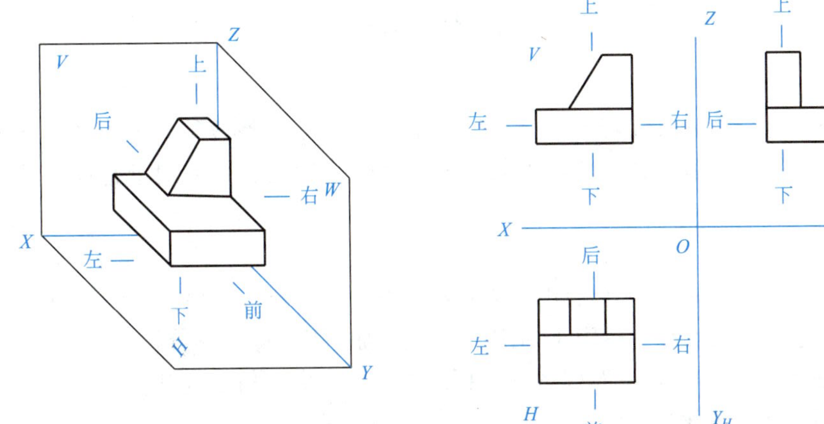
Z
V
上
后
右 W
X
左
下
前
H
Y
上
V
左
右
下
Z
上
W
后
前
下
X
Y_W
后
O
左
右
H
前
Y_H

图 2-4 三面投影图方位对应关系

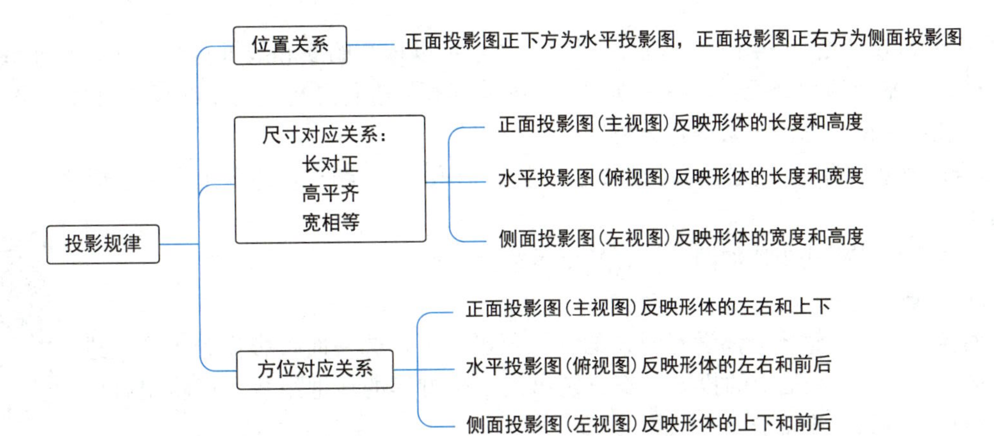
投影规律
位置关系
正面投影图正下方为水平投影图，正面投影图正右方为侧面投影图
尺寸对应关系：
长对正
高平齐
宽相等
正面投影图(主视图)反映形体的长度和高度
水平投影图(俯视图)反映形体的长度和宽度
侧面投影图(左视图)反映形体的宽度和高度
方位对应关系
正面投影图(主视图)反映形体的左右和上下
水平投影图(俯视图)反映形体的左右和前后
侧面投影图(左视图)反映形体的上下和前后

三、基本体投影

根据表面性质的不同，基本形体可分为平面立体和曲面立体两类。

常见平面立体的投影见表 2-3。

常见平面立体的投影　　表 2-3

平面立体		直观图	投影	形体特征	投影特性
棱柱	三棱柱			两底面为相互平行且全等的多边形，各侧棱垂直于底面且相互平行，各侧面均为矩形	一面投影为反映底面实形的多边形，另外两面投影为若干矩形
	四棱柱				
	五棱柱				
棱锥	三棱锥			底面为多边形，各侧面是有一个公共顶点的三角形	一面投影为反映底面实形的多边形，且内有若干侧棱交汇于顶点的三角形，另外两面投影为若干三角形
	四棱锥				
	六棱锥				

续表

平面立体		直观图	投影	形体特征	投影特性
棱台	三棱台			两底面为相互平行的相似多边形,各侧面均为梯形	一面投影为两个相似的多边形,且内有对应顶点侧棱,另外两面投影为若干梯形
	四棱台				

常见曲面立体的投影见表 2-4。

常见曲面立体的投影　　表 2-4

曲面立体	直观图	投影	形体特征	投影特性
圆柱	轴线 上底 素线 圆柱面 下底		两底面为相互平行且全等的圆,圆柱面可看成是一条直线(母线)绕与其平行的直线(轴线)旋转一周而成。圆柱面上任意平行于轴线的直线为素线	一面投影为圆,另外两面投影为矩形
圆锥	轴线 圆锥面 纬圆 素线 底面		由底面和圆锥面组成。底面为圆,圆锥面可看成是一条直线(母线)绕与其相交的直线(轴线)回转而成	一面投影为圆,另外两面投影为三角形
圆台	轴线 上底 圆台面 下底		两底面为相互平行的圆,圆台面可看成是一条直线(母线)绕与其倾斜的直线(轴线)旋转一周而成	一面投影为两个同心圆,另外两面投影为梯形
球	轴线 a c 球面 b	a′ c″ b	球面可看成是圆或半圆绕一条直径(轴线)回转而成	三面投影均为与球直径相等的圆

四、组合体投影

组合体也称为复杂形体，采用正投影原理识读和绘制组合体投影时，虽然度量性好，但缺乏立体感，因此具有一定的难度。通常采用形体分析法和线面分析法进行组合体投影的识读和绘制。组合体的组合方式通常有三种：叠加型、切割型、综合型（图 2-5）。

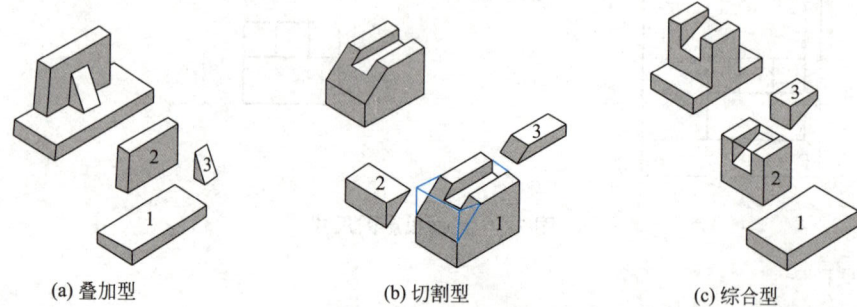

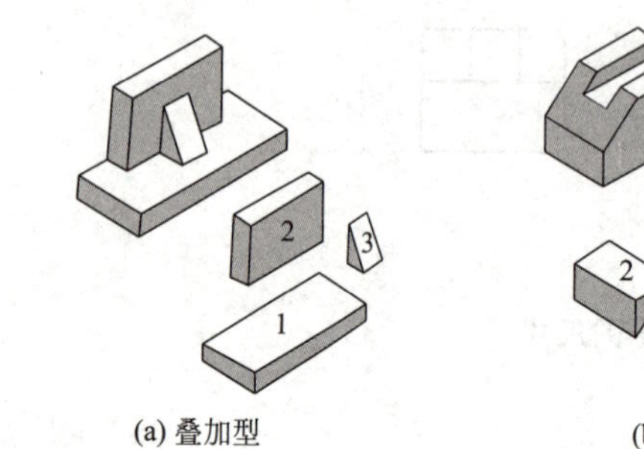

(a) 叠加型

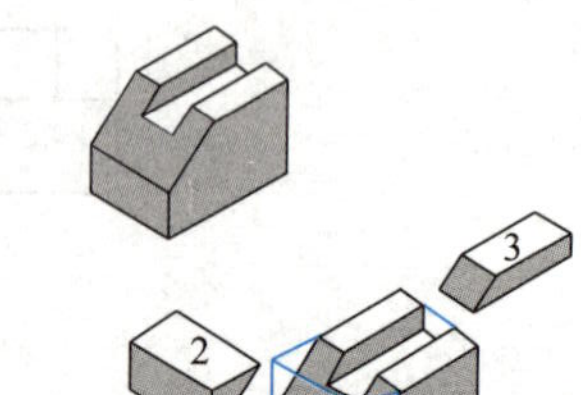

(b) 切割型

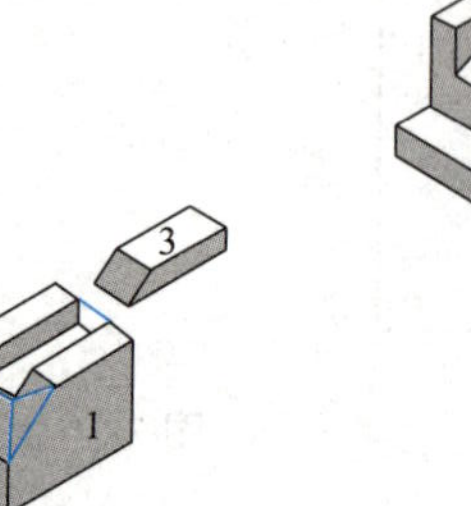

(c) 综合型

图 2-5　组合体的组合方式

1. 形体分析法

形体分析法是指将组合体分解成若干部分（基本体），再根据投影规律，分析各部分的形状、相对位置、表面连接关系等，最后综合起来，想象或画出组合体的投影，多用于叠加型的组合体投影分析。

2. 线面分析法

线面分析法是指对视图中的某一个封闭线框、某一条线进行分析，根据投影特性，确定其对应的形状，从而想象出组合体的投影。多用于切割型或不规则的组合体投影分析。

【说明】两种方法宜配合使用，一般以形体分析法为主，线面分析法为辅。

3. 分析组合体投影的基本思路

◆ 认识投影抓特征——从反映特征最多的投影入手，快速了解形体的组成和大致形状。

◆ 分析形体对投影——将投影划分为几个部分，根据投影规律，分析各部分的形状及相对位置。

◆ 线面分析攻难点——用线面分析法对组合体中难以理解的线和线框进行分析。对于线，可将其看作是棱线、平面的积聚投影、曲面立体的转向轮廓线来进行分析。对于线框，可按照平面投影、曲面投影、孔洞、槽或凸出体来进行分析。

◆ 综合起来想整体——发挥空间想象力，综合前面的分析结果，想象出完整的形体。

4. 示例

（1）利用形体分析法识读如图 2-6（a）所示组合体投影。

① 认识投影抓特征

从三面投影来看，整体上都没有明显的特征投影，可任选一面投影作为主视图进行分析。V、H、W 三个面上的投影，都分别由三个长方形的线框组成，可将组合体的投影按线框划分为三个部分。

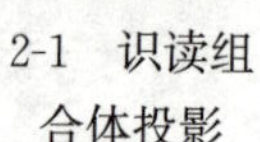
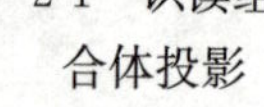

2-1　识读组合体投影

② 分析形体对投影

由“长对正、高平齐、宽相等”的投影规律和基本形体的投影特性，找到 V 面上的线框 1′、2′、

3′分别在 H、W 两个面上对应的线框，如图 2-6（b）所示，可知该组合体是由三个长方体叠加而成；再看三个投影面上，投影的方位关系，判断三个长方体的相对位置。

③ 综合起来想整体

综合前面的分析结果，其形体如图 2-6（c）所示。

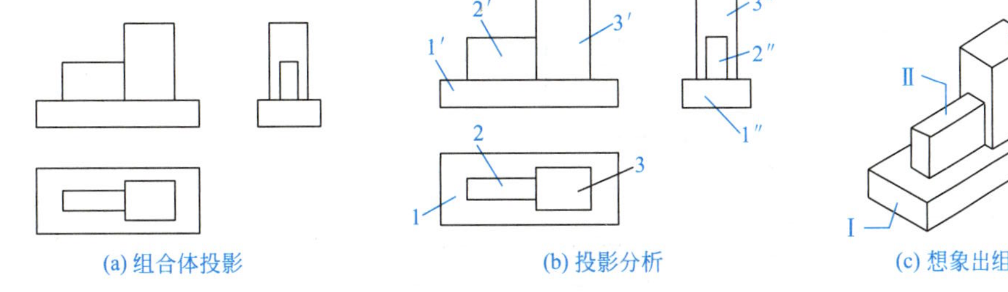

图 2-6　形体分析法识读组合体投影

（2）利用线面分析法识读图 2-7（a）所示组合体投影。

① 认识投影抓特征

从三面投影来看，整体上都没有明显的特征投影，可任选一面投影作为主视图进行分析。V、H、W 三个面上的投影分别由三个形状不同的线框组成，可将组合体的投影按线框划分为三个部分进行分析。

② 分析形体对投影

三面投影的外轮廓都是平整的矩形框，内部有一些不同形状的线框，可判断该形体是由一个长方体进行若干次挖切而成的组合体。

③ 线面分析攻难点

由"长对正、高平齐、宽相等"的投影规律和点、直线、平面的投影特性，可以找到 V 面上的线框 1′、2′、3′分别在 H、W 两个面上对应的线或线框，如图 2-7（b）所示。第 1 部分是一个倒 L 形的侧垂面，第 2 部分是一个正平面，第 3 部分是一个反 L 形正平面。通过对这三个线框的分析，可以想象这三个平面在长方体中的位置，如图 2-7（c）所示。

④ 综合起来想整体

综合前面的分析结果，挖去形体上方和前方的部分，其形体如图 2-7（d）所示。

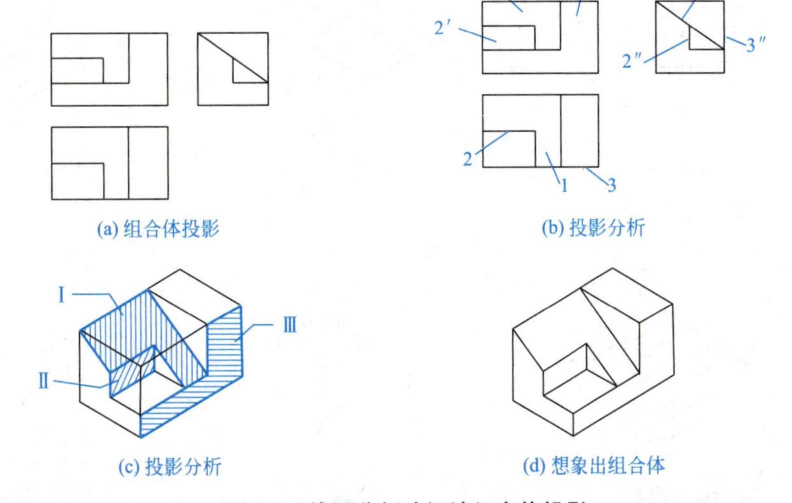

图 2-7　线面分析法识读组合体投影

五、组合体尺寸标注

1. 组合体的尺寸种类

◆ 定形尺寸：确定组合体中各基本形体形状和大小的尺寸。

◆ 定位尺寸：确定组合体中各基本形体之间相对位置的尺寸。

◆ 总尺寸：确定组合体外形总长、总宽、总高的尺寸。

2. 组合体尺寸标注注意事项

◆ 标注前需进行形体分析，弄清组合体中有哪些基本形体，注意这些基本形体的尺寸标注要求，做到简洁合理。

◆ 各基本形体之间的定位尺寸一定要先选好定位基准，再进行标注。

◆ 因组合体形状变化多，定形、定位和总体尺寸有时可以互相兼代。组合体各项尺寸一般只标注一次。

◆ 尺寸一般应标注在轮廓线外，以免影响图形清晰。

◆ 相互平行的尺寸，要使小尺寸靠近图形，大尺寸依次向外排列。

◆ 尺寸应集中标注在反映形体特征轮廓的投影图上。

◆ 两投影图相关的尺寸，应尽量标注在两图之间，以便对照识读。

◆ 尽量不在虚线图形上标注尺寸。

3. 示例

组合体的尺寸标注示例如图 2-8 所示。

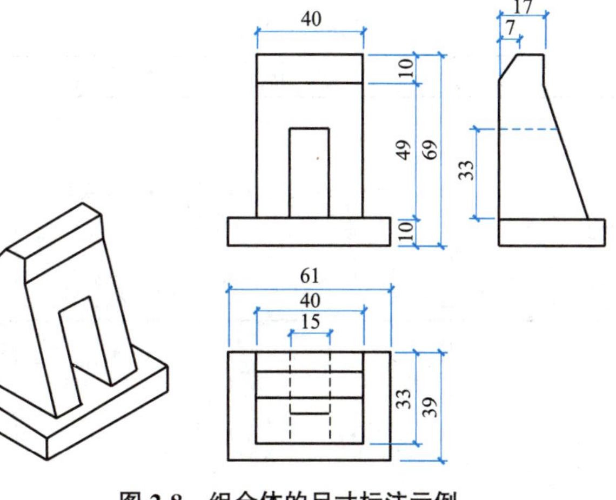

图 2-8　组合体的尺寸标注示例

六、轴测图

1. 轴测图的形成

用一组互相平行的投射线沿不平行于任一坐标面的方向，将形体连同确定其空间位置的直角坐标系一起投射到一个投影面（轴测投影面）上，所得到的投影称为轴测投影图，简称轴测图（图 2-9）。

(a) 正轴测图　(b) 斜轴测图

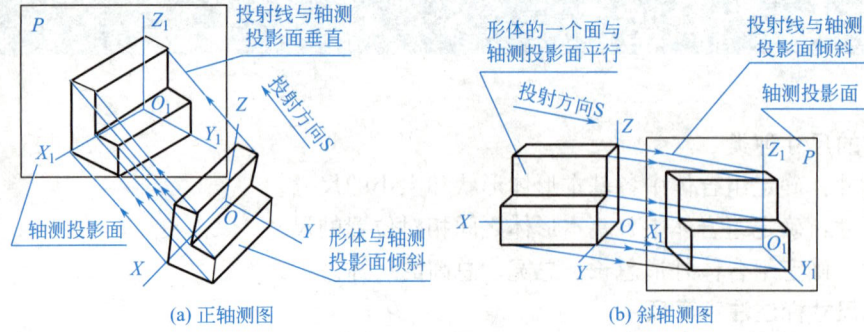

图 2-9　轴测图的形成

2. 基本参数

◆ 轴测轴——坐标轴 OX、OY、OZ 在 P 面上的投影 O_1X_1、O_1Y_1、O_1Z_1。

◆ 轴间角——轴测轴之间的夹角$\angle X_1O_1Y_1$、$\angle X_1O_1Z_1$、$\angle Z_1O_1Y_1$。

◆ 轴向伸缩（变形）系数——轴测轴长度与空间坐标轴长度的比值称为轴向伸缩系数，分别用 p、q、r 表示，即：$p=O_1X_1/OX$，$q=O_1Y_1/OY$，$r=O_1Z_1/OZ$。

3. 轴测图的投影特性

(1) 形体上相互平行的线段，其轴测投影仍互相平行。

(2) 形体上与坐标轴平行的直线，其轴测投影与相应轴测轴平行，且该线段的轴测投影长度=相应轴向伸缩系数×线段实长。

4. 常用的两种轴测图

工程中常用的两种轴测图为正等轴测图和正面斜二测轴测图，其轴测体系和投影特点见表 2-5。

常用的两种轴测图　　表 2-5

种类	轴间角	轴向伸缩系数	轴测投影图
正等轴测	120°, 120°, 120°	$p=q=r=0.82$ 实际作图取简化系数 $p=q=r=1$	
正面斜二轴测	90°, 135°, 135°	$p=r=1$ $q=0.5$	

5. 轴测图的画法步骤

(1) 识读已知三面正投影图，确定其空间坐标轴。

(2) 画出正等轴测体系（或正面斜二轴测体系），按照坐标法、叠加法、切割法、端面法（表 2-6）并根据轴测图的投影特性，依次画出形体的轴测图。

(3) 检查无误后，加粗轮廓线（一般只保留可见轮廓）。

(4) 擦去辅助线，完成轴测图。

正等轴测图常用的几种作图方法　　表 2-6

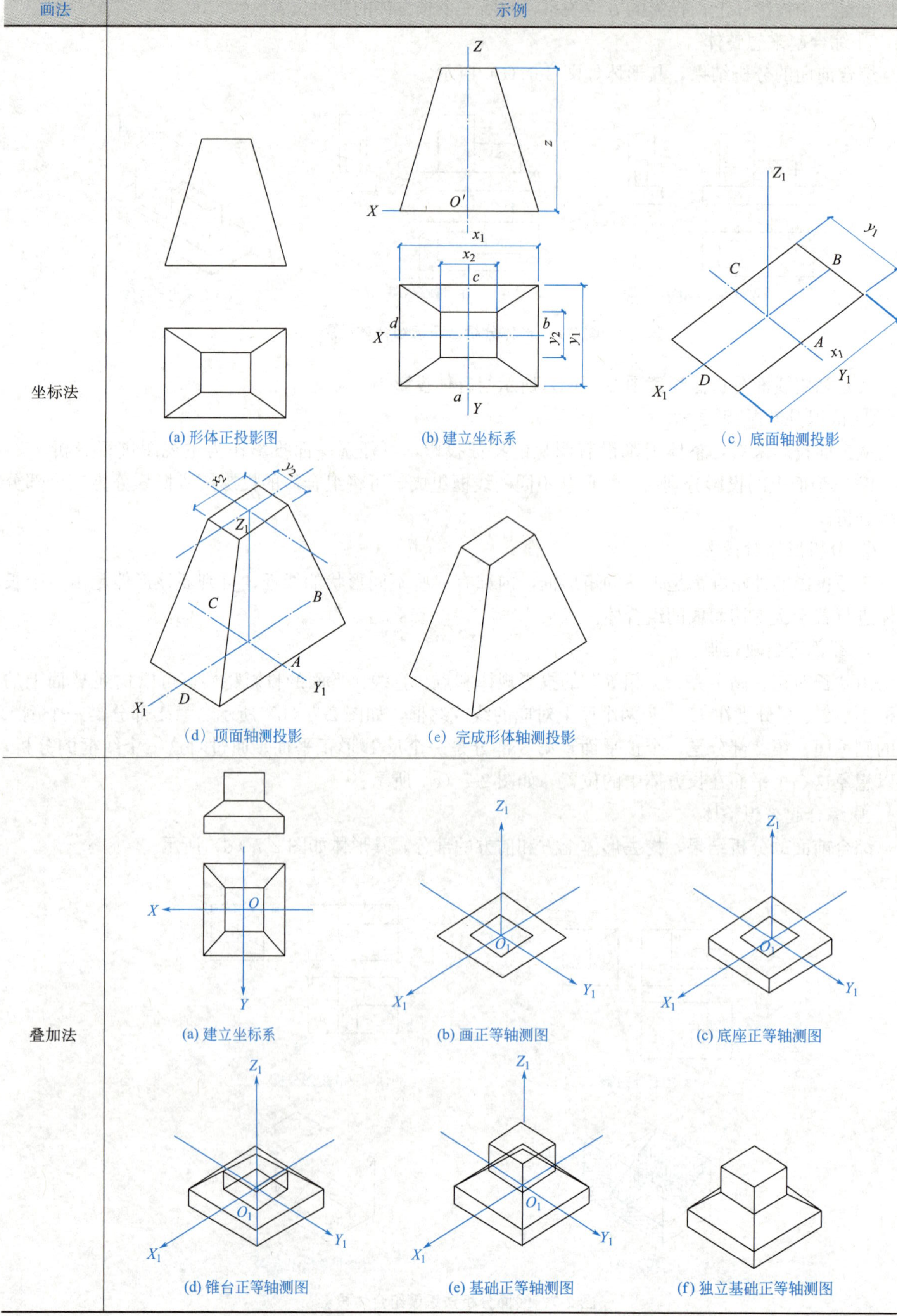

坐标法：(a) 形体正投影图　(b) 建立坐标系　(c) 底面轴测投影　(d) 顶面轴测投影　(e) 完成形体轴测投影

叠加法：(a) 建立坐标系　(b) 画正等轴测图　(c) 底座正等轴测图　(d) 锥台正等轴测图　(e) 基础正等轴测图　(f) 独立基础正等轴测图

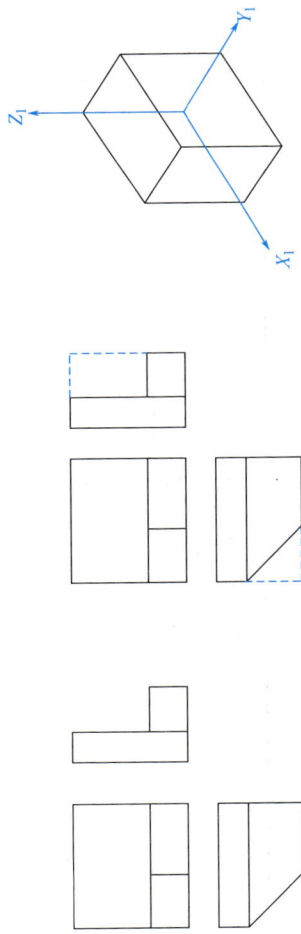

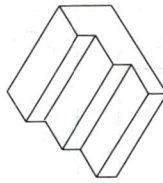

画法	示例
切割法	(a) 正投影图　(b) 还原　(c) 长方体轴测图 (d) 截去长方体　(e) 截去三棱柱　(f) 完成形体正等轴测图
端面法	(a) 台阶的两面投影图　(b) 前端面轴测投影　(c) 加台阶宽度 (d) 连接后端面各点　(e) 完成形体正等轴测图

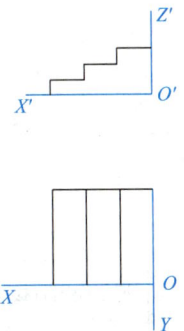

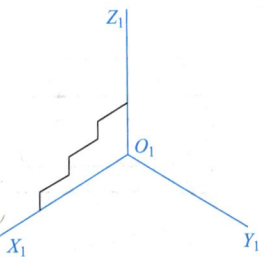

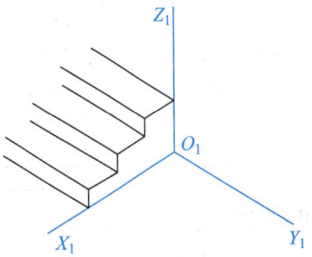

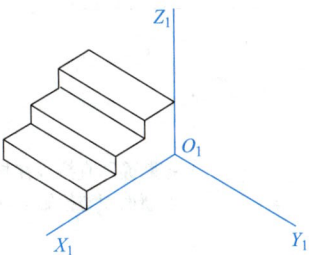

七、剖面图和断面图

1. 剖面图和断面图的形成

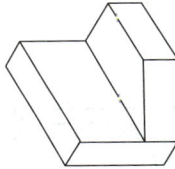

当建筑形体内部构造和形状比较复杂时，如采用一般视图进行表达，在投影图中会有很多虚线与实线重叠，难以分清，不能清晰地表达形体，建筑材料的性质也无法表达清楚，不利于尺寸标注和识读，为了解决形体内部的表达问题，需要通过剖面图和断面图来实现，剖面图和断面图的形成见表 2-7。

2-2 剖面图与断面图

剖面图和断面图的形成　　表 2-7

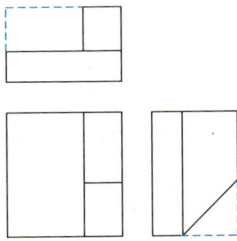

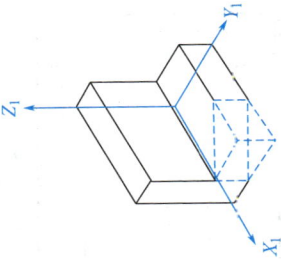

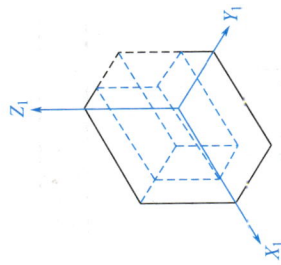

形体剖切	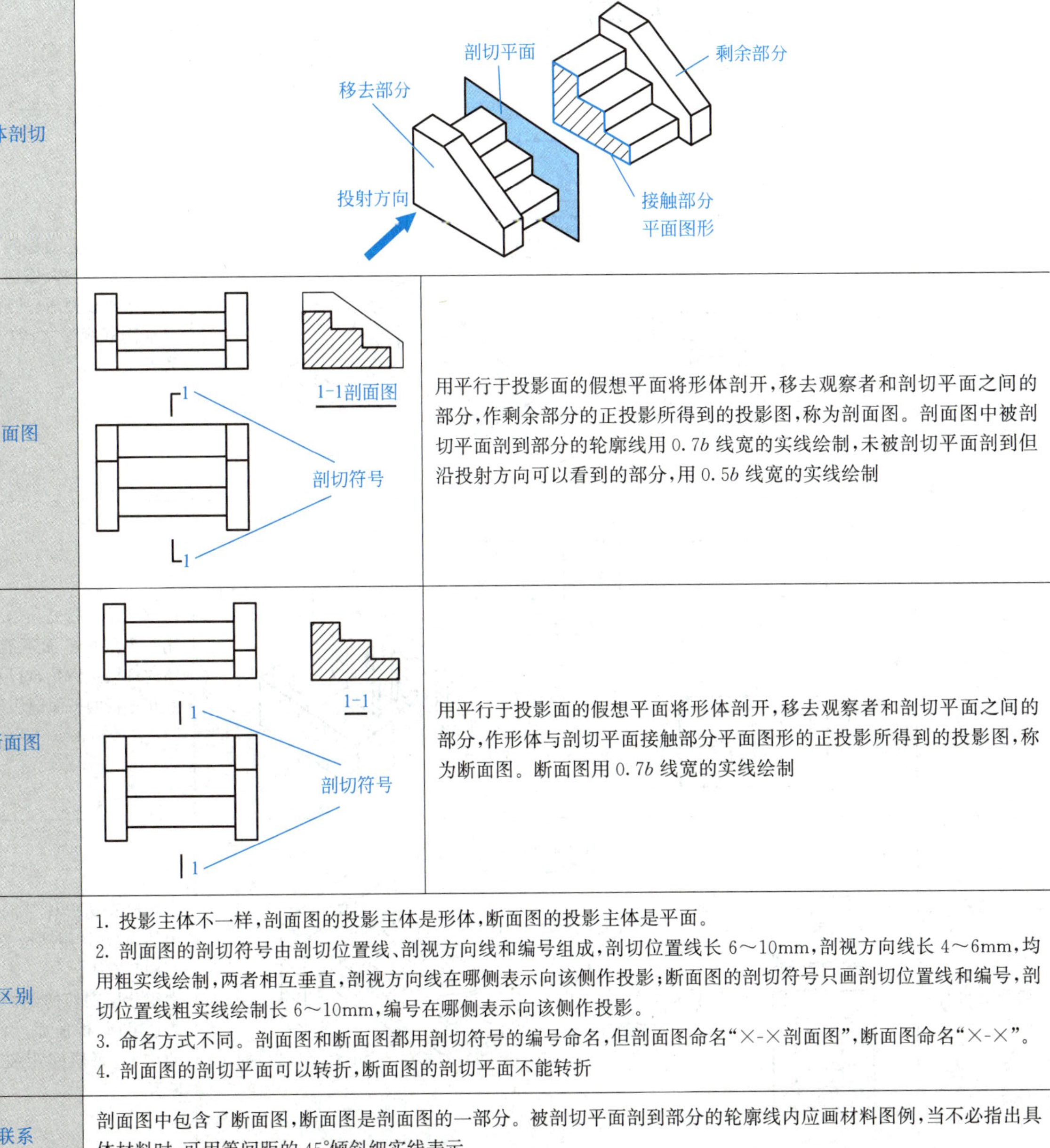
剖面图	用平行于投影面的假想平面将形体剖开，移去观察者和剖切平面之间的部分，作剩余部分的正投影所得到的投影图，称为剖面图。剖面图中被剖切平面剖到部分的轮廓线用 0.7b 线宽的实线绘制，未被剖切平面剖到但沿投射方向可以看到的部分，用 0.5b 线宽的实线绘制
断面图	用平行于投影面的假想平面将形体剖开，移去观察者和剖切平面之间的部分，作形体与剖切平面接触部分平面图形的正投影所得到的投影图，称为断面图。断面图用 0.7b 线宽的实线绘制
区别	1. 投影主体不一样，剖面图的投影主体是形体，断面图的投影主体是平面。 2. 剖面图的剖切符号由剖切位置线、剖视方向线和编号组成，剖切位置线长 6～10mm，剖视方向线长 4～6mm，均用粗实线绘制，两者相互垂直，剖视方向线在哪侧表示向该侧作投影；断面图的剖切符号只画剖切位置线和编号，剖切位置线粗实线绘制长 6～10mm，编号在哪侧表示向该侧作投影。 3. 命名方式不同。剖面图和断面图都用剖切符号的编号命名，但剖面图命名“×-×剖面图”，断面图命名“×-×”。 4. 剖面图的剖切平面可以转折，断面图的剖切平面不能转折
联系	剖面图中包含了断面图，断面图是剖面图的一部分。被剖切平面剖到部分的轮廓线内应画材料图例，当不必指出具体材料时，可用等间距的 45°倾斜细实线表示

2. 剖面图

根据形体内部和外部的结构特点，剖切平面的位置、数量、剖切方法等的不同，剖面图可分为全剖面图、半剖面图、阶梯剖面图、局部剖面图、展开剖面图，见表 2-8。

剖面图的分类　　表 2-8

类别	图例	备注
全剖面图	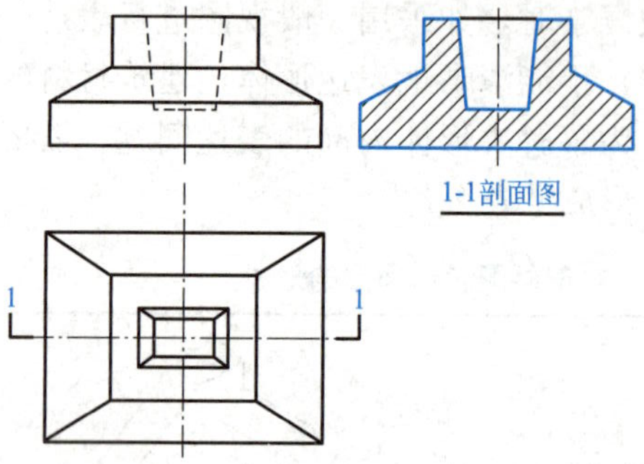  1-1剖面图	用一个剖切平面将形体全部剖开得到的剖面图
半剖面图	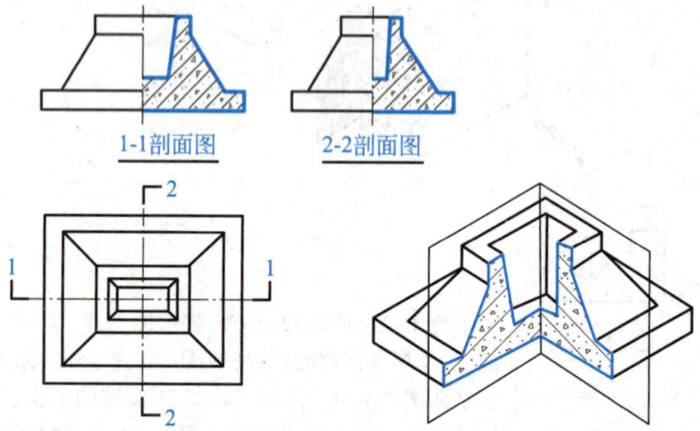 1-1剖面图　2-2剖面图	若被剖形体是对称的，常把投影图的一半画成剖面图，另一半画成视图(外形图)。剖面图和视图之间应画对称符号
阶梯剖面图	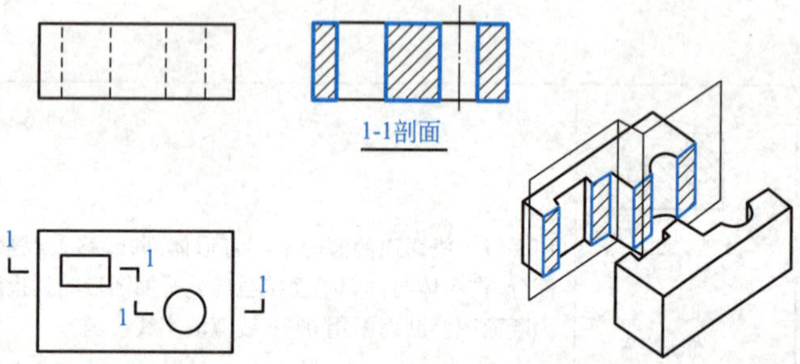 1-1剖面	内部构造比较复杂的形体，用一个剖切平面不能将形体内部表达清楚，可用几个互相平行的平面剖切形体
局部剖面图	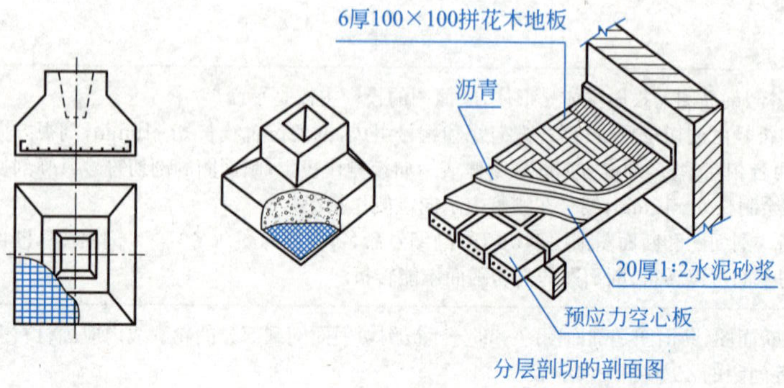 6厚100×100拼花木地板　沥青　20厚1:2水泥砂浆　预应力空心板　分层剖切的剖面图	当需要表达形体某局部的内部构造时，用剖切平面局部剖开形体。常用分层剖切的剖面图来表达屋面、楼地面、墙面等的构造，每层间用波浪线断开

续表

类别	图例	备注
展开剖面图	1-1剖面图(展开)	两个相交的剖切平面剖切形体，将剖切后的形体绕剖切平面交线旋转到与投影面相平行再投影。图名后注写“展开”字样

3. 断面图

断面图分为移出断面、中断断面和重合断面，详见表 2-9。

断面图的分类　　表 2-9

类别	图例	备注
移出断面	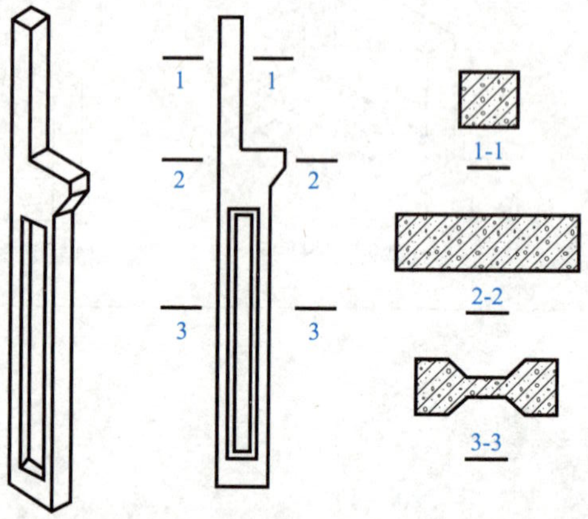 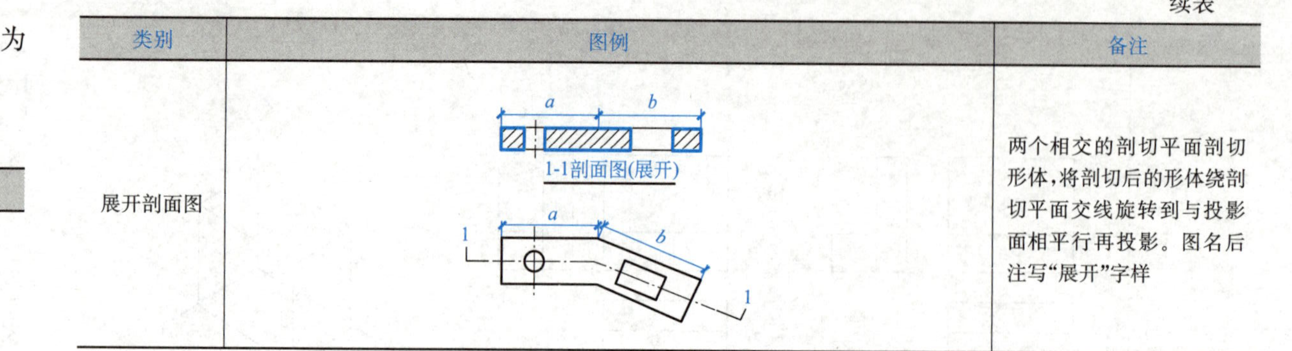 1-1　2-2　3-3	把断面图画在形体投影图的轮廓线之外。移出断面图可用较大比例绘制
中断断面		把断面图直接画在视图中断处
重合断面	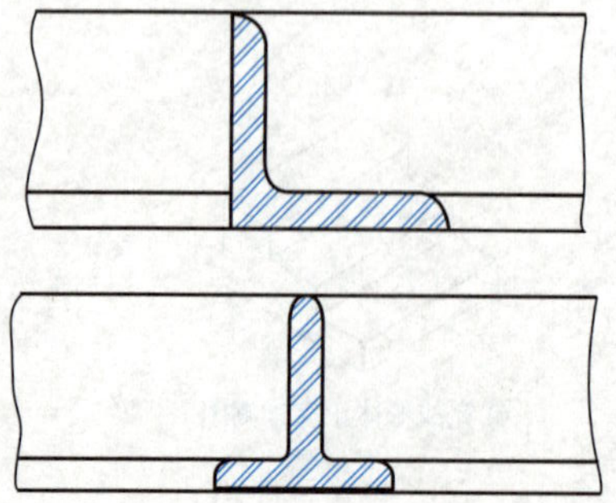	把断面图直接画在投影图轮廓线之内，使断面图与投影图重合在一起

八、基本视图

三面正投影图在工程中分别称为平面图、正立面图和侧立面图。大多情况下，仅用三视图难以清晰表达整个形体，须将形体的三视图增加为六视图，即基本视图（图 2-10）。

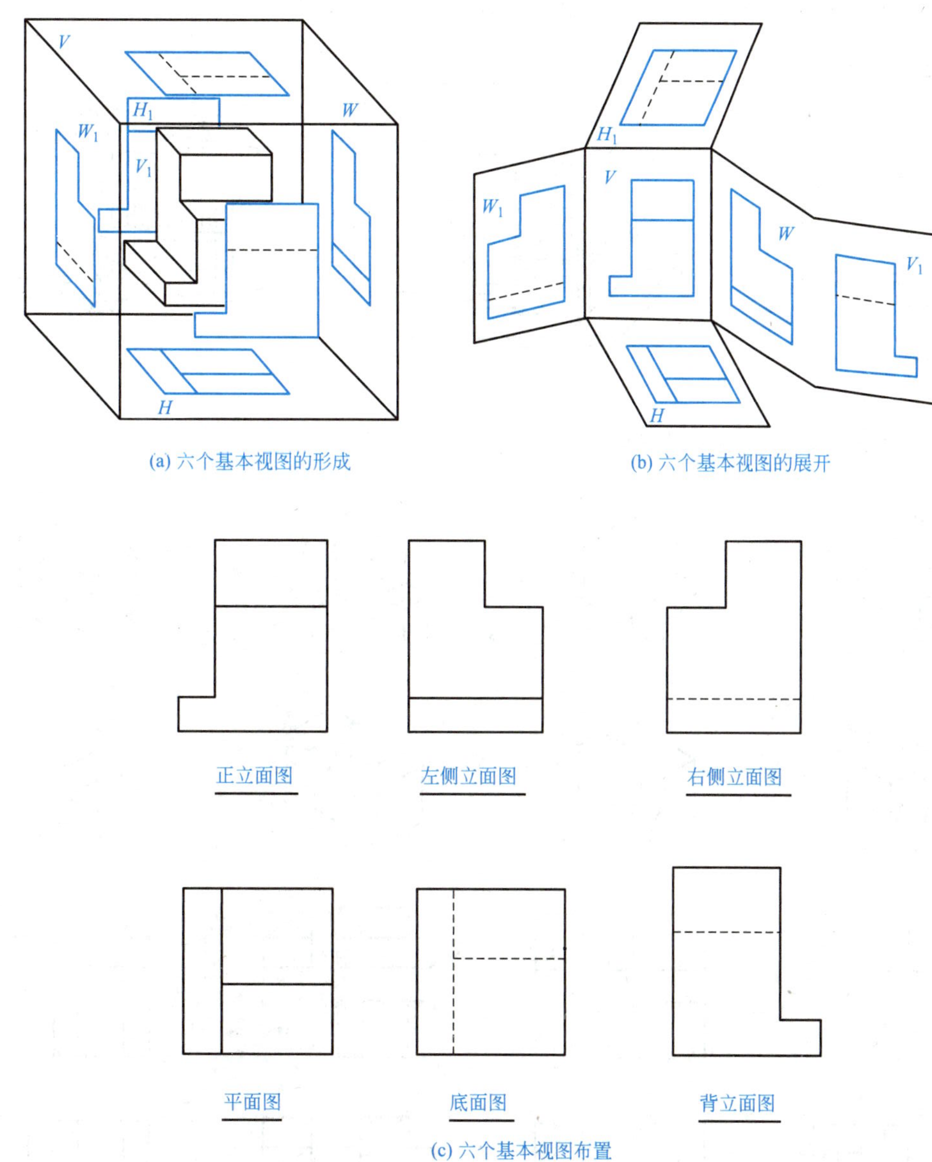

图 2-10　基本视图

六个基本视图仍然满足“长对正、宽相等、高平齐”的投影规律。实际画图时，通常无需将六个视图全部画出，应根据建筑形体特点和复杂程度，进行分析，选择其中几个基本视图，能完整、清晰地表达形体的形状和结构即可。

【说明】工程图样中还有镜像投影图、对称简化画法、相同要素简化画法、较长构件折断简化画法等请参考《房屋建筑制图统一标准》GB/T 50001—2017。

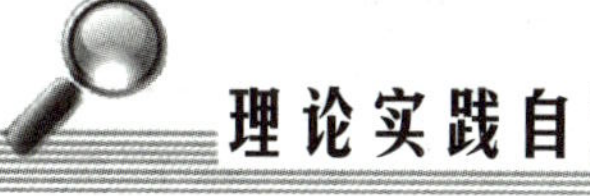

理论实践自测

一、填空题

1. 产生投影的三要素是________、________、________。

2. 投影分为________和________两类。

3. 在平行投影中，根据投射线是否与投影面垂直可以分为________投影和________投影。

4. 在正投影中，直线或平面：平行于投影面时，其投影具有________性；垂直于投影面时，其投影具有________性；倾斜于投影面时，其投影具有________性。

5. 填写表 2-10 常用工程图样中所用投影方法。

常用工程图样　　表 2-10

	正投影图	透视图	轴测图	标高投影图
投影方法				

6. 在三面正投影图中，水平投影图（俯视图）的投影方向是________，正面投影图（主视图）的投影方向是________，侧面投影图（左视图）的投影方向是________。

7. 三面正投影的尺寸对应关系（三等规律）是________、________、________。

8. 三面投影假想展开时，规定________面保持不动，将________面绕________轴向下旋转________度，________面绕________轴向右旋转________度。

9. 基本体按表面特征分为________和________。

10. 组合体的组合方式有________、________和________。

11. 识读组合体投影的基本分析方法有________和________。

12. 轴测投影按投射线与轴测投影面的关系可分为________和________。

13. 正等轴测图中的轴间角为________，轴向伸缩系数简化为________。

14. 棱柱的投影规律是________。

15. 剖面图的剖切符号由________线和________线组成，并在________线的端部注写剖切符号的________。

16. 局部剖面图与视图的分界线用________线绘制。

17. 半剖面图一般用于________形体的剖切。

18. 断面图的种类有________、________、________。

二、单选题

1. 下列关于正投影，说法错误的是（　　）。

A. 投射线互相平行　　B. 投射线的投射角度根据需要而定

C. 能反映形体的真实形状和大小　　D. 投射线假想透过形体

2. 三面正投影的优点是（　　）。

A. 直观性强　　B. 富有立体感和真实感

C. 绘图简便，立体感强　　D. 绘图简便，度量性好

3. 俯视图反映形体（　　）方向的尺寸。

A. 长和宽　　B. 长和高　　C. 宽和高　　D. 长、宽和高

4. 三视图中，反映形体宽度尺寸的是（　　）。

A. 俯视图和主视图　　B. 俯视图和左视图

C. 主视图和左视图　　D. 俯视图、主视图和左视图

5. 主视图反映形体（　　）方向的尺寸。

A. 长和宽　　B. 长和高　　C. 宽和高　　D. 长、宽和高

6. 三视图中，能反映形体前后、上下方位的是（　　）。

A. 俯视图　　B. 主视图　　C. 左视图　　D. 视具体情况而定

7. 左视图反映形体（　　）方位。

A. 上下、左右　　B. 上下、前后

C. 左右、前后　　D. 上下、左右、前后

8. 下列立体不是平面立体的是（　　）。

A. 斜面体　　B. 棱台　　C. 圆台　　D. 长方体

9. 圆锥的三视图是（　　）。

A. 一圆两等腰三角形　　B. 一圆两等腰直角三角形

C. 两圆一等腰三角形　　D. 两圆一等腰直角三角形

10. 某一形体的一面投影是矩形，则该形体不可能是（　　）。

A. 三棱锥　　B. 三棱柱　　C. 圆柱　　D. 缺角四棱柱

11. 识读三视图中的某一直线段，不可能是（　　）的投影。

A. 棱线　　B. 三角形　　C. 圆锥面　　D. 六边形

12. 组合体表面不平齐时，画图时（　　）。

A. 不画线　　B. 宜画线　　C. 应画线　　D. 视具体情况

13. 组合体表面平齐时，画图时（　　）。

A. 不画线　　B. 宜画线　　C. 应画线　　D. 视具体情况

14. 已知形体的俯视图和左视图，请选择主视图正确的一项（　　）。

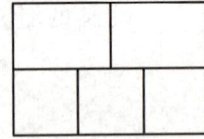

左视图

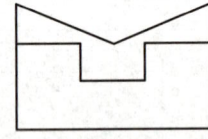

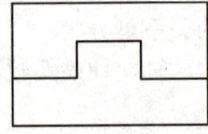

主视图

A

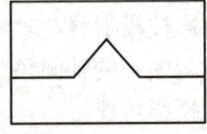

主视图

B

俯视图

主视图

C

主视图

D

15. 组合体的尺寸不包括（　　）。

A. 总尺寸　　B. 定位尺寸　　C. 定形尺寸　　D. 标志尺寸

16. 轴测图的投影原理是（　　）。

A. 平行投影　　B. 中心投影　　C. 正投影　　D. 斜投影

17. 有关剖面图和断面图，下列说法正确的是（　　）。

A. 剖面图和断面图相同，称谓不同　　B. 剖面图中包含断面图

C. 剖面图和断面图图示结果一致　　D. 剖面图包含于断面图

18. 相邻两轴测轴之间的夹角称为（　　）。

A. 夹角　　B. 两面角　　C. 轴间角　　D. 倾斜角

19. 剖切符号中剖切位置线宜用（　　）mm 绘制。

A. 6～10　　B. 4～6　　C. 6～8　　D. 4～8

20. 半剖面图中，视图与剖面图之间的分界线用（　　）绘制。

A. 折断线　　B. 细虚线　　C. 波浪线　　D. 细单点长画线

三、综合题

1. 将下列图示所采用的投影法填写在相应横线上。

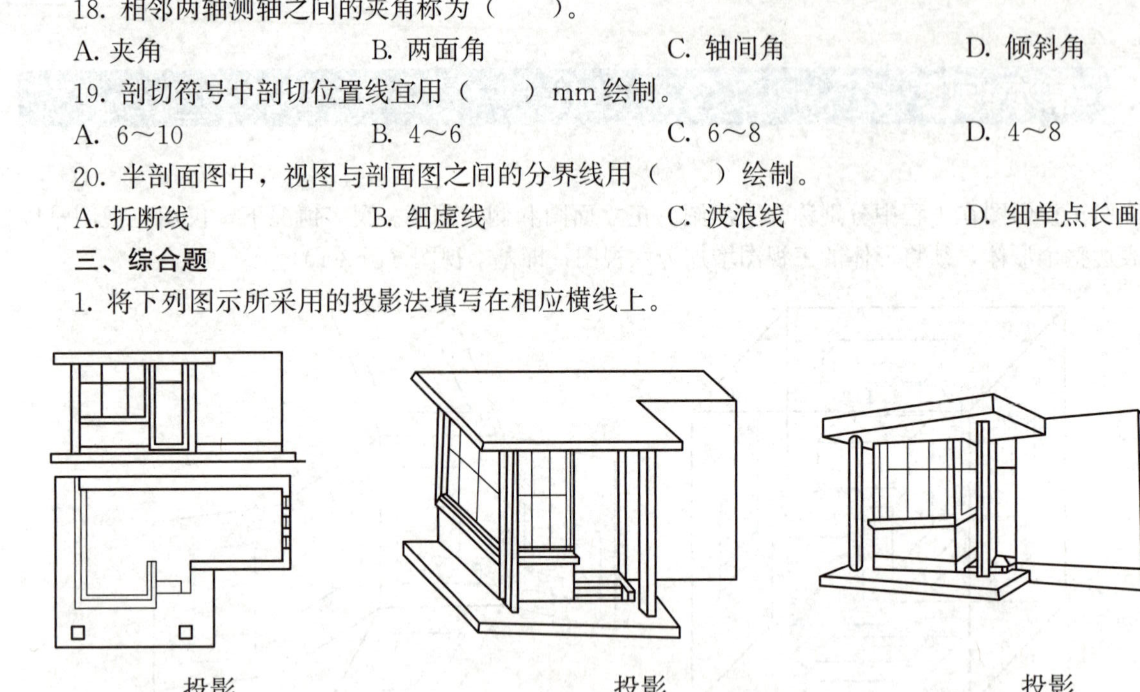

________投影　　________投影　　________投影

2. 根据立体图，找出相对应的三面正投影图，填写出对应序号。

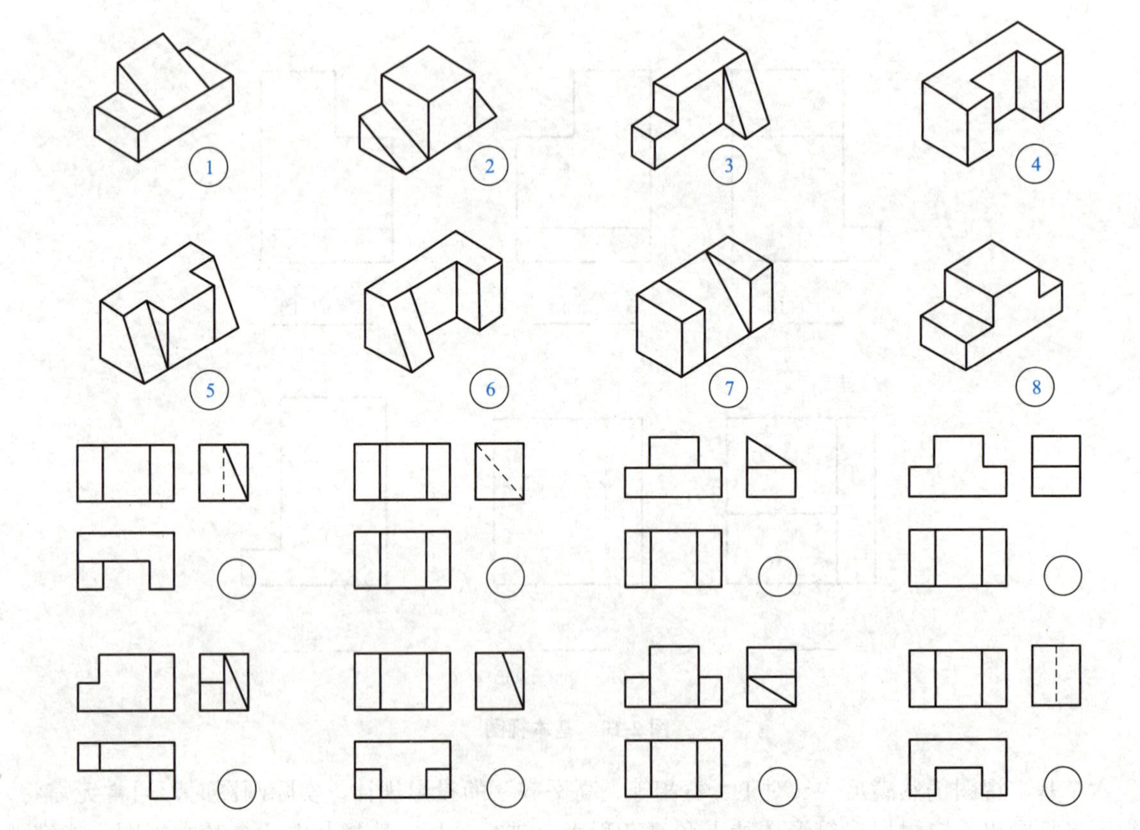

3. 根据立体图绘制三面正投影（尺寸从图中量取）。

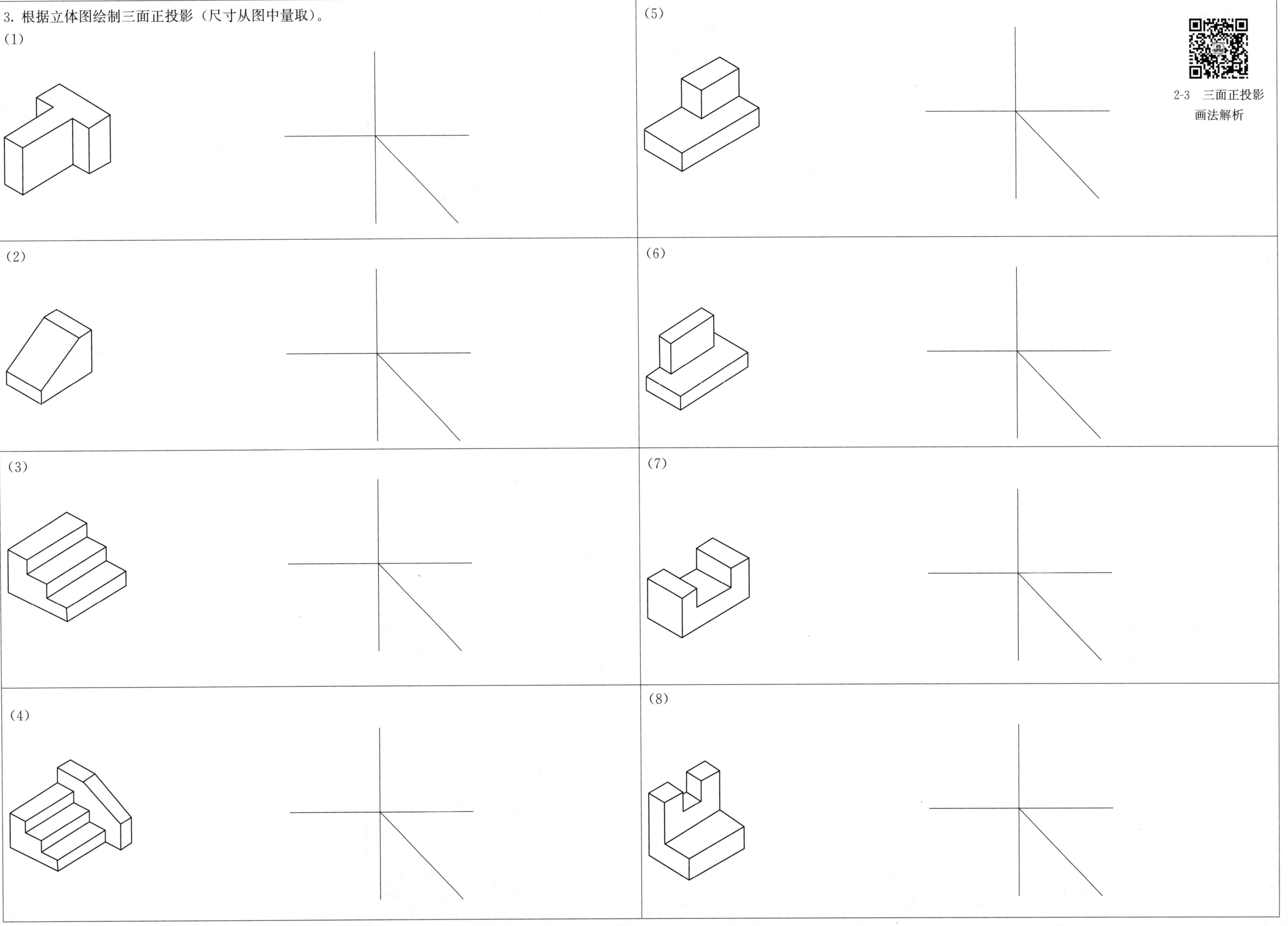

4. 按要求补全基本体另外两面投影。

(1) 已知三棱柱高 20mm，绘制其另两面投影。

2-4 基本体投影画法解析

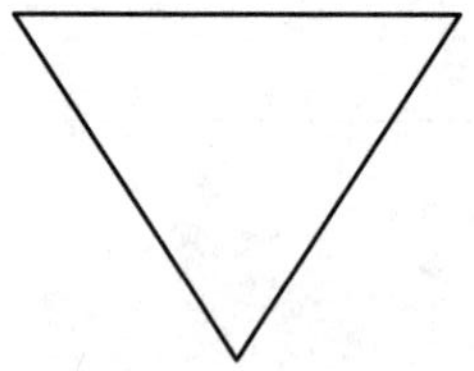

(2) 已知四棱柱高 20mm，绘制其另两面投影。

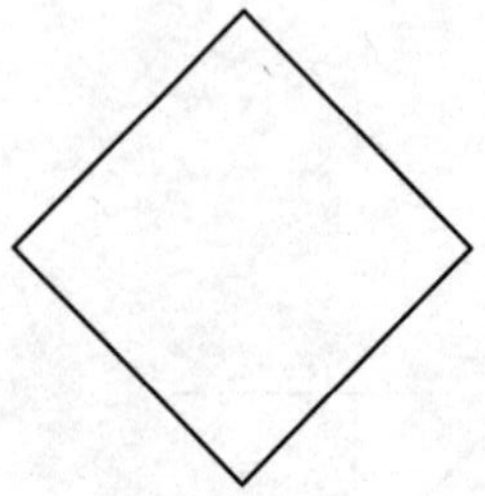

(3) 已知五棱柱高 20mm，绘制其另两面投影。

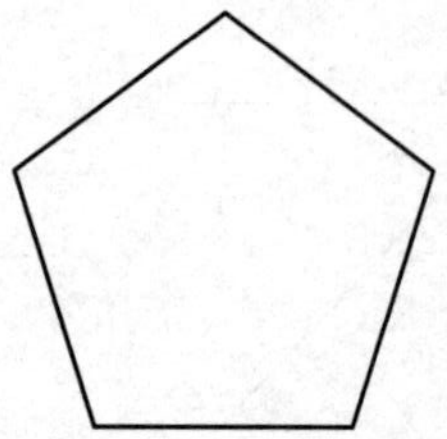

(4) 已知六棱柱高 20mm，绘制其另两面投影。

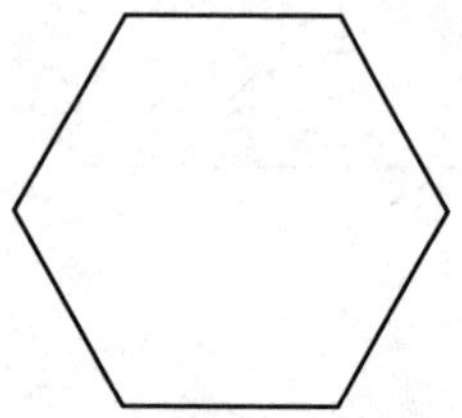

(5) 已知三棱锥高 20mm，绘制其另两面投影。

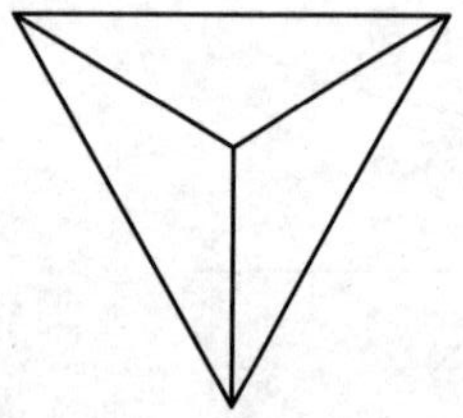

(6) 已知四棱台高 20mm，绘制其另两面投影。

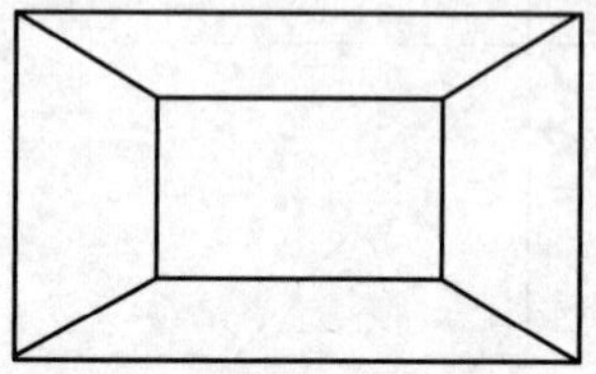

5. 已知组合体轴测图，绘制其三面正投影（尺寸在图中量取）。

(1)

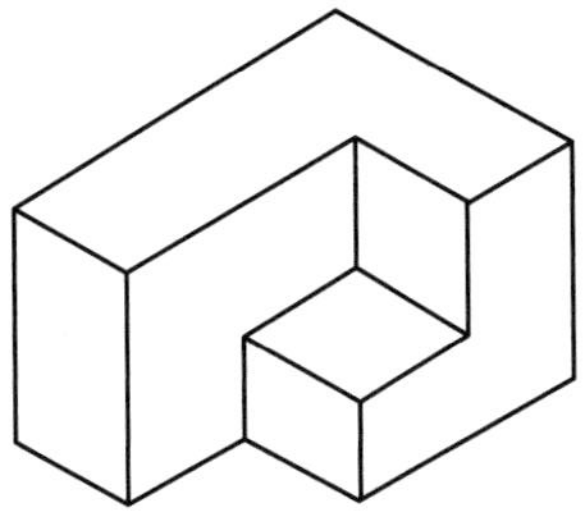

(2)

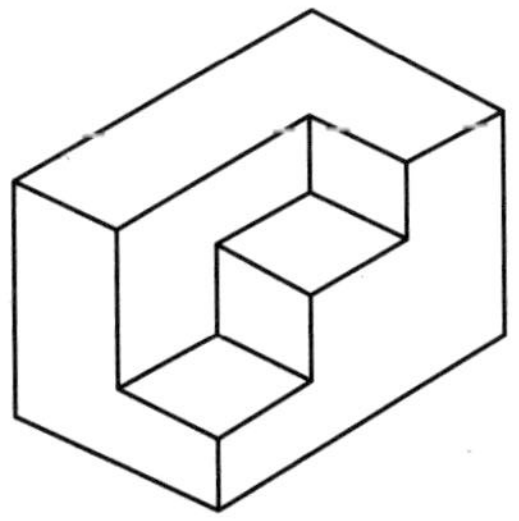

(3)

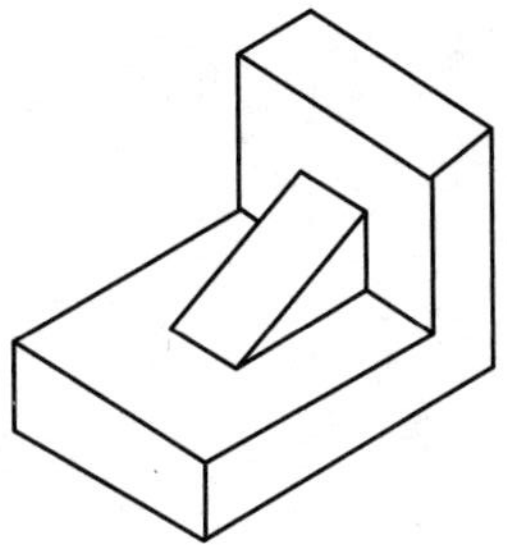

(4)

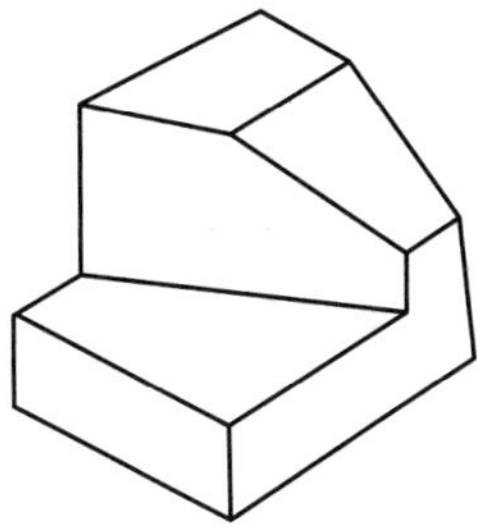

(5)

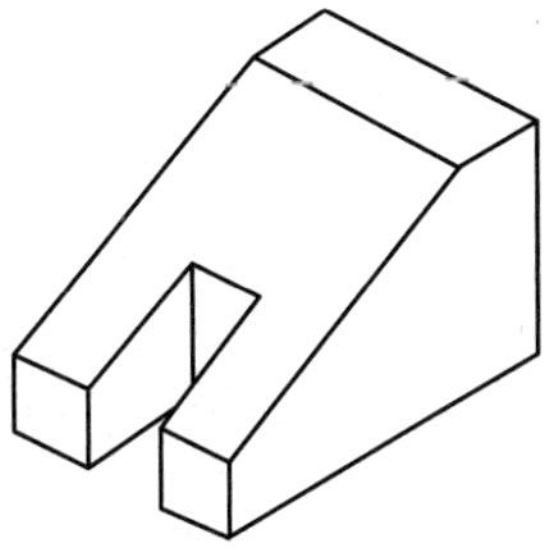

(6)

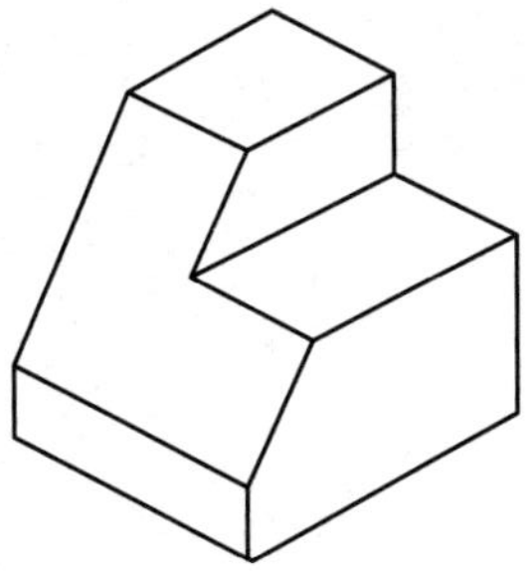

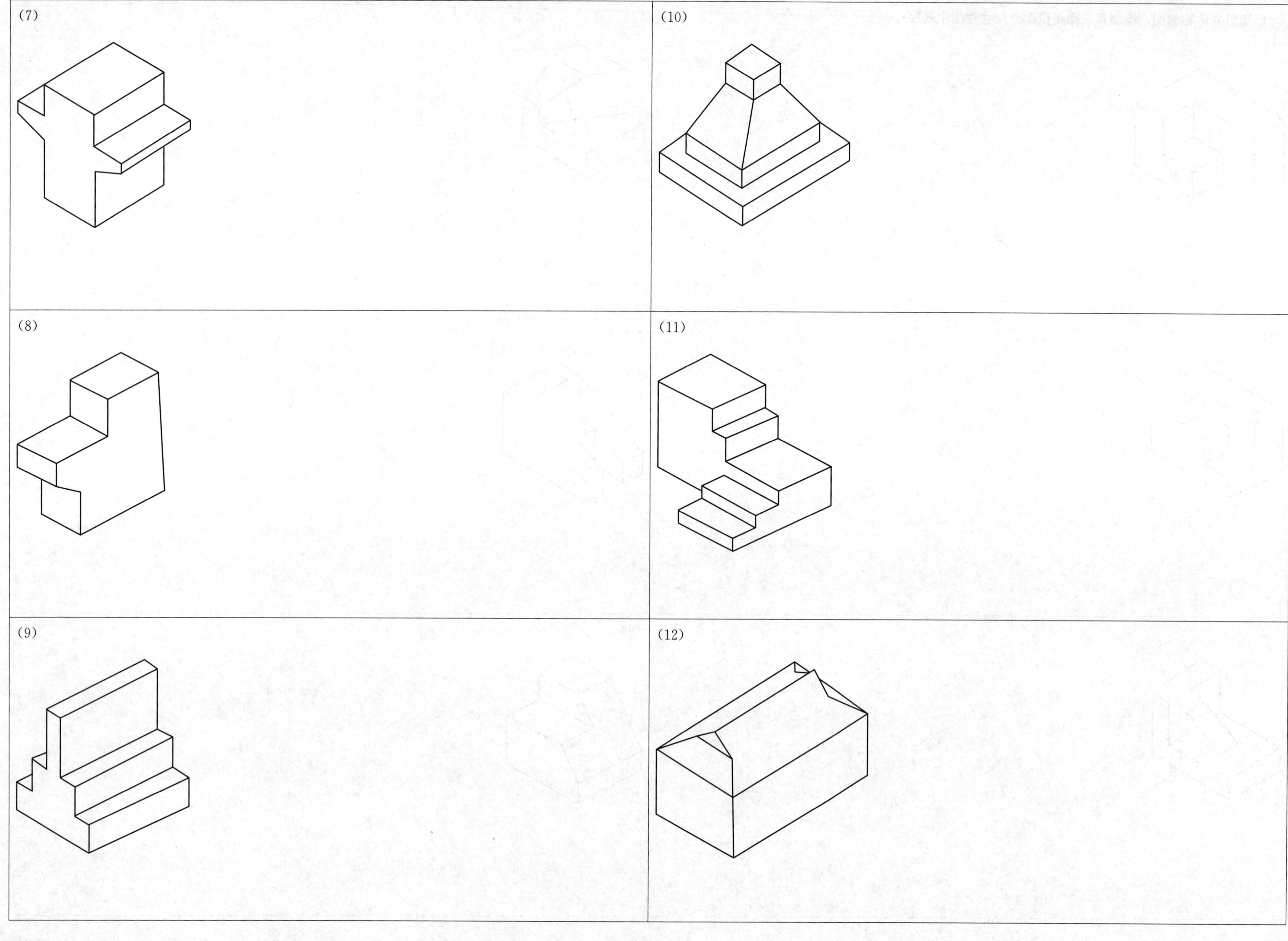
(7)
(10)
(8)
(11)
(9)
(12)

6. 已知形体的两面投影，补绘第三面投影。

(1)

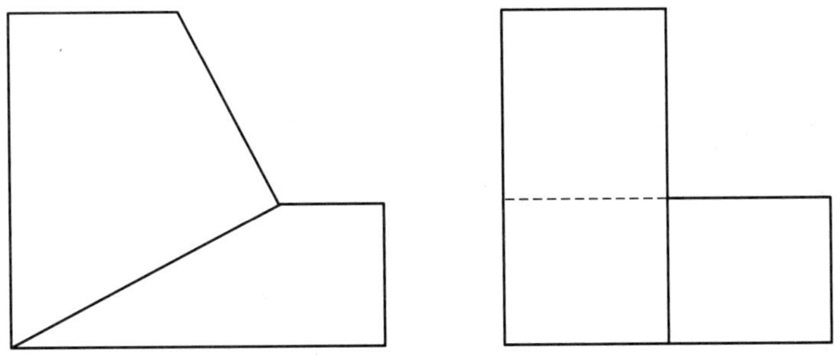

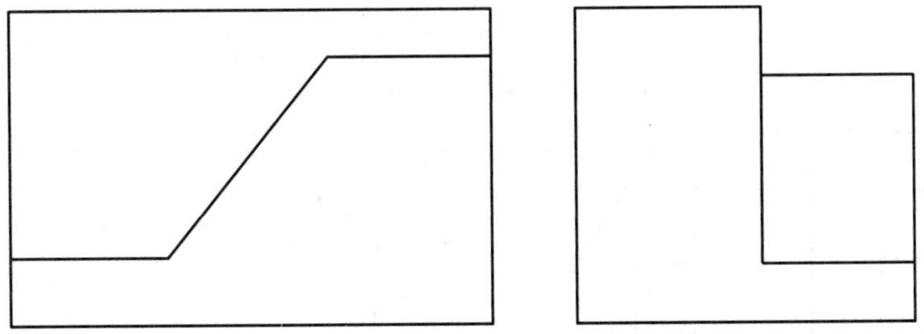

(3)

(2)

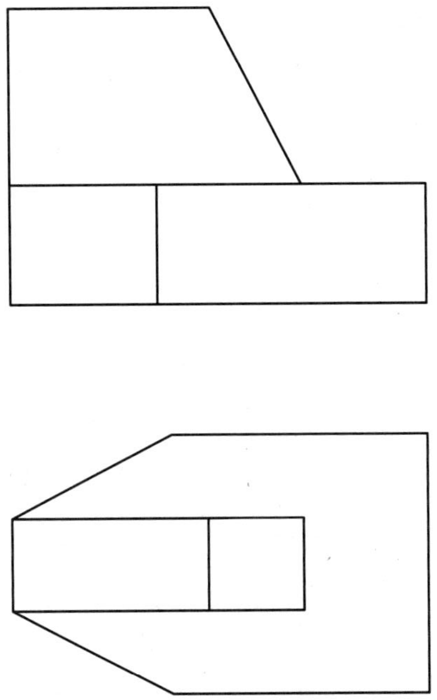

(4)

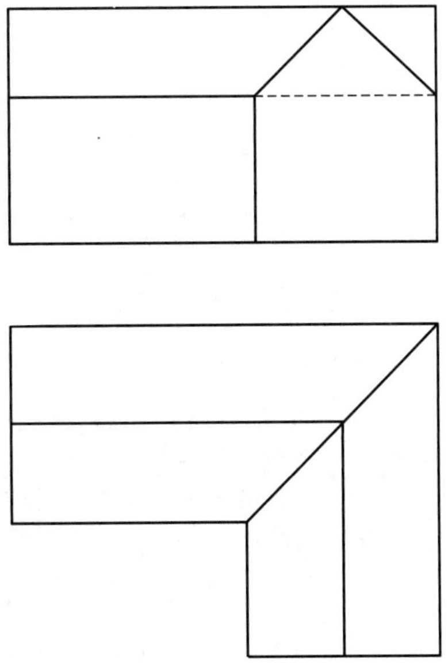

7. 根据已知正投影图，绘制其正等轴测图。

(1)

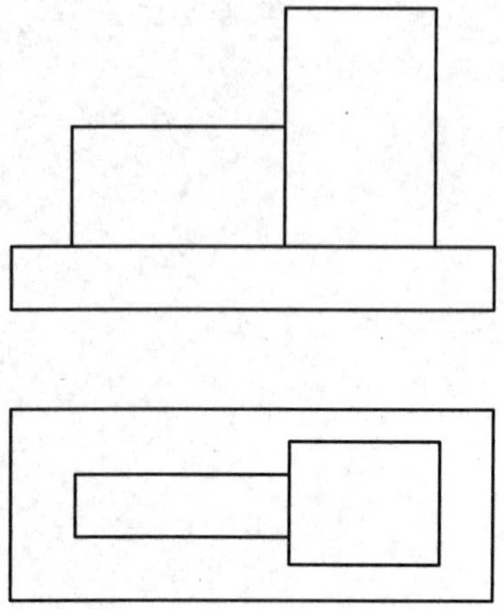

(3)

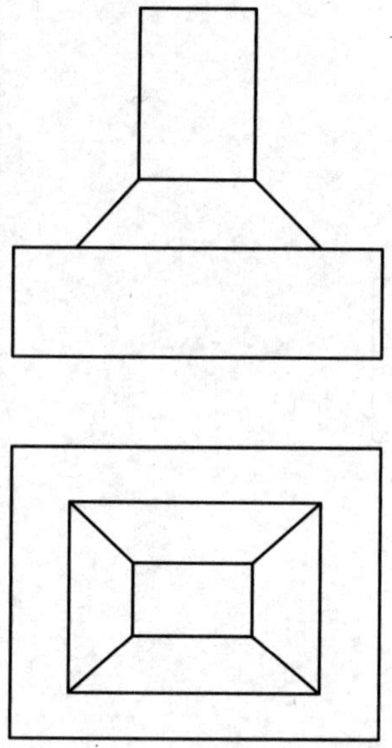

(2)

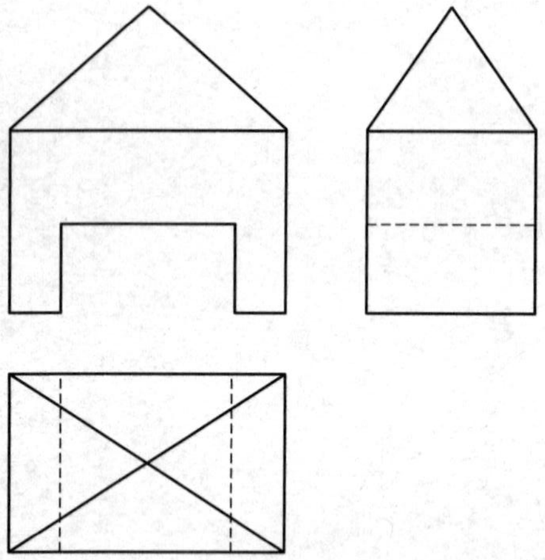

(4)

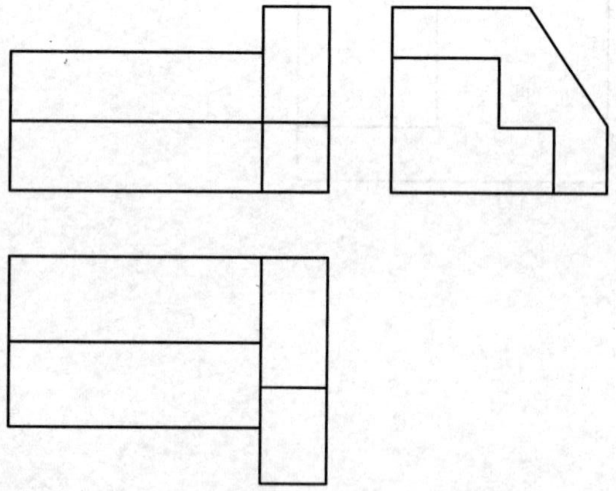

8. 绘制形体的 1-1 剖面图，并标记。

1

1

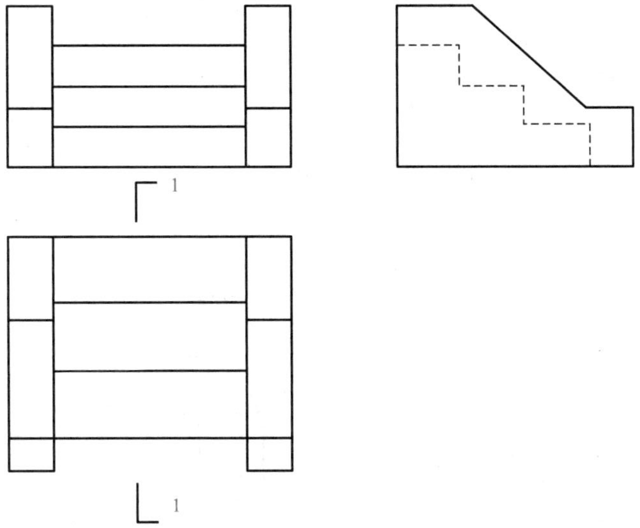

10. 绘制形体的正面全剖面图、侧面半剖面图，并标记。

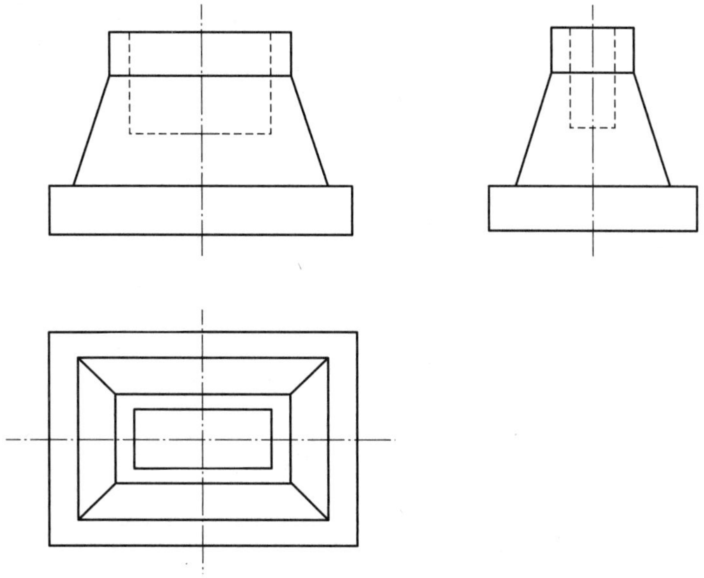

9. 绘制形体的 1-1 剖面图，并标记。

1 1

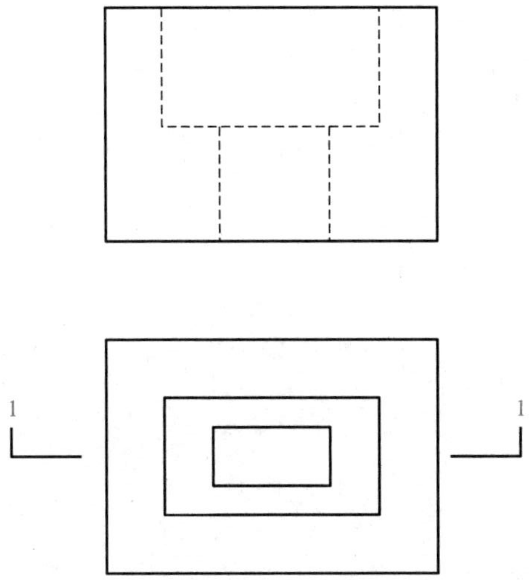

11. 绘制形体的 1-1 剖面图，并标记。

1 1

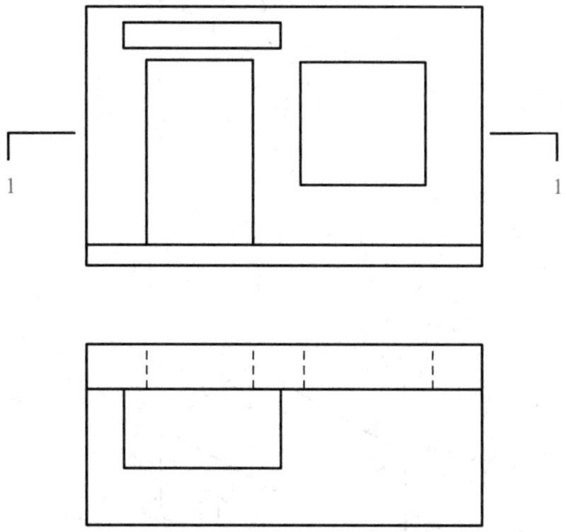

12. 绘制形体的 1-1 阶梯剖面图，并标记。

14. 绘制形体的 2-2 剖面图，并标记。

13. 绘制形体的 1-1 剖面图，并标记。

15. 绘制牛腿柱的 1-1、2-2 移出断面图，并标记。

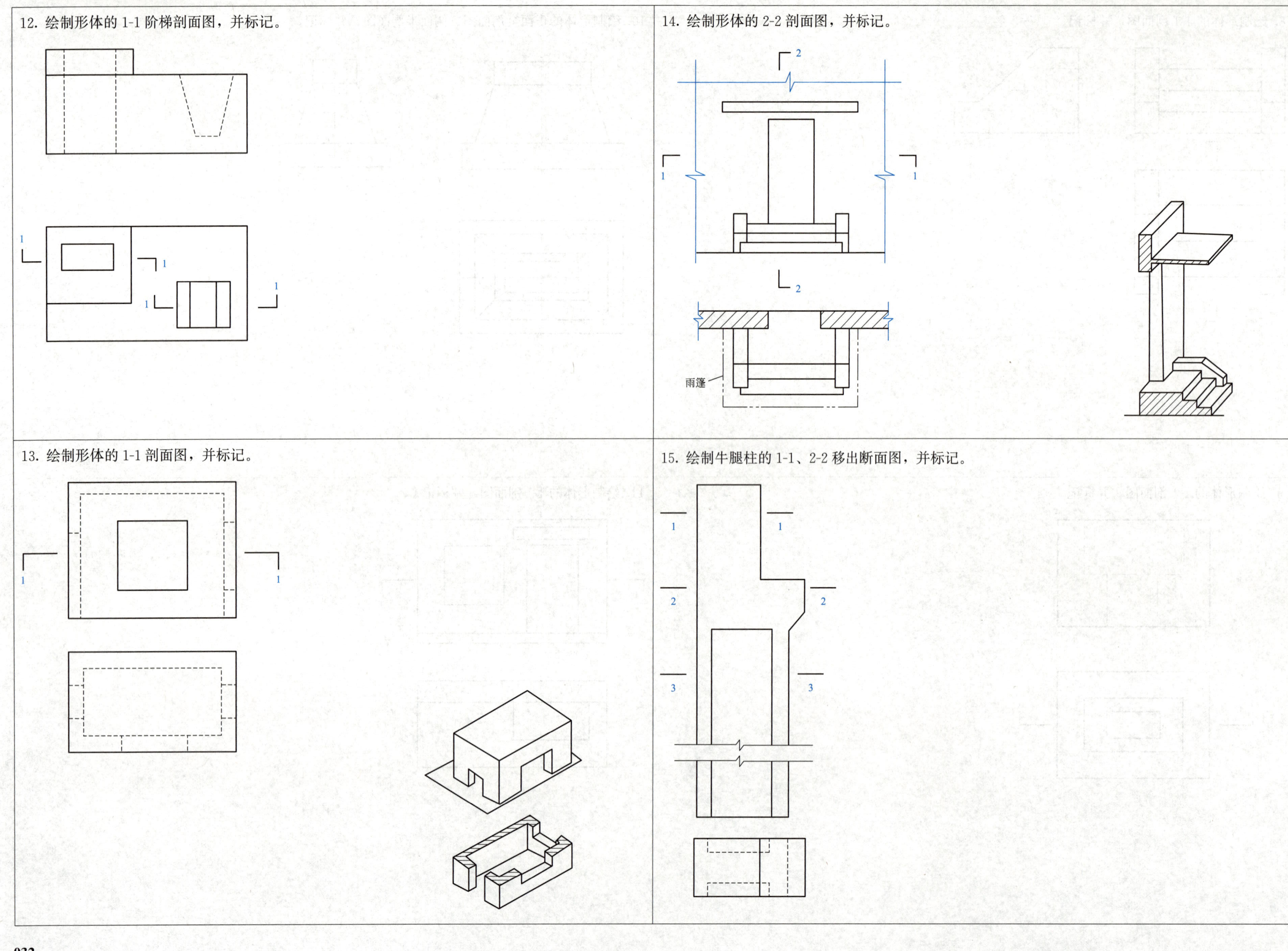

四、实训题

实训题目一　绘制三面正投影图

1. 实训目的：熟悉组合体的绘制方法和步骤；掌握利用正投影投影规律进行建筑形体的表达；能识读尺寸标注。

2. 实训内容：根据建筑形体立体图，识读并绘制其三面正投影图（数量由教师指定）。

3. 实训要求：A3 号图幅，横放；由任课教师根据绘图数量指定比例；铅笔绘制（建议 $b=1\text{mm}$）；不需要标注尺寸。

4. 作图步骤：

（1）绘图前的准备工作

◆ 明确实训任务内容和要求；

◆ 准备绘图工具，并且要求在绘图过程中始终保持绘图工具的清洁；

◆ 将图纸用胶带固定在图板的左下方，并保持图纸的干净和平整。

（2）对组合体进行形体分析，并根据图样数量布图

（3）画底稿图（建议用 H 或 2H 铅笔）

◆ 根据形体分析结果，依次画出各组成部分的三面正投影图，应先画反映形状特征的投影；

◆ 画图时应注意各组成部分的组合形式和表面连接关系；

◆ 画图时还应注意比例要求，投影轴可省略。

（4）检查无误后，按制图标准要求加粗描深图线（建议用 B 或 2B 铅笔）

◆ 图线加粗描深一般步骤是：先粗后细，先曲后直，先水平后垂直。

（5）书写文字，填写标题栏内容（建议用 HB 铅笔）

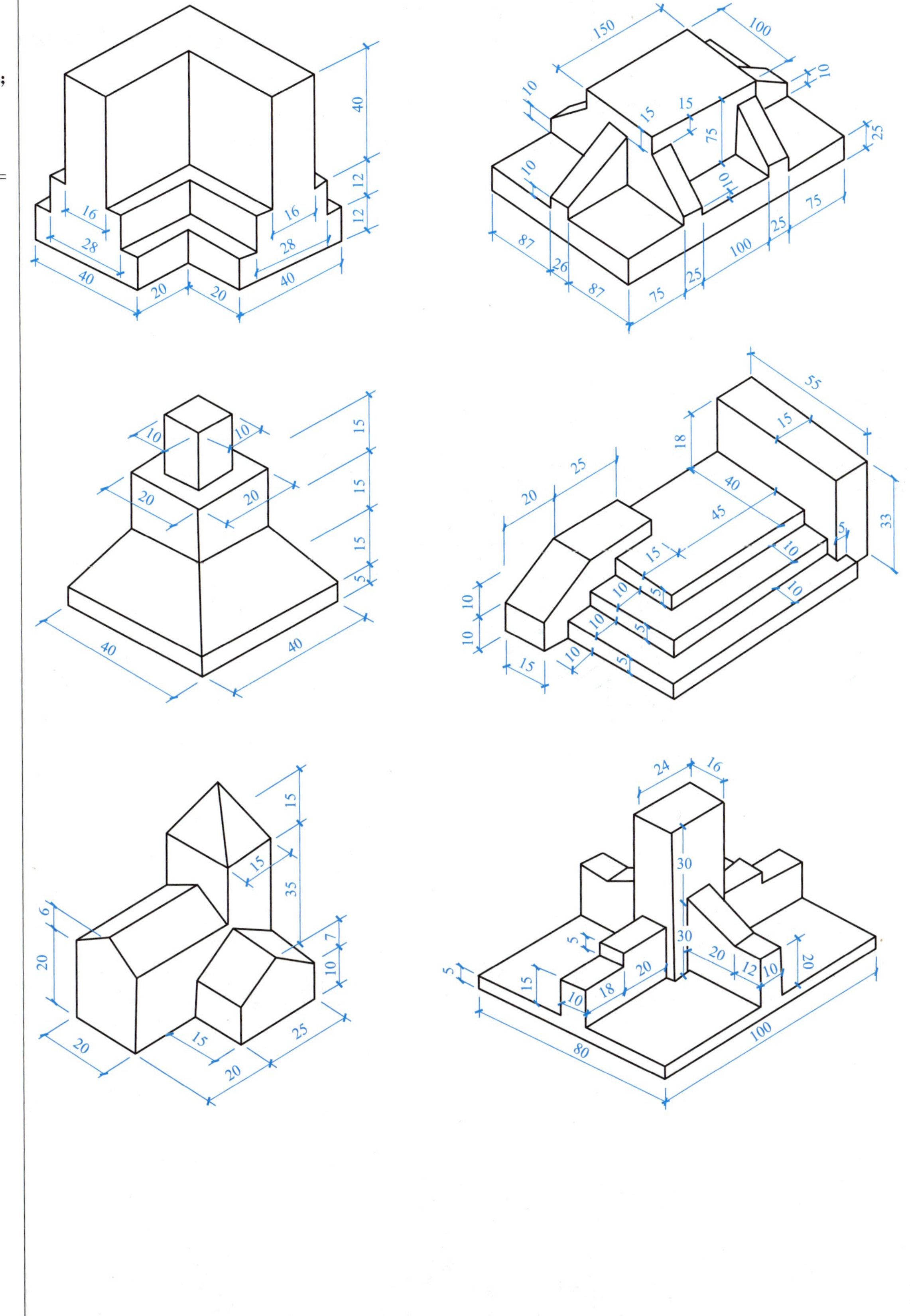

实训题目二　绘制剖面图和断面图

1. 实训目的：熟悉剖面图和断面图的形成、画法和两者之间的相互关系；掌握剖面图和断面图的绘制方法和步骤；能识读尺寸标注。

2. 实训内容：抄绘图例，并根据剖切符号绘制有梁板剖面图与断面图。

3. 实训要求图纸：A3 号图幅，横放；比例：1∶50；铅笔绘制（建议 b=1mm）；不需要标注尺寸。

4. 有梁板轴测图（仅供参考）。

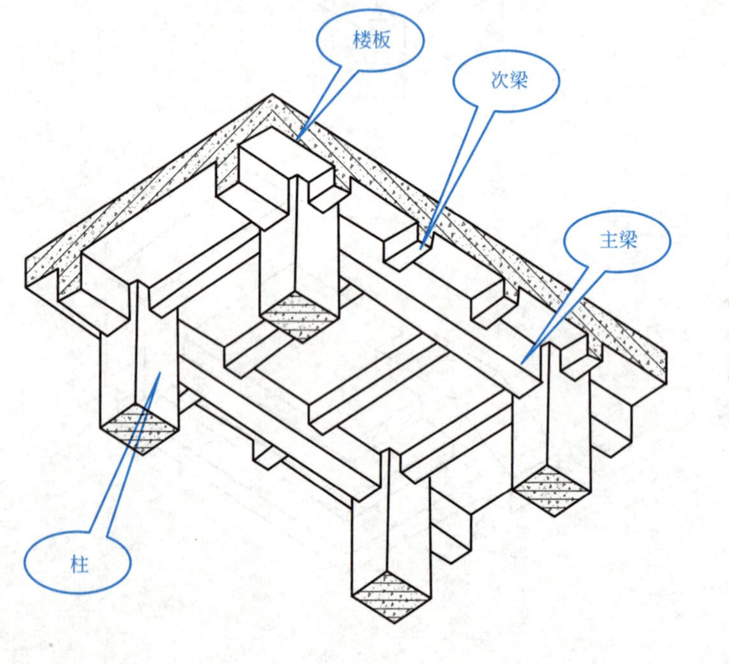

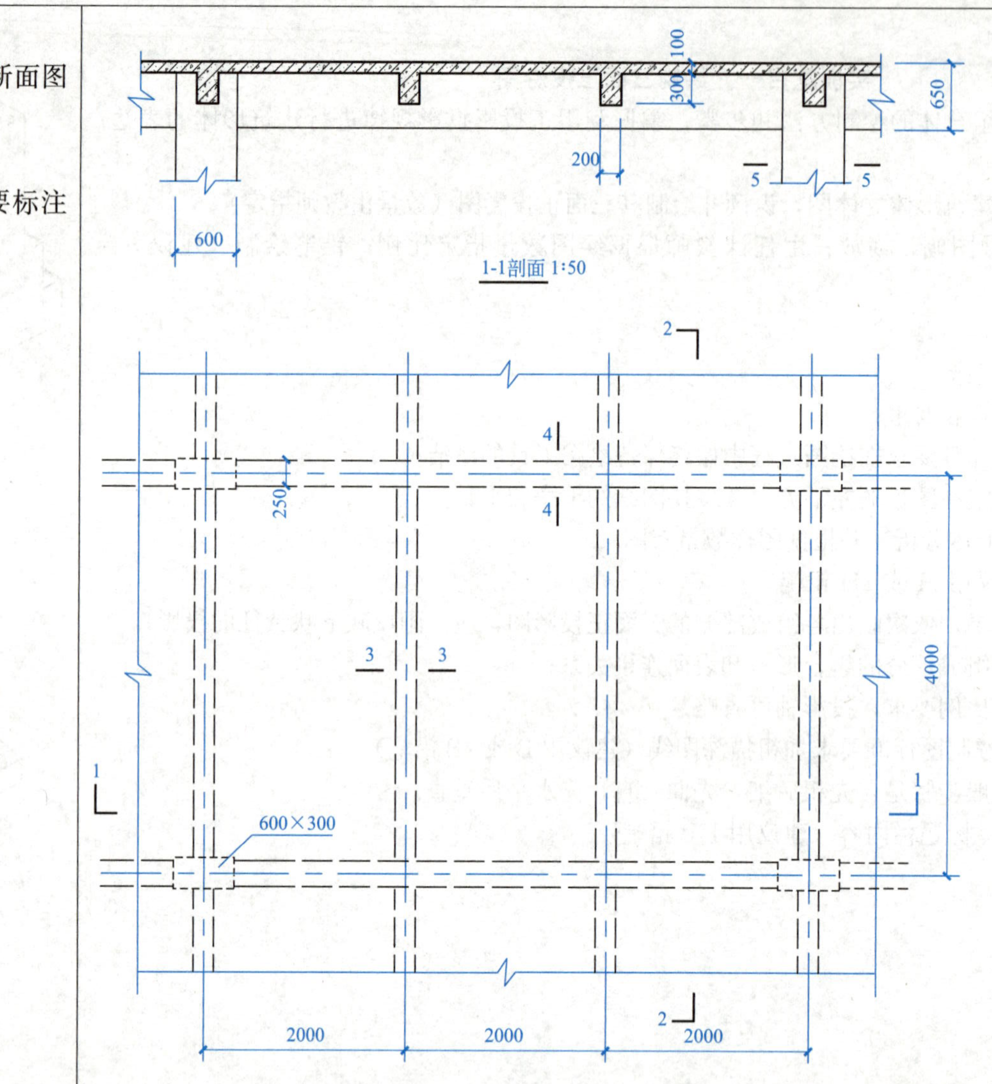

项目三 Project 03

民用建筑构造概述

学习基本要求

【知识目标】

了解建筑的概念、构成要素以及影响建筑构造的因素；熟悉建筑的分类与分级；了解建筑模数协调标准及模数应用；掌握民用建筑的基本构造组成。

【能力目标】

通过对建筑的认知，能结合图纸识读建筑分类、结构类型、耐火等级、防水等级等相关内容；能区分建筑各组成部分的位置、作用和设计要求。

【素质目标】

培养严谨细致的工作习惯，注重细节，确保对建筑构造学习的准确性和可靠性；了解建筑行业的国家政策、行业动态和新技术、新材料的应用，促进建筑业与信息化、工业化的深度融合，树立可持续发展理念。

知识要点概述

建筑是人们为了满足自身生活和社会活动需要，利用物质技术手段，并按照一定的科学规律和美学法则建造的人工空间环境。建筑设计应符合“适用、经济、绿色、美观”的原则。建筑的分类和分级为建筑设计提供依据，设计人员根据建筑的类型、等级、功能等要求，合理选择建筑结构、材料、构造做法、设备等，以确保其安全性、适用性和耐久性。

一、认识建筑

1. 建筑的概念

建筑既表示建筑工程的营造活动，又表示营造活动的成果——建筑物。建筑是一种人工创造的空间环境，是人们用劳动创造的财富，要满足人们的物质需要（建筑的实用性）和精神需要（建筑的艺术性）。

广义的建筑包括建筑物和构筑物。

◆ 建筑物指用建筑材料构筑的空间和实体，供人们居住和进行各种活动的场所。

◆ 构筑物指为某种使用目的而建造的、人们一般不直接在其内部进行生产和生活活动的工程实体或附属建筑设施。

2. 建筑的构成三要素

（1）建筑功能——建筑物在物质和精神方面必须满足的使用要求，是建造建筑的目的。

（2）建筑技术——实现建筑功能的必要手段。

（3）建筑形象——作为建筑产品的重要标志，包括建筑体型、空间组合、立面构图、细部与重点处理、材料的色彩和质感、光影和装饰处理等。

【说明】建筑功能处于主导地位；建筑技术是建筑得以实施的重要保证，同时对建筑功能又有着约束和促进作用；建筑形象则是建筑功能、建筑技术的外在表现。在优秀的建筑作品中，这三个要素是辩证统一的。

3. 影响建筑构造的因素

◆ 荷载——即结构上的作用。作用在建筑物上的荷载有结构自重、使用活荷载、风荷载、雪荷载、地震作用等。

◆ 环境——包括自然因素和人为因素，自然因素的影响是指风吹、日晒、雨淋、积雪、冰冻、地下水、地震等；人为因素的影响是指火灾、噪声、化学腐蚀、机械摩擦与振动等因素对建筑物的影响。在构造设计时，必须采用相应的防护措施。

◆ 技术条件——主要指建筑材料、建筑结构、施工方法等技术条件对于建筑建造设计的影响。

◆ 建筑标准——即要考虑经济条件。通常包括造价标准、装修标准、设备标准等方面。标准高的建筑耐久等级高，装修质量好，设备齐全，但是造价也相对较高。反之则低。

二、建筑的分类

建筑按不同情况有不同的分类。

1. 建筑按使用功能分类（表 3-1）

建筑按使用功能分类　　表 3-1

按使用功能分类		分类
民用建筑	供人们居住和进行各种公共活动的建筑	居住建筑
		公共建筑

续表

按使用功能分类		分类
工业建筑	以工业性生产为主要使用功能的建筑	单层工业厂房
		多层工业厂房
		单多层混合厂房
农业建筑	以农业性生产为主要使用功能的建筑	—

2. 建筑按结构材料和结构形式分类

◆ 木结构——指以木材作为房屋承重骨架的建筑。其具有自重轻、构造简单、施工方便等优点，但木材易被腐蚀，耐火性及耐久性差，目前应用较少。

◆ 砌体结构——指承重墙体为块材，楼层和屋顶为钢筋混凝土梁板的建筑。这种结构便于就地取材、耐火性强、施工方便，但自重大、抗震性能差，一般用于多层民用建筑。

◆ 钢筋混凝土结构——由钢筋混凝土柱、梁、板作为垂直和水平方向承重构件的建筑，主要包括框架结构、框剪结构、剪力墙结构、筒体结构等。这种结构具有坚固耐久、可塑性强、抗震性能好、防火性高等优点，目前应用最为广泛。

◆ 钢结构——指主要承重构件全部采用钢材制作的建筑。钢结构具有力学性能好，结构自重轻，工业化施工程度高，施工受季节影响小的优点，特别适宜于高层建筑和大跨度建筑。

◆ 钢-混凝土组合结构——由钢材和混凝土两种不同性质的材料经组合而成的结构。这种结构充分发挥了钢材抗拉强度高、塑性好和混凝土抗压性能好的优点，弥补彼此各自的缺点，主要用于大跨度建筑。

3. 按高度或层数分类

根据《民用建筑设计统一标准》GB 50352—2019，民用建筑按地上层数或高度分类见表 3-2。

民用建筑按地上层数或高度分类　　表 3-2

按建筑高度分类（规划要求）	低层或多层	高层	超高层
住宅建筑	$H \leqslant 27m$	$27m < H \leqslant 100m$	>100m
公共建筑	$H \leqslant 24m$	$24m < H \leqslant 100m$	

《建筑设计防火规范（2018 年版）》GB 50016—2014 规定，民用建筑根据其建筑高度和层数可分为单、多层民用建筑和高层民用建筑。高层民用建筑根据其建筑高度、使用功能和楼层的建筑面积可分为一类和二类。民用建筑按建筑高度、使用功能和楼层的建筑面积分类应符合表 3-3 的规定。

民用建筑按建筑高度、使用功能和楼层的建筑面积分类　　表 3-3

名称	高层民用建筑		单、多层民用建筑
	一类	二类	
住宅建筑	建筑高度大于 54m 的住宅建筑（包括设置商业服务网点的住宅建筑）	建筑高度大于 27m，但不大于 54m 的住宅建筑（包括设置商业服务网点的住宅建筑）	建筑高度不大于 27m 的住宅建筑（包括设置商业服务网点的住宅建筑）

续表

名称	高层民用建筑		单、多层民用建筑
	一类	二类	
公共建筑	1. 建筑高度大于 50m 的公共建筑； 2. 建筑高度 24m 以上部分任一楼层建筑面积大于 1000m² 的商店、展览、电信、邮政、财贸金融建筑和其他多种功能组合的建筑； 3. 医疗建筑、重要公共建筑、独立建造的老年人照料设施； 4. 省级及以上的广播电视和防灾指挥调度建筑、网局级和省级电力调度建筑； 5. 藏书超过 100 万册的图书馆、书库	除一类高层公共建筑外的其他高层公共建筑	1. 建筑高度大于 24m 的单层公共建筑； 2. 建筑高度不大于 24m 的其他公共建筑

民用建筑按地上层数分类见表 3-4。

民用建筑按地上层数分类　　表 3-4

按建筑层数分类	低层	多层	高层
住宅建筑	1～3 层	4～9 层	≥10 层
公共建筑、宿舍建筑	1～3 层	4～6 层	≥7 层

4. 按施工方式分类

◆ 现浇现砌式——建筑物主要构件在施工现场浇筑或砌筑而成。

◆ 预制装配式——建筑物主要构件在加工厂预制，在施工现场进行装配而成。

◆ 装配整体式——部分构件在加工厂预制，部分构件在施工现场浇筑或砌筑而成。

三、建筑的等级

1. 按设计使用年限划分

设计使用年限即为建筑结构的设计工作年限，是指设计规定的结构或结构构件不需进行大修即可按其预定目的使用的年限。民用建筑的设计使用年限应符合表 3-5 的规定。

民用建筑设计使用年限　　表 3-5

类别	设计使用年限（年）	示例
1	5	临时性建筑
2	25	易于替换结构构件的建筑
3	50	普通建筑和构筑物
4	100	纪念性建筑和特别重要的建筑

2. 按耐火等级划分

建筑的耐火等级主要根据房屋的主要构件的燃烧性能和耐火极限来确定。

◆ 燃烧性能——指构件在明火或高温辐射的情况下，能否燃烧及燃烧的难易程度。

可分为：

（1）不燃烧性——用不燃材料（A 级）做成的建筑构件，如混凝土、石材、砖等。

（2）难燃烧性——用难燃材料（B_1 级）做成的建筑构件或用可燃材料做成，再用不燃材料做保护层的建筑构件，如沥青混凝土、板条抹灰等。

（3）可燃性——用可燃材料（B_2 级）做成的建筑构件，如木材、塑料制品等。

◆ 耐火极限——指在标准耐火试验条件下，建筑构件、配件或结构从受到火的作用时起，至失去承载能力、完整性或隔热性时为止所用时间，用小时（h）表示。

根据《建筑设计防火规范（2018 年版）》GB 50016—2014，民用建筑的耐火等级分为一、二、三、四级。其中一级最高，四级最低。除另有规定外，不同耐火等级建筑相应构件的燃烧性能和耐火极限不应低于表 3-6 的规定。

不同耐火等级建筑相应构件的燃烧性能和耐火极限（单位：h）　　表 3-6

构件名称		耐火等级			
		一级	二级	三级	四级
墙	防火墙	不燃性 3.00	不燃性 3.00	不燃性 3.00	不燃性 3.00
	承重墙	不燃性 3.00	不燃性 2.50	不燃性 2.00	难燃性 0.50
	非承重外墙	不燃性 1.00	不燃性 1.00	不燃性 0.50	可燃性
	楼梯间和前室的墙 电梯井的墙 住宅建筑单元之间的墙和分户墙	不燃性 2.00	不燃性 2.00	不燃性 1.50	难燃性 0.50
	疏散走道两侧的隔墙	不燃性 1.00	不燃性 1.00	不燃性 0.50	难燃性 0.25
	房间隔墙	不燃性 0.75	不燃性 0.50	难燃性 0.50	难燃性 0.25
柱		不燃性 3.00	不燃性 2.50	不燃性 2.00	难燃性 0.50
梁		不燃性 2.00	不燃性 1.50	不燃性 1.00	难燃性 0.50
楼板		不燃性 1.50	不燃性 1.00	不燃性 0.50	可燃性
屋顶承重构件		不燃性 1.50	不燃性 1.00	可燃性 0.50	可燃性
疏散楼梯		不燃性 1.50	不燃性 1.00	不燃性 0.50	可燃性
吊顶（包括吊顶搁栅）		不燃性 0.25	难燃性 0.25	难燃性 0.15	可燃性

四、建筑模数协调标准

1. 模数是指选定的标准尺寸单位，作为尺度协调中的增值单位，也是建筑设计、建筑施工、建筑材料与制品、建筑设备、建筑组合件等各部门进行尺度协调的基础，其目的是使构配件之间安装吻合，并具有互换性。模数协调是指应用模数实现尺寸协调及安装位置的方法和过程。

2. 模数类型

模数类型如图 3-1 所示。

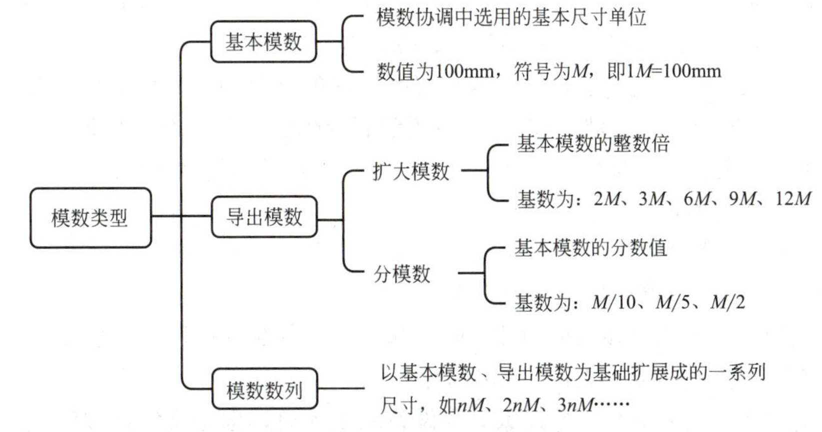

图 3-1　模数类型

3. 模数应用

（1）建筑物的开间或柱距，进深或跨度、门窗洞口宽度宜采用 $2nM$、$3nM$（n 为自然数）。

（2）承重墙和外围护墙厚度宜根据 $1M$ 的倍数及其与 $M/2$ 的组合确定，宜为 150mm、200mm、250mm、300mm。

（3）内隔墙和管道井墙厚度宜根据分模数或 $1M$ 与分模数的组合确定，宜为 50mm、100mm、150mm。

（4）层高、室内净高、门窗洞口高度宜为 nM（n 为自然数）。

（5）柱、梁截面的优先尺寸系列宜根据 $1M$ 的倍数与 $M/2$ 的组合确定。

（6）门窗洞口水平、垂直方向定位宜为 nM（n 为自然数）。

4. 几种尺寸

为了保证建筑制品、构配件等有关尺寸间的统一与协调，《建筑模数协调标准》GB/T 50002—2013 规定了标志尺寸、制作尺寸、实际尺寸及其相互间的关系。

（1）标志尺寸——符合模数数列的规定，用以标注建筑物定位线或基准面之间的垂直距离以及建筑部件、建筑分部件、有关设备安装基准面之间的尺寸。

（2）制作尺寸——制作部件或分部件所依据的设计尺寸。

（3）实际尺寸——部件、分部件等生产制作后实际测得的尺寸。

定位轴线限定的构配件尺寸为标志尺寸，构配件的设计尺寸为制作尺寸，制作尺寸加缝隙尺寸为标志尺寸。实际尺寸是生产的实有尺寸，它与制作尺寸的差值必须控制在允许范围之内。

五、民用建筑基本组成

民用建筑是由基础、墙（柱）、楼地层、楼梯、屋顶、门窗等部分组成。

3-1 民用建筑基本组成

1. 基础：建筑物最下部的竖向承重构件，一般埋在地面以下。它承受墙（柱）传来的建筑物的全部荷载，并将这些荷载及自重传给其下面的土层（地基）。基础应具有足够的强度、刚度和耐久性，能抵御地下各种有害因素的侵蚀。

2. 墙（柱）：建筑物的竖向承重构件，承受楼板及屋顶传来的荷载，并将这些荷载连同自重传给基础。墙体还有围护和分隔作用。墙（柱）应具有足够的强度和稳定性，具备良好的热工性能及防火、防水防潮、隔声等性能。

3. 楼地层：包括楼板层和地坪层，是建筑物水平方向的承重构件，直接承受人、家具、设备等荷载，并将这些荷载连同自重传给墙（柱），同时还起着分隔建筑空间和水平支撑墙体的作用。楼地层应具有足够的强度和刚度，同时具备防火、防水防潮、隔声、耐腐蚀等性能。

4. 楼梯：作为楼层之间的垂直交通设施，由连续行走的梯级、休息平台和围护安全栏杆扶手及相应的支承结构组成，起着联系上下楼层和紧急疏散的作用。要求楼梯有适宜的坡度和足够的通行能力，同时还应满足坚固、耐磨、防滑、防火等要求。

5. 屋顶：建筑物顶部的承重和围护构件，同时起到一定的装饰作用。屋顶应具有足够的强度和刚度，并具备良好的排水、防水、保温、隔热等性能。

6. 门窗：门是供人们出入通行、搬运家具和设备的出入口，也是紧急疏散口，兼起采光通风的作用。要求门要有足够的宽度和高度，门的数量和位置应符合规定。窗具有采光、通风、供人眺望等功能，要求窗要有足够的面积。门窗还应具有防风沙、保温隔热、隔声、耐撞击、防火等功能。

其他附属设施：阳台、雨篷、台阶、勒脚、散水等。

六、相关术语

3-2 常用术语

1. 开间——横向定位轴线之间的距离，一般是按楼板长度的模数数列选定。

2. 进深——纵向定位轴线之间的距离，一般是按梁长度的模数数列选定。

3. 层高——建筑物各层之间以楼、地面面层（完成面）计算的垂直距离。

4. 屋顶层的层高——由该层楼面面层（完成面）至平屋面的结构面层或至坡屋面的结构面层与外墙外皮延长线的交点计算的垂直距离。

5. 室内净高——按楼地面完成面至吊顶、楼板或梁底面之间的垂直距离计算。当楼盖、屋盖的下悬构件或管道底面影响有效使用空间时，应按楼地面完成面至下悬构件下缘或管道底面之间的垂直距离计算。

6. 建筑构造设计——对建筑物中的部件、构件、配件进行的详细设计，以达到建造的技术要求并满足其使用功能和艺术造型的要求。

7. 建筑防火设计——在建筑设计中采取防火措施，以防止火灾发生和蔓延，减少火灾对生命财产的危害的专项设计。

8. 人防设计——在建筑设计中对具有预定战时防空功能的地下建筑空间采取防护措施，并兼顾平时使用的专项设计。

9. 建筑节能设计——为降低建筑物围护结构、供暖、通风、空调和照明等的能耗，在保证室内环境质量的前提下，采取节能措施，提高能源利用率的专项设计。

10. 无障碍设计——为保障行动不便者在生活及工作上的方便、安全，对建筑室内外的设施等进行的专项设计。

理论实践自测

一、填空题

1. 建筑按使用功能分为______、______和______。

2. 民用建筑分为______和______。

3. 民用建筑按高度划分时，住宅建筑高度______m 为低层或多层建筑，______m 为高层建筑；公共建筑（包括建筑高度大于 24.0m 的单层公共建筑）高度______m 为低层或多层建筑，______m 为高层建筑建筑；建筑物总高度超过______m 时，不论其是住宅还是公共建筑均为超高层建筑。

4. 根据《建筑设计防火规范（2018 年版）》GB 50016—2014，民用建筑的耐火等级分为______级。其中______级最高，______级最低。

5. 基本模数的数值为______mm，用 M 表示，即 $1M=$______mm。

6. 导出模数分为______和______。

二、单选题

1. 广义的建筑包括（ ）。

A. 建筑物　　B. 构筑物
C. 建筑物和构筑物　　D. 建造物和构造物

2. 下列建筑类型中不属于公共建筑的是（ ）。

A. 图书馆　　B. 医院　　C. 宿舍　　D. 旅馆

3. 建筑的构成要素中（ ）起主导作用。

A. 建筑形象　　B. 建筑技术　　C. 建筑结构　　D. 建筑功能

4. 新型建筑材料对建筑构造的影响因素属于（ ）。

A. 荷载因素　　B. 技术因素　　C. 环境因素　　D. 标准因素

5. 按民用建筑分类标准，下列属于超高层建筑的是（ ）。

A. 高度 50m 的建筑　　B. 高度 70m 的建筑
C. 高度 90m 的建筑　　D. 高度 110m 的建筑

6. 某办公建筑高度 28m，该办公楼属于（ ）。

A. 低层建筑　　B. 多层建筑　　C. 高层建筑　　D. 超高层建筑

7. 钢筋混凝土制作的梁、板、柱形成的骨架来承担荷载的结构体系称为（ ）。

A. 框架结构　　B. 剪力墙结构　　C. 砌体结构　　D. 钢结构

8. 高度超过（ ）m 的住宅建筑是一类高层民用建筑。

A. 24　　B. 27　　C. 50　　D. 54

9. 建筑物的设计工作年限为 50 年，适用于（ ）。

A. 临时性建筑　　B. 普通建筑和构筑物
C. 纪念性建筑　　D. 易于替换结构构件的建筑

10. 下列不属于高层建筑的是（ ）。

A. 高度为 27m 的单层展览中心　　B. 高度为 30m 的住宅建筑
C. 高度为 54m 的综合楼　　D. 高度为 25m 的办公楼

11. 下列选项中不属于民用建筑基本组成部分的是（　　）。
A. 楼梯　　B. 屋顶　　C. 基础　　D. 地基

12. 经防火处理的木构件是（　　）。
A. 非燃烧体　　B. 可燃烧体　　C. 难燃烧体　　D. 易燃烧体

13. 构造节点和分部件的接口尺寸等宜采用（　　）。
A. 基本模数　　B. 扩大模数　　C. 分模数　　D. 标准模数

14. 下列（　　）组数字符合建筑模数统一制的要求。
Ⅰ. 3000mm　Ⅱ. 3330mm　Ⅲ. 50mm　Ⅳ. 1560mm
A. Ⅰ、Ⅱ　　B. Ⅰ、Ⅲ　　C. Ⅱ、Ⅲ　　D. Ⅰ、Ⅳ

15. 下列属于非承重构件的是（　　）。
A. 门窗　　B. 屋顶　　C. 楼板　　D. 基础

16. 下列（　　）是建筑沿水平方向的承重构件，并将所承受的荷载传给建筑的竖向承重构件。
A. 基础　　B. 墙（柱）　　C. 门窗　　D. 楼板层

17. 下列既是承重构件，又是围护构件的是（　　）。
A. 基础　墙体　　B. 门窗　楼地层　　C. 门窗　屋顶　　D. 墙体　屋顶

18. 建筑物的层高通常是指（　　）。
A. 相邻上下两层楼面间高差　　B. 相邻两层楼面高差减去楼板厚
C. 室内地坪减去室外地坪高差　　D. 室外地坪到屋顶的高度

19. 用以标注建筑物定位线或基准面之间的垂直距离且符合模数数列的规定的尺寸是（　　）。
A. 标志尺寸　　B. 构造尺寸　　C. 制作尺寸　　D. 实际尺寸

20. 下列说法错误的是（　　）。
A. 体育馆属于大型性建筑
B. 楼板层可以增加墙体的稳定性
C. 当建筑物高度超过 100m 时，不论住宅还是公共建筑均为超高层建筑
D. 建筑的耐火等级越高，其构件的耐火极限越短

三、综合题

1. 建筑的构成要素有哪些？它们之间有什么关系？

2. 建筑物的耐火等级是根据什么确定的？什么是耐火极限？

3. 什么是层高？建筑物屋顶层的层高如何计取？

4. 什么是开间？什么是进深？

5. 根据民用建筑的组成，写出下图相应序号部位的构造名称，并简要说明各基本组成的作用和要求。

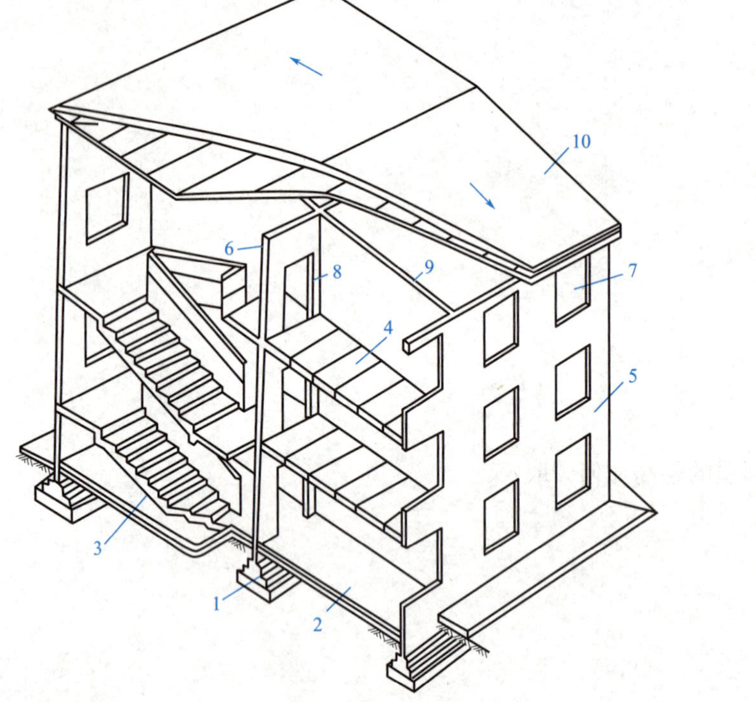

（1）写出图中相应序号部位的构造名称。

1________ 2________ 3________ 4________ 5________

6________ 7________ 8________ 9________ 10________

（2）简要说明各基本组成部分的作用和要求。

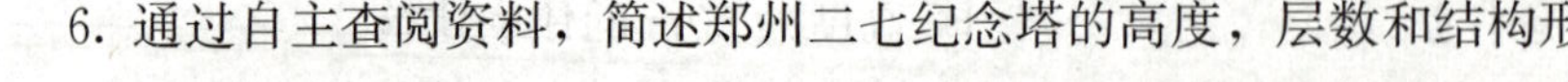

6. 通过自主查阅资料，简述郑州二七纪念塔的高度，层数和结构形式。

郑州二七纪念塔

四、实训题

识读本教材别墅建筑施工图和办公楼建筑施工图，分别指出：

（1）建筑物按使用功能、结构材料和形式、建筑高度和层数、施工方式划分的类型。

（2）建筑物的设计使用年限和耐火等级，主要构件的燃烧性能和耐火极限信息。

（3）建筑物的设计依据、相应的标准规范。

项目四

Project 04

基础与地下室

学习基本要求

【知识目标】

熟悉地基与基础的概念；了解人工加固地基的方法；掌握基础埋深的概念及影响因素；掌握基础的分类及常见基础的构造；熟悉地下室防水构造。

【能力目标】

能理解基础和地基的关系；能够分析各种类型的基础在不同建筑中的应用；会运用规范、图集查找基础与地下室的构造做法；能够依据制图标准，根据任务要求绘制地下室防水构造详图。

【素质目标】

建筑功能的实现需要坚实的基础，地下室防潮和防水问题的解决是延长建筑使用寿命的保障，要培养学生的安全意识、质量意识和环保意识；培养面对复杂的工程问题选择合理的技术方案能力。

知识要点概述

基础是建筑物的主要组成部分之一，地基与基础共同作用，承受建筑物荷载。基础属于地下隐蔽工程，一旦出现问题将会造成重大经济损失甚至人员伤亡，因此，在地基与基础的设计和施工过程中，必须严格遵守相关规范标准，以确保工程质量。地下室既可提高土地利用率，又可满足战备防空要求，地下室底板和外墙的防水是其建筑构造设计的重点。

一、基础

1. 地基与基础的概念

◆ 基础：是建筑物最下面与土壤接触的承重构件，它承受建筑物上部的全部荷载，并把这些荷载连同自重传给地基。

◆ 地基：建筑物基础底面以下，受荷载作用影响范围内的土体或岩体。地基中直接与基础底部接触且需要承载力计算的土层称为持力层；持力层以下的土层（一般不需要计算但也必须具有足够的强度和厚度）称为下卧层，如图 4-1 所示。

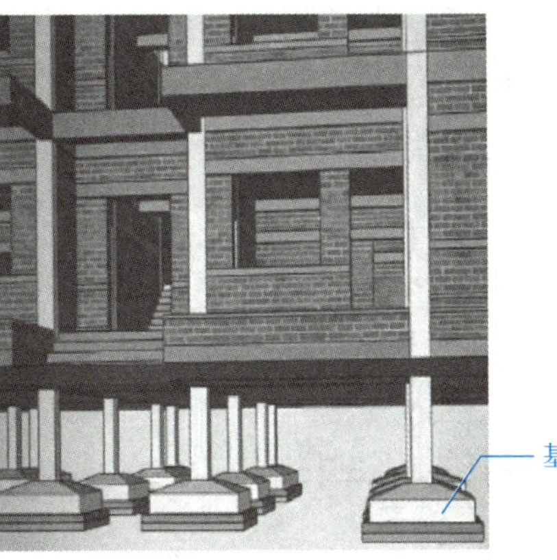

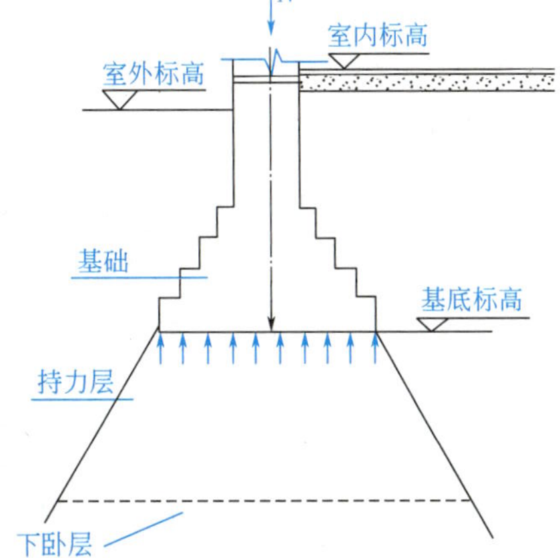

图 4-1　基础与地基关系

◆ 两者的关系：基础是建筑物墙或柱在地面以下的放大部分；地基不是建筑物的组成部分，是支承基础并承受建筑物全部荷载的土壤层。地基在荷载作用下产生的应力和应变，随着土层深度的增加而减小，在达到一定深度后就可忽略不计。

2. 地基

（1）地基的分类

地基分为天然地基和人工地基两大类：

天然地基：天然土层本身具有足够的承载力，不需经人工改良或加固即可以在上面建造房屋的地基。常见的天然地基有岩石、碎石土、砂土、黏性土。

人工地基：天然土层的承载力较差或土层质地虽好，但不能满足荷载的要求，为使地基具有足够的承载能力，应对土层进行加固处理。

（2）人工地基加固的方法

常用的人工地基加固的方法有压实法、换土法、挤密桩法和化学加固法，详见表 4-1。

人工地基加固处理方法　表 4-1

人工地基加固处理方法	说明
压实法	用重锤或压路机将较软弱土层夯实或压实，挤出土层颗粒间的空气，提高土的密实度以增加土层的承载力。这种做法不用材料，比较经济，适用于土层承载力与设计要求相差不大的情况
换土法	当地基土的局部或全部为软弱土（如淤泥、沼泽、杂填土、孔洞等），可将局部或全部软弱土清除，换以好土（如粗砂、中砂、砂石料、灰土等）。造价比压实法高

续表

人工地基加固处理方法	说明
挤密桩法	利用沉管、冲击、爆破等方法在土中挤压成孔，再向桩孔内分层夯填素土、灰土等材料，从而形成增大直径的桩体，并同原地基一起形成复合地基。 该方法是软弱地基加固处理的方法之一，在湿陷性黄土地区使用较广。常用的有灰土挤密桩、砂石桩、水泥粉煤灰碎石桩三种
化学加固法	利用水泥浆液、黏土浆液或其他化学浆液，通过灌注压入、高压喷射或机械搅拌，使浆液与土颗粒胶结起来，以改善地基土的物理和力学性质，提高地基承载力

3. 基础的埋置深度

基础的埋置深度指室外设计地面（按设计要求工程竣工后室外场地经垫起或下挖后的地面）到基础底面的垂直距离，如图 4-2 所示。

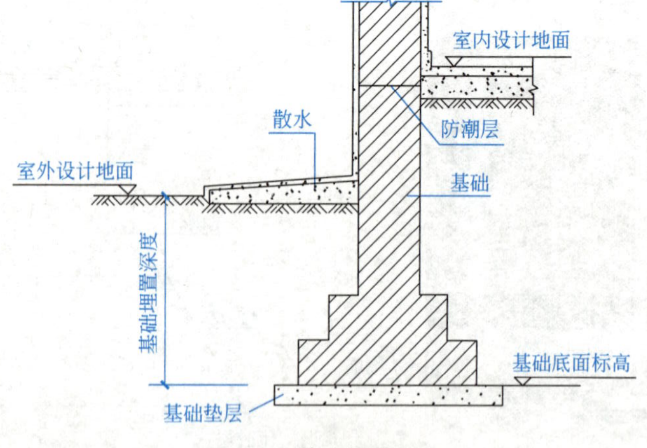

图 4-2　基础埋置深度

基础埋置深度不超过 5m 时称为浅基础，超过 5m 时称为深基础。除岩石地基外，基础埋深一般不小于 500mm。

基础埋置深度的影响因素：基础的埋深对建筑物的耐久性、造价、工期、施工技术等影响较大，应按下列条件确定：

（1）建筑物的用途，有无地下室、设备基础和地下设施，基础的形式和构造

当建筑物有地下室、地下管沟和设备基础时，基础相应加大埋置深度；高层建筑基础埋深应随建筑高度增大而增大。

（2）作用在地基上的荷载大小和性质

一般荷载越大基础埋置越深；受向上拔力的结构基础，如输电线塔基础，要有较大的埋置深度，以保证有足够的抗拔能力。

（3）工程地质条件

基础应设置在坚实可靠的地基上，不能设置在承载力低，压缩性高的软弱土层上。

（4）水文地质条件

在满足承载力的前提下，基础底面应设置在最高地下水位以上，如图 4-3（a）所示。当地下水位较高，不能满足要求时，应将基础埋置在最低地下水位 200mm 以下，如图 4-3（b）所示。

（5）地基土的冻胀和融陷

在季节性冻土地区，为减小冻害影响，使基础处于相对稳定的状态，一般基础应埋置在冰冻线以下 200mm，如图 4-4 所示。冰冻线为冻结土与非冻结土的分界线，冰冻线至地面的距离为冻结深度，主要取决于当地的气候条件。

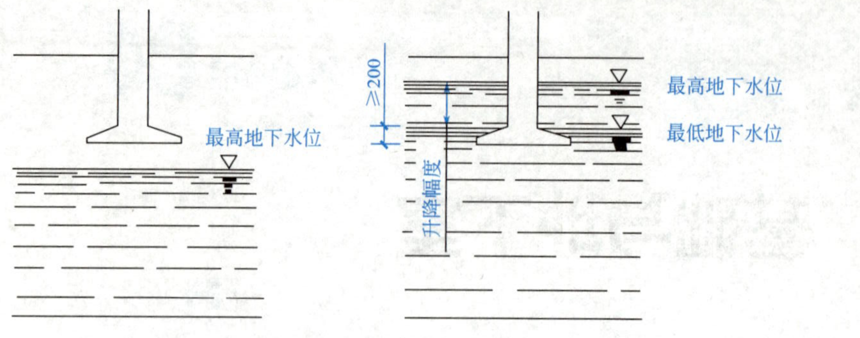

图 4-3　地下水对基础埋置深度的影响

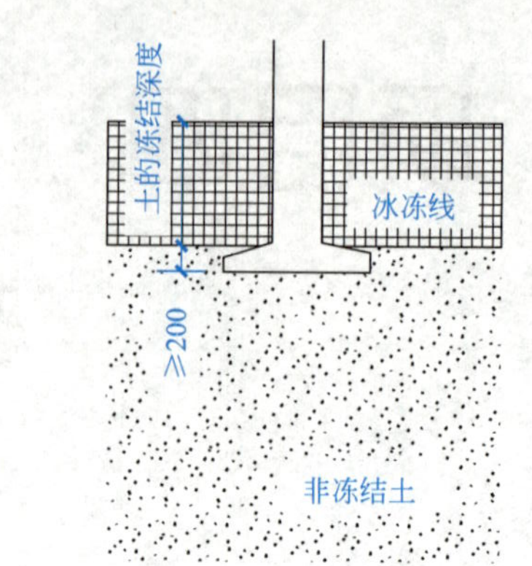

图 4-4　冻土深度对基础埋置深度的影响

（6）相邻建筑物的基础埋置深度

当存在相邻建筑物时，新建建筑物的基础埋置深度不宜大于原有建筑物的基础埋置深度。如埋置深度大于原有建筑物基础，两基础间应保持一定净距，其数值应根据建筑荷载大小、基础形式和土质情况确定。

4. 基础的类型

（1）基础按材料和受力特点分类见表 4-2。

基础按材料和受力特点分类　　表 4-2

按材料和受力特点分	说明	刚性基础与柔性基础比较图例
无筋扩展基础 （刚性基础）	由砖、毛石、混凝土、毛石混凝土、灰土、三合土等刚性材料建造的，不需配置钢筋，受材料刚性角限制的基础。这类基础的抗压强度高，抗拉、抗剪强度低；体积较大、埋置较深；造价低、施工简便，适用于土质较均匀、地下水位较低、多层砖墙承重建筑	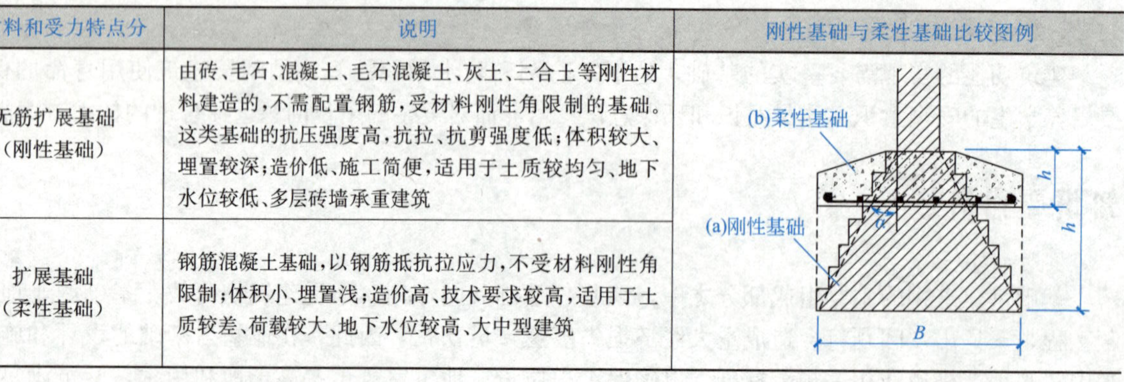 (b)柔性基础 (a)刚性基础 h h B
扩展基础 （柔性基础）	钢筋混凝土基础，以钢筋抵抗拉应力，不受材料刚性角限制；体积小、埋置浅；造价高、技术要求较高，适用于土质较差、荷载较大、地下水位较高、大中型建筑	

（2）基础按构造形式分类见表 4-3。

基础按构造形式分类　　表 4-3

按构造形式分		图例及说明
独立基础	柱下独立基础	柱　基础梁　独立基础　垫层　柱下独立基础 当建筑物为柱承重且柱距较大时，宜采用独立基础（柱下独立基础），柱间墙体可支承在基础梁上。优点是土方工程量少、施工简单、便于地下管道穿越；缺点是基础间无构件连接、整体刚度差，一般适用于土质均匀、荷载均匀条件下的建筑。 独立基础的断面形式有阶梯形、锥形、杯口形

续表

按构造形式分		图例及说明
条形基础	墙下条形基础	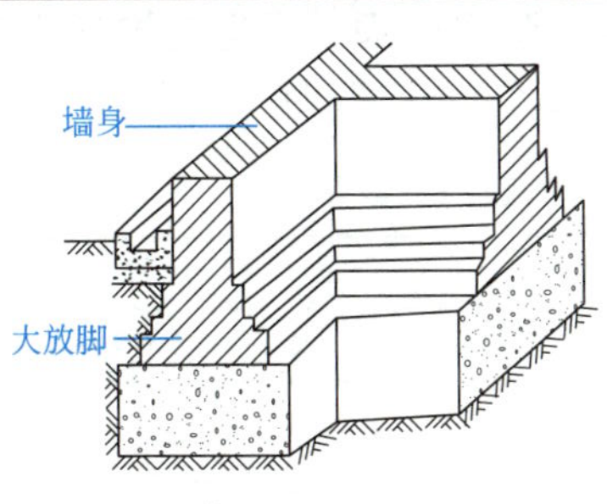 墙下条形基础 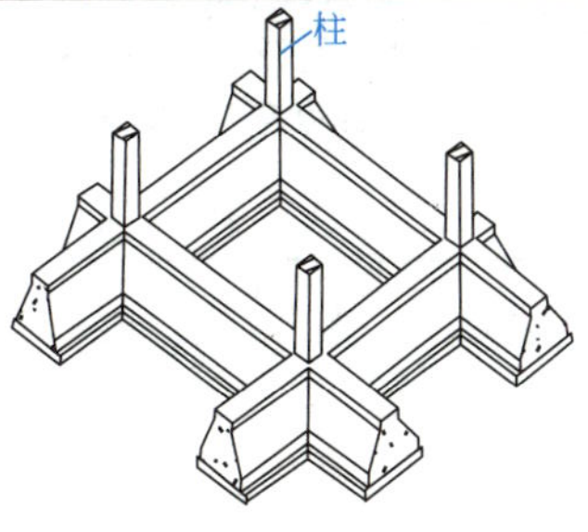　柱下条形基础(井格基础)
	柱下条形基础	墙下条形基础:上部采用墙承重时,在墙下设置的带形基础,其纵向整体性好,可减缓局部不均匀沉降,多用于砖混结构;缺点是土方量大、施工现场开挖横纵沟槽、搬运不便。 柱下条形基础:为防止柱子之间产生不均匀沉降,将柱下基础沿纵横双向扩展连接成十字交叉形基础,适用于地基条件较差或上部荷载不均匀的高层建筑
筏形基础	板式筏形基础	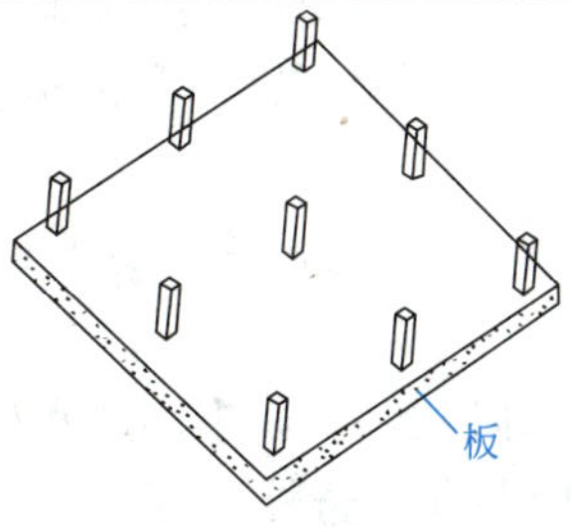 板式筏形基础 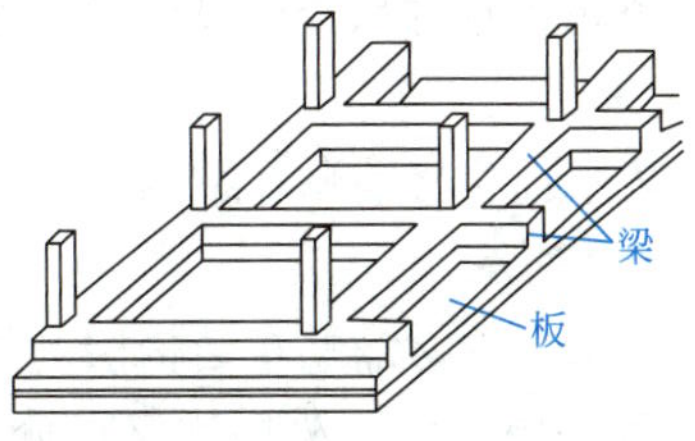　梁板式筏形基础
	梁板式筏形基础	由整片的钢筋混凝土板承受整个建筑的荷载并传给地基,称为筏形基础(满堂基础)。其整体性好,可跨越基础下的局部软弱土,分为板式筏形基础和梁板式筏形基础,前者板的厚度较大、构造简单;后者板的厚度较小,但增加了双向梁,构造复杂。适用于地基承载力较差,荷载较大的高层建筑
箱形基础		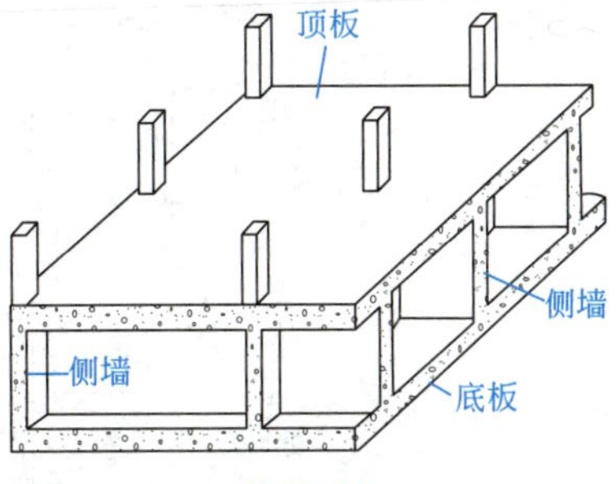 箱形基础 由底板、顶板、侧墙和一定数量的内隔墙构成的钢筋混凝土基础。该基础形式既可提高建筑物和基础的刚度,又可将基础的空间用作地下室,避免大体积土方的回填。适用于软弱地基上的高层、重型或对不均匀沉降有严格要求的建筑
桩基础		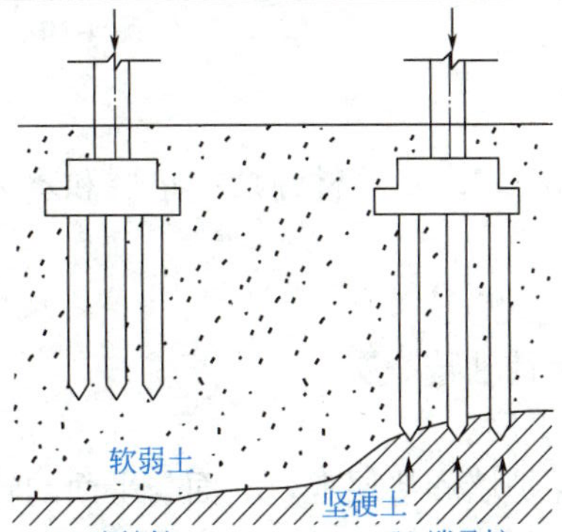 (a)摩擦桩　(b)端承桩 桩基础 桩基础由设置于岩石中的桩身和连接于桩顶端的承台组成,是深基础。其承载力高,稳定性好,但造价高。分为端承桩和摩擦桩,端承桩适用于坚硬土层较浅,总荷载较大的工程;摩擦桩适用于坚硬土层较深,总荷载较小的工程

二、地下室

建筑物底层下面的房间，称为地下室，可用作安装设备、储藏存放，商场、餐厅、车库以及战备防空等。高层建筑的基础很深，利用这一深度建造一层或多层地下室，既增加了使用面积，又省掉填土费用，其经济效果和使用效果俱佳。

1. 地下室的类型

（1）按构造形式分

◆ 全地下室：地下室房间楼（地）面低于室外地坪的高度超过该房间建筑层高的 1/2。

◆ 半地下室：地下室房间楼（地）面低于室外地坪的高度超过该房间建筑层高的 1/3，且不超过 1/2。地下室示意如图 4-5 所示。

（2）按使用功能分

◆ 普通地下室：一般用作建筑的地下车库、设备用房、储藏室、地下商场等，可设计成一层或多层。

◆ 人防地下室：具有战时防空功能的地下室，遵循“长期准备、重点建设、平战结合”的设计原则，平时与普通地下室功能相同，战时则转换为人防工程，是全地下室。

2. 地下室的组成（图 4-6）

地下室一般由墙体、底板、顶板、楼梯、门窗、采光井组成。

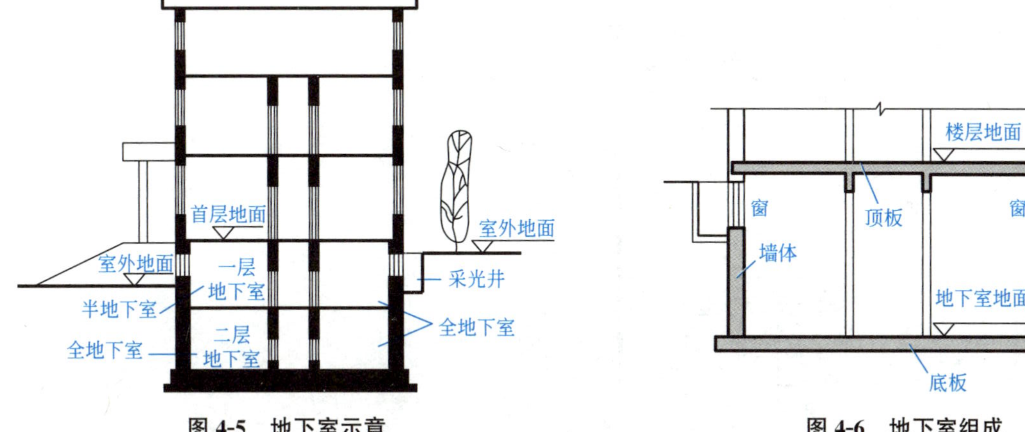

图 4-5　地下室示意　　图 4-6　地下室组成

（1）墙体：地下室的外墙不仅要承受上部的垂直荷载，还要承受外侧土、地下水及土壤冻结时产生的侧压力，因此地下室的外墙要有足够的强度和稳定性以及良好的防潮、防水性能。当上部荷载较大或地下水位较高时，采用混凝土或钢筋混凝土墙，其厚度不小于 250mm。

（2）底板：处于最高地下水位以上，且无压力作用时，可按一般地面工程处理，即垫层上现浇 60～80mm 厚混凝土，再做面层。处于最高地下水位以下时，底板不仅承受上部垂直荷载，还承受地下水的浮力作用，应采用钢筋混凝土底板，并双层配筋，底板下垫层上还应设防水层，以防渗漏。

（3）顶板：与楼板基本相同，常采用现浇或预制的钢筋混凝土板。人防地下室必须采用现浇板。当采用预制板时往往在板上浇筑一层钢筋混凝土整体层，以保证顶板有足够的整体性。

（4）楼梯：地下室的楼梯可与地上部分的楼梯连通使用，但需用防火墙分隔。防空地下室至少要设置两部楼梯通向地面的安全出口，且有一个是独立的安全出口，这个安全出口周围不得有较高建筑物，以防空袭倒塌，堵塞出口，影响疏散。

（5）门窗：普通地下室的门窗与地上房间门窗相同。防空地下室一般不允许设窗，若需开窗，应设置战时堵严设施。防空地下室的门应满足密闭、防冲击的要求，一般采用钢质门或钢筋混凝土门。

（6）地下室窗台在室外地坪以下，应设置采光井，便于室内采光、通风。采光井由侧墙、底板组成。一般每个窗设一个独立的采光井，采光井底面应低于窗台 250～300mm，向外找坡，并设置排水管；侧墙顶面应比室外散水高 250mm，以防地面水流入。有些还需在采光井上设防护箅，以保证室外行人安全。采光井构造如图 4-7 所示。

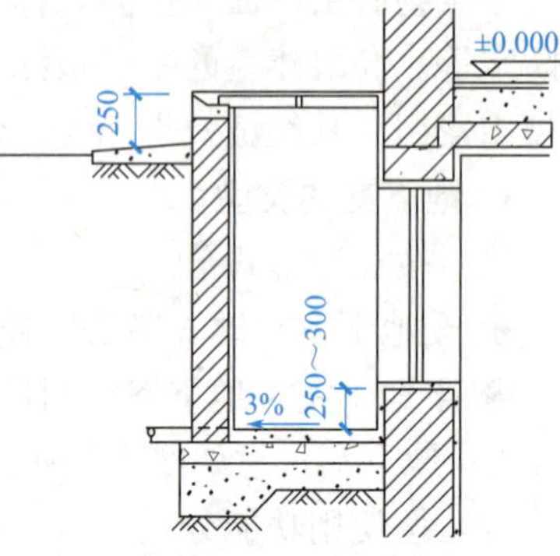

图 4-7　采光井构造

3. 地下室的防潮和防水

地下室的外墙和底板都深埋在地下，长期受到土中水和地下水的侵蚀，为防止地下室出现墙面发霉、墙体剥落、渗漏等问题，确保地下室的使用功能，延长使用寿命，解决地下室的防潮和防水是地下室构造的主要问题。

◆ 地下室防潮构造

当设计最高地下水位低于地下室底板 300mm 以上，且无上层滞水时，地下室外墙和底板只受到土层中潮气的影响，只需进行防潮处理，如图 4-8 所示。地下室墙体采用砖墙时，墙体必须用水泥砂浆砌筑，且灰缝饱满；地下室墙体为现浇钢筋混凝土墙时，不需做防潮处理。

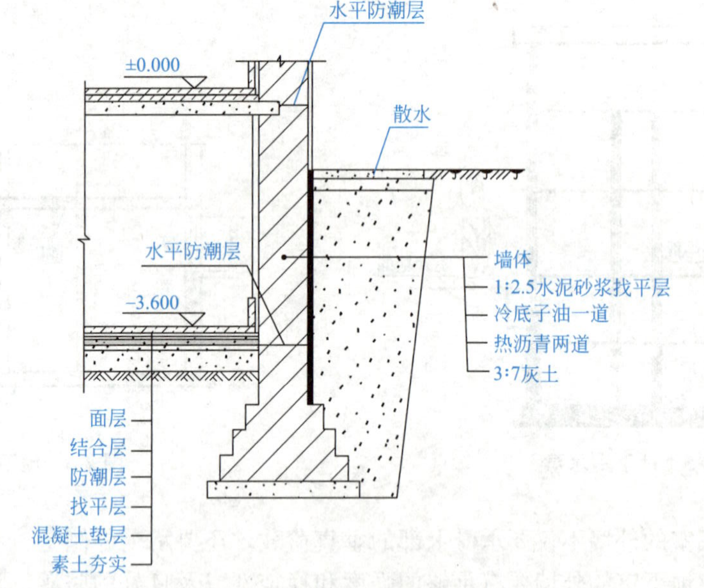

图 4-8　地下室防潮构造

在外墙设两道水平防潮层，一道设在地下室底层地坪附近，另一道设在室外地面散水以上 150～200mm 的位置。在外墙外侧设垂直防潮层，做法为 1∶2.5 水泥砂浆找平，刷冷底子油一道、热沥青两道，防潮层做至室外散水处，回填低渗透性土壤如黏土、灰土等，并逐层夯实，土层宽度为 500mm 左右。

地下室底板的防潮做法是在灰土或三合土垫层上浇筑 80mm 厚 C20 混凝土，然后再做地面面层。

◆ 地下室防水构造

当设计最高地下水位高于地下室底板时，外墙受到地下水的侧压力，底板受到地下水的浮力作用，会导致地下室发生渗漏，影响正常使用，必须做防水处理。《建筑与市政工程防水通用规范》GB 55030—2022 中将地下工程防水等级分为三级，地下工程不同防水等级和构造要求详见表 4-4。

地下工程不同防水等级和构造要求　　表 4-4

防水等级	防水做法	防水混凝土	外设防水层		
			防水卷材	防水涂料	水泥基防水材料
一级	不应少于 3 道	1 道,应选	不少于 2 道； 防水卷材或防水涂料不应少于 1 道		
二级	不应少于 2 道	1 道,应选	不少于 1 道； 任选		
三级	应少于 1 道	1 道,应选	—		

卷材防水：用防水卷材和相应的胶粘剂分层铺贴在相应的防水部位，形成防水层；其卷材种类主要有沥青类防水卷材和合成高分子防水卷材；是一种传统、可靠的防水做法。卷材防水分内防水和外防水。

（1）内防水：卷材铺贴在结构层的内表面，被动防水，施工方便，防水效果较差，常用于修缮工程，如图 4-9 所示。

（2）外防水：卷材铺贴在结构层的外表面（即迎水面），主动防水，防水效果好、施工不便、维修困难，如图 4-10 所示。外防水又可分为外防内贴和外防外贴两种。

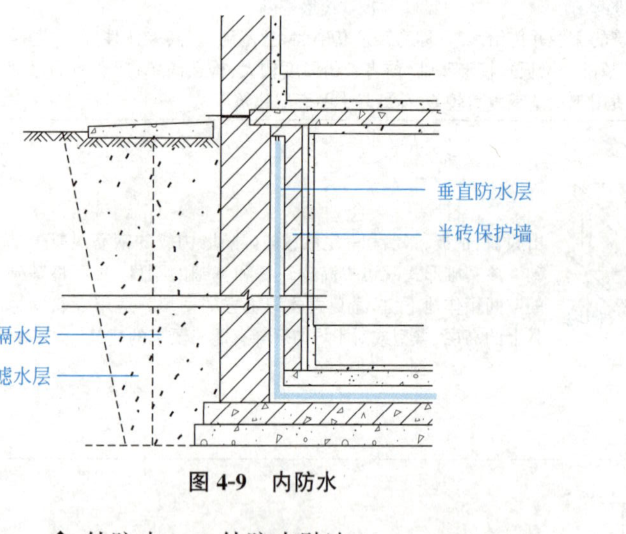

图 4-9　内防水

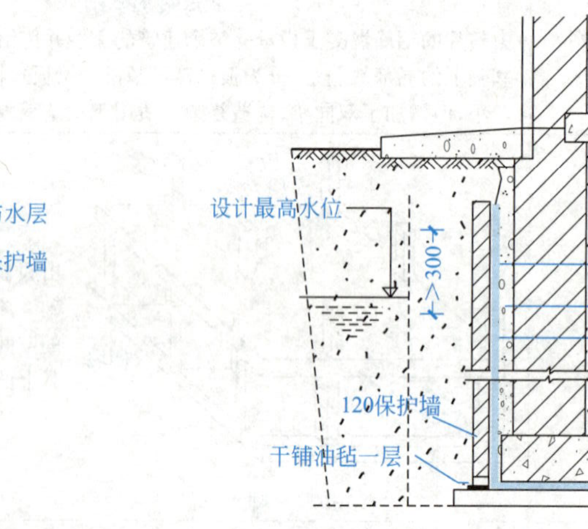

图 4-10　外防水

◆ 外防水——外防内贴法

在浇筑混凝土垫层后，将永久性保护墙全部砌好，将卷材铺贴在垫层和永久性保护墙上，最后浇筑地下结构，其构造做法如下：

4-1　地下室外防内贴动画

1）浇筑混凝土垫层。

2）在混凝土垫层上砌永久性保护墙，其下干铺油毡一层。

3）在垫层和保护墙表面抹 1∶3 水泥砂浆找平层。

4）待找平层干燥后，将卷材防水层铺贴在保护墙和垫层上，立面与平面的转角处应加贴卷材附加层，且先铺转角再铺大面，铺大面时先立面，后平面。

5）卷材防水层检查合格后，及时做保护层。

6）浇筑混凝土底板和墙身。

7）回填土。

◆ 外防水——外防外贴法

先在混凝土垫层上铺贴水平防水卷材，四周留出接头，待地下结构浇筑完毕，将立面防水卷材铺贴在外墙外表面（图 4-11），具体做法：

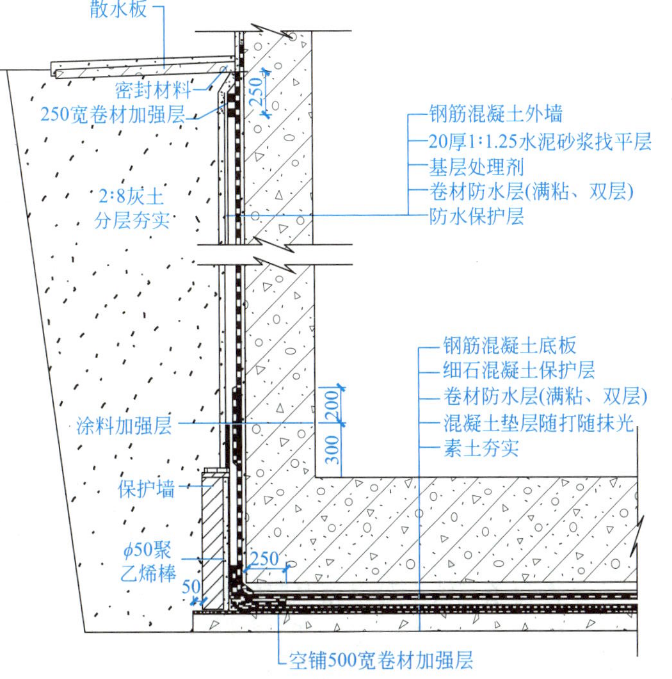

图 4-11 外防外贴法构造

4-2 地下室外防外贴动画

1）浇筑混凝土垫层。

2）在垫层上砌永久性保护墙。

3）在永久性保护墙上砌临时性保护墙。

4）在垫层和保护墙上做找平层。

5）保护墙上做基层处理。

6）在垫层和保护墙上铺贴卷材防水层。

7）做防水层的保护层。

8）浇筑混凝土底板和墙身。

9）墙体找平，并做基层处理。

10）拆除临时保护墙，并把卷材铺贴在墙体外层。

11）铺贴墙面防水卷材。

12）做墙面卷材防水层的保护层，并用水泥砂浆填满保护层和防水层间的缝隙。

13）回填土，土层宽度不小于500mm。

理论实践自测

一、填空题

1. 地基是＿＿＿＿＿＿＿＿，基础是＿＿＿＿＿＿＿＿。地基分为＿＿＿＿地基和＿＿＿＿地基。

2. 人工地基加固方法有＿＿＿＿、＿＿＿＿、＿＿＿＿、＿＿＿＿等。

3. 基础的埋置深度是指＿＿＿＿＿＿＿＿垂直距离。

4. 冰冻线是指＿＿＿＿＿＿＿＿。

5. 基础按受力特点分为＿＿＿＿和＿＿＿＿；按埋置深度分为＿＿＿＿和＿＿＿＿；按构造形分为＿＿＿＿、＿＿＿＿、＿＿＿＿、＿＿＿＿、＿＿＿＿等。

6. 筏形基础按结构形式可分为＿＿＿＿和＿＿＿＿两类。

7. 桩基础一般由＿＿＿＿和＿＿＿＿组成，按受力性能分为＿＿＿＿和＿＿＿＿两类。

8. 地下室按使用功能分＿＿＿＿和＿＿＿＿；一般由＿＿＿＿、＿＿＿＿、＿＿＿＿、＿＿＿＿、＿＿＿＿、＿＿＿＿等部分组成。

9. 地下室的窗台低于室外地面时，为了保证采光和通风，应设置＿＿＿＿＿＿＿＿。

10. 地下室的防水设置条件是＿＿＿＿＿＿＿＿。

二、单选题

1. 地基是指（　）。

A. 基础下部所有的土层　　B. 持力层以下的下卧层

C. 基础下部的持力层　　D. 持力层以上的土层

2. 关于地基与基础关系下列表述正确的是（　）。

A. 地基和基础均为建筑的组成部分，处于地面以下

B. 基础设计时优先考虑人工加固后的地基

C. 地基承受基础传来的荷载

D. 基础承受地基传来的荷载

3. 直接在上面建造房屋的土层称为（　）。

A. 原土地基　　B. 天然地基　　C. 人造地基　　D. 人工地基

4. 下列（　）不能作为天然地基。

A. 岩石　　B. 砂土　　C. 湿陷性黄土　　D. 黏性土

5. 下列基础埋深中，属于深基础的是（　）m。

A. 3　　B. 4　　C. 4.5　　D. 6

6. 除岩石地基外，基础埋深不宜小于（　）mm。

A. 500　　B. 550　　C. 600　　D. 650

7. 室内首层地面标高为±0.000，基础底面标高为－1.500，室外地坪标高为－0.600，则基础埋置深度为（　）m。

A. 1.5　　B. 2.1　　C. 0.9　　D. 1.2

8. 当基础底面不能满足设置在最高地下水位以上时，应埋在设计最低地下水位（　）mm。

A. 以下 500　　B. 以上 100　　C. 以下 200　　D. 以上 300

9. 考虑土的冻融时，一般基础要埋在冰冻线（　）mm。

A. 以下 500　　B. 以上 100　　C. 以下 200　　D. 以上 300

10. 下列有关刚性基础，说法正确的是（　）。

A. 刚性基础所用材料有砖、石、钢筋混凝土等

B. 基础在设计时不受刚性角限制

C. 基础的抗压强度大，抗拉抗剪强度小

D. 基础可以做得宽且薄

11. 下列基础中，刚性角最大的基础是（　　）。

A. 混凝土基础　　B. 砖基础　　C. 三合土基础　　D. 毛石基础

12. 基础承担建筑物的（　　）荷载。

A. 少量　　B. 一半　　C. 全部　　D. 按具体设计

13. 下列基础中，属于柔性基础的是（　　）。

A. 砖基础　　B. 毛石基础　　C. 混凝土基础　　D. 钢筋混凝土基础

14. 当建筑物为柱承重且柱距较大时宜采用（　　）。

A. 独立基础　　B. 条形基础　　C. 箱形基础　　D. 筏形基础

15. 基础设计中，上部结构为墙承重时宜采用（　　）。

A. 独立基础　　B. 条形基础　　C. 井格基础　　D. 筏形基础

16.（　　）是高层建筑中最为常见的一种深基础。

A. 独立基础　　B. 条形基础　　C. 筏形基础　　D. 箱形基础

17. 为了使基础和地基土有一个良好的接触面，钢筋混凝土基础通常设有混凝土垫层，其厚度为（　　）。

A. 50～60mm　　B. 70～100mm　　C. 100～120mm　　D. 120～150mm

18. 地下工程的防水等级分为（　　）。

A. 二 级　　B. 三级　　C. 四级　　D. 五级

19. 地下室的钢筋混凝土外墙最小厚度不应小于（　　）mm。

A. 200　　B. 250　　C. 300　　D. 350

20. 地下室防潮层外侧应回填弱透水性土，其填土宽度不小于（　　）mm。

A. 200　　B. 300　　C. 350　　D. 500

21. 地下室按（　　）分为普通地下室和人防地下室。

A. 结构材料　　B. 使用功能

C. 埋置深度　　D. 顶板到室外地坪的距离

22. 当出现下列（　　）情况，要求做地下室防水。

A. 最高地下水位高于地下室底板标高　　B. 最高地下水位高于地下室顶板标高

C. 最高地下水位低于底板标高 300mm　　D. 最高地下水位低于底板标高 500mm

三、综合题

1. 地基与基础的关系是什么？

2. 全地下室与半地下室如何划分？

3. 影响基础埋置深度的因素有哪些？

4. 举例说明什么是无筋扩展基础和扩展基础。

5. 基础按构造分类，在下图每条横线上写出相对应的基础名称。

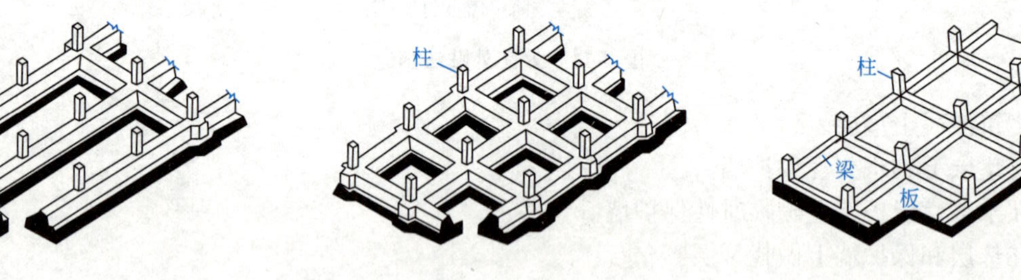

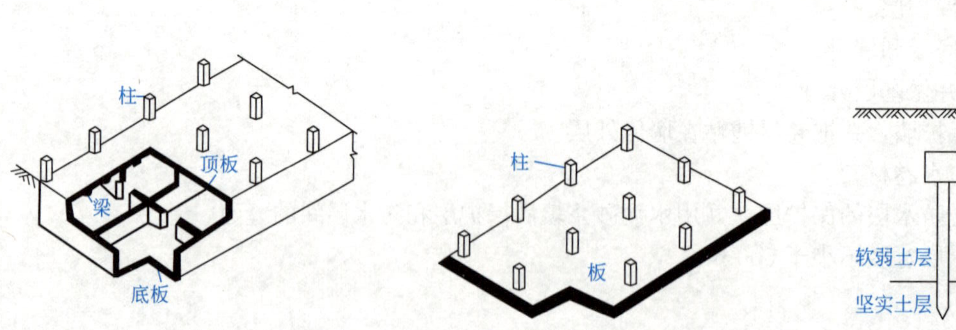

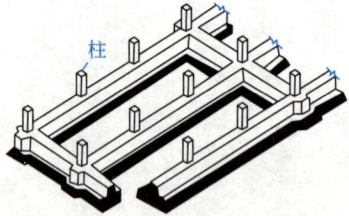

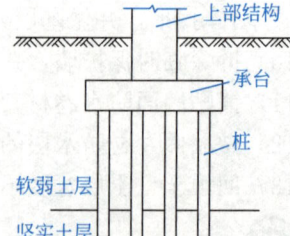

6. 下图为等高式砖基础剖面详图，墙厚 240mm，试将相关尺寸及构造名称填写在图中。

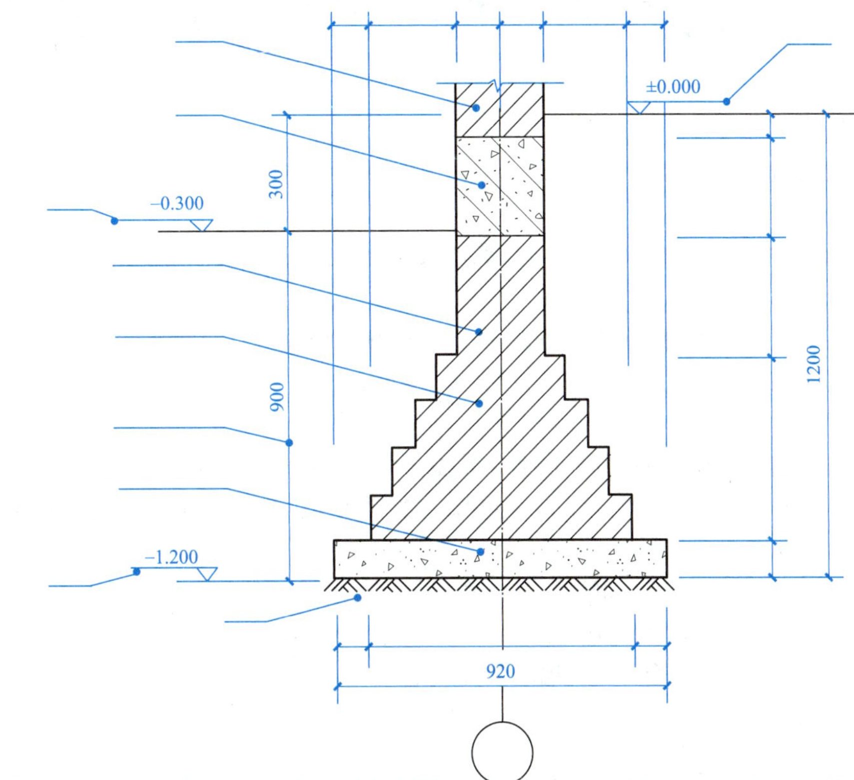

7. 简述地下室外防外贴卷材防水构造做法。

四、实训题

查阅本教材学习参考资料，填写下图地下室卷材防水构造图中底板和外墙构造做法，并抄绘，图幅和比例由教师指定。

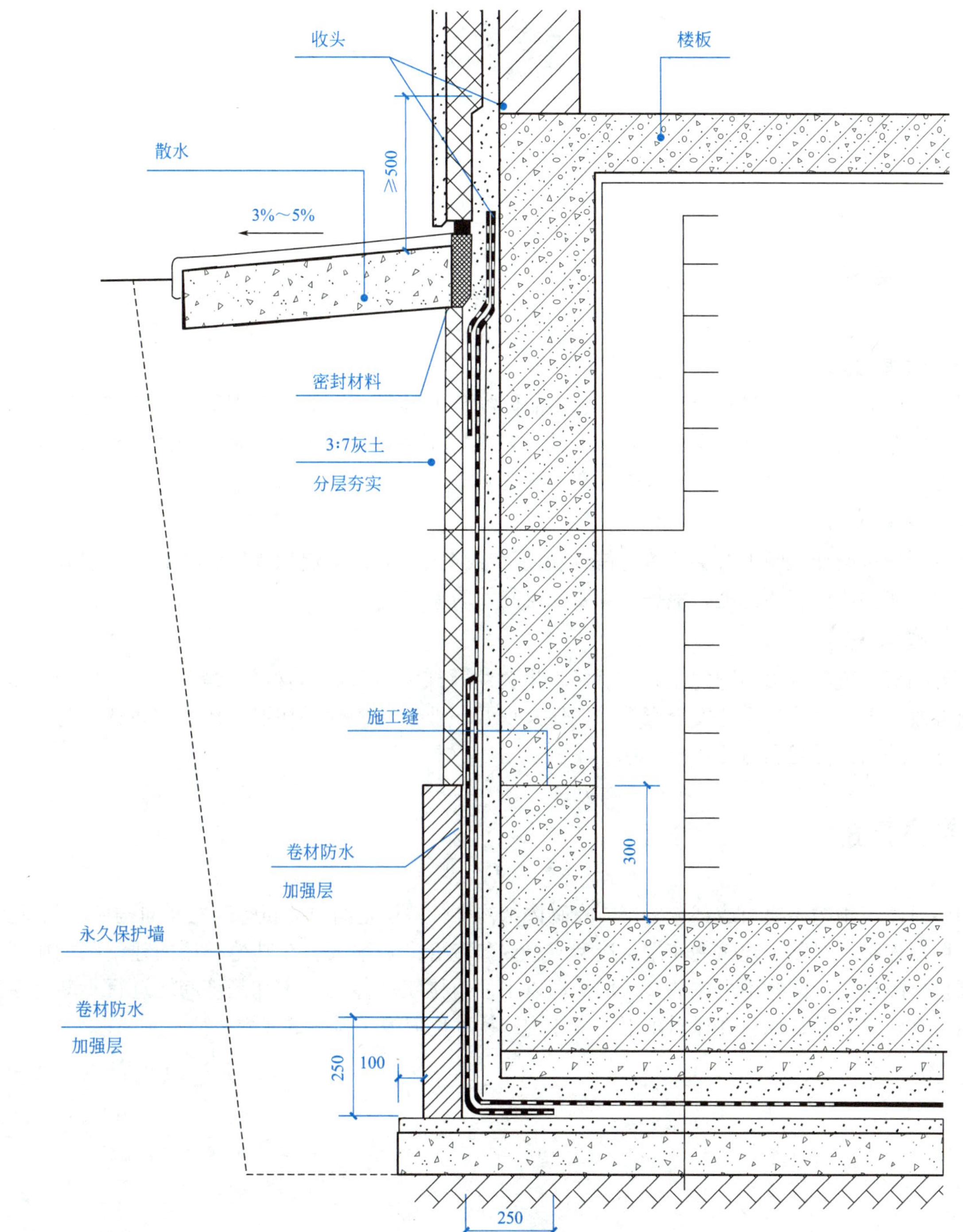

项目五 Project 05

墙体

学习基本要求

【知识目标】

掌握墙体的作用、分类和设计要求；熟悉墙体材料的种类、性能、选用原则及施工方法；掌握墙体细部构造做法，如勒脚、窗台、过梁、构造柱等；了解墙体保温、隔热、隔声、防水等构造措施的原理与应用；掌握墙面装修的种类及常见构造做法。

【能力目标】

能识读建筑设计说明中有关墙体的信息和墙面装修做法表；会运用规范、图集查找墙体构造要求和做法；能够依据制图标准，根据任务要求绘制外墙体详图。

【素质目标】

培养创新意识和解决问题的能力，引导学生关注并探索新型墙体材料、构造形式、应用技术及节能保温改造等；培养学生的安全意识、环保意识及职业道德，确保在墙体构造方案选择与施工过程中遵守相关法律法规和行业标准。

知识要点概述

墙体是建筑物的主要组成部分之一。在砌体结构中，墙体是组成建筑空间的竖向构件，与基础、楼板、屋顶连接、对整个建筑的使用、造型、总重和造价影响很大。在其他类型的建筑结构中，墙体是围护分隔构件，同样不可或缺。人们长期以来一直围绕墙体的技术和经济问题进行不断地革新和探索，在建筑节能、绿色环保需求下，墙体构造技术也取得了显著的成效。

一、墙体的作用和类型

1. 墙体的作用

◆ 围护——抵御风、雨、雪、太阳辐射、噪声等的自然侵袭以及保证建筑物内具有良好的生活环境和工作条件。

◆ 承重——承受楼板、屋顶传来的竖向荷载，水平的风荷载、地震作用以及墙体的自重，并传给下面的基础。

◆ 分隔——将空间分为室内和室外空间，也可以将室内分成若干个小空间或小房间。各使用空间相对独立，可以避免或减小相互之间的干扰。

2. 墙体的类型

（1）按墙体所在的位置和方向划分：内墙和外墙、纵墙和横墙、窗间墙和窗下墙、女儿墙。

（2）按墙体的受力划分：承重墙和非承重墙，非承重墙又分为自承重墙、填充墙、隔墙、幕墙。

（3）按材料划分：土墙、砖墙、钢筋混凝土墙、石膏板墙等。

（4）按构造方式划分：单一墙、复合墙，单一墙又分为实体墙和空体墙。

（5）按施工方式划分：砌筑墙、整浇墙、装配式墙。

二、墙体的设计要求

1. 具有足够的强度和稳定性。

2. 满足热工要求：墙体的保温和隔热等。

3. 满足防火要求：按建筑的防火等级要求，选择相应耐火极限的墙体材料。

4. 满足防水防潮要求：选用高密度的墙体材料，或附加防水防潮层，以提高建筑使用舒适度和延长建筑寿命。

5. 满足隔声要求：采用多孔吸声墙体材料、高密度的装饰材料，以达到对噪声的反射和吸附。

6. 满足节能环保要求：减少使用反射度极高的墙体材料，杜绝使用有放射性的墙体材料、淘汰或限期淘汰使用的黏土砖。

三、墙体结构布置方案

墙体承重有横墙承重、纵墙承重、纵横墙混合承重等结构布置方案（图 5-1）。在框架结构中，竖向承重构件是柱，墙体只起围护和分隔作用。

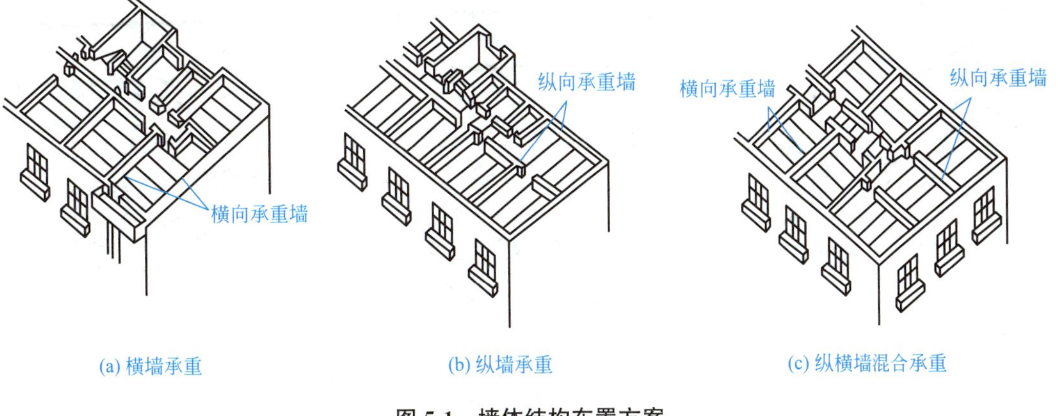

(a) 横墙承重　(b) 纵墙承重　(c) 纵横墙混合承重

图 5-1　墙体结构布置方案

四、砖墙材料

1. 砖

砖是传统的砌墙材料。按材料的不同分为黏土砖、灰砂砖、粉煤灰砖、炉渣砖、页岩砖等；按制作工艺的不同分为烧结砖、蒸压砖、蒸养砖、自养砖等；按外观形状的不同分为实心砖、多孔砖、空心砖。

标准砖的尺寸规格是 240mm×115mm×53mm。多孔砖的主规格尺寸有 240mm×115mm×90mm、240mm×190mm×90mm 等。空心砖的尺寸随各地形式的不同而异。

2. 砂浆

砂浆是由胶凝材料、细骨料和必要的掺合料，加水搅拌而成的混合材料。

（1）按制作工艺可分为施工现场拌制的砂浆和由专业生产厂生产的预拌砂浆，预拌砂浆又分干混砂浆（D）和湿拌砂浆（W）。干混砂浆的品种和代号见表 5-1。

（2）预拌砂浆按使用功能分为砌筑砂浆、抹灰砂浆、地面找平砂浆、防水砂浆等。

（3）按用途分为普通砂浆和专用砂浆。

（4）按胶凝材料的不同分为水泥砂浆、混合砂浆和石灰砂浆。

干混砂浆的品种和代号　　表 5-1

品种	干混砌筑砂浆	干混抹灰砂浆	干混地面砂浆	干混普通防水砂浆	干混陶瓷砖粘结砂浆	干混界面砂浆
代号	DM	DP	DS	DW	DTA	DIT
品种	干混聚合物水泥防水砂浆	干混自流平砂浆	干混研磨地坪砂浆	干混填缝砂浆	干混饰面砂浆	干混修补砂浆
代号	DWS	DSL	DFH	DTG	DDR	DRM

五、砖墙的砌筑方式

为了保证墙体的强度，砌筑时应遵循“内外搭砌、上下错缝、横平竖直”的原则。组砌方式有：全顺式、一顺一丁式、二平一侧式等。这里的“缝”指砌筑砂浆缝（灰缝），其宽度取 8～12mm，宜为 10mm；“顺”指砖的长边平行于墙长度方向，“丁”指砖的长边垂直于墙长度方向。

六、砖墙尺寸

砖墙厚度要满足承载力、稳定性、保温隔热、隔声等要求，同时还应符合其规格尺寸。工程习惯按砖墙厚度命名（表 5-2）。砖墙的长度和高度按具体设计。

标准砖厚度和名称（mm）　　表 5-2

砖墙断面					
尺寸组成	115×1	115×1+53+10	115×2+10	115×3+20	115×4+30
构造尺寸	115	178	240	365	490
标志尺寸	120	180	240	370	490
工程称谓	12 墙	18 墙	24 墙	37 墙	49 墙
习惯称谓	半砖墙	3/4 砖墙	一砖墙	一砖半墙	两砖墙

七、墙体的细部构造

墙体细部构造包括勒脚、散水、明沟、防潮层、窗台、过梁、圈梁、构造柱、通风道、变形缝等。

1. 勒脚

含义：房屋外墙接近地面部位特别设置的饰面保护构造。

作用：（1）防止因外界机械碰撞而使墙身受损，保护近地墙身；（2）避免雨水直接侵蚀或受冻以致破坏；（3）增强建筑物立面美观。

位置：勒脚高度一般为外墙立面室内外地面的高差，也可根据立面提高至底层窗台处。

构造做法：抹灰勒脚、贴面勒脚、石砌勒脚。

2. 散水与明沟

（1）散水

含义：沿建筑物外墙四周地面设置向外倾斜的排水坡叫散水。

作用：及时排除房屋四周积水，保护墙基和地下室结构。

材料：混凝土散水（应用较多）、水泥砂浆散水、砖铺散水、块石散水等。

构造要求：

◆ 散水的宽度宜为 600～1000mm，如采用无组织排水时，散水的宽度可按檐口线放出 200～300mm。

◆ 排水坡度宜为 3%～5%；湿陷性黄土地区散水应采用现浇混凝土，散水坡度不应小于 5%。

◆ 采用混凝土时，宜按 20～30m 间距设置伸缩缝，缝宽为 20～30mm，缝内应填柔性密封材料，湿陷性黄土地区散水宜每隔 6～10m 设置伸缩缝；散水与外墙交接处应设置沉降缝，其缝宽宜为 20mm，缝内应填柔性密封材料。混凝土散水构造见表 5-3。

混凝土散水构造　　表 5-3

名称	厚度	简图	构造做法
混凝土散水	210	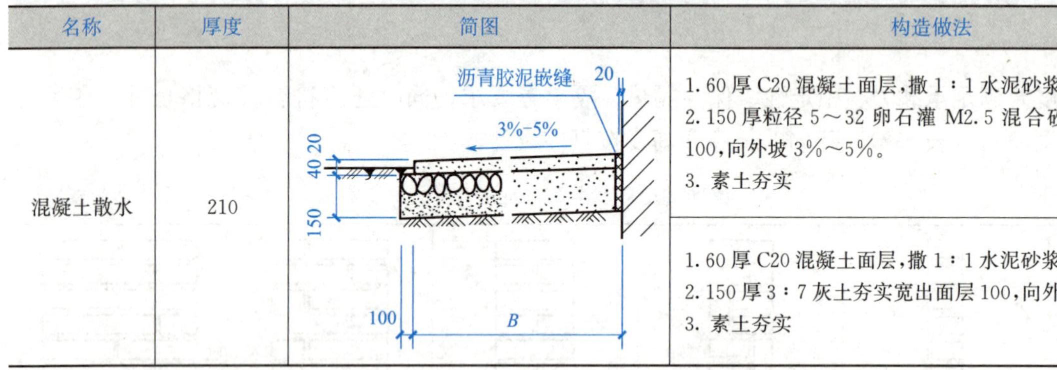	1. 60 厚 C20 混凝土面层，撒 1∶1 水泥砂浆压实赶光。 2. 150 厚粒径 5～32 卵石灌 M2.5 混合砂浆宽出面层 100，向外坡 3%～5%。 3. 素土夯实
			1. 60 厚 C20 混凝土面层，撒 1∶1 水泥砂浆压实赶光。 2. 150 厚 3∶7 灰土夯实宽出面层 100，向外坡 3%～5%。 3. 素土夯实

【说明】寒冷地区的散水在施工前，应先做完勒脚饰面再做散水。

（2）明沟

明沟是直接在外墙根部或在散水外沿设置的排水沟，多用于降雨量比较大的南方地区。明沟可用素混凝土、砖、卵石等材料。

3. 防潮层

作用：防止土壤中的地下潮气沿基础墙上升和地表水对墙体的侵蚀，提高墙体的坚固性和耐久性，保证室内干燥、卫生。

位置：一般设置在室内地坪以下约 60mm 处，同时还应至少高于室外地坪 150mm。

类型：水平防潮层和垂直防潮层（图 5-2），垂直防潮层的设置条件是当室内相邻房间地面有高差，应在各自地面标高下 60mm 处设置水平防潮层，同时在高低差埋土一侧的墙身做垂直防潮层。

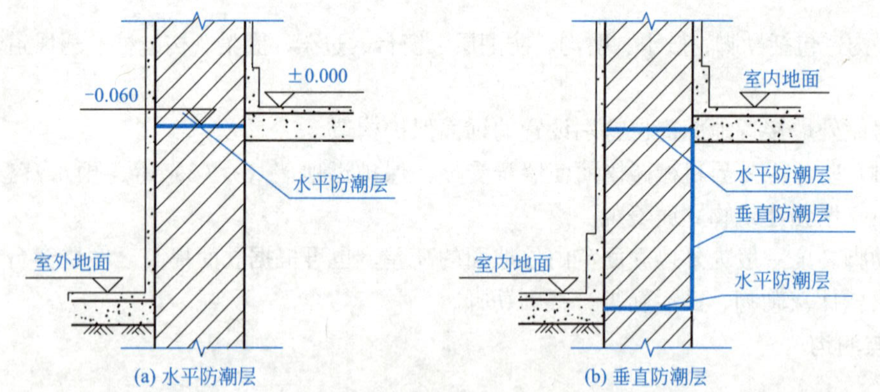

图 5-2　墙身防潮层结构示意

构造做法：通常采用防水砂浆或配筋细石混凝土，当墙基有钢筋混凝土构件或石砌体时，可不做墙身防潮层（图 5-3）。

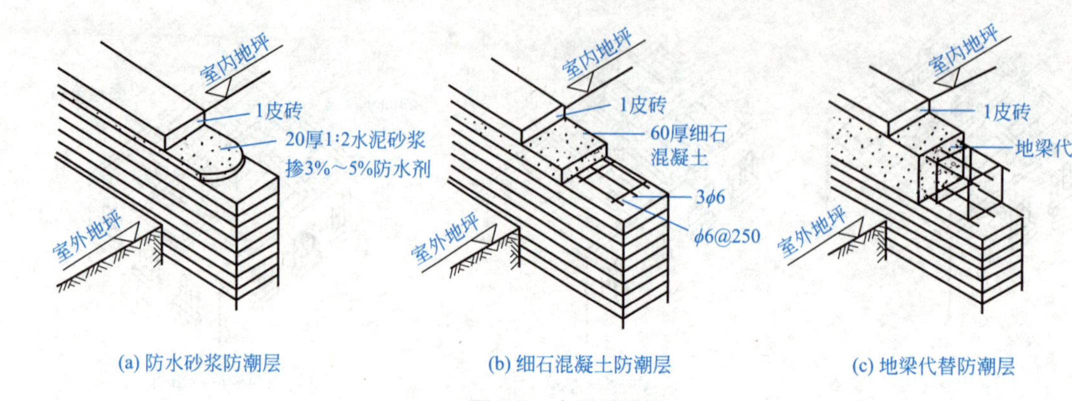

图 5-3　水平防潮层

4. 窗台

含义：建筑物窗口下部边缘部分。

分类：按位置分为外窗台和内窗台；按构造分为悬挑窗台和不悬挑窗台。

构造要求（图 5-4）如下：

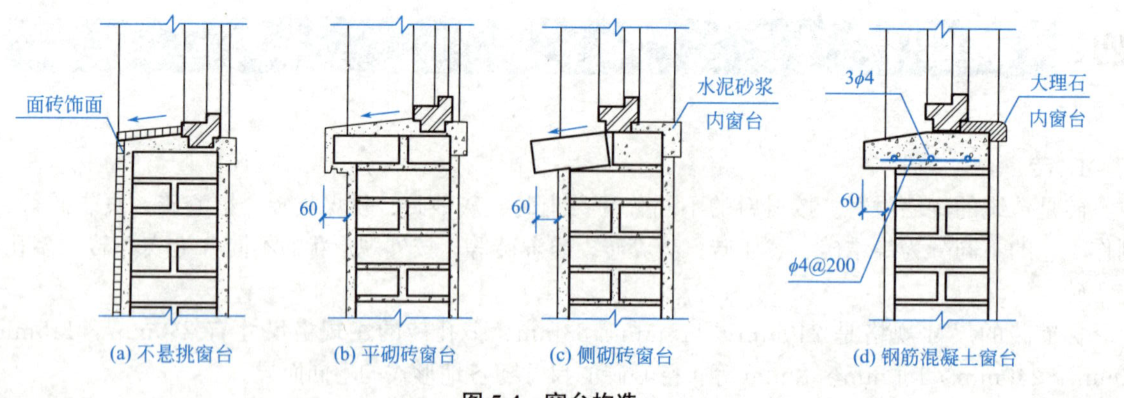

图 5-4　窗台构造

（1）外窗台面应低于内窗台面，还应设置排水构造，饰面层采用不透水材料，并向外形成不小于 5%的排水坡度。

（2）悬挑窗台底部边缘处抹灰时应做滴水线或滴水槽，宽度和深度均不小于 10mm，以避免排水时雨水沿窗台底面流至下部墙体污染墙面，滴水还可用成品塑料 U 形条等埋入饰面层内。

（3）内窗台一般水平放置，结合室内装修可做成水泥砂浆饰面、木板饰面、石材饰面、面砖饰面等。

5. 过梁

含义：支撑墙体洞口上部荷载的横向构件。

作用：承受洞口上部墙体和楼板传来的荷载，并将这些荷载传递给洞口两侧的墙体。

类型：钢筋混凝土过梁（有抗震要求或洞口较大时采用）、钢筋砖过梁、砖拱过梁（图 5-5）。

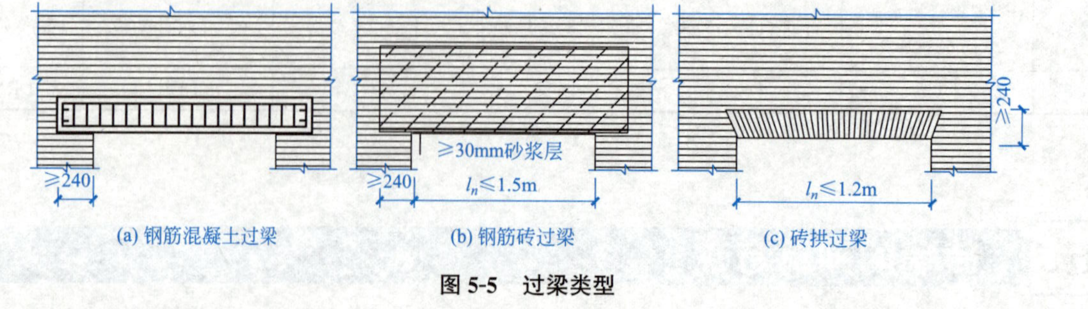

图 5-5　过梁类型

钢筋混凝土过梁构造要求：

（1）按施工方式分现浇钢筋混凝土过梁和预制装配式钢筋混凝土过梁。

（2）为保证有足够的承压面积，过梁伸入墙体长度不小于 240mm，宽度一般与墙厚相同，高度与砖皮数相适应，常见的有 60mm、120mm、180mm、240mm 等。

（3）为简化构造、节约材料，可将过梁与圈梁、悬挑雨篷、窗套（窗楣）或遮阳板等结合起来设计（图 5-6）。

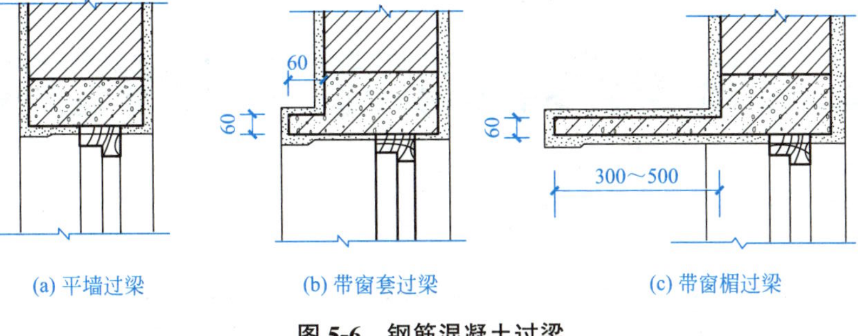

图 5-6　钢筋混凝土过梁

6. 圈梁

含义：在房屋的檐口、窗顶、楼层、吊车梁顶或基础顶面标高处，沿砌体墙水平方向设置的封闭状的按构造配筋的混凝土梁式构件。

作用：提高建筑物的空间刚度及整体性，减少由于地基不均匀沉降而引起的墙身开裂。

位置：对于多层砌体结构民用房屋，当层数为 3 层、4 层时，应在底层和檐口标高处各设置一道圈梁。当层数超过 4 层时，除应在底层和檐口标高处各设置一道圈梁外，至少应在所有纵、横墙上隔层设置。

构造要求：

（1）圈梁宽度不应小于 190mm，宜同墙厚；高度不应小于 120mm。

（2）圈梁应现场浇筑，其混凝土强度等级不应低于 C25；钢筋按构造配置，纵向钢筋不应少于 4ϕ12，箍筋不应大于 ϕ6@200mm。

（3）圈梁可兼作门窗过梁，但兼作过梁部分的钢筋应按结构设计另行增配。

（4）当圈梁被门窗洞口截断时，在洞口上部应搭接补强。可增设相同截面的附加圈梁。附加圈梁与圈梁的搭接长度不应小于其中心线到圈梁中心线垂直间距的 2 倍，且不得小于 1m，在实际工程中，圈梁与附加圈梁也可通过构造柱进行过渡连接，如图 5-7 所示。

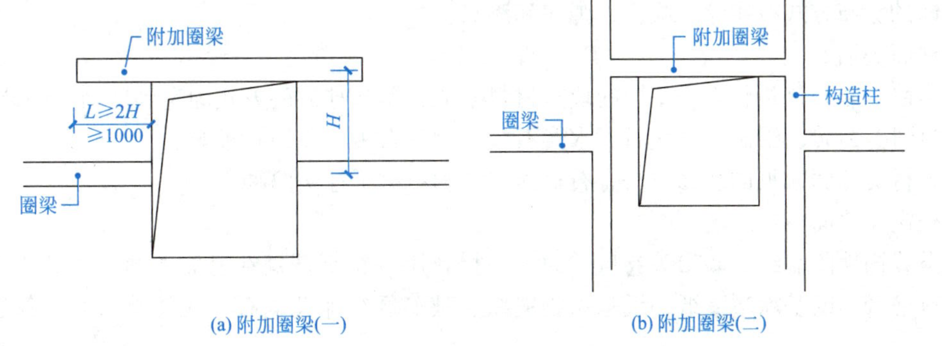

图 5-7　附加圈梁与主圈梁的搭接

7. 构造柱

含义：在砌体墙的规定部位，按构造配筋，并按先砌墙后浇筑混凝土柱的施工顺序制成的混凝土构件。

作用：与水平设置的圈梁一起形成空间骨架，增强建筑物的整体刚度，提高墙体抵抗变形的能力，使块材墙在受震开裂后也能“裂而不倒”。

位置：一般设置在建筑物的四角、大房间内外墙的交接处、较大洞口（宽度≥2.1m）的两侧、较长墙体的中部、楼梯间、电梯间横墙与外墙交接处和错层部位横墙与外纵墙的交接处。

构造要求：

（1）材料：混凝土的强度等级不小于 C25。

（2）尺寸：构造柱最小截面可采用 180mm×240mm（墙厚 190mm 时为 180mm×190mm）。

（3）配筋：纵向钢筋宜采用 4ϕ12，箍筋间距不宜大于 250mm，且在柱上下端应适当加密；6、7 度时超过六层、8 度时超过五层和 9 度时，构造柱纵向钢筋宜采用 4ϕ14，箍筋间距不应大于 200mm；房屋四角的构造柱应适当加大截面及配筋。

（4）构造柱与墙体拉结（图 5-8）：构造柱与墙连接处应砌成马牙槎，马牙槎凹凸尺寸不宜小于 60mm，槎高不大于 300mm；同时沿墙高每隔 500mm 设 2ϕ6 水平钢筋和 ϕ4 分布短筋平面内点焊组成的拉结网片或 ϕ4 点焊钢筋网片，每边伸入墙内不宜小于 1m，必要时拉结钢筋网片沿墙体水平通长设置。

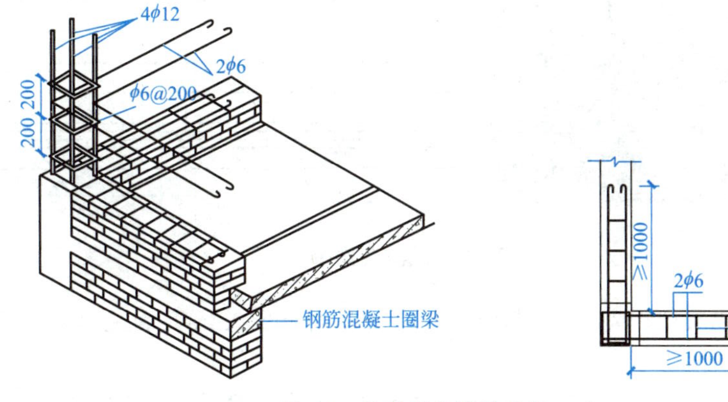

图 5-8　构造柱与墙体拉结

（5）构造柱与圈梁连接处构造：构造柱的纵筋应在圈梁纵筋内侧穿过，保证构造柱纵筋上下贯通。

（6）构造柱起止位置：下部可不单独设置基础，但应伸入室外地面下 500mm，或与埋深小于 500mm 的基础圈梁相连；构造柱上部应伸入顶层圈梁，或女儿墙顶并与现浇钢筋混凝土压顶整浇在一起，其间距不宜大于 2m。

八、填充墙

在框架结构建筑中，在柱与柱间、梁与梁间砌筑的墙体称为填充墙。填充墙位于建筑周边的起围护作用，位于建筑内部的起分隔作用。

框架填充墙除应满足稳定要求外，尚应考虑水平风荷载及地震作用的影响。

1. 材料

填充墙宜选用轻质块体材料，如普通混凝土空心砌块、轻骨料混凝土空心砌块、蒸压加气混凝土砌块等。砌筑砂浆的强度等级不宜低于 M5（Mb5、Ms5）。

外围护墙不应小于 120mm，内隔墙不应小于 90mm。

2. 砌筑要求

砌筑前应按房屋设计图编绘砌块平、立面排块图，施工中应按排块图施工。砌筑时应错缝搭接、减少通缝，内外墙转角处应彼此搭接，加强整体性，其搭接长度应满足相应的构造要求。

3. 填充墙与框架的连接

可采用脱开或不脱开的方法，有抗震设防要求时宜采用填充墙与框架脱开的方法。不脱开时，宜符合相应的构造要求（图 5-9）。

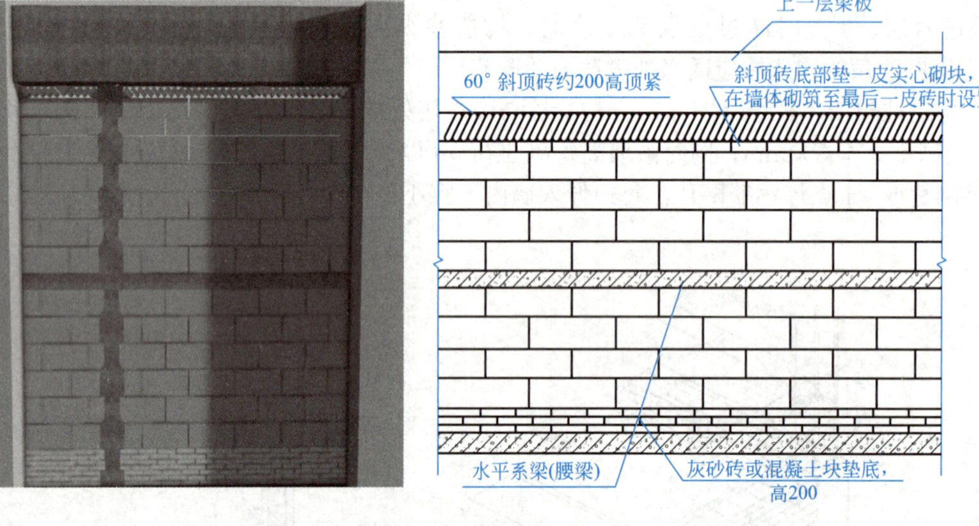

图 5-9　填充墙构造

（1）沿柱高每隔 500mm 配置 $2\phi6$ 的拉结钢筋（墙厚大于 240mm 时配置 $3\phi6$），钢筋伸入填充墙长度不宜小于 700mm。

（2）填充墙墙顶应与框架梁紧密结合。顶面与上部结构接触处宜用一皮砖或配砖斜砌楔紧。

（3）填充墙长度超过 5m 或墙长大于 2 倍层高时，墙顶与梁宜有拉接措施，墙体中部应加设构造柱。

（4）墙高度超过 4m 时宜在墙高中部设置与柱连接的水平系梁，墙高超过 6m 时，宜沿墙高每 2m 设置与柱连接的水平系梁，梁的截面高度不小于 60mm。

（5）当有洞口的填充墙尽端至门窗洞口边距离小于 240mm 时，宜采用钢筋混凝土门窗框。

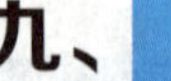

九、隔墙

含义：隔墙是分隔房间的墙体，它不承重，且将自重置于梁或板上。

类型：砌块隔墙、立筋隔墙、板材隔墙。

1. 砌块隔墙：砌块隔墙是采用普通砖、空心砖、加气混凝土砌块等块状材料砌筑的隔墙，砌块隔墙构造同填充墙。

2. 立筋隔墙：由骨架和面板两部分组成，一般采用铝合金或薄壁型钢做成骨架，然后将面板钉结或粘结在骨架上，又称轻骨架隔墙，面板有石膏板、纤维板、吸声板等。常见的立筋隔墙有石膏龙骨石膏板隔墙、轻钢龙骨石膏板隔墙等。

3. 板材隔墙：板材隔墙采用轻质大型板材直接在施工现场装配而成，不需要骨架。

工程中常用板材隔墙和砌块隔墙，施工时应注意隔墙与楼板、地面和墙面的连接以及考虑地面防潮处理和板缝连接。

5-1　轻钢龙骨石膏板隔墙安装动画

十、墙面装修

1. 墙面装修的作用

（1）保护墙体。

（2）改善墙体的使用功能：提高墙体的保温、隔热、隔声、防渗透能力。

（3）光洁墙面，改善室内亮度。

（4）美化建筑、提高建筑的艺术效果。

2. 墙面装修的分类

（1）按所处部位：内装修和外装修。

（2）按材料和构造：抹灰类、贴面类、涂料类、裱糊类、铺钉类等。

3. 墙面装修构造

（1）抹灰类墙面

◆ 抹灰工程包括：一般抹灰、保温层薄抹灰、装饰抹灰和清水砌体勾缝等。

◆ 施工时应分层操作，底层抹灰的作用是粘结和初步找平，中层抹灰主要作用是进一步找平，面层主要起装饰作用，每层抹灰厚度宜为 5～7mm。

◆ 外墙大面积抹灰时，应设置分格缝，间距不宜大于 6m，缝宽 8～12mm。

◆ 当抹灰总厚度大于或等于 35mm 时，应采取加强措施。不同材料基体交接处表面的抹灰，应采取防止开裂的加强措施，当采用加强网时，加强网与各基体的搭接宽度不应小于 100mm。

◆ 室内阳角处应做护角，护角多采用 1∶2 水泥砂浆抹灰，其高度不低于 2m，每侧宽度不小于 50mm，或者采用成品包角。

（2）涂刷类墙面

涂刷类墙面装修是指将各种涂料喷涂于基层表面而形成完整和牢固的保护膜的装修做法。涂刷类墙面装修的涂布方式有刷涂、喷涂、弹涂和滚涂。

（3）贴面类墙面

贴面类墙面装修是指将大小不同的块状材料采取粘贴或挂贴的方式固定到墙面上的装修做法。

贴面材料有面砖、锦砖、文化石、水磨石板、大理石板、花岗石板等。

外墙石材类墙面常见的装修方法有石材拴挂法和石材干挂法两种。

（4）裱糊类墙面

将各类装饰性的墙纸、墙布等卷材类的装饰材料用胶粘剂裱糊在墙面上的一种装修饰面。材料主要有塑料壁纸、纸基涂塑壁纸、纸基织物壁纸、玻璃纤维印花墙布、无纺墙布等，仅适用于室内装修。

（5）铺钉类墙面

铺钉类墙面装修是将各种天然或人造薄板镶钉在墙面上的装修做法，其构造与骨架隔墙相似，由骨架和面板两部分组成。

【说明】墙面装修构造可参考本教材学习参考和有关图集，这里不再赘述。

十一、墙体保温

外墙作为建筑的围护构件，其保温隔热是建筑进行节能设计的重要组成部分，根据保温材料设置位置的不同，墙体保温分为外墙外保温（应用较多）、外墙内保温、外墙夹心保温三种，如图 5-10 所示。

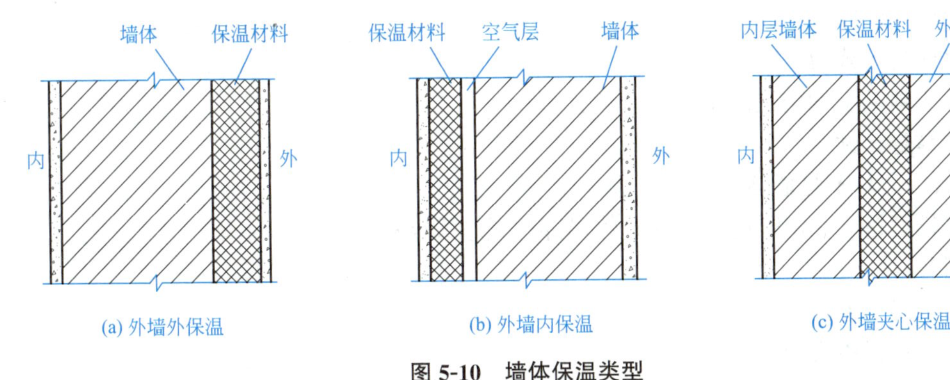

图 5-10 墙体保温类型

1. 相关术语

（1）外墙外保温系统——由保温层、抹面层、固定材料（胶粘剂、辅助固定件等）和饰面层构成并固定在外墙外表面的非承重保温构造的总称。

（2）模塑聚苯板——由可发性聚苯乙烯珠粒经加热预发泡后在模具中加热成型而制得的具有闭孔结构的聚苯乙烯泡沫塑料板材，简称 EPS 板。

（3）挤塑聚苯板——以聚苯乙烯树脂或其共聚物为主要成分，加入少量添加剂，通过加热挤塑成型而制得的具有闭孔结构的硬质泡沫塑料板材，简称 XPS 板。

（4）硬泡聚氨酯板——在工厂预制，以硬泡聚氨酯为芯材，双面覆以面层的板材，通常称为 PUR 板。

（5）胶粉 EPS 聚苯颗粒保温浆料——由可再分散胶粉、无机胶凝材料、外加剂等制成的胶粉料与作为主要骨料的聚苯颗粒复合而成的，可直接作为保温层材料的胶粉聚苯颗粒浆料，简称保温浆料。

（6）界面砂浆——用于改善基层与保温层表面粘结性能的聚合物干混砂浆。

（7）抗裂砂浆——由硅酸盐水泥、高分子聚合物和填料等材料配制而成，能满足一定变形且具有一定的抗裂性能的干混砂浆。

（8）耐碱玻纤网格布——经表面耐碱涂覆处理的网格状玻璃纤维织物，具有一定的耐碱性和硬挺度，作为增强材料埋入抗裂砂浆中，与抗裂砂浆共同形成抗裂面层，用以提高抗裂面层的抗裂性。

（9）机械固定件——将保温层固定在基层上的专用固定件。

2. 外墙外保温构造

外墙外保温系统有无机轻集料砂浆保温系统、粘贴保温板（如 EPS 板、XPS 板、PUR 板）外保温系统、胶粉 EPS 聚苯颗粒保温浆料外保温系统、EPS 板现浇混凝土外保温系统、现场喷涂硬泡 PUR 外保温系统、胶粉 EPS 聚苯颗粒浆料贴砌保温板外保温系统等。常见外墙外保温构造如图 5-11 所示。

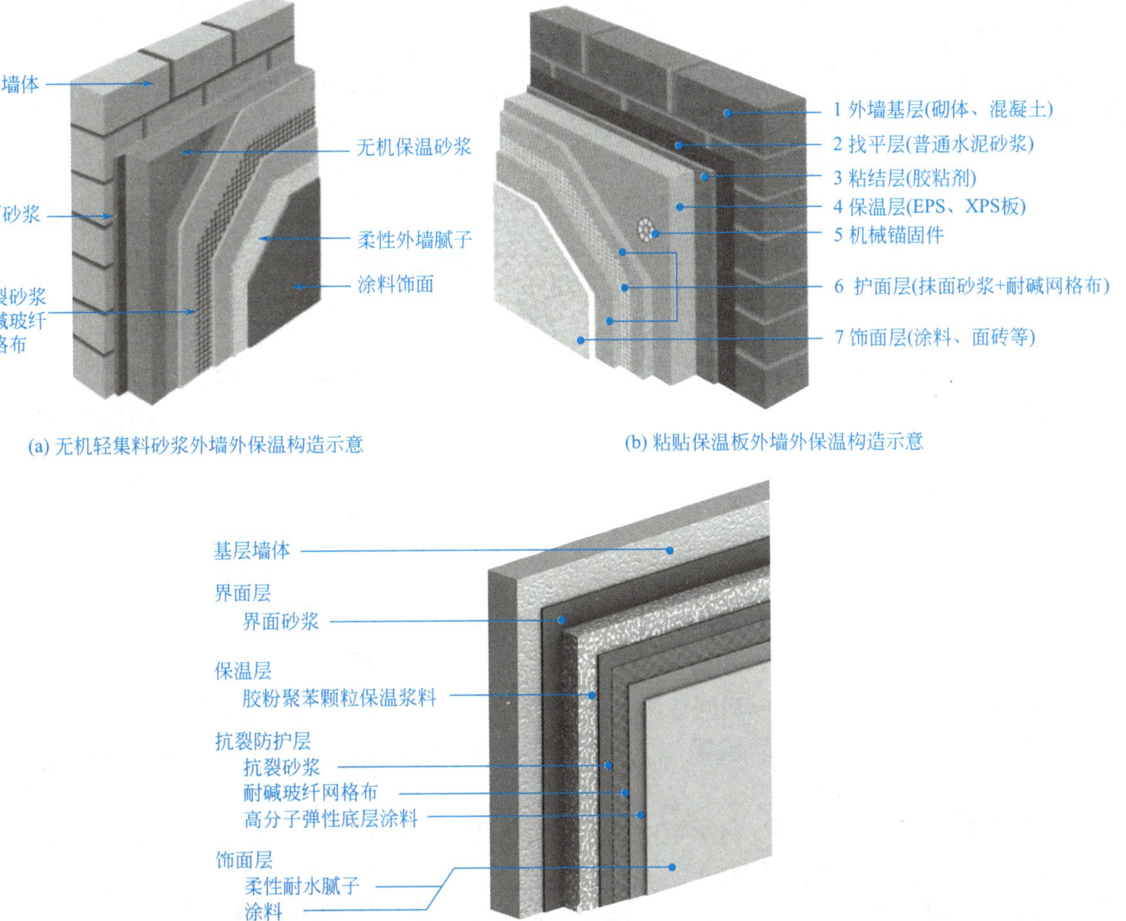

图 5-11 常见外墙外保温构造

理论实践自测

一、填空题

1. 墙体按受力情况分为承重墙和非承重墙，非承重墙又可分为________、________、________等。

2. 墙体按照施工方式不同分为________、________、________。

3. 砌筑墙体的砂浆按胶凝材料不同分为________、________和________，在砌筑砂浆中，一般用于砌筑砖基础的是________，用于砌筑地上墙体的是________。

4. 砖墙的组砌原则是：________、________、________。

5. 在建筑外墙接近地面部位特别设置的饰面保护构造措施称为________。

6. 散水是________。

7. 当采用悬挑窗台时，窗台下部应设置________，其作用是________________。

8. 普通砖的尺寸规格为________。

9. 预拌砂浆是指________________。

10. 构造柱的混凝土强度等级不得小于______，构造柱的最小配筋为纵筋________，箍筋不小于______。

11. 构造柱下端应伸入________________，上部应伸入________________，以形成封闭的骨架。

12. 隔墙可分为__________、__________、__________。

13. 墙面装修按所用材料和做法的不同，一般可分为________、________、________、________、________。

14. 抹灰类墙面装修，为保证抹灰层的牢固和表面平整，防止墙面出现裂缝，施工时应分层操作，底层抹灰的作用是________，中层抹灰主要作用是________，面层主要作用是________。

15. 墙体根据保温层的位置分为__________、__________、__________。

二、单选题

1. 建筑物的外横墙，习惯上又称为（　）。

A. 山墙　B. 檐墙　C. 窗间墙　D. 窗下墙

2. 在墙体布置中，仅起分隔房间作用且其自身重量还由其他构件来承担的墙称为（　）。

A. 横墙　B. 隔墙　C. 纵墙　D. 承重墙

3. 框架结构中的墙体属于（　）。

A. 承重墙　B. 自承重墙　C. 填充墙　D. 幕墙

4. 墙体按受力情况不同可分为（　）。

A. 内墙、外墙　B. 承重墙、非承重墙

C. 实体墙、空体墙和复合墙　D. 砌筑墙、整浇墙和装配式墙

5. 横墙承重一般不用于（　）。

A. 教学楼　B. 住宅　C. 办公楼　D. 宿舍

6. 下面关于水泥砂浆描述正确的是（　）。

A. 水泥砂浆属于水硬性材料　B. 水泥砂浆的强度有 4 个等级

C. 水泥砂浆适合于地面以上的砌体　D. 水泥砂浆的和易性好、保水性好

7. 在砌筑地下室、砖基础等砌体时，需用的砂浆是（　）。

A. 石灰砂浆　B. 混合砂浆　C. 水泥砂浆　D. 黏土砂浆

8. 砖墙有多种砌筑方式，120mm 厚墙体的砌筑方式为（　）。

A. 两平一侧式　B. 全顺式　C. 一顺一丁式　D. 多顺一丁式

9. 实心砖墙砌筑时不许出现垂直通缝，且错缝的距离一般不小于（　）。

A. 50mm　B. 60mm　C. 80mm　D. 120mm

10. 散水的宽度宜为（　）mm，坡度宜为（　）。

A. 600～800　2%～3%　B. 800～1000　1%～3%

C. 600～1000　3%～5%　D. 800～1200　2%～5%

11. 防潮层顶面标高一般为（　）。

A. 0.030mm　B. －0.450mm　C. －0.060mm　D. －0.070mm

12. 如果基础墙设有钢筋混凝土（　）时，可以不设防潮层。

A. 地圈梁　B. 过梁　C. 构造柱　D. 框架梁

13. 为将雨水尽快排走，窗台上部应有一定的坡度，其大小一般不小于（　）。

A. 1%　B. 3%　C. 5%　D. 6%

14. 悬挑式窗台做法通常出挑（　）。

A. 50mm　B. 60mm　C. 100mm　D. 120mm

15. 圈梁的截面宽度一般与墙厚相同，且不应小于（　）。

A. 60mm　B. 120mm　C. 150mm　D. 190mm

16. 下列（　）不是圈梁的作用。

A. 加强房屋的整体性

B. 提高墙体的承载力

C. 减少由于地基不均匀沉降引起的墙体开裂

D. 增加墙体稳定性

17. 下列（　）不是墙体的加固做法。

A. 当墙体长度超过一定限度时，在墙体局部位置增设壁柱

B. 设置圈梁

C. 设置钢筋混凝土构造柱

D. 墙体适当位置用砌块砌筑

18. 钢筋混凝土过梁，梁端伸入支座的长度不少于（　）。

A. 180mm　B. 200mm　C. 120mm　D. 240mm

19. 目前最为常用的过梁形式是（　）。

A. 钢筋混凝土过梁　B. 砖砌平拱过梁

C. 钢筋砖过梁　D. 石材过梁

20. 关于圈梁和过梁，下列说法正确的是（　）。

A. 圈梁可兼作过梁，过梁配筋按圈梁

B. 过梁可兼作圈梁，圈梁配筋按过梁

C. 圈梁可兼作过梁，圈梁配筋按过梁

D. 过梁可兼作圈梁，过梁配筋按圈梁

21. 当填充墙为外围护墙时，墙厚不应小于（　）。

A. 90mm　B. 100mm　C. 120mm　D. 200mm

22. 砌筑填充墙时应错缝搭砌，蒸压加气混凝土砌块搭砌长度不应小于砌块长度的（　），当砌块长度小于 300mm 时，其搭接长度不宜小于砌块长度的（　）。

A. 1/3　1/3　B. 1/2　1/2

C. 1/2　1/3　D. 1/3　1/2

23. 砌筑隔墙与楼板相接处应用立砖斜砌的目的是（　）。

A. 加强墙和楼板之间的稳定性　B. 方便施工

C. 避免结合部位产生裂缝　D. 节省材料

24 下列有关墙面装修的作用说法错误的是（　）。

A. 保护墙体　B. 增加墙体稳定性

C. 增强采光、保温、隔热性能　D. 美化和装饰

25. 当墙面抹灰总厚度大于或等于（　）时，应采取加强措施。

A. 30mm　B. 35mm　C. 40mm　D. 45mm

三、综合题

1. 墙体的作用和设计要求有哪些？

2. 墙身的防潮层常用做法有哪些？

3. 写出下图中墙体的承重方案，并说明其优缺点。

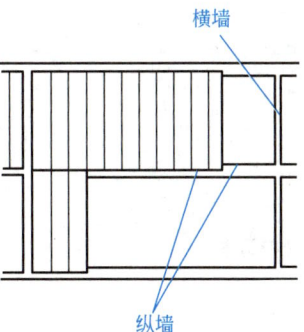

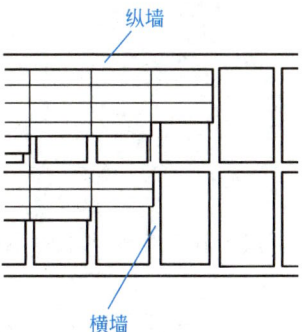

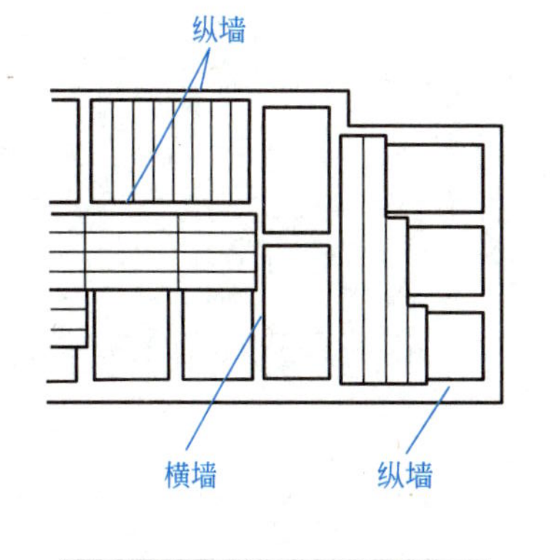

4. 什么是附加圈梁？请图示附加圈梁的设置要求。

5. 按要求将下图砖砌墙脚构造详图补充完整。

（1）绘制出防潮层，并标出其位置标高和一种做法。

（2）标出散水的宽度尺寸和坡度值，标出混凝土散水的构造做法及填缝材料。

（3）注写一种勒脚的做法。

5-2　墙脚构造解析

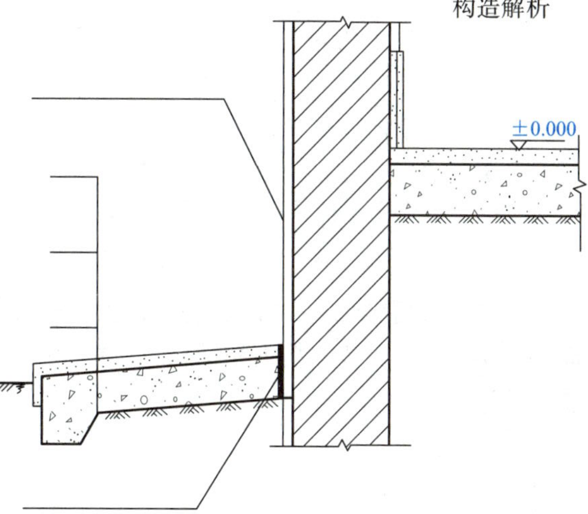

6. 简述构造柱作用、设置位置和构造要求。

7. 写出下图实心砖墙的组砌方式和墙体厚度。

8. 基层为混凝土空心砌块的陶瓷墙砖内墙面装修构造做法是：9 厚 1∶3 水泥砂浆打底找平；界面剂一道；5 厚瓷砖胶粘剂粘结层；8 厚陶瓷墙，白水泥擦缝。请根据以上描述绘制出该墙面装修分层构造图。

9. 指出下面填充墙立面示意图中相应部位的构造名称，并说明图中 B 和 C 的设置条件。

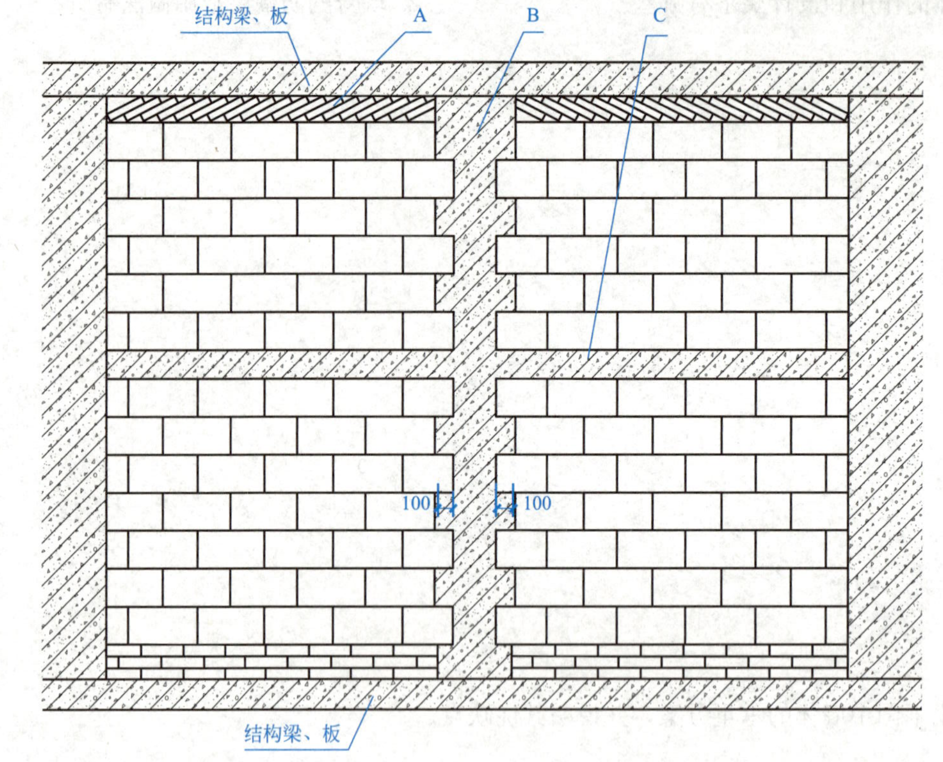

10. 某房屋外墙外保温构造如下图所示，在图中将各构造做法写在相应横线上。

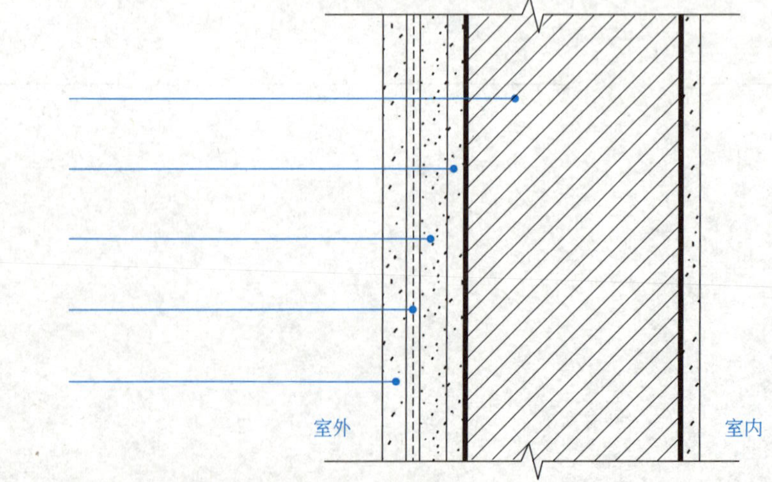

所用材料有：(1) 柔性腻子、饰面层；(2) 界面剂一道；(3) 抗裂砂浆、玻纤网格布；(4) 钢筋混凝土墙；(5) 无机轻集料保温砂浆 B 型。

四、实训题

识读下图外墙节点详图，回答问题并抄绘，图幅和比例由教师指定。

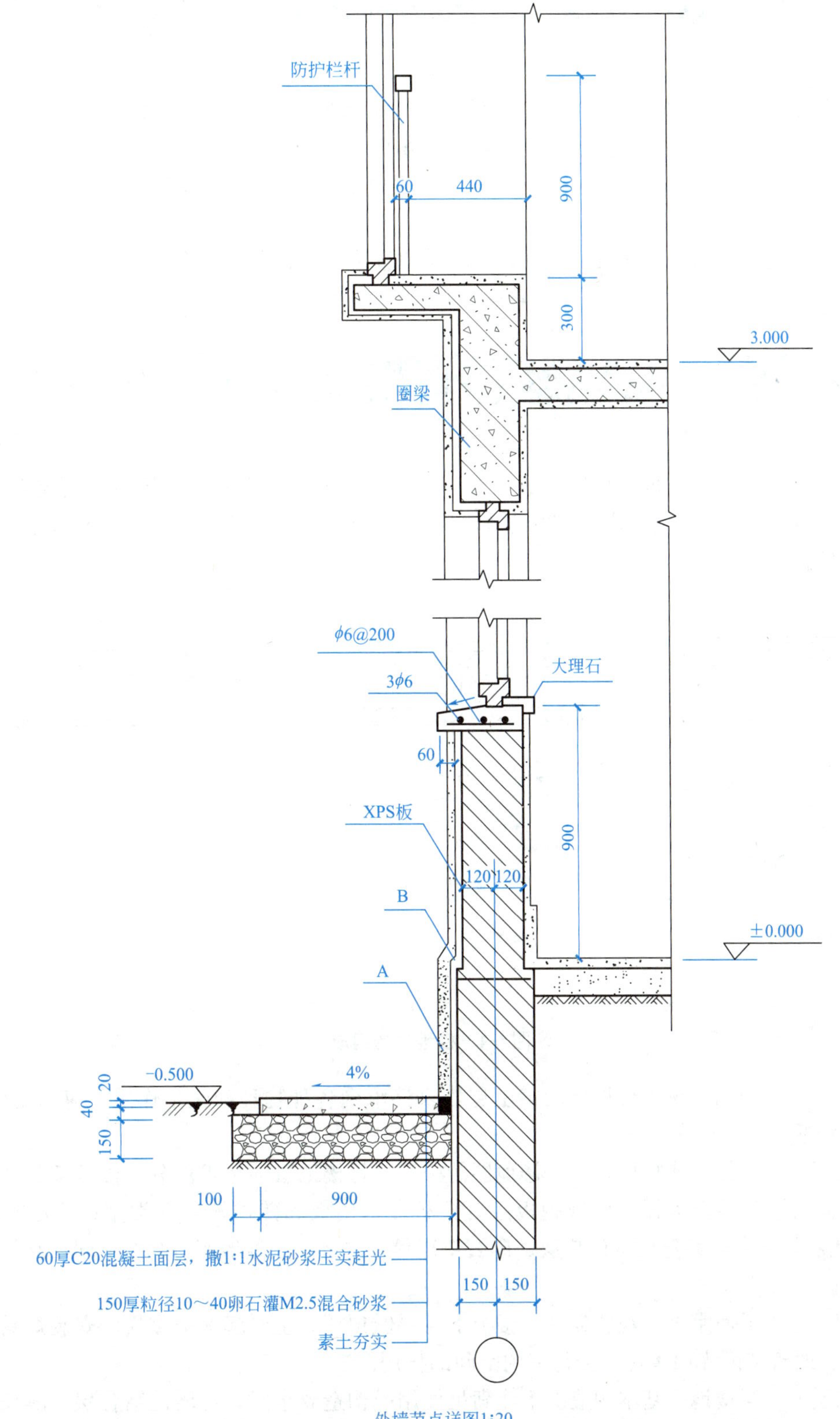

外墙节点详图1:20

(1) 图中 A 表示的构造名称是__________，高度为________mm。常用做法有_______________、____________________、____________________等。

(2) 图中 B 表示的构造名称是__________，主要作用是__________________________________。

(3) 本工程散水采用____________材料，散水宽度为__________mm，突出室外地坪________mm，垫层厚度为________________mm。

(4) 图中“XPS 板”是指外墙的________________层。

(5) 本工程一层窗台高度为__________m，外窗台挑出________mm，排水坡度 i 应不小于_______，窗台采用______________材料，一般适用于____的情况。

项目六 Project 06

楼地层

学习基本要求

【知识目标】

熟悉楼地层的作用、设计要求及组成；掌握现浇钢筋混凝土楼板的类型和构造；了解装配式钢筋混凝土楼板基本构造；了解建筑地面设计要求和分类；掌握常见地面构造组成及构造做法；熟悉顶棚装修构造；熟悉阳台和雨篷构造。

【能力目标】

能判定楼板层和楼地层的组成及其功能特点；能识读建筑设计说明中有关楼地层的信息及楼地面装修做法表；会运用规范、图集查找楼地层构造要求和做法；能够依据制图标准，根据任务要求绘制楼地面和顶棚构造详图。

【素质目标】

了解建筑行业的国家政策、行业动态和新技术、新材料的应用，促进建筑业与信息化、工业化的深度融合；树立绿色、节能、环保的生态观；紧跟行业发展，养成终身学习的习惯，不断提高自身的专业素养和综合技能。

知识要点概述

楼地层是建筑物的主要组成部分之一，为满足其使用功能，楼地层形成了多层构造的做法。在进行结构选型、结构布置和确定构造方案时，应与建筑物的质量标准和房间使用要求相适应。

一、楼地层的作用和设计要求

楼地层包括楼板层和地坪层，均可供人们在上面活动使用，因此，它们具有相同的面层。

楼板层是分隔建筑空间的水平承重构件，直接承受楼面荷载和自重，并将其传给墙或柱，同时对墙体起着水平支承作用。楼板层应具有足够的强度和刚度，还具备一定的隔声、防火、防水、防潮等能力。

地坪层建筑物底层与土壤相接的部分，其承受的直接荷载和自重直接传给地基。

二、楼地层的组成

楼板层通常由面层、楼板、顶棚组成［图 6-1（a）］；地坪层由面层、垫层和基层组成［图 6-1（b）］。根据具体设计可增加附加层（功能层），其主要作用是隔声、隔热、保温、防水、防潮、防腐蚀、防静电等。

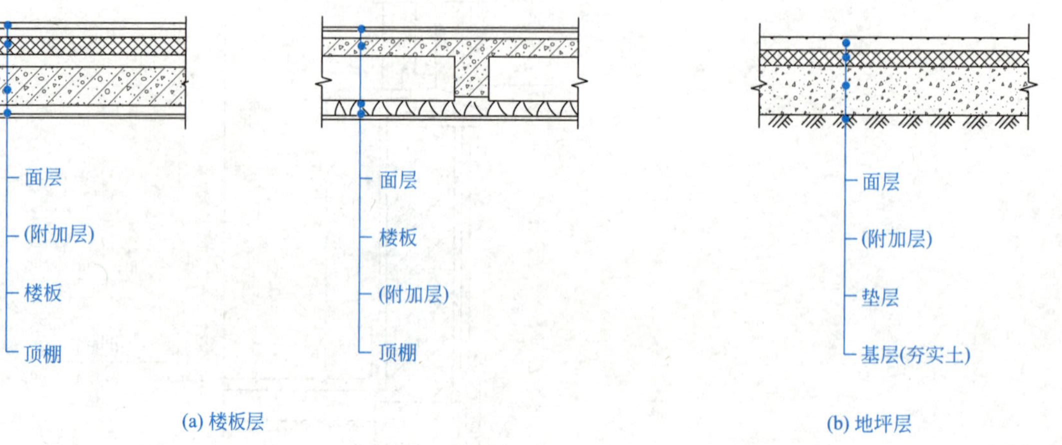

图 6-1 楼地层的组成

1. 面层——即地面，位于楼地层的最上层，直接承受各种物理和化学作用，应满足坚固耐磨、不易起尘、舒适美观的要求。

2. 结构层——即楼板或垫层，位于楼地层的中部，是楼地层的承重部分。楼板按其使用材料的不同，可分为钢筋混凝土楼板、压型钢板组合楼板、木楼板和砖拱楼板等类型；垫层有刚性垫层（如混凝土垫层等）和柔性垫层（砂垫层、碎石垫层等）之分。根据地面荷载的不同，结构层的厚度也有所变化。

3. 顶棚——为了使室内的观感良好，楼板下需要做顶棚。主要起保护楼板、安装灯具、敷设各种管线设备、改善室内光照条件、美化室内空间的作用。

4. 附加层——当楼地层基本构造层不能满足使用或构造要求时，可增设结合层、隔离层、填充层、找平层等附加层。视具体情况可设置在面层和结构层之间，或设置在结构层和顶棚之间。

三、钢筋混凝土楼板（结构层）

钢筋混凝土楼板是目前应用最为广泛的楼板形式，根据其施工方式的不同分为现浇整体式、预制装配式和装配整体式三种类型。

1. 现浇整体式钢筋混凝土楼板——是在施工现场通过支设模板、绑扎钢筋、浇筑混凝土、振捣养护、拆模而成的楼板。

优点：整体性强、抗震性能好、防水效果好、能适应各种建筑平面形状。

缺点：湿作业多、模板用量大、工期长、受季节影响大。

适用情况：平面形状复杂、整体性要求高、管道布置较多、对防水防潮要求高的房间。

分类：按荷载传力方式不同分为板式楼板、梁板式楼板、无梁式楼板，见表 6-1。

现浇钢筋混凝土楼板分类　　表 6-1

分类		荷载传力方式	示例
板式楼板		荷载→板→墙	厨房、卫生间、走廊等
梁板式楼板	单梁式	荷载→板→梁→墙(柱)	小型教学楼、办公楼等
	复(双)梁式	荷载→板→次梁→主梁→柱(墙)	平面尺寸较大的办公楼、小型商店、小型礼堂等
	井梁式	荷载→板→井梁→柱(墙)	平面形状接近正方形的公共建筑的门厅或大厅
无梁式楼板		荷载→板→柱	展览厅、商店、仓库、厂房等

注：楼板按受力特点和支承情况有单向板和双向板之分。

2. 预制装配式钢筋混凝土楼板——将楼板构件在预制厂或施工现场外预先制作，然后在施工现场进行吊装、装配的楼板。

6-1　单向板和双向板动画

优点：节省模板、加快施工速度、便于工业化生产。

缺点：整体性差，抗震性能差，防水性能差。

适用情况：低、多层建筑，地震设防地区不宜采用。

预制楼板可分为预应力和非预应力两种。截面形式有实心平板、空心板和槽形板三种。

3. 装配整体式钢筋混凝土楼板——先将楼板中的部分构件预制（叠合板），运到现场安装后，再整体浇筑混凝土并连接而成的楼板。

装配整体式钢筋混凝土楼板兼有现浇整体式和预制装配式楼板的优点。

四、地面构造

地面是建筑物底层地面和楼层地面的总称。除有特殊使用要求外，楼地面应满足平整、耐磨、不起尘、环保、防污染、隔声、易于清洁等要求，且应具有防滑功能。

根据面层所用材料或施工方法的不同，地面一般可分为整体类地面、板块类地面、木（竹）类地面等。

地面类型的选择，应根据建筑功能、使用要求、工程特征和技术经济条件，经过综合技术经济比较确定。如供儿童及老年人公共活动的场所地面，宜采用木地板、强化复合木地板、塑胶地板等暖性材料。要求不起尘、易清洗和抗油腻沾污的餐厅、酒吧、咖啡厅等地面，宜采用水磨石、防滑地砖、陶瓷锦砖、木地板或耐沾污地毯。有地暖要求的地面，宜采用地砖、强化复合木地板等。

踢脚板：是设置在室内墙面或柱身根部一定高度的特殊保护面层。高度一般为 80～150mm，材料通常与地面一致，多采用强度高、不易污染、耐撞击、易清洗的材料。

墙裙：是踢脚板的延伸，是设置在室内墙面或柱身下部一定高度的特殊保护面层。墙裙高度根据使用性质确定，一般厕所为 1.2m，厨房为 1.5m，淋浴室为 1.8 ～2.1m。

◆ 有水房间地面构造：

1. 楼板采用现浇混凝土，楼板四周除门洞外，常做强度等级不小于 C20 的混凝土翻边，其高度宜为 150～200mm，宽度宜同墙厚。

2. 有水房间地面一般低于相邻地面 20～30mm，或设门槛等挡水设施。在无障碍设计中，门内外地面高差不应大于 15mm ，并以斜面过渡。

3. 楼地面应设排水坡，并应坡向地漏或排水设施，排水坡度不应小于 1%。

4. 楼地面应采用不吸水、易冲洗、防滑的面层材料，并应设置防水层。遇门洞口处需将防水层向外水平延展，延展宽度不宜小于 500mm，向外两侧延展宽度不宜小于 200mm。防水层沿墙面翻起高度不宜小于 250mm，地漏四周、排水地沟及地面与墙、柱连接处的防水层，应增加层数或局部采取加强措施。

5. 穿越楼板的管道应设置防水套管，高度高出装饰层完成面 20mm 以上；套管与管道间应采用防水密封材料嵌填压实。

楼地面门口处防水层延展示意如图 6-2 所示。

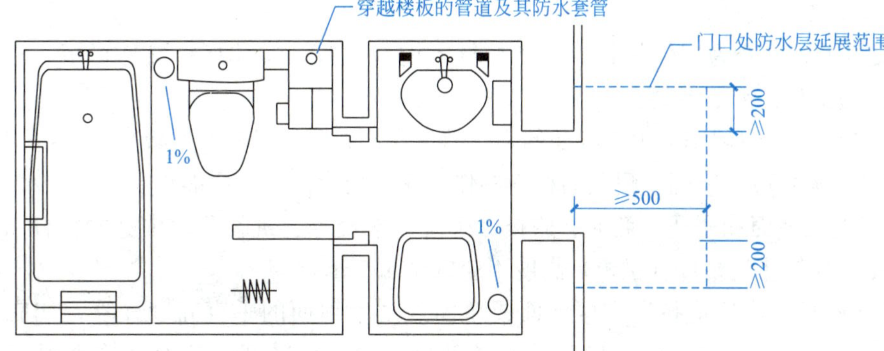

图 6-2　楼地面门口处防水层延展示意

五、顶棚构造

顶棚是楼板层下面的装修层，是建筑物室内的主要饰面之一。顶棚的一般要求是表面光洁、美观，能反射光线，改善室内照明度，提高室内装饰效果；对某些有特殊要求的房间，还要求顶棚具有隔声吸声或反射声音、保温、隔热、管道敷设等方面的功能，以满足使用要求。

顶棚的构造形式有两种，即直接式顶棚和悬吊式顶棚。设计时应根据建筑物的使用功能、装修标准和经济条件选择适宜的顶棚形式。

直接式顶棚——指直接在钢筋混凝土屋面板或楼板下表面做饰面层形成。常见做法有直接喷刷涂料顶棚、抹灰顶棚、贴面顶棚、结构顶棚。

悬吊式顶棚——即吊顶，它通过悬挂构件与主体结构相连，悬挂在屋顶或楼板下面。一般由吊筋、龙骨和面板三部分组成，吊筋与结构层相连，主龙骨与吊筋相连，次龙骨与主龙骨相连，面板多固定在次龙骨上。根据面板材料的不同，常见的吊顶有轻钢龙骨石膏板吊顶、矿棉板吊顶、铝蜂窝穿孔吸声板吊顶、铝扣板集成吊顶等。

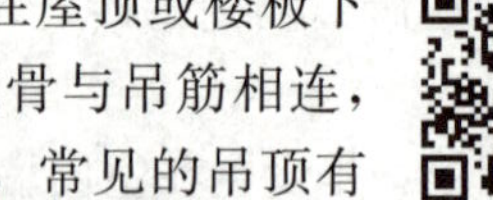

6-2 吊顶的组成动画

六、阳台构造

阳台是居住建筑必要的附属部分，是附设于建筑物外墙设有栏杆或栏板，可供人活动的室外空间。通常由承重结构和围护结构两部分组成。

◆ 阳台类型如下：

1. 按使用要求不同分为生活阳台、服务阳台。
2. 按其与外墙面的关系分为凸阳台、凹阳台、半凸半凹阳台。
3. 按其在建筑中所处位置分为中间阳台、转角阳台。
4. 按其围护形式分为开敞阳台、封闭阳台。
5. 按承重结构布置分为墙承式（仅用于凹阳台）阳台、板式阳台、梁板式阳台。

◆ 阳台细部构造：

1. 阳台栏杆（栏板）是设在阳台周围的垂直围护构件，其作用一是保障安全，承担人们托扶的侧向推力，二是装饰、美观。

2. 栏杆从形式上可分为实体栏杆、空花栏杆和混合栏杆，实体栏杆又称栏板。常用材料有金属、玻璃（夹层玻璃）、钢筋混凝土等。

3. 阳台、外廊、室内回廊、中庭等处的临空部位应设置防护栏杆（栏板），并符合下列要求：

(1) 栏杆（栏板）应以坚固、耐久的材料制作，应安装牢固，并应能承受相应的水平荷载。

(2) 阳台、上人屋面和交通、商业、旅馆、医院、学校等建筑临开敞中庭的栏杆（栏板）高度不应低于1.2m，其他建筑栏杆（栏板）高度不应低于1.1m。

(3) 栏杆（栏板）高度应按所在楼地面或屋面至扶手顶面的垂直高度计算，如底面有宽度大于或等于0.22m，且高度不大于0.45m的可踏部位，应按可踏部位顶面至扶手顶面的垂直高度计算。

(4) 少年儿童专用活动场所的栏杆应采取防止攀滑措施，当采用垂直杆件做栏杆时，其杆件净间距不应大于0.11m。

(5) 公共场所的临空且下部有人员活动部位的栏杆（栏板），在地面以上0.1m高度范围内不应留空。

4. 阳台栏杆、栏板与阳台板的连接方法有焊接、插接及整体浇筑。

5. 开敞式阳台应采取有组织排水和防水措施，在阳台边角设排水口，并将阳台地面做不小于1%的坡度，坡向排水口，阳台外口下沿应做滴水，排水有外排水和内排水两种方式。设有配水点的封闭阳台的墙面应设置防水层。

七、雨篷构造

雨篷是建筑出入口上方为遮挡雨水而设置的部件。用来遮挡雨雪，给人们提供一个从室外到室内的过渡空间，并起到保护门和丰富建筑立面的作用。

雨篷的形式多样，有钢筋混凝土雨篷、钢结构雨篷等。一般小型雨篷多采用悬挑式雨篷；而大型雨篷，常加墙或立柱形成支承式雨篷（图6-3）。

(a) 钢筋混凝土雨篷

(b) 钢结构雨篷

(c) 支承(立柱)式雨篷

图6-3 雨篷形式

钢筋混凝土雨篷的结构形式主要有挑板式和挑梁式两种。挑板式雨篷的挑出长度一般以1～1.5m为宜。板式雨篷常做成变截面形式。若挑出长度较大时，常用挑梁式，为使底面平整美观不易积灰，可将挑梁上翻（图6-4）。

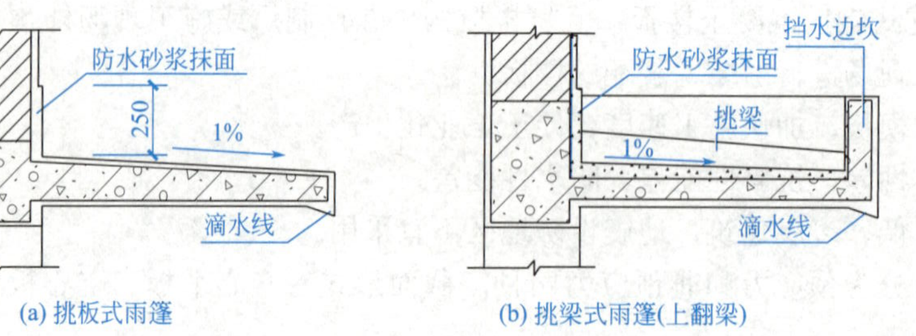

(a) 挑板式雨篷　(b) 挑梁式雨篷(上翻梁)

图6-4 钢筋混凝土雨篷结构形式

雨篷应设置不小于1%的外排水坡度，外口下沿应做滴水线；雨篷与外墙交接处的防水层应连续，形成泛水。

理论实践自测

一、填空题

1. 地坪层的基本构造包括________、________和________。为了满足楼地面不同的使用要求，必要时还应设________。

2. 现浇钢筋混凝土楼板有________、________、________等。普通教室可选用________，厨房或卫生间可选用________。

3. 现浇钢筋混凝土楼板的平面形状呈矩形且四面支承时，当长边与短边的比值不大于______时，应采用______向板，这是因为______________________。当长边与短边长度之比大于__________，但小于__________时，宜按双向板计算；当长边与短边长度之比不小于__________时，宜按沿短边方向受力的__________向板计算，并应沿长边方向布置构造钢筋。两对边支承的板应按__________向板计算。

4. 无梁楼板设置柱帽的目的是______________________。

5. 建筑物的底层地面标高，宜高出室外地面________mm。

6. 某房屋用水房间楼面标高要比相邻房间低 15mm，并以斜坡过渡，其目的是______________________。

7. 现浇水磨石地面设置分格缝的目的是______________________，常用材料有______________，每格面积不宜大于__________。

8. 吊顶由______________、______________、______________组成。

9. 吊顶的龙骨材料有__________、__________和__________，设计无要求时按大龙骨的排列位置预埋钢筋吊杆，一般间距为__________mm，中小龙骨间距一般在____________mm 之间。

10. 常见的阳台的结构布置方式有__________、__________和__________三种，一般凹阳台用______________，凸阳台常用______________。

11. 阳台栏杆离地面__________m 高度范围内不宜留空，其原因是______________________。

12. 钢筋混凝土雨篷的结构形式主要有______________和______________两种。雨篷外边缘下部必须做______________，以防止雨水越过污染篷底和墙面。

二、单选题

1. 楼板层通常由（　　）组成。

A. 面层、楼板、地坪　　B. 面层、楼板、顶棚
C. 支撑、楼板、顶棚　　D. 垫层、楼板、梁

2. 现浇钢筋混凝土复梁式楼板由（　　）现浇而成。

A. 混凝土、砂浆、钢筋　　B. 柱、主梁、次梁
C. 板、次梁、主梁　　D. 次梁、主梁、墙体

3. 无梁楼板的柱网多布置为正方形或矩形，柱距以（　　）左右较为经济。

A. 5m　　B. 6m　　C. 7m　　D. 8m

4. 下列关于现浇钢筋混凝土楼板，不正确的是（　　）。

A. 现浇楼板整体性好，利于抗震，施工受季节影响较大
B. 板式楼板支承在柱上
C. 双向板配筋时，两个方向均是受力钢筋
D. 井式楼板是复梁楼板的一种特殊形式

5. 钢筋混凝土单向板的受力钢筋应在（　　）方向设置。

A. 短边　　B. 长边　　C. 长、短边　　D. 任一方向

6. 地沟盖板常采用（　　）。

A. 实心板　　B. 槽形板　　C. 空心板　　D. 板式楼板

7. 空心板在承重墙上通常用水泥砂浆坐浆，其厚度不小于（　　）。

A. 80mm　　B. 60mm　　C. 40mm　　D. 20mm

8. 预制板在承重外墙上的支承长度不小于（　　）。

A. 120mm　　B. 100mm　　C. 50mm　　D. 60mm

9. 直接支承在柱上的楼板是（　　）。

A. 井式楼板　　B. 无梁楼板　　C. 复梁式楼板　　D. 板式楼板

10. 不属于地面构造层次的是（　　）。

A. 找平层　　B. 三合土垫层　　C. 隔汽层　　D. 防水层

11. 墙裙是（　　）向上延伸后形成的。

A. 墙脚　　B. 踢脚　　C. 地面　　D. 勒脚

12. 顶棚按构造做法可分为（　　）。

A. 直接式顶棚和悬吊式顶棚　　B. 抹灰类顶棚和贴面类顶棚
C. 抹灰类顶棚和悬吊式顶棚　　D. 喷刷类顶棚和抹灰类顶棚

13. 对厕浴间、厨房等有水房间楼地面，防水层沿墙面处翻起高度不宜小于（　　）mm。

A. 150　　B. 200　　C. 250　　D. 300

14. 遇门洞口处可采取防水层向外水平延展措施，延展宽度不宜小于（　　）mm，向外两侧延展宽度不宜小于（　　）mm。

A. 500，500　　B. 300，300　　C. 200，300　　D. 500，200

15. 阳台按使用要求的不同可分为（　　）。

A. 凹阳台、凸阳台　　B. 生活阳台、服务阳台
C. 封闭阳台、开敞阳台　　D. 转角阳台、中间阳台

16. 阳台是由（　　）组成。

A. 栏杆、栏板、扶手　　B. 挑梁、阳台板、扶手
C. 栏杆扶手、承重结构　　D. 栏板、扶手、挑板

17. 阳台和雨篷板面的排水坡度不小于（　　）。

A. 0.5%　　B. 1%　　C. 1.5%　　D. 2%

18. 通常阳台垂直栏杆净间距不应小于（　　）。

A. 90mm　　B. 100mm　　C. 110mm　　D. 120mm

三、综合题

1. 在下图现浇钢筋混凝土楼板类型中的横线上填写对应的楼板名称。

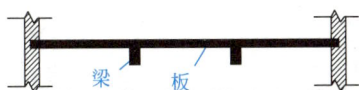

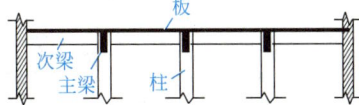

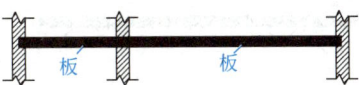

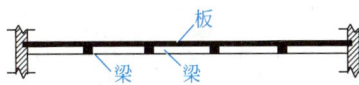

______________　　______________

______________　　______________

2. 试说明楼板层和地坪层的异同点？

3. 楼地面装修构造设计要求有哪些？

4. 在下图中标注出现浇水磨石楼面构造层次，并标出踢脚板高度。

（1）15 厚 1∶2.5 水泥彩色石子地面，表面磨光打蜡。

（2）20 厚 1∶3 干硬性水泥砂浆结合层。

（3）界面剂一道。

（4）现浇钢筋混凝土楼板。

（5）顶棚。

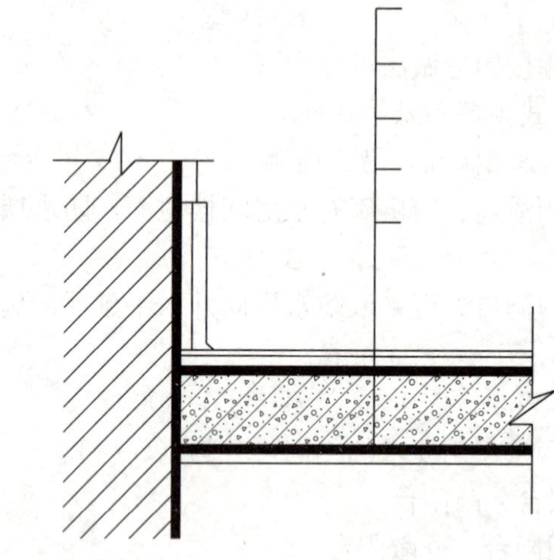

5. 根据大理石板地面的构造做法，在下图中标注出其构造层次。

（1）20 厚大理石面层，水泥浆擦缝。

（2）30 厚 1∶3 干硬性水泥砂浆结合层，表面撒水泥粉。

（3）水泥浆一道（内掺建筑胶）。

（4）80 厚 C15 混凝土垫层。

（5）素土夯实。

6-3　大理石地面装修构造解析

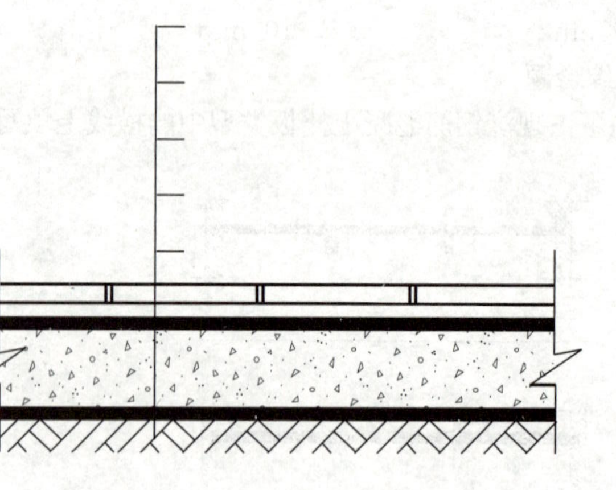

6. 指出下图中阳台的类型。

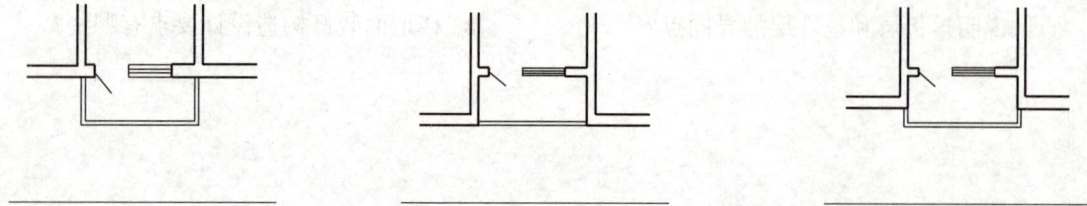

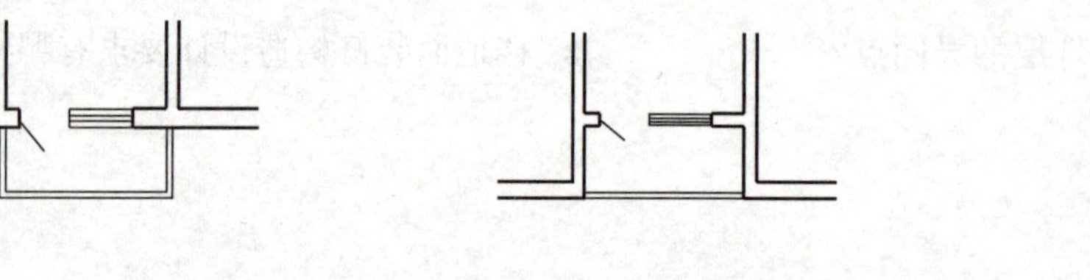

7. 在下图中标出阳台栏杆高度及计取要求。

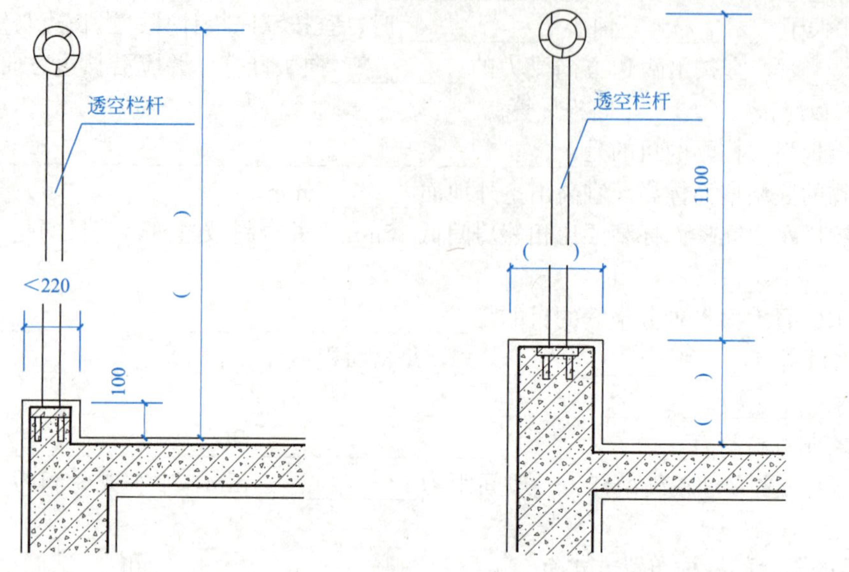

8. 将下图现浇钢筋混凝土挑梁式阳台剖面图补充完整。已知阳台地面构造做法由上至下为：

（1）20 厚 1∶2.5 水泥砂浆抹平压光。

（2）1.5 厚 JS 复合防水涂料，周边上翻 300。

（3）最薄处 20 厚 1∶3 水泥砂浆找坡 1%，坡向地漏。

（4）界面剂 1 道。

（5）现浇钢筋混凝土阳台板。

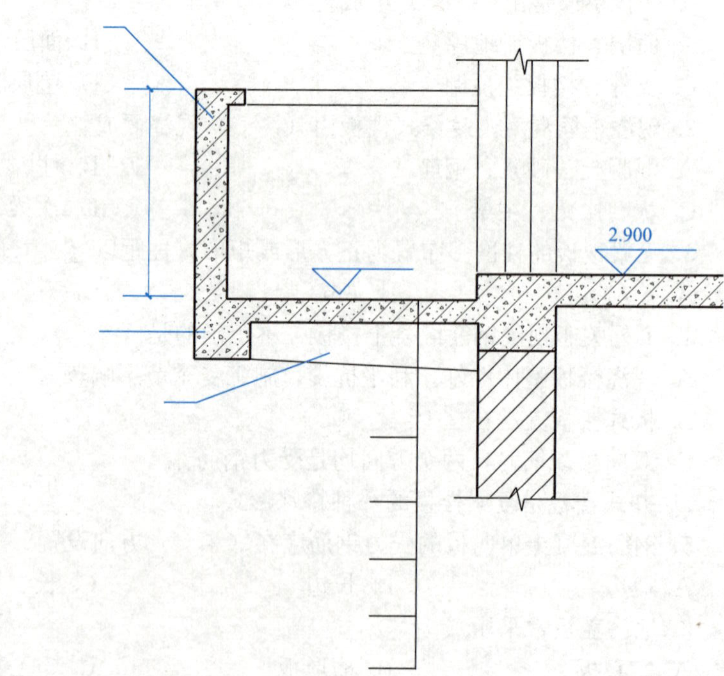

9. 识读下图阳台节点详图，回答问题。

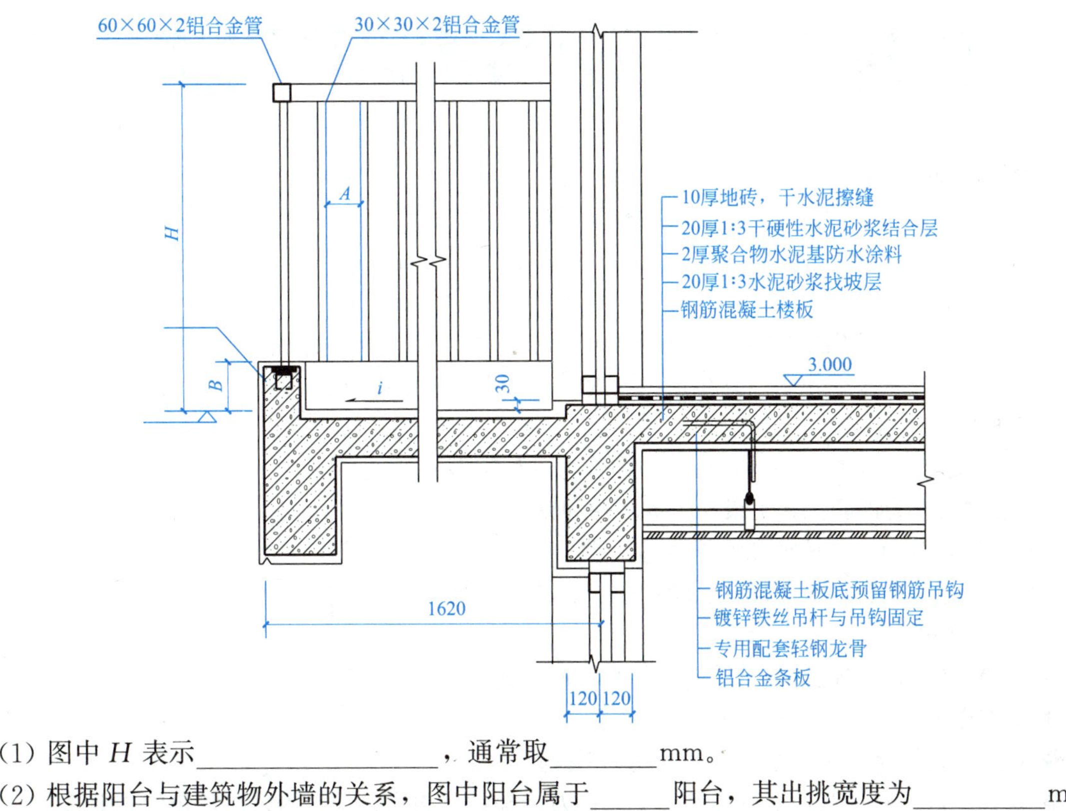

（1）图中 H 表示________________，通常取________mm。

（2）根据阳台与建筑物外墙的关系，图中阳台属于______阳台，其出挑宽度为_________m，在图中标注出阳台地面标高。

（3）图中 A 数值不应大于________mm，阳台的排水坡度 i 不小于_________。

（4）图中 B 数值不宜小于________mm，其设置目的是_______________________________________。

（5）根据顶棚的构造形式，图中顶棚属于______________顶棚，其饰面层材料是_________________。

（6）图中楼板、阳台板等构件按施工方式，属于______________________，其特点是____。

四、实训题

绘制某教室楼板和外廊栏板的构造详图，并标注尺寸。其中：

楼板厚 100mm，走廊楼板比楼面低 15mm，墙厚 200mm，次梁截面 300mm×400mm，主梁高 600mm，栏板高 1100mm，教室层高 4.0m。

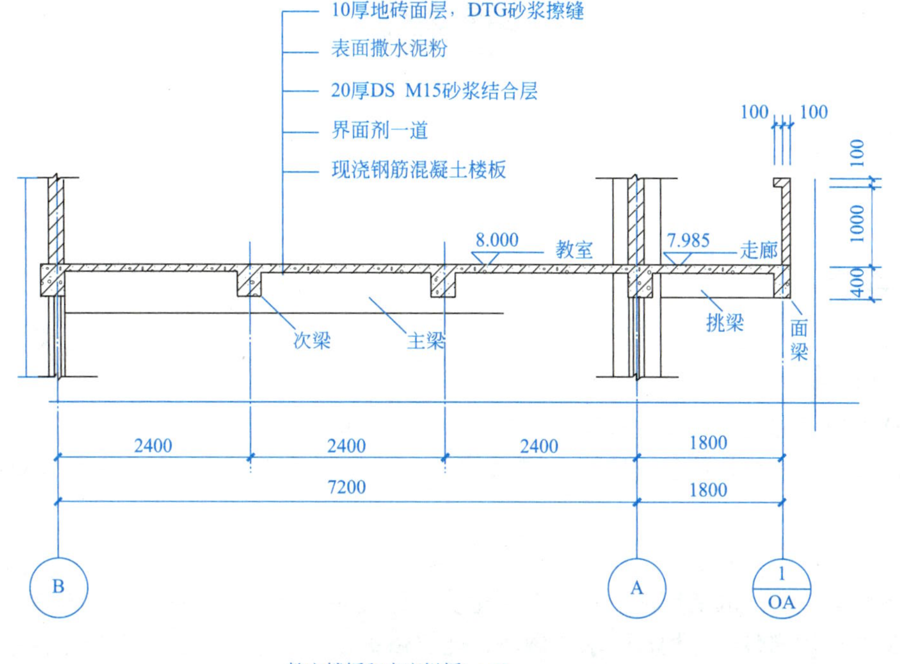

教室楼板和走廊栏板1：50

项目七

楼梯

学习基本要求

【知识目标】

熟悉楼梯的组成和类型；掌握楼梯的尺度要求；了解钢筋混凝土楼梯的结构形式；掌握楼梯的细部构造（踏步防滑、栏杆扶手连接等）；掌握室外台阶与坡道构造；了解电梯和自动扶梯的组成、类型和设置要求。

【能力目标】

能区分不同类型楼梯的适用场景；能识读建筑设计说明中有关楼梯的信息和楼梯详图等；会运用规范、图集查找楼梯各部分构造要求和做法；能够依据制图标准，根据任务要求绘制楼梯平面图和楼梯剖面图。

【素质目标】

培养创新意识与审美能力，在满足楼梯基本功能与安全要求的基础上，积极探索新颖的楼梯设计形式与材料应用，注重楼梯与整体建筑风格的协调性与艺术性，提升建筑空间的品质与魅力。

知识要点概述

建筑空间的垂直交通措施有：楼梯、电梯、自动扶梯、台阶、坡道以及爬梯等。其中楼梯主要起着上下楼层和紧急疏散之用。

一、楼梯

1. 楼梯的组成

楼梯是由连续行走的梯段、平台和栏杆（或栏板）扶手组成。

（1）梯段——由若干个踏步组成。公共楼梯每个梯段的踏步级数不应少于 2 级，且不应超过 18 级。

（2）平台——包括楼层平台和中间平台（休息平台），是楼梯转换方向的连接处。

（3）栏杆（栏板）扶手——安全措施，要求有足够的安全高度。

2. 楼梯的类型

根据建筑及使用功能的不同，可将楼梯分为多种类型：

（1）按材料分为钢筋混凝土楼梯、木楼梯和钢楼梯等。

（2）按位置分为室内楼梯和室外楼梯。

（3）按使用性质分为主要楼梯、辅助楼梯、疏散楼梯和消防楼梯。

（4）按楼梯的平面形式分为（图 7-1）：

◆ 单跑直楼梯：构造简单，适用于层高较低的建筑。

◆ 多跑楼梯：用于层高较大的建筑。

◆ 双跑平行楼梯：是一种最常见的楼梯形式。

◆ 双分平行楼梯、双合平行楼梯、交叉剪刀楼梯：常用作办公楼等公共建筑的主要楼梯。

◆ 弧形楼梯、螺旋楼梯：富于装饰性，常作为装饰性楼梯使用。

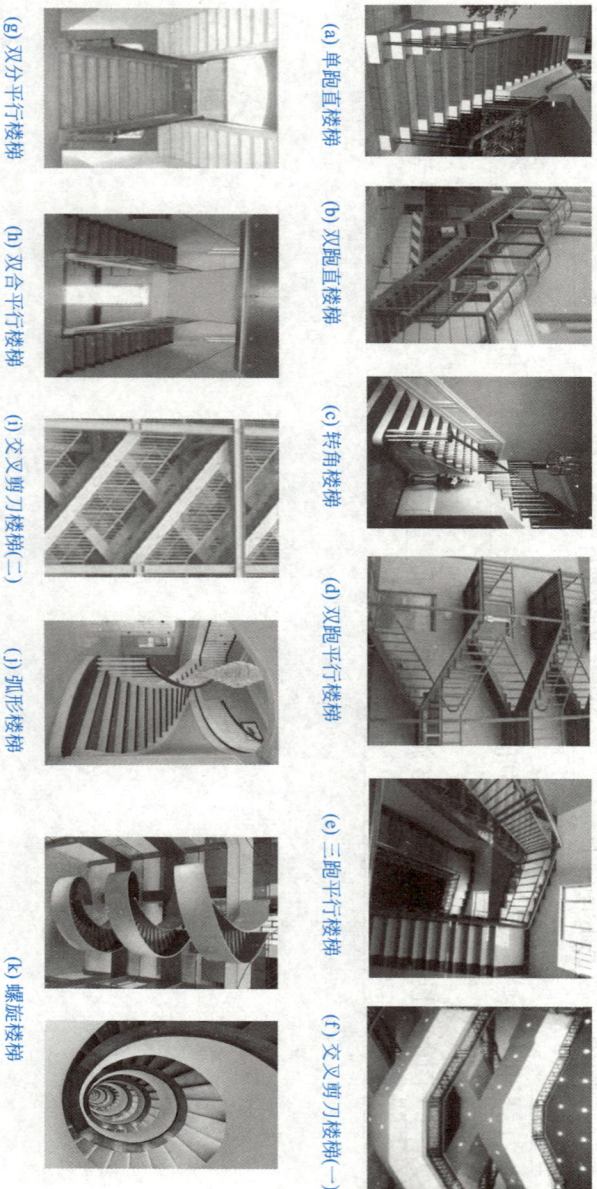

(a) 单跑直楼梯　(b) 双跑直楼梯　(c) 转角楼梯　(d) 双跑平行楼梯　(e) 三跑平行楼梯　(f) 交叉剪刀楼梯(一)

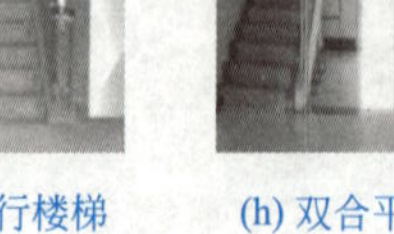

(g) 双分平行楼梯　(h) 双合平行楼梯　(i) 交叉剪刀楼梯(二)　(j) 弧形楼梯　(k) 螺旋楼梯

图 7-1　楼梯的平面形式

（5）楼梯所在的房间称为楼梯间，根据防火要求通常有开敞楼梯间、封闭楼梯间和防烟楼梯间（图 7-2）三种类型。

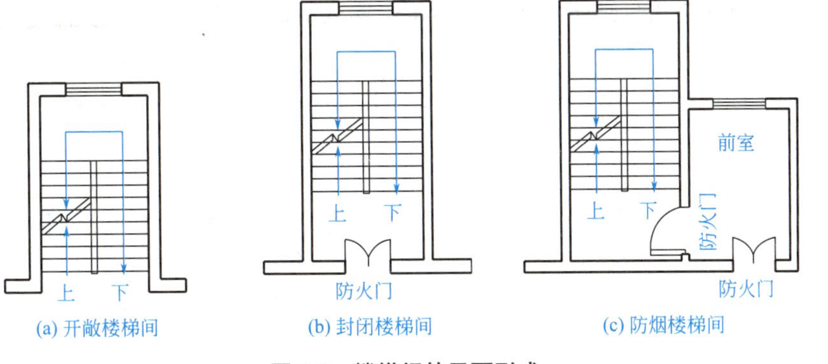

图 7-2　楼梯间的平面形式

3. 楼梯的尺度

楼梯的尺度包括楼梯的坡度、踏步尺寸、梯段宽度、平台宽度、梯井宽度、栏杆扶手高度、净空高度（平台净高）各部分的尺寸。

楼梯各部分位置及名称示意如图 7-3 所示。

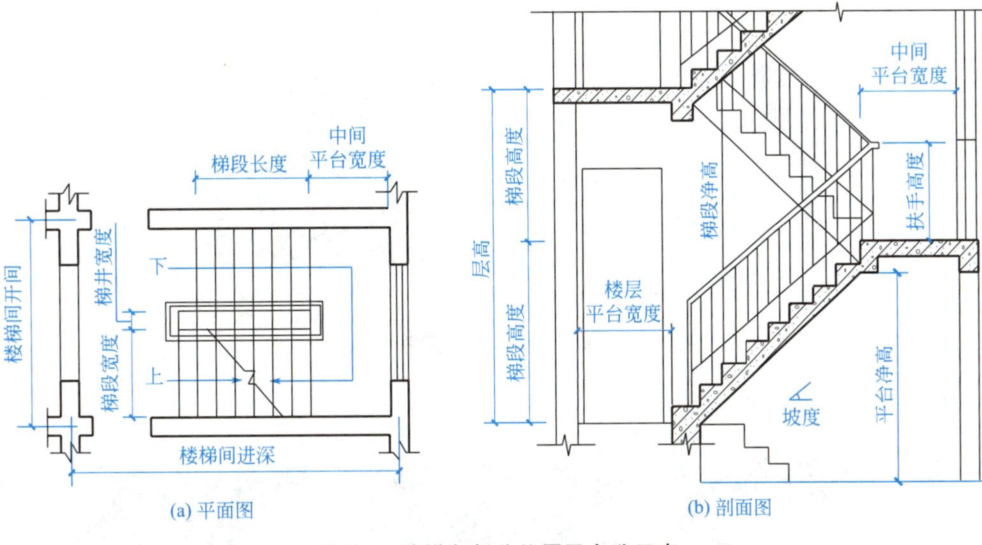

图 7-3　楼梯各部分位置及名称示意

（1）坡度

指梯段的斜率，即斜面与水平面的夹角，楼梯坡度一般在 30°左右，对仅供少数人使用的住宅套内楼梯不宜超过 45°。在实际工程中常用楼梯踏步的踢面与踏面的投影长度比来表示。

（2）踏步尺寸

踏步宽（g）与高（r）的关系：$2r+g=560\sim630$mm 或 $r+g=450$mm；楼梯踏步的最小宽度、最大高度、坡度和步距详见表 7-1。

楼梯踏步最小宽度、最大高度、坡度和步距　　表 7-1

楼梯类别		最小宽度(m)	最大高度(m)	坡度	步距(m)
住宅楼梯	住宅公共楼梯	0.26	0.175	33.94°	0.61
	住宅套内楼梯	0.22	0.20	42.27°	0.62
宿舍楼梯	小学宿舍楼梯	0.26	0.15	29.98°	0.56
	其他宿舍楼梯	0.27	0.165	31.43°	0.60

续表

楼梯类别		最小宽度(m)	最大高度(m)	坡度	步距(m)
老年人建筑楼梯	住宅建筑楼梯	0.30	0.15	26.57°	0.60
	公共建筑楼梯	0.32	0.13	22.11°	0.58
托儿所、幼儿园楼梯		0.26	0.13	26.57°	0.52
小学校园楼梯		0.26	0.15	29.98°	0.56
人员密集且竖向交通繁忙的建筑和大、中学校园楼梯		0.28	0.165	30.51°	0.61
其他建筑楼梯		0.26	0.175	33.94°	0.61
超高层建筑核心筒内楼梯		0.25	0.18	35.75°	0.61
检修及内部服务楼梯		0.22	0.20	42.27°	0.62

注：① 螺旋楼梯和扇形踏步离内侧扶手中心 0.25m 处的踏步宽度不应小于 0.22m。
② 踏步尺寸具体设计要求还需符合相关建筑的设计规范。

（3）梯段宽度

指梯段净宽，规定如下：

◆ 当一侧有扶手时，梯段净宽应为墙体装饰面至扶手中心线的水平距离。

◆ 当双侧有扶手时，梯段净宽应为两侧扶手中心线之间的水平距离。

◆ 框架梁、柱凸出在楼梯间内时，除框架柱在楼梯间四角外，梯段和休息平台的净宽应从凸出部分算起（图 7-4）。

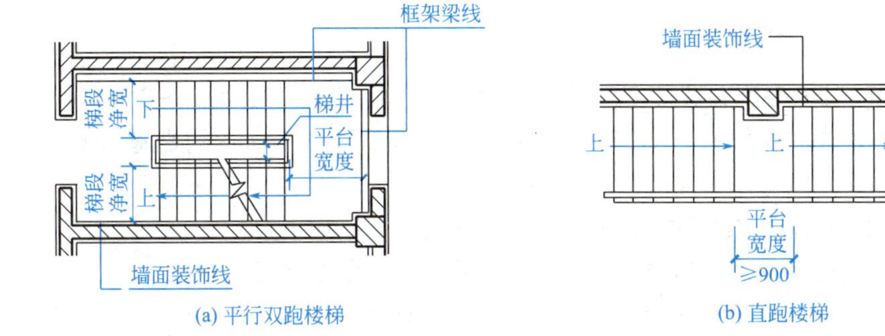

图 7-4　梯段各部分位置及名称

◆ 梯段净宽尺寸应根据建筑物使用特征，按每股人流宽度为 0.55m＋（0～0.15）m 的人流股数确定，并不应少于两股人流。

◆ 在《建筑防火通用规范》GB 55037—2022 中规定，建筑高度不大于 18m 的住宅中一边设有栏杆时，室内疏散楼梯的梯段宽度不应小于 1.0m，其他住宅建筑室内疏散楼梯的梯段宽度不应小于 1.1m。公共建筑中的室内疏散楼梯的梯段宽度不应小于 1.1m。

（4）平台宽度

平台宽度指墙面装饰面至扶手中心之间的水平距离［图 7-4（a）］，当楼梯平台有凸出物或其他障碍物影响通行宽度时，楼梯平台宽度应从凸出部分或其他障碍物外缘算起。规定如下：

◆ 当梯段改变方向时，楼梯休息平台的最小宽度不应小于梯段净宽，并不应小于 1.20m。

◆ 当中间有实体墙时，扶手转向端处的平台净宽不应小于 1.30m［图 7-5（a）］。

◆ 直跑楼梯的中间平台宽度不应小于 0.90m［图 7-4（b）］。

◆ 公共楼梯正对（向上、向下）梯段设置的楼梯间门距踏步边缘的距离不应小于 0.60m［图 7-5（b）］。

◆ 开向疏散走道及楼梯间的门扇开足后，不应影响走道及楼梯平台的疏散宽度［图 7-5（c）］，且门开启时距离踏步的距离不宜小于 400mm［图 7-5（d）］。

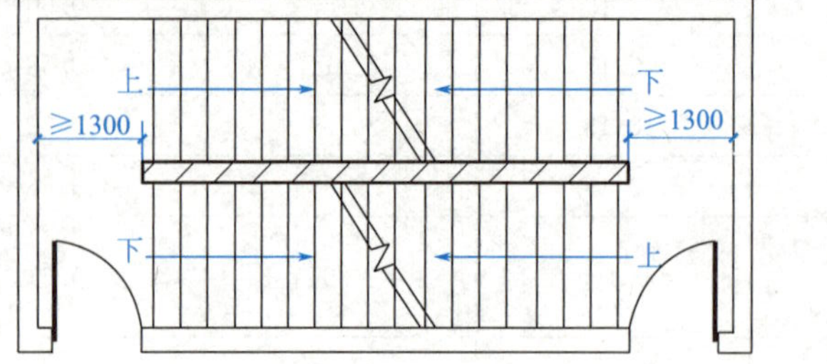

(a) 中间有实体墙时平台净宽

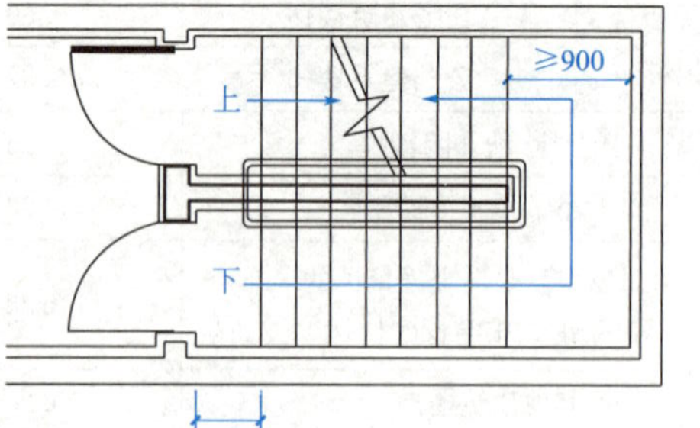

(b) 正对梯段设置的楼梯间门距踏步边缘距离

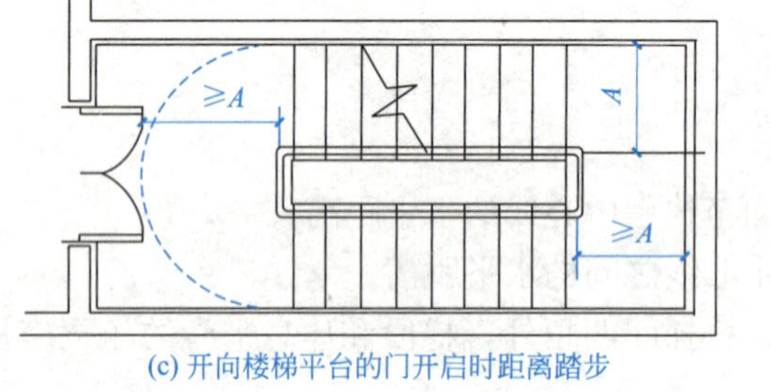

(c) 开向楼梯平台的门开启时距离踏步

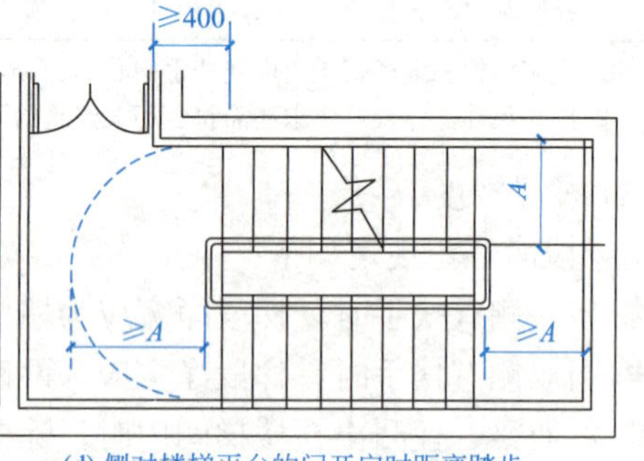

(d) 侧对楼梯平台的门开启时距离踏步

图 7-5 楼梯平台宽度（A 表示梯段宽度）

（5）梯井宽度

梯井宽度指楼梯段及平台围合成的空间［图 7-4（a）］。其宽度一般为 60～200mm，当少年儿童专用活动场所的公共楼梯井净宽大于 0.20m 时，应采取防止少年儿童坠落的措施。

（6）栏杆扶手高度

栏杆扶手高度指楼梯踏步前缘到扶手顶面的垂直高度。规定如下：

◆ 室内楼梯扶手高度不宜小于 0.9m，供儿童使用的扶手高度宜为 0.6m。

◆ 室内楼梯水平栏杆（栏板）长度大于 0.5m 时，其高度不应小于 1.1m，住宅建筑水平段扶手高度不应小于 1.2m。

◆ 室外楼梯临空侧的栏杆扶手高度不应低于 1.1m。

（7）净空高度

净空高度包括梯段间净高和平台处净高，规定如下（图 7-6）：

◆ 公共楼梯休息平台上部及下部过道处的净高不应小于 2.0m。

◆ 梯段净高不应小于 2.2m。

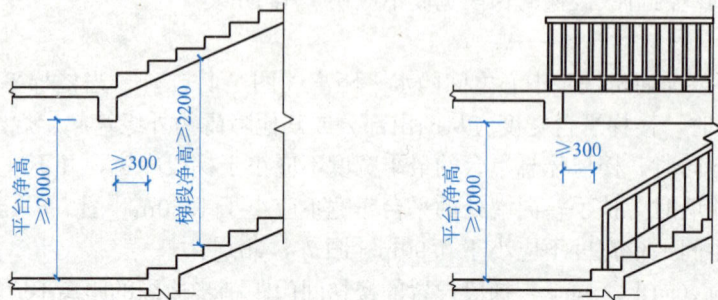

7-1 楼梯净空高度动画

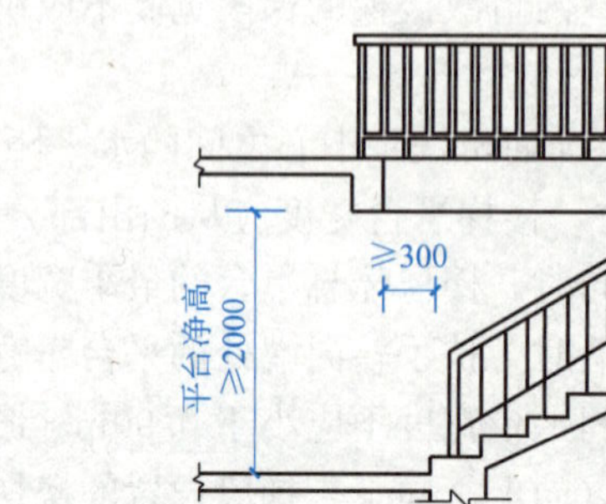

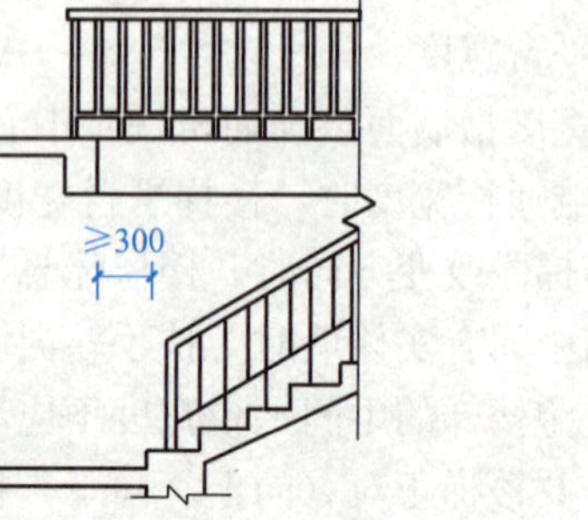

图 7-6 楼梯平台及梯段处净空高度

【说明】① 梯段净高是指自踏步前缘（包括每个梯段最低和最高一级踏步前缘线以外 0.3m 范围内）量至上方突出物下缘间的垂直高度。

② 底层楼梯中间平台下作出入口净高不满足要求时，需要采取必要的措施。

4. 楼梯的细部构造

（1）踏步装修

踏步面层应光洁、耐磨、易于清扫。为安全防滑，采用较光滑材料如水磨石、大理石、人造石作为面层时，其前端要做防滑措施。防滑条所用材料应比踏步面层材料更耐磨，其表面较为粗糙或者有凹凸线条等（图 7-7）。

7-2 保证净高要求采取的四种措施

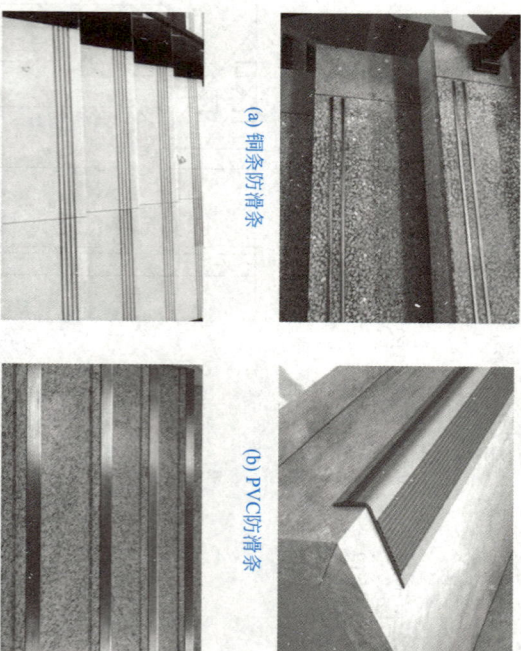

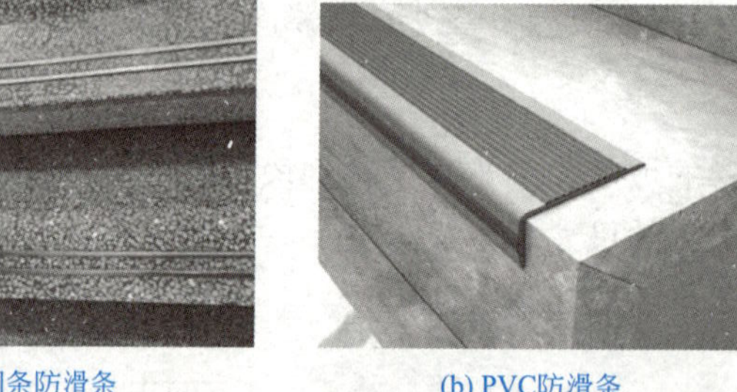
(a) 铜条防滑条
(b) PVC防滑条

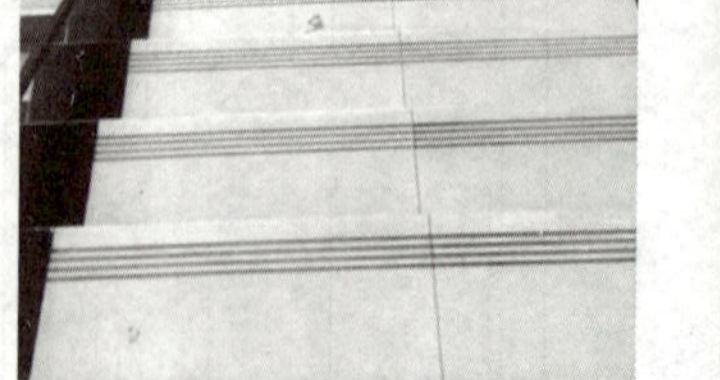
(c) 石材铲口防滑条

(d) 不锈钢防滑条

图 7-7 踏步防滑条

（2）栏杆（栏板）和扶手（图 7-8）

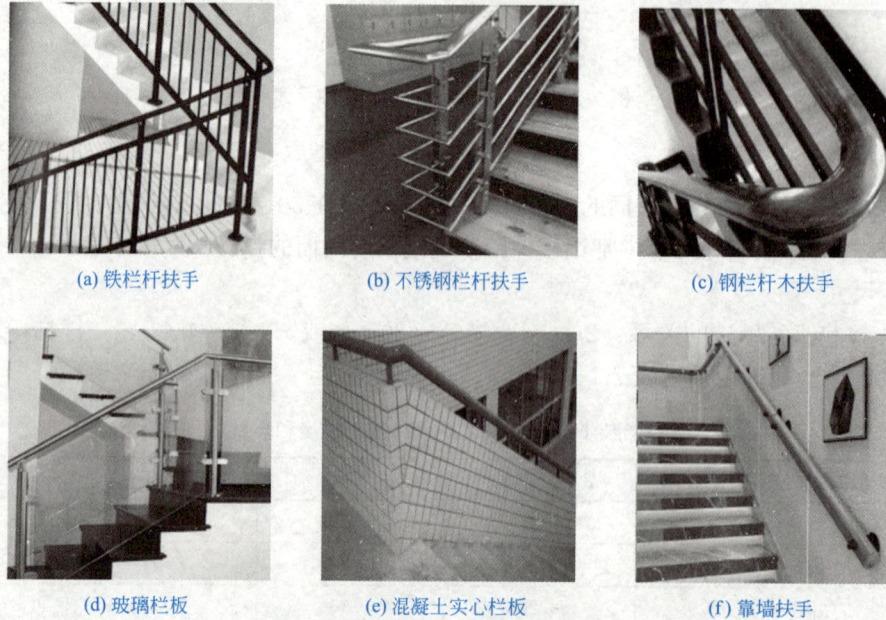

(a) 铁栏杆扶手

(b) 不锈钢栏杆扶手

(c) 钢栏杆木扶手

(d) 玻璃栏板

(e) 混凝土实心栏板

(f) 靠墙扶手

图 7-8 楼梯栏杆（栏板）和扶手

1）栏杆（栏板）

作用：是楼梯的安全防护设施，要满足坚固耐久、美观舒适、安装方便、易维修等要求，栏杆（栏板）还应承受相应的水平荷载。

类型：空花栏杆、实心栏板、组合式栏杆。

材料：栏杆多采用圆钢、方钢、不锈钢、木材等；栏板可用玻璃、钢筋混凝土板、穿孔金属板等。

要求：

◆ 当采用垂直杆件做栏杆时，其杆件净间距不应大于 0.11m，托幼建筑栏杆间净距不应大于 90mm。

◆ 当使用玻璃栏板时，应采用夹层玻璃（安全玻璃）。

2）扶手

作用：供行人扶持所用。

位置：栏杆（栏板）顶部，必要时可直接固定在墙或柱上，称为靠墙扶手。

材料：硬木、金属、塑料、石材、混凝土等。

要求：

◆ 楼梯应至少于一侧设扶手，梯段净宽达三股人流时应两侧设扶手，达四股人流时宜加设中间扶手。

◆ 扶手顶面宽度一般不大于 90mm。

◆ 靠墙扶手与墙面的净空不应小于 40mm。

3）细部连接构造

细部连接构造包括栏杆（栏板）与楼梯段的连接、与扶手的连接以及扶手与墙柱的连接等。

◆ 栏杆（栏板）与楼梯段的连接——预留孔插接、膨胀螺栓连接、预埋件焊接、加结构胶固定等。

◆ 栏杆（栏板）与扶手的连接——与两者的材料有关，如金属栏杆与金属扶手采用焊接、金属栏杆与木或塑料扶手采用在栏杆顶部设通长扁钢与扶手底面或侧面槽口榫接，再用螺钉固定。

◆ 扶手与墙柱的连接——与砖墙连接时，在墙上预留孔洞，将扶手伸入洞内，用细石混凝土或水泥砂浆填实。与混凝土柱或墙连接时，在墙或柱上预埋铁件与扶手焊接，也可用膨胀螺栓连接或预留孔洞插接。

5. 护窗栏杆

住宅、中小学校和托幼建筑楼梯间临空窗台不低于 0.90m，其他建筑不低于 0.80m，否则应设置防护设施，如护窗栏杆（图 7-9），其高度从可踏顶面计算。

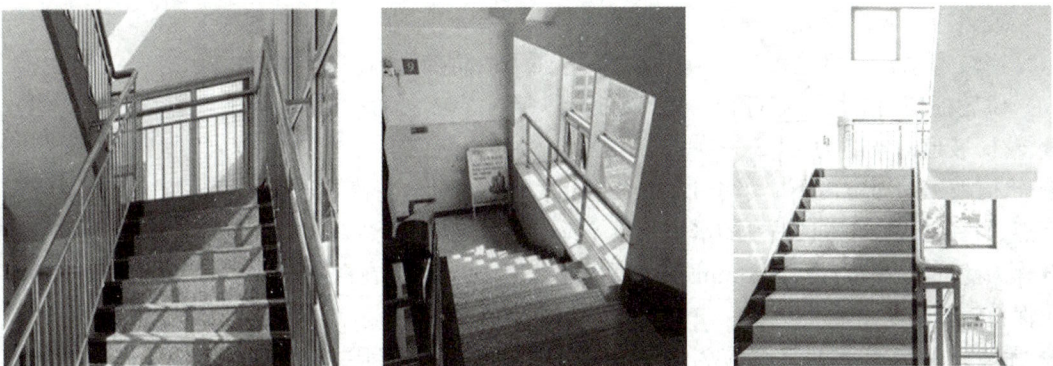

图 7-9 护窗栏杆

6. 首层梯段基础

做法有两种：（1）在楼梯段下直接设砖、石、混凝土基础，如图 7-10（a）所示；

（2）楼梯支承在钢筋混凝土地梁上，如图 7-10（b）所示。

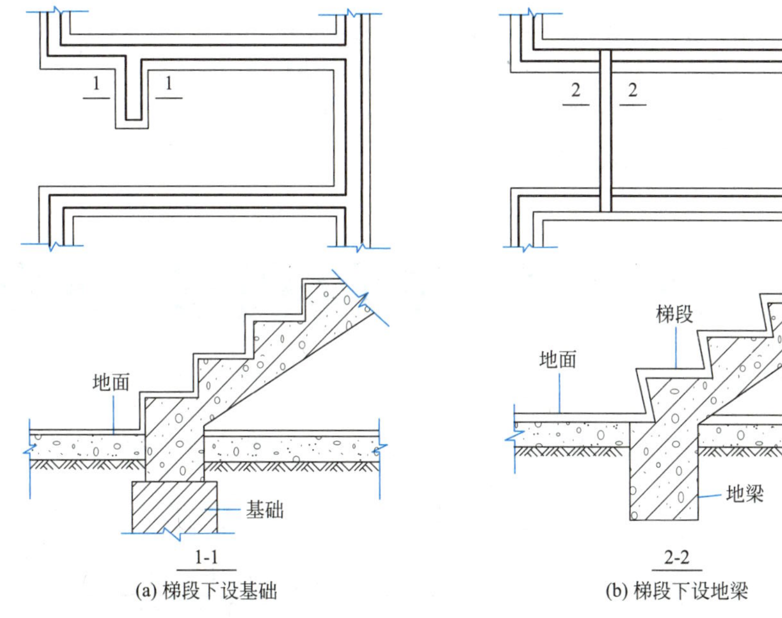

图 7-10 首层楼梯段基础

7. 现浇钢筋混凝土楼梯结构形式

现浇钢筋混凝土楼梯整体性好、刚度大、利于抗震，应用广泛。按梯段受力性能的不同分为板式楼梯和梁板式楼梯，如图 7-11 所示。

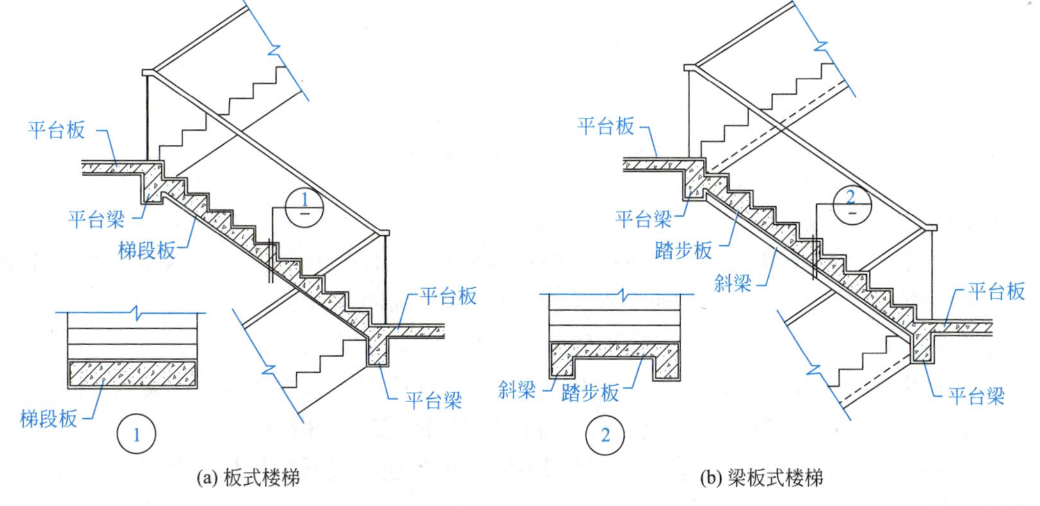

图 7-11 现浇钢筋混凝土楼梯的结构形式

（1）板式楼梯

含义：板式楼梯一般由梯板、平台板和平台梁组成。梯板是指带踏步的斜板，两端分别支承在上、下平台梁。为了增大平台下净空高度，也可取消梯板下部一端或两端的平台梁，使梯板与平台板形成一块折板。

传力路线：荷载→梯段板→平台梁→楼梯间的墙或柱上。

特点：梯板板底平整、结构简单、施工方便。

适用情况：跨度小、荷载小的民用建筑。

（2）梁板式楼梯

含义：梁板式楼梯由踏步板、斜梁、平台梁和平台板组成。

传力路线：荷载→梯段板→斜梁→平台梁→楼梯间的墙或柱上。

类型：根据斜梁位置分双梁式（有明步和暗步之分）和单梁式。

使用情况：荷载大、层高高的建筑物。

二、台阶与坡道

1. 台阶

台阶指室内或室外地面及楼层不同标高处设置的供人行走的阶梯。室外台阶的形式如图 7-12 所示。

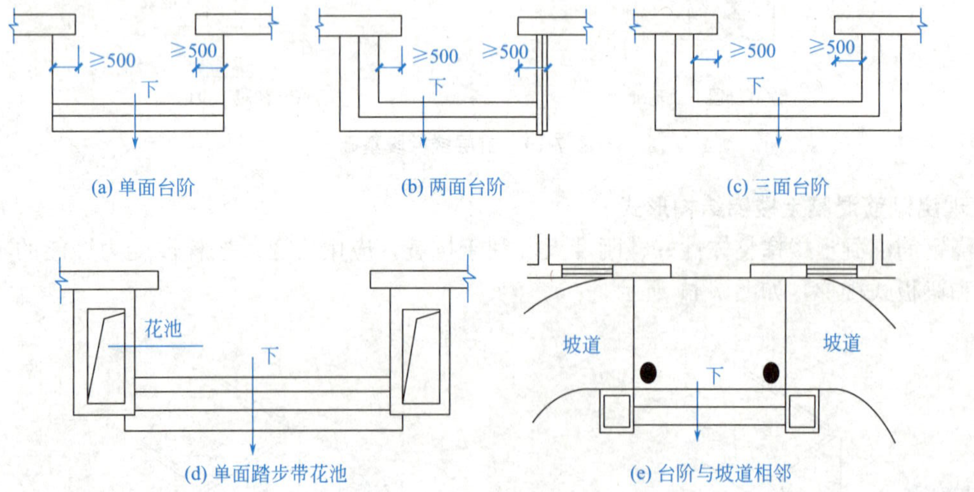

图 7-12　室外台阶的形式

台阶构造要求：

（1）台阶由平台和踏步组成，平台一般比门洞口每边宽出 500mm 左右，深度不小于 1000mm；平台面比室内地坪低 20～50mm，并向外做不小于 1%的排水坡度。

（2）台阶踏步数不应少于 2 级，当踏步数不足 2 级时，应按人行坡道设置。

（3）建筑物主入口的室外台阶踏步宽度不应小于 0. 30m，踏步高度不应大于 0. 15m。

（4）当台阶总高度达到或超过 0. 70m 时，应在临空面采取防护措施。

（5）人员密集的公共场所、观众厅的疏散门不应设置门槛，且紧靠门口内外各 1. 40m 范围内不应设置踏步（图 7-13）。

（6）台阶构造与地面构造相似，室外台阶还应重点考虑雨雪天气时的通行安全，面层应采取防滑措施。如图 7-14 所示为混凝土台阶和地砖面层台阶。

2. 坡道

坡道指连接高差较小的楼地面，或便于车辆行驶（如医院、疗养院等）而设置的斜坡式通道。其构造要求如下：

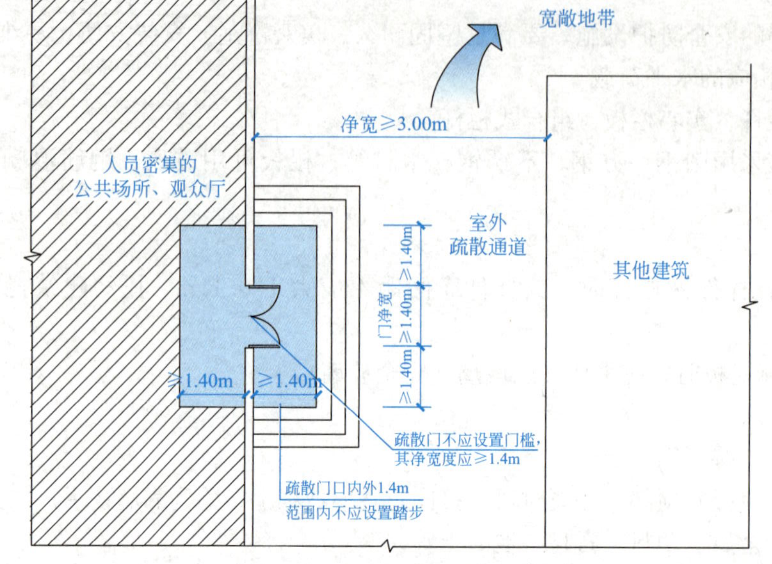

图 7-13　人员密集疏散门台阶要求

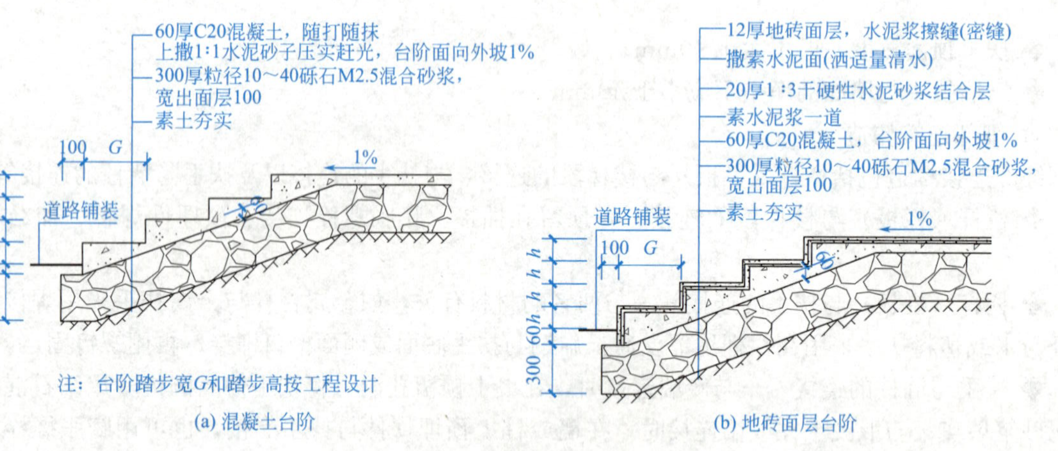

图 7-14　台阶构造

（1）室内坡道坡度不宜大于 1：8，室外坡道坡度不宜大于 1：10。

（2）当室内坡道水平投影长度超过 15. 0m 时，宜设休息平台，平台宽度应根据使用功能或设备尺寸所需缓冲空间而定。

（3）坡道应采取防滑措施。

（4）当坡道总高度超过 0. 7m 时，应在临空面采取防护设施。

（5）供轮椅使用的坡道应符合《无障碍设计规范》GB 50763—2012 的有关规定，如：

◆ 轮椅坡道的坡度为 1：8～1：20。

◆ 轮椅坡道的净宽度不应小于 1. 00m ，无障碍出入口的轮椅坡道净宽度不应小于 1. 20m。轮椅坡道起点、终点和中间休息平台的水平长度不应小于 1. 50m（图 7-15）。

◆ 轮椅坡道的高度超过 300mm 且坡度大于 1：20 时，应在两侧设置扶手，坡道与休息平台的扶手应保持连贯。

◆ 无障碍单层扶手的高度应为 850～900mm，无障碍双层扶手的上层扶手高度应为 850～900mm，下层扶手高度应为 650～700mm。

图 7-15 出入口轮椅坡道

◆ 扶手末端应向内拐到墙面或向下延伸不小于 100mm，栏杆式扶手应向下成弧形或延伸到地面上固定。

（6）坡道防滑面做法有水泥礓蹉面层、细石混凝土面层、环氧防滑涂料面层、剁斧石面层、花岗岩面层等（图 7-16）。

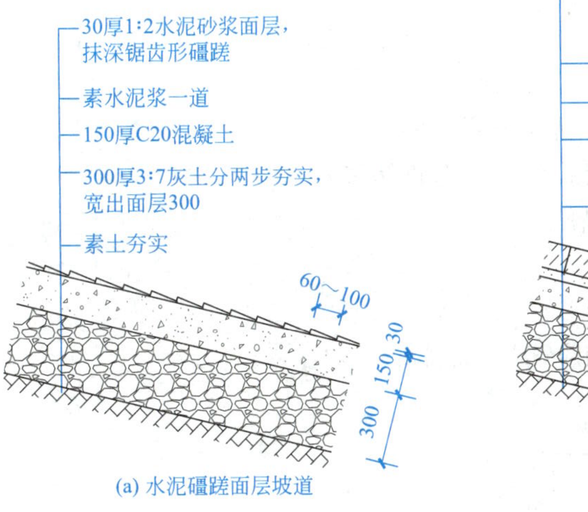

(a) 水泥礓蹉面层坡道

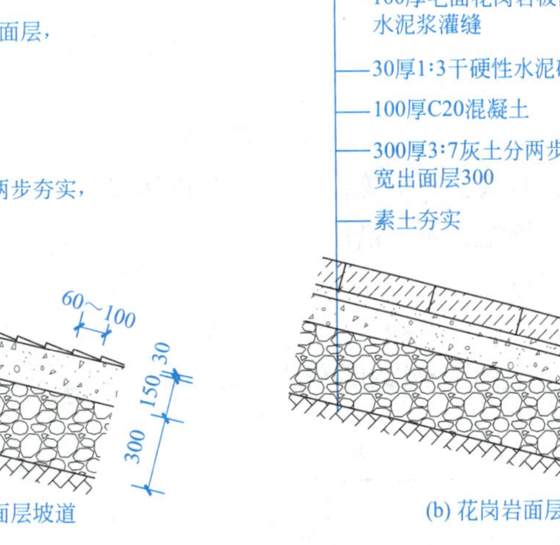

(b) 花岗岩面层坡道

图 7-16 坡道构造

三、电梯

电梯是高层或设计标准高的建筑进行垂直交通的设施。电梯不应作为安全疏散设施，任何建筑都应按照相关防火规范规定的安全疏散距离设置楼梯。

电梯按使用功能分为客梯、病床梯、货梯、观赏梯、消防电梯、无障碍电梯等。其中消防电梯用于火灾发生时，供消防人员、器材和伤员的使用和运输。

电梯一般由井道、轿厢、机房、平衡重等组成。

电梯的设置要求如下：

1. 高层公共建筑和高层非住宅类居住建筑的电梯台数不应少于 2 台。
2. 建筑内设有电梯时，至少应设置 1 台无障碍电梯。
3. 电梯井道和机房与有安静要求的用房贴邻布置时，应采取隔振、隔声措施。
4. 电梯机房应采取隔热、通风、防尘等措施，不应直接将机房顶板作为水箱底板，不应在机房内直接穿越水管或蒸汽管。

四、自动扶梯

自动扶梯多用于有大量人流出入的公共建筑中，其坡度比较平缓（如坡度为 30°、35°），自动扶梯不应作为安全疏散设施。其设置要求如下：

1. 出入口畅通区的宽度从扶手带端部算起不应小于 2.5m。
2. 位于中庭中的自动扶梯临空部位应采取防止人员坠落的措施。
3. 自动扶梯的梯级垂直净高不应小于 2.3m。

理论实践自测

一、填空题

1. 楼梯一般由______、______和______三部分组成。
2. 楼梯的适宜坡度为______。
3. 公共楼梯每个梯段的踏步级数不应少于______级，且不应超过______级。
4. 楼梯按使用性质不同可以分为______、______、______、______。
5. 当一侧有扶手时，梯段净宽应为______的水平距离，当双侧有扶手时，梯段净宽应为______的水平距离。
6. 《建筑防火通用规范》GB 55037—2022 中规定，建筑高度不大于 18m 的住宅中一边设有栏杆时，室内疏散楼梯的梯段宽度不应小于______m，其他住宅建筑室内疏散楼梯的梯段宽度不应小于______m。公共建筑中的室内疏散楼梯的梯段宽度不应小于______m。
7. 楼梯平台宽度指______的水平距离。按位置不同分有______平台和______平台。转向的中间平台最小宽度不应小于______，且不得小于______m。直跑楼梯的中间平台宽度不应小于______m。当中间有实体墙时，扶手转向端处的平台净宽不应小于______m。
8. 考虑到施工支模和消防的需要，梯井宽度多为______mm，当少年儿童专用活动场所的公共楼梯井净宽大于______m 时，应采取防止少年儿童坠落的措施。
9. 室内楼梯扶手高度不宜小于______m，供儿童使用的扶手高宜为______m。
10. 当楼梯采用垂直杆件做栏杆时，其杆件净间距不应大于______m。
11. 室内楼梯水平栏杆（栏板）长度大于 0.5m 时，其高度不应小于______m。
12. 公共楼梯休息平台上部及下部过道处的净高不应小于______m，梯段净高不应小于______m。
13. 现浇钢筋混凝土楼梯的结构形式有______和______。其中梁板式楼梯的传力方式是______。

14. 楼梯扶手的断面形状和尺寸除考虑造型外，应以方便手握为宜，顶面宽度一般不大于________mm。扶手常用的材料有________________________________。

15. 室外台阶由________和________两部分组成。台阶踏步数不宜少于 2 级，当高差不足 2 级时，宜按________设置。

16. 台阶平台一般比门洞口每边宽出________mm 左右，深度不小于________mm。

17. 为利于排水，平台面比室内地坪低________mm，并向外做不小于________的排水坡度。

18. 室内坡道坡度不宜大于________，室外坡道坡度不宜大于________。

19. 无障碍出入口的轮椅坡道净宽度不应小于________m。轮椅坡道起点、终点和中间休息平台的水平长度不应小于________m。

20. 电梯由________、________、________和________等部分组成。

二、单选题

1. 下列（　　）楼梯不宜作为疏散楼梯。

A. 直跑　　B. 剪刀式　　C. 平行双跑　　D. 螺旋式

2. 楼梯踏步的踏面宽 g 及踢面高 r，可参考经验公式（　　）。

A. $g+2r=560\sim630$mm　　B. $2g+r=560\sim630$mm

C. $g+2r=580\sim600$mm　　D. $2g+r=580\sim600$mm

3. 在住宅及公共建筑中，楼梯形式应用最广泛的是（　　）。

A. 双分楼梯　　B. 直行三跑楼梯　　C. 平行双跑楼梯　　D. 转角楼梯

4. 按两股人流通行的楼梯，其梯段宽度不应小于（　　）。

A. 1000mm　　B. 1100mm　　C. 1200mm　　D. 1300mm

5. 下列（　　）不是楼梯间的平面形式。

A. 封闭楼梯间　　B. 半封闭楼梯间　　C. 开敞楼梯间　　D. 防烟楼梯间

6. 大、中学校园楼梯踏步最小踏面宽和最大踢面高分别是（　　）mm。

A. 280，165　　B. 260，175　　C. 280，175　　D. 260，165

7. 为了不增加楼梯段长度，扩大踏面宽度，常用的方法是（　　）。

A. 加大层高　　B. 加大梯段宽度

C. 在踏步边缘突出 20～25mm　　D. 减小梯井宽度

8. 楼梯当采用垂直杆件做栏杆时，其杆件净间距不应大于（　　）m。

A. 0.10　　B. 0.11　　C. 0.12　　D. 0.13

9. 公共场所的临空且下部有人员活动部位的栏杆（栏板），在地面以上（　　）高度范围内不应留空。

A.100mm　　B. 110mm　　C. 120mm　　D. 150mm

10. 在楼梯组成中起到供行人间歇和转向作用的是（　　）。

A. 楼梯段　　B. 中间平台　　C. 楼层平台　　D. 栏杆扶手

11. 下列关于楼梯扶手的叙述中，（　　）不正确。

A. 室内楼梯扶手高度自踏步面前缘至扶手顶面不宜小于 0.9m

B. 楼梯平台处的水平栏杆高度不小于 1m

C. 弧形楼梯富于装饰性，常作为装饰性楼梯使用

D. 扶手材料不一定与栏杆材料一致

12. 梁板式梯段由（　　）两部分组成。

A. 平台、栏杆　　B. 栏杆、梯斜梁　　C. 梯斜梁、踏步板　　D. 踏步板、栏杆

13. 当直接在墙上装设扶手时，靠墙扶手与墙面的净空不应小于（　　）。

A. 70mm　　B. 60mm　　C. 50mm　　D. 40mm

14. 有关楼梯细部构造不正确的是（　　）。

A. 楼梯踏步的踏面应防滑、耐磨、易于清扫、美观

B. 水磨石面层的楼梯踏步近踏口处，一般不做防滑处理

C. 室外楼梯不宜选用木扶手

D. 楼梯栏杆与踏步应有可靠连接

15. 下列（　　）不是楼梯栏杆与梯段的连接方法。

A. 预埋件焊接　　B. 预留孔洞插接　　C. 水泥砂浆粘结　　D. 螺栓连接

16. 建筑物主入口的室外台阶踏步宽度不应小于（　　）。

A. 300mm　　B. 350mm　　C. 400mm　　D. 450mm

17. 台阶踏步数不宜少于（　　）级，台阶总高度超过（　　）m 时，应在临空面采取防护设施。

A. 2　0.5　　B. 3　0.6　　C. 2　0.7　　D. 3　0.8

18. 考虑消防要求，人员密集的场所等处，出入口门内外各（　　）m 范围内不应设置踏步。

A. 1.2　　B. 1.4　　C. 1.5　　D. 1.8

19. 无障碍出入口的轮椅坡道净宽不应小于（　　）。

A. 1.0m　　B. 1.1m　　C. 1.2m　　D. 1.5m

20. 有关电梯设置，下列说法（　　）不正确。

A. 建筑内设有电梯时，至少应设置 1 台无障碍电梯

B. 电梯机房应有隔热、通风、防尘等措施，宜有自然采光

C. 电梯井道和机房要有隔振、隔声措施

D. 电梯可以作为安全出口

三、综合题

1. 根据楼梯的组成，在下图中标出相应部位的名称。

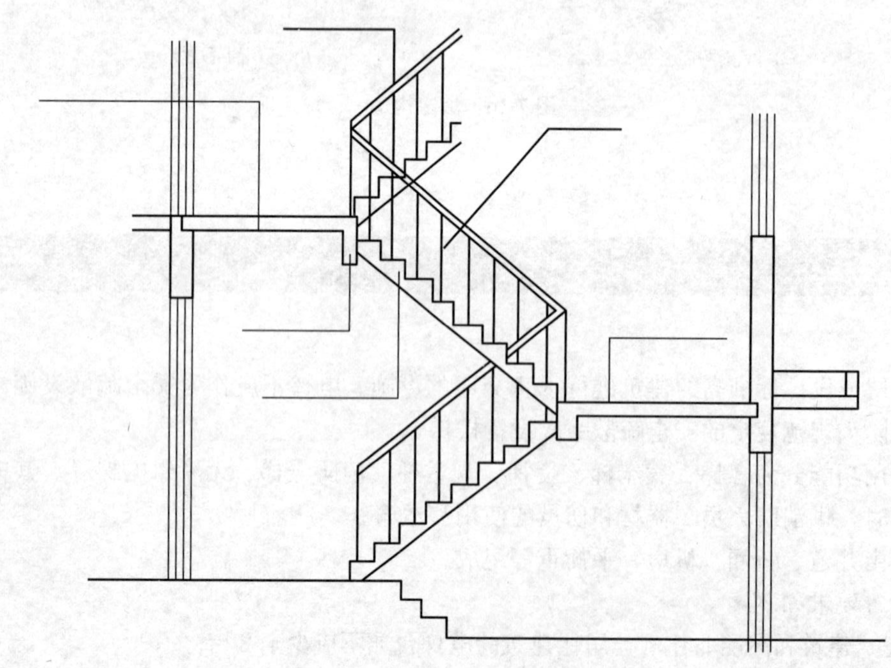

2. 在下图中各图示下横线处写出楼梯的平面形式。

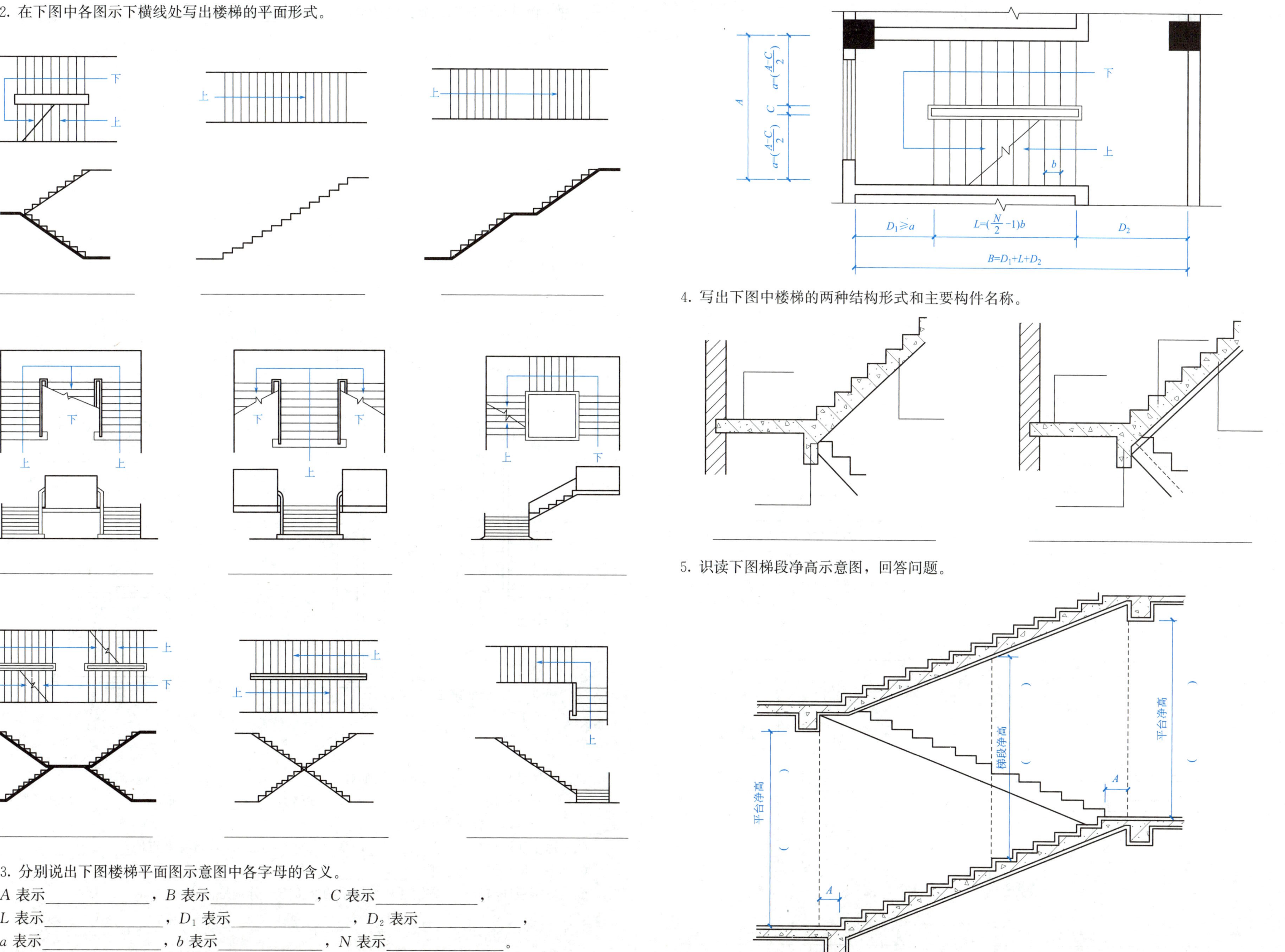

3. 分别说出下图楼梯平面图示意图中各字母的含义。

A 表示________，B 表示________，C 表示________，
L 表示________，D_1 表示________，D_2 表示________，
a 表示________，b 表示________，N 表示________。

4. 写出下图中楼梯的两种结构形式和主要构件名称。

5. 识读下图梯段净高示意图，回答问题。

(1) 什么是楼梯的净空高度？具体要求请在图中括号内注写出来。

(2) 图中“A”表示什么？

(3) 当平台下过道处净空高度不能满足要求时，可采取什么措施？

6. 写出下图中楼梯栏杆与梯段连接构造做法。

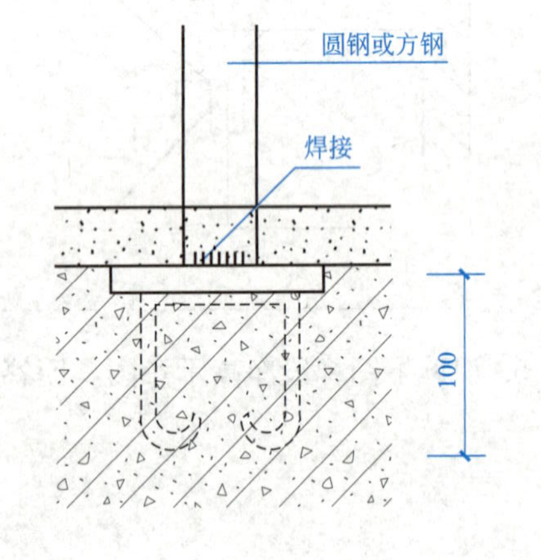

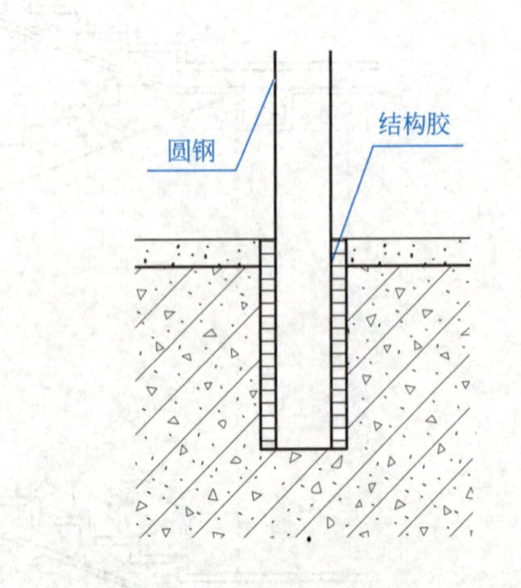

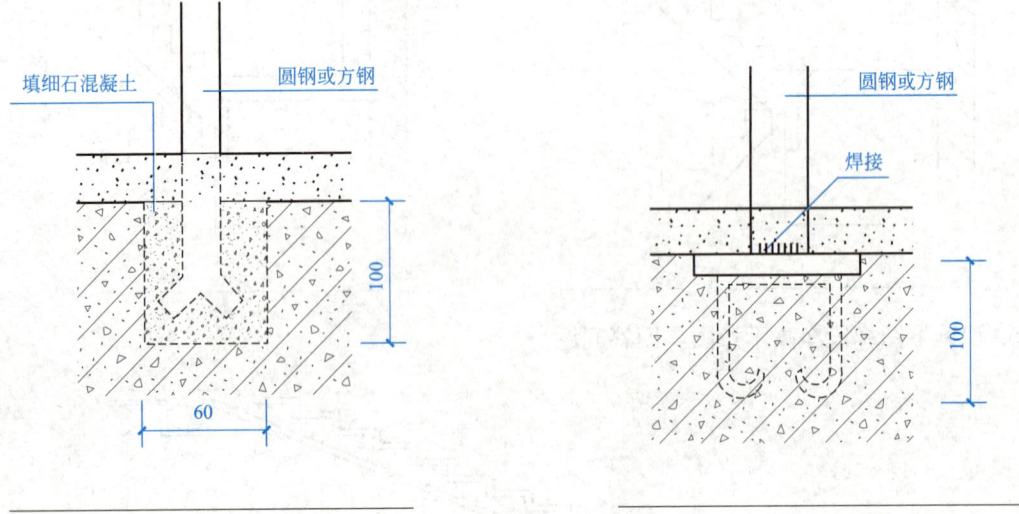

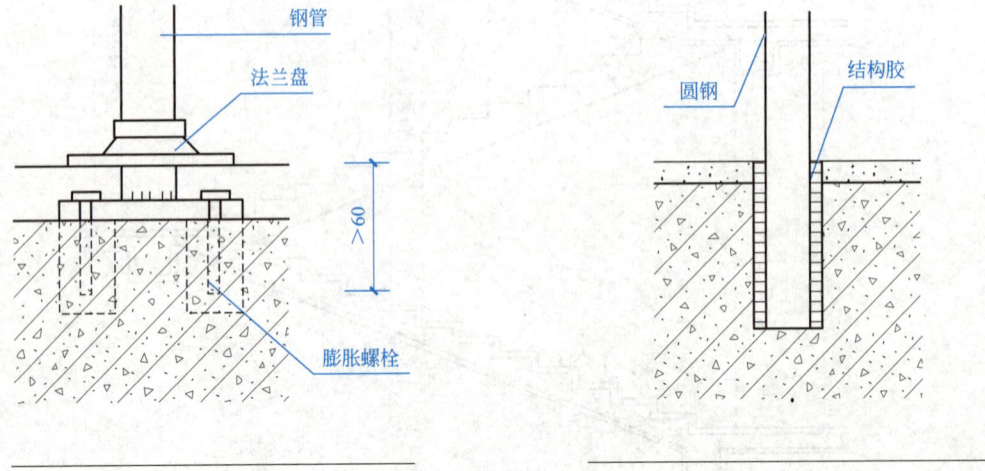

7. 建筑物的垂直交通设施通常包括哪些？它们的适用情况是什么？

四、实训题

识读下图楼梯节点详图，回答问题并抄绘，图幅和比例由教师指定。

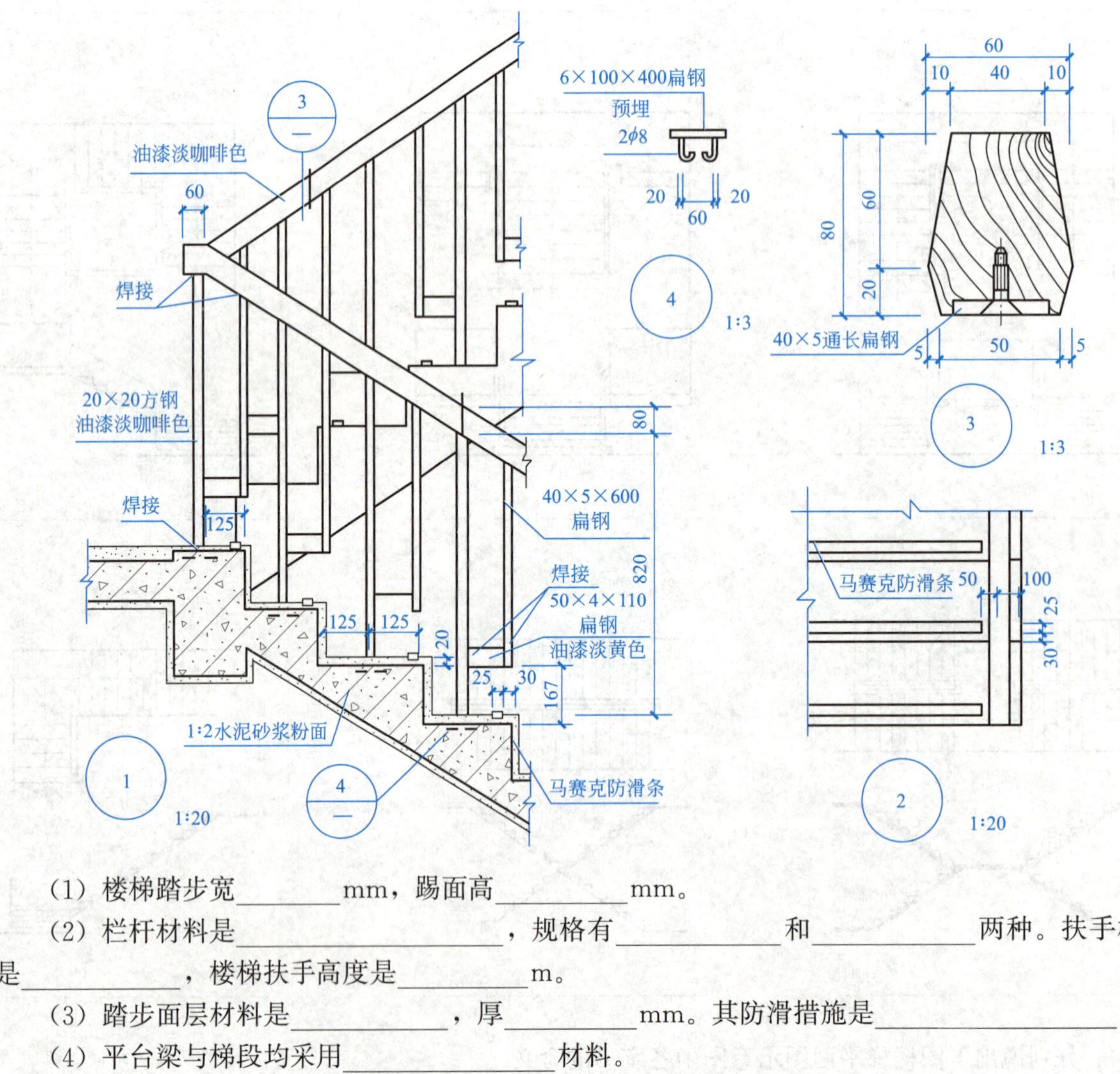

(1) 楼梯踏步宽________mm，踢面高________mm。

(2) 栏杆材料是________________，规格有____________和____________两种。扶手材料是__________，楼梯扶手高度是__________m。

(3) 踏步面层材料是__________，厚__________mm。其防滑措施是________________。

(4) 平台梁与梯段均采用______________材料。

(5) 方钢栏杆与梯段、方钢栏杆与扶手的连接方式分别是什么？

项目八

屋顶

学习基本要求

【知识目标】

熟悉屋顶的基本组成、设计要求及类型，掌握屋顶的排水方式，熟悉屋顶的保温和隔热构造做法，掌握平屋顶防水构造及细部做法；了解坡屋顶构造。

【能力目标】

能区分各种防水材料和保温材料的性能，能识读建筑设计说明中有关屋顶的信息和屋面排水平面图；会运用规范、图集查找屋面构造要求和做法；能够依据制图标准，根据任务要求绘制屋面细部（泛水、檐沟等）构造详图。

【素质目标】

培养创新能力，引导学生探索新型材料、构造形式等，提升屋顶的环保性、节能性和美观性；强调工程伦理和职业道德，培养学生的责任感和使命感。

知识要点概述

屋顶也称屋盖，处于建筑物的最上方，为满足其使用功能，屋顶形成了多层构造的做法。平屋顶的结构层和顶棚与楼板层要求及做法基本一致，防水排水是屋顶构造设计的重点。

一、屋顶的作用和基本组成

屋顶是房屋最上部的外围护构件，它是房屋的重要组成部分之一。其主要作用有：

◆ 承重——承受屋面传来的各种荷载和屋顶自重，并将荷载传给墙（柱）。

◆ 围护——抵御自然界的风、霜、雨、雪，气温变化等外界不利的长期作用。

◆ 装饰——建筑艺术形象的重要体现。

屋顶通常由屋面、保温（隔热）层、承重结构和顶棚四部分组成，如图 8-1 所示。

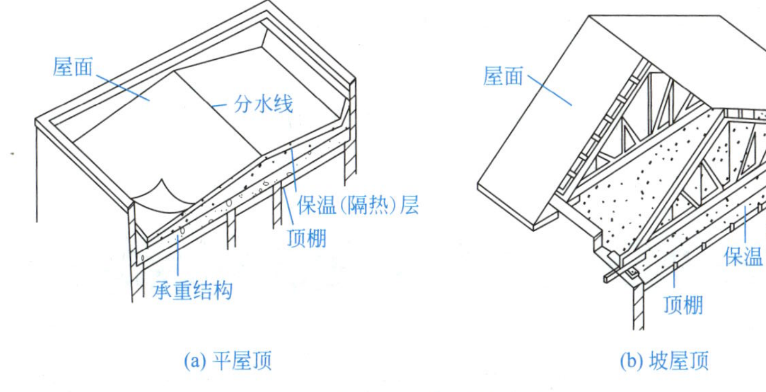

图 8-1　屋顶的组成

二、屋顶的设计要求

1. 结构要求

应具有足够的强度来承受屋顶的积水、积雪、积灰及其他设备荷载和自重；同时还应具有一定刚度，以保证结构的变形不影响屋顶的正常使用。

2. 防水要求

建筑防水应遵循“因地制宜，以防为主、防排结合、综合治理”的原则。《建筑与市政工程防水通用规范》GB 55030—2022 规定屋面工程防水设计工作年限不应低于 20 年，并规定了屋面工程防水等级和防水做法（表 8-1 和表 8-2），其中防水等级由工程防水类别和工程防水使用环境类别共同确定。此外，对防水有特殊要求的建筑屋面，还应进行专项防水设计。

平屋面工程的防水做法　　表 8-1

防水等级	防水做法	防水层	
		防水卷材	防水涂料
一级	不应少于 3 道	卷材防水层不应少于 1 道	
二级	不应少于 2 道	卷材防水层不应少于 1 道	
三级	不应少于 1 道	任选	

瓦屋面工程的防水做法 表 8-2

防水等级	防水做法	防水层		
		屋面瓦	防水卷材	防水涂料
一级	不应少于 3 道	1 道，应选	卷材防水层不应少于 1 道	
二级	不应少于 2 道	1 道，应选	不应少于 1 道；任选	
三级	不应少于 1 道	1 道，应选	—	

3. 保温隔热要求

屋顶作为最上方的围护结构，应具有良好的保温隔热性能。在严寒和寒冷地区，其构造主要应满足冬季保温要求，尽量减少室内热量的散失和防止结露；在温暖和炎热地区，其构造就应满足夏季隔热要求，避免室外高温和强烈的太阳辐射对室内工作和生活的不利影响。

4. 美观要求

屋顶形式及其细部的设计，应满足人们对建筑艺术方面的需求。

三、屋顶的类型

1. 按使用功能分类：保温屋顶、隔热屋顶、采光屋顶、蓄水屋顶、种植屋顶等。
2. 按屋面材料分类：钢筋混凝土屋顶、瓦屋顶、金属屋顶、玻璃屋顶等。
3. 按结构类型分类：平面结构（如梁板、屋架）屋顶、空间结构（如折板、壳体、悬索、网架、薄膜）屋顶等。
4. 按外观形式分类：平屋顶、坡屋顶、其他形式屋顶。

四、屋顶坡度

1. 屋顶坡度的表示方法

屋顶坡度的表示方法有百分比法，斜率法、角度法三种，详见表 8-3。

屋顶坡度表示方法 表 8-3

屋顶类型	平屋顶	坡屋顶	
排水坡度	<5%，常见 2%～3%	≥3%，一般大于 10%	
坡度表示方法	百分比法	斜率法	角度法
	h, l 屋面坡度 $i=\frac{h}{l}\times100\%$	h, l 屋面坡度为 $h:l$	θ 屋面坡度 θ
应用情况	普遍	普遍	较少采用

2. 坡度形成方式

材料找坡——又称垫置找坡，指在水平的屋面板上面利用材料层的厚度差别形成一定的坡度。找坡材料采用质量轻、吸水率低和有一定强度的材料，坡度不小于 2%。

结构找坡——又称搁置找坡，指支承屋面板的墙、梁或屋架等结构构件保持有一定坡度，屋面板铺设之后就形成了相应的坡度，其坡度不应小于 3%。

3. 国家相关规范规定

《建筑与市政工程防水通用规范》GB 55030—2022 中规定了屋面排水坡度应根据屋顶结构形式、屋面基层类别、防水构造形式、材料性能及使用环境等条件确定，并应符合表 8-4 规定。

屋面排水坡度 表 8-4

屋面类型		屋面排水坡度(%)
平屋面		≥2
瓦屋面	块瓦	≥30
	波形瓦	≥20
	沥青瓦	≥20
	金属瓦	≥20
金属屋面	压型金属板、金属夹芯板	≥5
	单层防水卷材金属屋面	≥2
种植屋面		≥2
玻璃采光顶		≥5

五、屋面排水方式

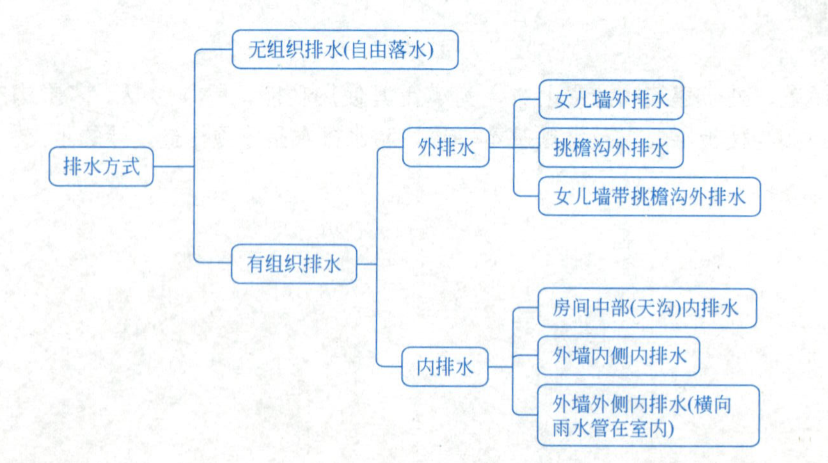

◆ 排水方式的选择

高层建筑屋面宜采用内排水；多层建筑屋面宜采用有组织外排水；低层建筑及檐高小于 10m 的屋面，可采用无组织排水。多跨及汇水面积较大的屋面宜采用天沟排水，天沟找坡较长时，宜采用中间内排水和两端外排水。暴雨强度较大地区的大型屋面，宜采用虹吸式屋面雨水排水系统。严寒地区应采用内排水，寒冷地区宜采用内排水。湿陷性黄土地区宜采用有组织排水，并应将雨雪水直接排至排水管网。

◆ 排水构造要求

1. 屋面应适当划分排水区域，排水路线应简捷，排水应通畅。

2. 钢筋混凝土檐沟、天沟净宽不应小于 300mm，分水线处最小深度不应小于 100mm；沟内纵向坡度不应小于 1%，沟底水落差（天沟内的分水线到水落口的高差）不得超过 200mm（图 8-2）；排水系统是屋面系统防水功能的重要组成部分。

3. 檐沟、天沟排水不得流经变形缝和防火墙。

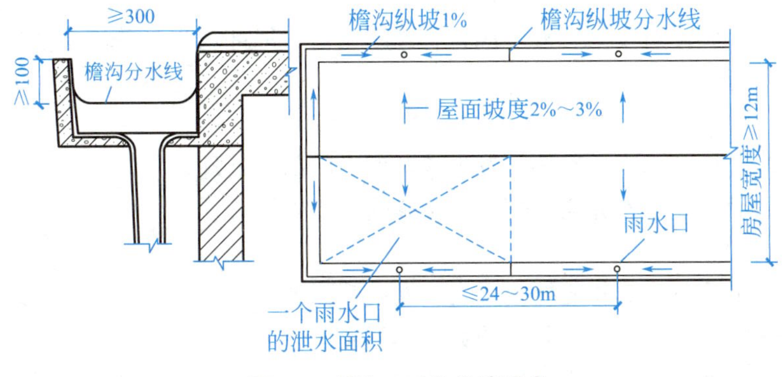

图 8-2 檐沟、天沟构造要求

六、屋面基本构造

平屋面的基本构造层次宜符合表 8-5 的要求。设计人员可根据建筑物的性质、使用功能、气候条件等因素进行组合，图 8-3 为常见平屋面卷材防水构造示意。

平屋面的基本构造层次 表 8-5

屋面类型	基本构造层次(自上而下)
卷材、涂膜屋面	保护层、隔离层、防水层、找平层、保温层、找平层、找坡层、结构层
	保护层、保温层、防水层、找平层、找坡层、结构层
	种植隔热层、保护层、耐根穿刺防水层、防水层、找平层、保温层、找平层、找坡层、结构层
	架空隔热层、防水层、找平层、保温层、找平层、找坡层、结构层
	蓄水隔热层、隔离层、防水层、找平层、保温层、找平层、找坡层、结构层
瓦屋面	块瓦、挂瓦条、顺水条、持钉层、防水层或防水垫层、保温层、结构层
	沥青瓦、持钉层、防水层或防水垫层、保温层、结构层
金属板屋面	压型金属板、防水垫层、保温层、承托网、支承结构
	上层压型金属板、防水垫层、保温层、底层压型金属板、支承结构
	金属面绝热夹芯板、支承结构
玻璃采光顶	玻璃面板、金属框架、支承结构
	玻璃面板、点支承装置、支承结构

【说明】当屋面坡度大于 30%时，施工过程中应采取防滑措施。

常见屋面构造组成要求如下：

1. 结构层

一般为现浇或装配式钢筋混凝土屋面板。

2. 找坡层

作用：形成材料找坡，坡度宜为 2%，混凝土檐沟及天沟坡度应≥1%。

材料：采用质量轻、吸水率低和有一定强度的材料，如陶粒、浮石、膨胀珍珠岩、炉渣、加气混凝土碎块等轻集料混凝土，其抗压强度不小于 LC5.0；现浇保温层可兼做找坡层。

构造要求：找坡材料分层铺设并适当压实，表面平整，最薄处厚度不宜小于 20mm。

3. 找平层

作用：为防水层设置符合防水材料工艺要求且坚实而平整的基层，应具有一定的厚度和强度。

找平层材料及厚度要求见表 8-6。

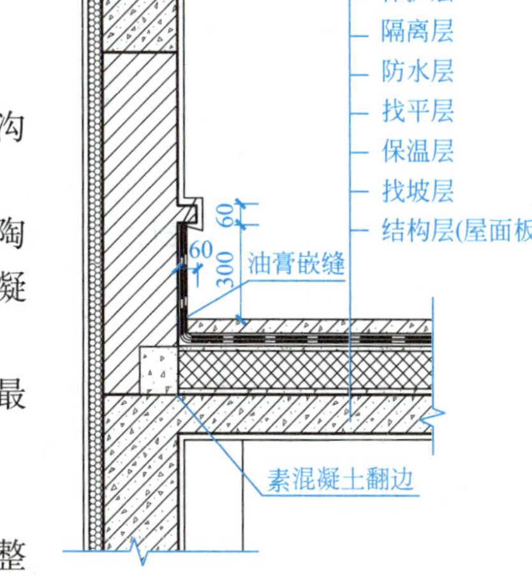

图 8-3 平屋面卷材防水构造示意

找平层材料和厚度要求 表 8-6

适用基层	找平层材料	厚度(mm)
整体现浇混凝土板	①②	①DS M15(1：2.5)水泥砂浆 15～20； ②M15 聚合物水泥砂浆 5～8； ③DS M15(1：2.5)水泥砂浆 20～25； ④C20 细石混凝土 30～35； ⑤C20 配筋细石混凝土，宜加钢筋网片 40～45
整体材料保温层	③④⑤	
装配式混凝土板	④⑤	
板状材料保温层		

构造要求：为防止找平层变形开裂而使卷材防水层破坏，保温层上的找平层应留设分格缝，缝宽宜为 5～20mm，纵横缝的间距不宜大于 6m。

4. 防水层

根据地基变形程度、结构形式、当地年温差、日温差和振动等因素，选择拉伸性能相适应的防水材料。

防水材料：

（1）防水卷材及配套胶粘剂，防水卷材类型和最小厚度见表 8-7。

防水卷材类型和最小厚度 表 8-7

防水卷材类型			卷材防水层最小厚度(mm)
聚合物改性沥青类防水卷材	热熔法施工聚合物改性防水卷材		3.0
	热沥青粘结和胶粘法施工聚合物改性防水卷材		3.0
	预铺反粘防水卷材(聚酯胎类)		4.0
	自粘聚合物改性防水卷材(含湿铺)	聚酯胎类	3.0
		无胎类及高分子膜基	1.5
合成高分子类防水卷材	均质型、带纤维背衬型、织物内增强型		1.2
	双面复合型		主体片材芯材 0.5
	预铺反粘防水卷材	塑料类	1.2
		橡胶类	1.5
	塑料防水板		1.2

（2）防水涂料，其中反应型高分子类防水涂料、聚合物乳液类防水涂料和水性聚合物沥青类防水涂料等防水层最小厚度不应小于 1.5mm，热熔施工橡胶沥青类防水涂料防水层最小厚度不应小于 2.0mm。

构造要求：

（1）屋面坡度大于 25%时，应选择成膜时间较短的涂料。

（2）当采用复合防水设计时，选用的防水卷材和防水涂料应相容，且涂膜设置在卷材的下面。

（3）种植屋面的防水层应选择耐根穿刺防水卷材。

5. 隔离层

含义：消除相邻两种材料之间粘结力、机械咬合力、化学反应等不利影响的构造层。

位置：块体材料、水泥砂浆、细石混凝土保护层与防水、涂膜防水层之间。

材料：详见表 8-8。

隔离层材料及适用范围和技术要求 表 8-8

隔离层材料	适用范围	技术要求
塑料膜	块体材料、水泥砂浆保护层	0.4 厚聚乙烯膜或 3 厚发泡聚乙烯膜
土工布	块体材料、水泥砂浆保护层	200g/m² 聚酯无纺布
卷材	块体材料、水泥砂浆保护层	石油沥青卷材一层
低强度等级砂浆	细石混凝土保护层	10 厚黏土砂浆，石灰膏：砂：黏土=1：2.4：3.6
		10 厚石灰砂浆，石灰膏：砂=1：4
		5 厚掺有纤维的石灰砂浆

6. 保护层

含义：对防水层或保温层起防护作用的构造层。

位置：保温层或防水层之上。

材料：详见表 8-9。

保护层材料及适用范围和技术要求 表 8-9

保护层材料	适用范围	技术要求
浅色涂料	不上人屋面	丙烯酸系反射涂料
铝箔		0.05 厚铝箔反射膜
矿物粒料		不透明的矿物粒料
水泥砂浆		20 厚 DS M15(1：2.5)砂浆
细石混凝土		35 厚 C20 细石混凝土
块体材料	上人屋面	地砖或 30 厚 C20 细石混凝土预制块
细石混凝土		40 厚 C20 细石混凝土或 50 厚 C20 细石混凝土内配 $\phi4$@100 双向钢筋网片

构造要求：

（1）采用现浇细石混凝土做保护层时，应设分格缝，纵横间距不应大于 6m，缝宽宜为 10～20mm，并用密封材料嵌缝。

（2）采用水泥砂浆做保护层时，表面应抹平压光，并应设表面分格缝，分格面积宜为 1m²。

（3）采用块体材料做保护层时，宜设分格缝，其纵横间距不宜大于 10m，缝宽宜为 20mm，并用密封材料嵌填。

（4）块体材料、水泥砂浆、细石混凝土保护层与女儿墙（山墙）之间，应预留宽度为 30mm 的缝隙，缝内宜填塞聚苯乙烯泡沫塑料，并用密封材料嵌填。

七、屋面细部构造

屋面细部构造主要包括泛水、檐口、檐沟和天沟、屋面出入口、伸出屋面的管道、雨水口、反梁过水孔、设施基座、屋脊、屋顶窗等部位。

细部构造处理应做到多道设防、复合用材、连续密封、局部增强，并满足使用功能、温差变形、施工环境条件和操作等要求。

1. 泛水

含义：为防止水平面与垂直面交接处发生渗漏所做的防水处理。

位置：凸出于屋面之上的女儿墙、烟囱、楼梯间、检修孔等。

构造要求（图 8-4）：

（1）抹圆角——平面与立面相交处找平层应做成圆弧形。

（2）附加层——附加层在平面和立面的宽度均不应小于 250mm。

（3）收头处理——低女儿墙泛水处的防水层可直接铺贴或涂刷至压顶下，卷材收头应用金属压条钉压固定，并应用密封材料封严；高女儿墙泛水处的防水层泛水高度不应小于 250mm，泛水上部的墙体应做防水处理；涂膜收头应用涂料多遍涂刷。

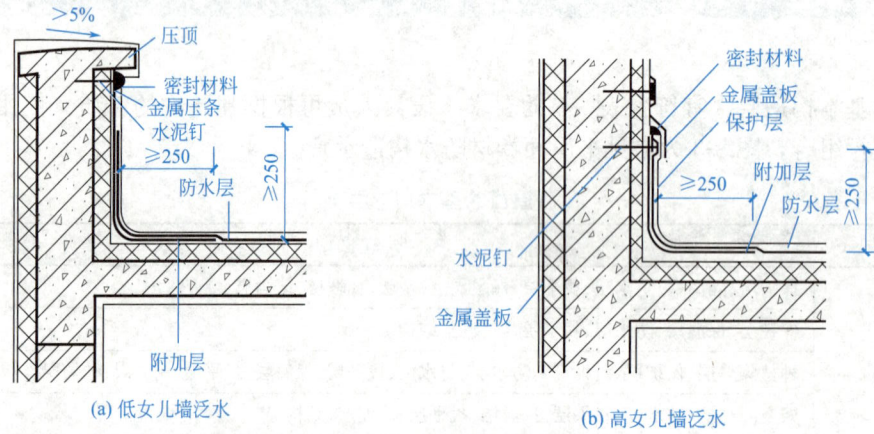

8-1 女儿墙泛水动画

（4）保护层——防水层表面，宜采用涂刷浅色涂料或浇筑细石混凝土保护。

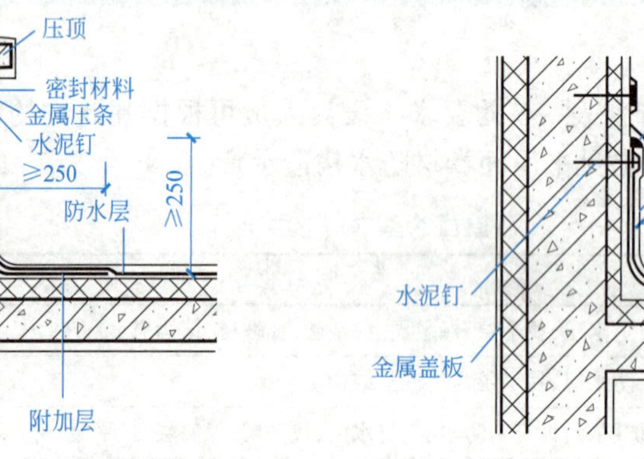

(a) 低女儿墙泛水 (b) 高女儿墙泛水

图 8-4 泛水构造示意

女儿墙压顶：位于女儿墙顶端，材料可用现浇或预制混凝土和金属制品。压顶向内排水坡度不应小于 5%，且内侧下端应作滴水处理，滴水槽宽度和深度不宜小于 10mm。

2. 檐口

含义：也称屋檐，指屋面与外墙墙身的交接部位，用于无组织排水。

作用：方便排除屋面雨水和保护墙身。

构造要求（图 8-5）：

（1）檐口 800mm 范围内的卷材应满粘。

（2）卷材收头应采用金属压条钉压，钉距宜 500～800mm，并应用密封材料封严。

（3）檐口下端应做鹰嘴和滴水槽。

（4）烧结瓦、混凝土瓦屋面的瓦头挑出檐口的长度宜为 50～70mm。

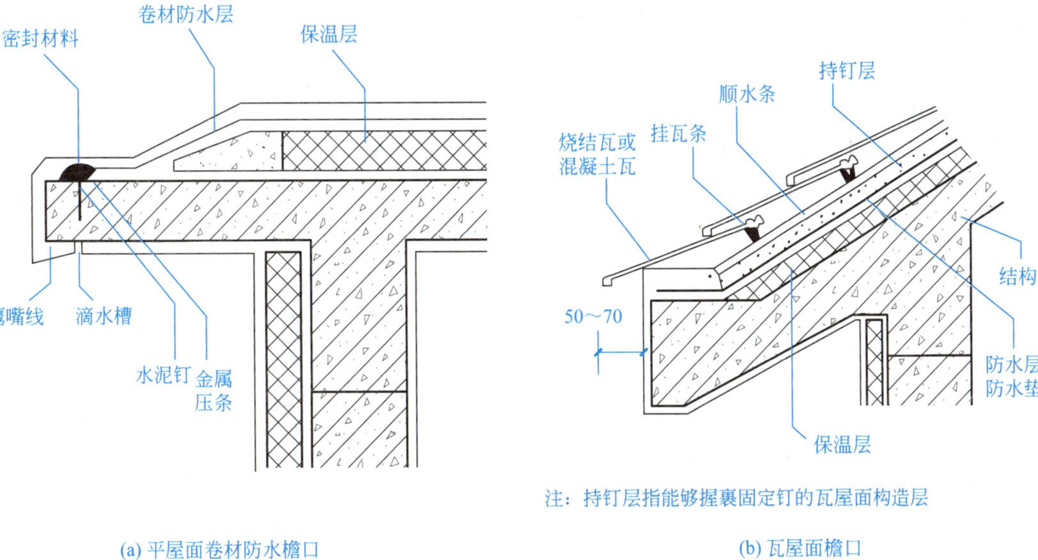

图 8-5　檐口构造示意

3. 檐沟和天沟

含义：檐沟是屋檐下面横向的槽形排水沟；天沟是屋面上用于排水的流水沟，用于有组织排水。

构造要求（图 8-6）：

（1）防水层下应增设附加层，附加层伸入屋面的宽度平屋面不应小于 250mm，瓦屋面不应小于 500mm。

（2）檐沟防水层和附加层应由沟底翻上至外侧顶部，卷材收头应用金属压条钉压，并应用密封材料封严。

（3）泛水处找平层抹成圆角。

（4）檐沟外侧下端应做鹰嘴或滴水槽，滴水槽宽度和深度不宜小于 10mm。

（5）瓦材伸入檐沟、天沟内的长度，宜为 50～70mm。

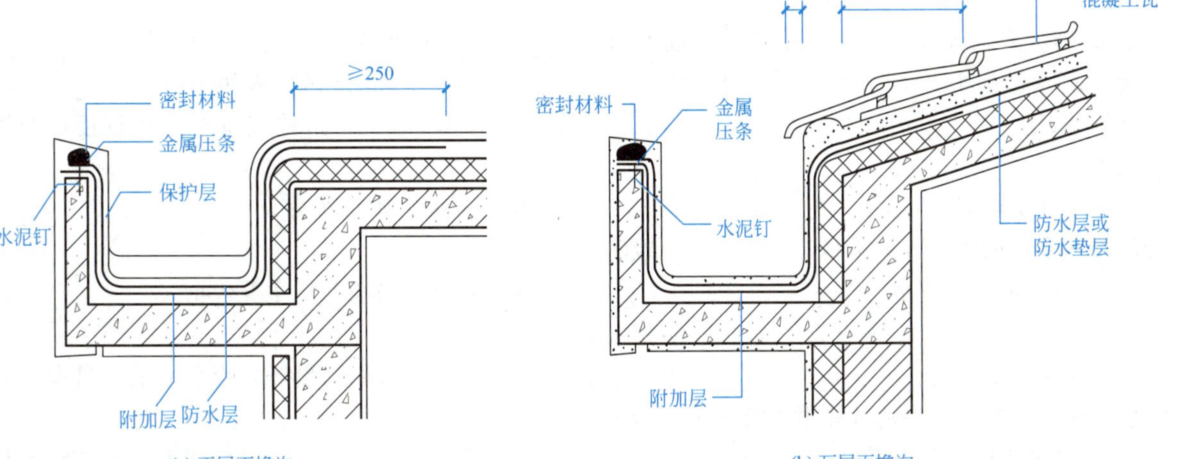

图 8-6　檐沟构造示意

4. 平屋面出入口

平屋面出入口包括垂直出入口（不上人屋面检修口）和水平出入口（上人屋面出入口）。垂直出入口泛水处应增设附加层，附加层在平面和立面的宽度均不应小于 250mm［图 8-7（a）］；防水层收头应在混凝土压顶圈下。水平出入口泛水处应增设附加层和护墙，附加层在平面上的宽度不应小于 250mm；防水层收头应压在混凝土踏步下［图 8-7（b）］。

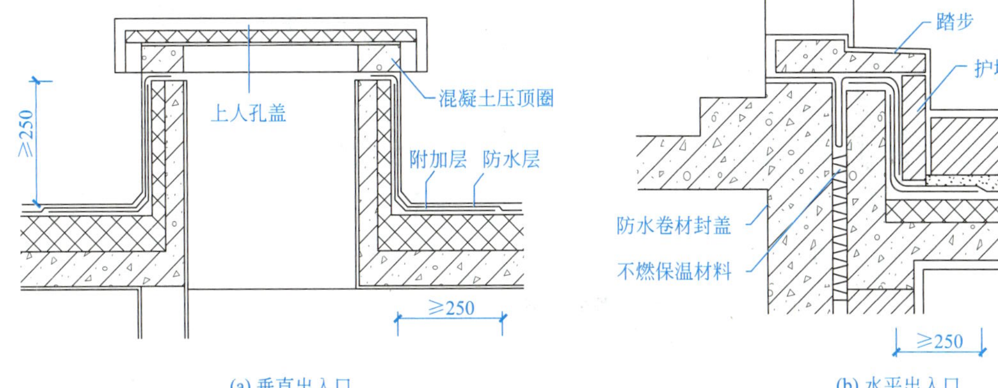

图 8-7　屋面出入口示意图

5. 伸出屋面管道

伸出屋面管道有通风道和透气管（图 8-8）等，其构造要求是：

（1）管道周围的找平层应抹出高度不小于 30mm 的排水坡。

（2）管道泛水处的防水层下应增设附加层，附加层在平面和立面的宽度均不应小于 250mm。

（3）卷材收头应用金属箍紧固和密封材料封严，涂膜收头应用防水涂料多遍涂刷。

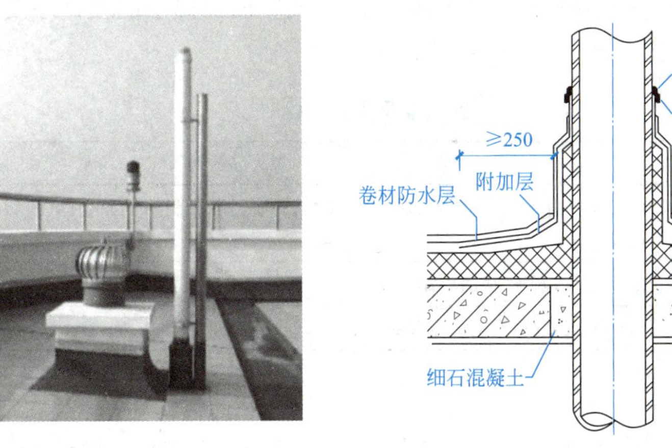

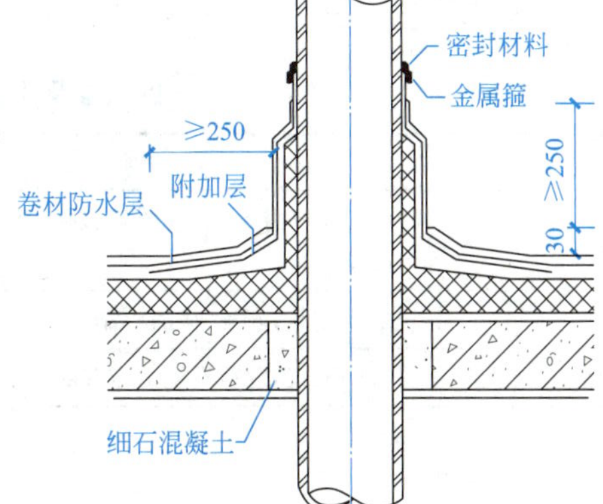

图 8-8　伸出屋面管道

6. 雨水口

含义：屋面雨水下泄的洞口，也称水落口。

类型：根据排水方式的不同分直式雨水口（檐沟排水）和横式雨水口（女儿墙排水）。

构造要求（图 8-9）：

（1）雨水口处可安装塑料或金属制品，金属配件应做防锈处理。

（2）雨水口周围直径 500mm 范围内坡度不应小于 5%，防水层下应增设涂膜附加层。

（3）防水层和附加层伸入雨水口内不应小于 50mm，并应粘结牢固。

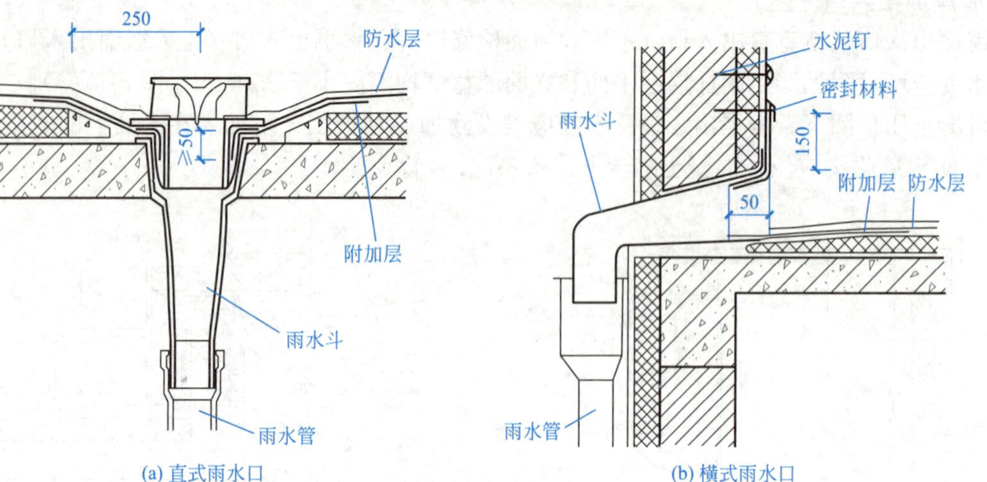

图 8-9　雨水口示意

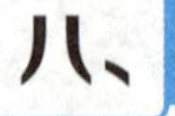

八、屋顶保温与隔热

1. 屋顶保温（层）

含义：减少屋面热交换作用的构造层。

材料：采用轻质、高效的保温材料，以保证屋面保温性能和使用要求，详见表 8-10。厚度：根据所在地区现行建筑节能设计标准，经计算确定。倒置式屋面保温层的设计厚度应按计算厚度增加 25%取值，且厚度不得小于 25mm。

保温层及保温材料　　表 8-10

保温层	保温材料
板状材料保温层	聚苯乙烯泡沫塑料，硬质聚氨酯泡沫塑料，膨胀珍珠岩制品，泡沫玻璃制品，加气混凝土砌块，泡沫混凝土砌块
纤维材料保温层	玻璃棉制品，岩棉，矿渣棉制品
整体材料保温层	喷涂硬泡聚氨酯，现浇泡沫混凝土

类型：

◆ 正置式保温屋面——保温层位于防水层之下的屋面。特点是施工方便，松散材料保温层可兼做找坡层。北方地区为阻止室内水蒸气渗透到保温层内，影响保温效果，宜在结构层上、保温层下设置隔汽层，且沿周边墙面向上连续铺设，高出保温层上表面不小于 150mm。

◆ 倒置式保温屋面——保温层位于防水层之上的屋面。特点是避免屋面产生较大的温差应力，能更好地保护防水层。倒置式保温屋面构造要求如下：

（1）倒置式屋面的坡度宜为 3%，严寒和多雪地区不宜采用。

（2）保温层应采用吸水率低，且长期浸水不变质的保温材料（板状），如聚苯乙烯泡沫塑料板或聚氨酯泡沫塑料板，不得使用松散保温材料。

（3）保护层宜用块体材料、细石混凝土做保护层。

2. 屋顶隔热（层）

含义：减少太阳辐射热向室内传递的构造层。

类型：种植隔热、架空通风隔热、蓄水隔热、反射隔热等。

架空屋面构造（图 8-10）：

（1）架空屋面宜在屋顶有良好通风的建筑物中采用，寒冷地区不宜采用。

（2）架空隔热层的高度宜为 180～300mm，架空板与女儿墙的距离不应小于 250mm。

（3）架空形式可采用：①预制板、混凝土支墩；②预制板、砖支墩；③纤维水泥架空板。

（4）当屋面宽度大于 10m 时，架空隔热中部应设置通风屋脊。

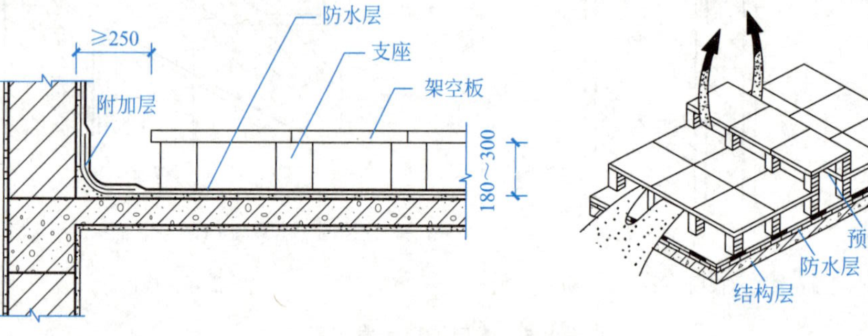

图 8-10　架空隔热屋面示意

理论实践自测

一、填空题

1. 建筑屋顶的主要作用是________、________、________。屋顶一般由________、________、________和________四部分组成。

2. 屋顶的外观形式多种多样，基本上分为________、________和________三大类。

3. 屋顶排水方式有两种，即________和________。屋顶有组织排水分为________和________两种。

4. 有组织外排水通常包括________、________和________三种方式。

5. 排水方式选择时，高层建筑屋面宜采用________；多层建筑屋面宜采用________；低层建筑及檐高小于 10m 的屋面，可采用________。严寒地区应采用________，寒冷地区宜采用________。湿陷性黄土地区宜采用________，并应将雨雪水直接排至排水管网。

6.《建筑与市政工程防水通用规范》GB 55030—2022 将屋面防水等级分为________级，________级防水所对应的防水等级最高，________级防水最低。

7. 卷材防水层是由________与________粘结而成。目前卷材主要包括________卷材和________卷材两类。

8. 找坡层适用于________，坡度宜为________。采用质量轻、吸水率低、具有一定强度的材料，找坡层最薄处厚度不宜小于____mm。

9. 卷材的施工方法有________法、________法、________法，立面或大坡面铺贴卷材时，应采用________法，并宜减少卷材短边搭接。

10. 隔离层的设置目的是________________，常用材料有________________。

11. 隔汽层的作用是________________，通常位于________________。

12. 泛水是指________________。檐沟是指________________。

13. 女儿墙压顶材料多为________，压顶向内排水坡度不应小于________。

14. 平屋顶的隔热可通过多种途径，如________、________、________、________等，南方地区可根据需要和条件选用。

15. 常见的平屋顶排水配件有________、________、________。

16. 坡屋顶的承重体系分________和________两种，有檩体系是指将各种小型屋面板（或瓦型材）直接放在檩条上，根据檩条支撑位置的不同又分为________、________和________三种承重方式。

二、单选题

1. 屋面设计最核心的要求是（　　）。

A. 美观　　B. 承重　　C. 防水　　D. 保温、隔热

2. 下列因素中，影响屋面排水坡度大小的因素主要是（　　）。

A. 建筑造型需要　　B. 屋面防水做法

C. 年降雨量和防水材料尺寸大小　　D. 排水组织方式

3. 下列哪种建筑的屋面应采用有组织排水方式（　　）。

A. 高度较低的简单建筑　　B. 积灰多的屋面

C. 有腐蚀介质的屋面　　D. 降雨量较大地区的屋面

4. 多层民用建筑中屋顶排水优先考虑（　　）。

A. 内排水　　B. 外排水　　C. 自由落水　　D. 内落外排水

5. 对立面要求较高的高层建筑屋面通常采用（　　）方式。

A. 内排水　　B. 檐沟外排水　　C. 自由落水　　D. 女儿墙外排水

6. 平屋顶排水坡度的形成方式分为（　　）。

A. 结构找坡和纵墙起坡　　B. 纵墙起坡和山墙起坡

C. 材料找坡和结构找坡　　D. 山墙找坡和材料找坡

7. 屋顶结构找坡，坡度不应小于（　　）；材料找坡，坡度宜为（　　）。

A.3%　2%　　B.5%　2%　　C.3%　5%　　D.10%　3%

8. 屋顶的材料找坡是指（　　）来形成。

A. 利用预制板的搁置　　B. 利用结构层

C. 利用卷材的厚度　　D. 选用轻质材料找坡

9. 关于屋面排水坡度，下列说法正确的是（　　）。

A. 平屋顶排水坡度常用斜率法来表示，坡屋顶排水坡度常用百分比法来表示

B. 为减轻屋面荷载，屋面找坡方式应首选材料找坡

C. 屋顶天沟纵坡一般为2%～3%

D. 防水材料尺寸越小，屋面坡度越大

10. 卷材防水屋面的基本构造层次主要包括（　　）。

A. 结构层、找坡层、找平层、防水层、保护层

B. 结构层、隔汽层、结合层、防水层、保护层

C. 结构层、找坡层、保温层、防水层、保护层

D. 结构层、隔汽层、防水层、隔热层、保护层

11. 挑檐沟防水层下应增设附加层，附加层伸入屋面的宽度不应小于（　　）。

A. 250mm　　B. 500mm　　C. 600mm　　D. 800mm

12. 下列（　　）材料不宜用于屋顶保温层。

A. 普通混凝土　　B. 水泥蛭石　　C. 聚苯乙烯泡沫塑料　　D. 水泥珍珠岩

13. 保温屋面通常在保温层下设置（　　），以防止室内水蒸汽进入保温层内。

A. 找平层　　B. 保护层　　C. 隔汽层　　D. 隔离层

14. 为防止找平层变形开裂而使卷材防水层破坏，保温层上的找平层应留设分格缝，纵横缝的间距不宜大于（　　）。

A. 8m　　B. 5m　　C. 6m　　D. 10m

15. 女儿墙泛水处的防水层上翻高度不应小于（　　）。

A. 150mm　　B. 200mm　　C. 250mm　　D. 300mm

16. 泛水构造做法中，屋面与立墙相交处应做成（　　）。

A. 三角形　　B. 圆弧形　　C. 方形　　D. 线形

17. 屋面铺贴防水卷材应采用搭接连接，下列各项中不正确的有（　　）。

A. 上下卷材的搭接缝应对正　　B. 相邻两幅卷材的搭接缝应错开

C. 搭接宽度应符合规定　　D. 平行屋面的卷材搭接缝应顺水流方向

18. 钢筋混凝土檐沟天沟净宽不应小于（　　）mm，沟内纵向坡度不应小于（　　）。

A. 300，1%　　B. 250，0.5%　　C. 200，1%　　D. 100，0.5%

19. 隔汽层应沿周边墙向上连续铺设，高出保温层上面不得小于（　　）mm。

A. 100　　B. 150　　C. 200　　D. 250

20. 上人卷材防水屋面的保护层不应采用（　　）。

A. 细石混凝土　　B. 预制混凝土板　　C. 防滑地砖　　D. 浅色涂料

三、综合题

1. 屋顶的设计要求有哪些？

2. 卷材防水屋面的特点是什么？

3. 分别写出下图屋顶示意图的找坡方式，并说明其优缺点。

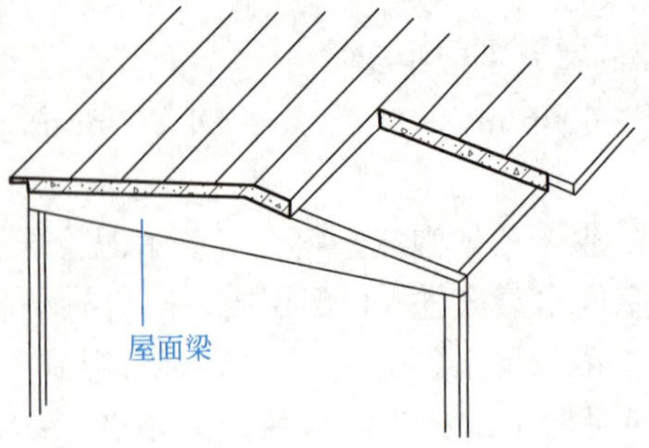

屋面梁

（1）________

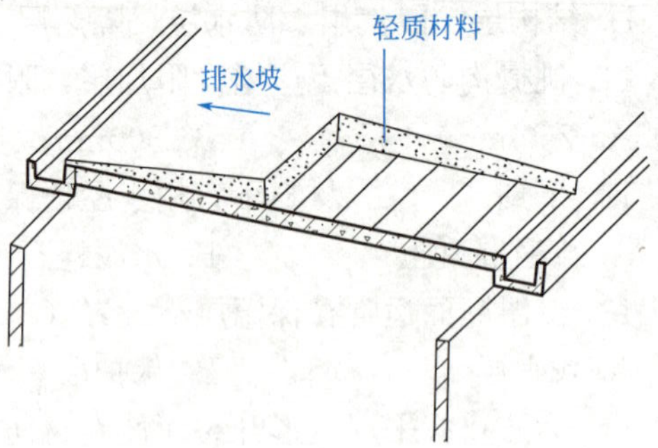

轻质材料

排水坡

（2）________

4. 分别写出下图屋顶示意图的排水方式。

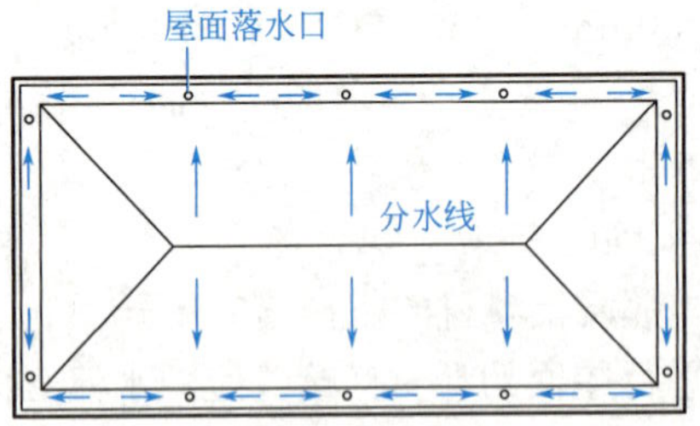

屋面落水口

分水线

____

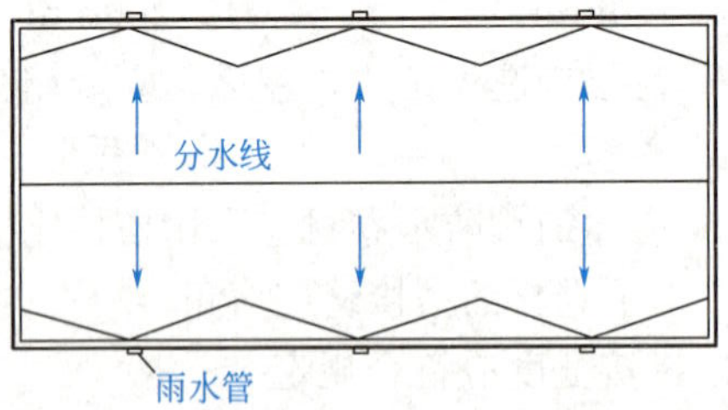

分水线

雨水管

____

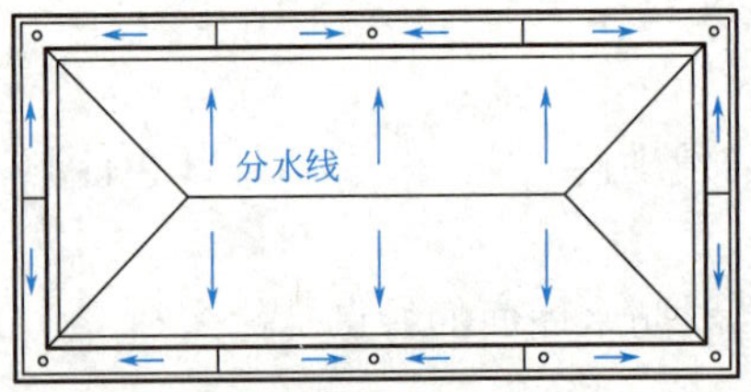

分水线

____

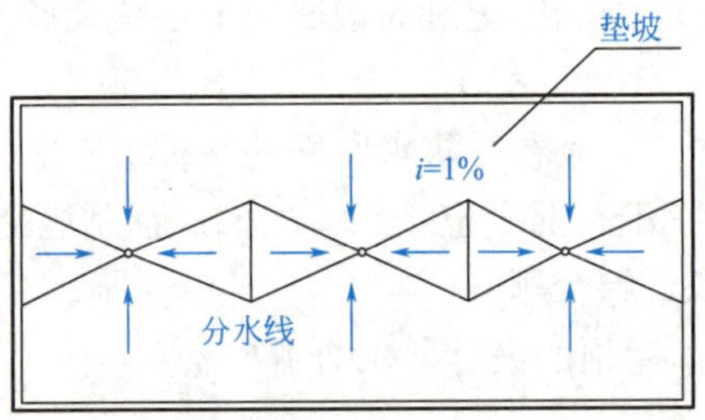

垫坡

i=1%

分水线

____

5. 分别写出下图坡屋顶类型示意图的名称。

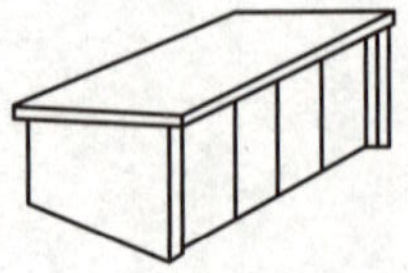

________　　________　　________

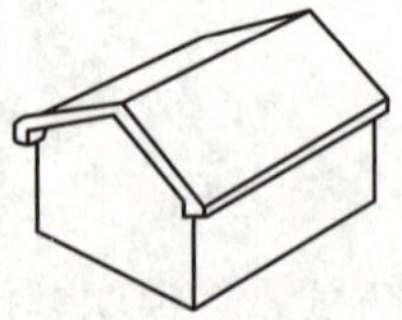

________　　________　　________

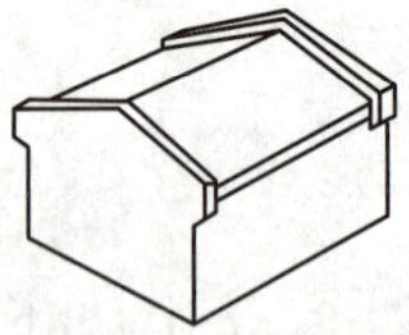

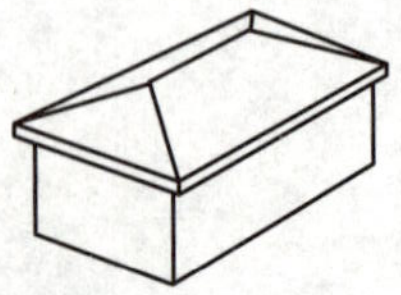

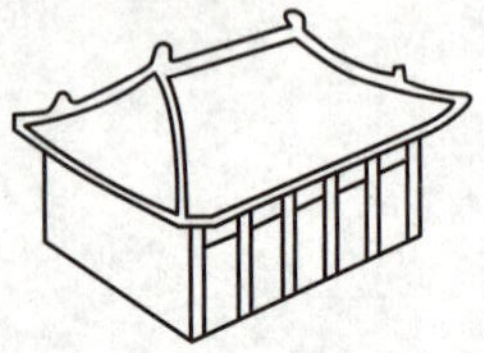

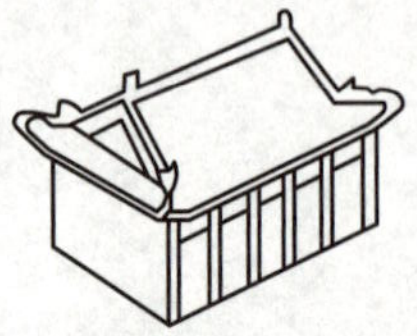

6. 写出下图所示卷材防水屋面檐口示意图中各数字注解内容。

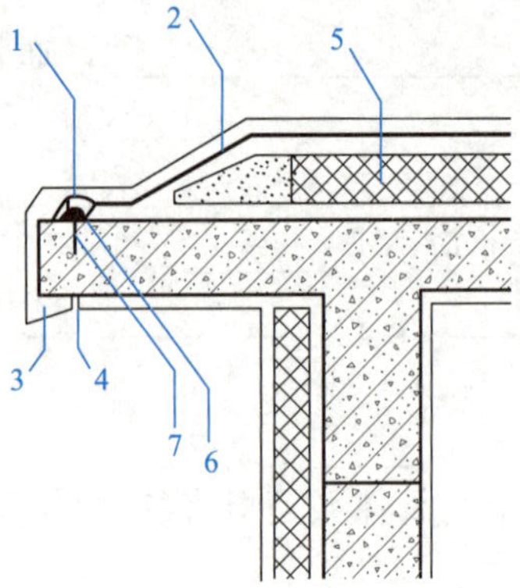

1. ________
2. ________
3. ________
4. ________
5. ________
6. ________
7. ________

7. 写出下图所示卷材（涂膜）防水屋面檐沟示意图中各数字注解内容。

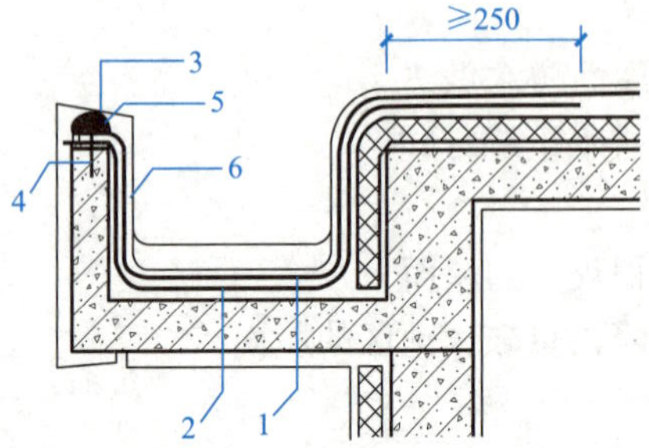

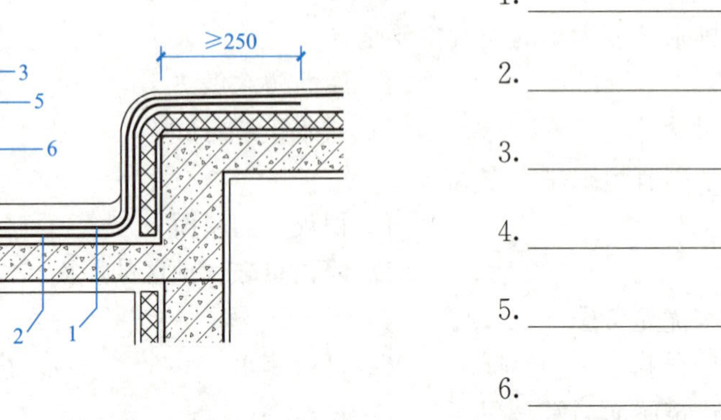

1. ________
2. ________
3. ________
4. ________
5. ________
6. ________

8. 说出下图所示高女儿墙泛水示意图中各数字注解内容。

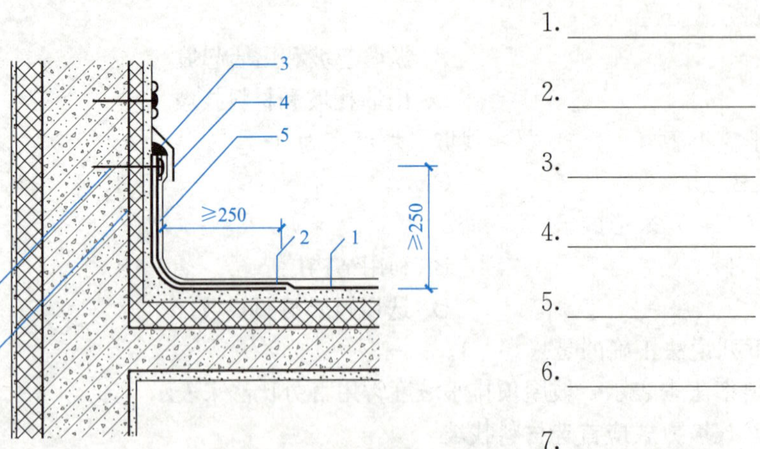

1. ________
2. ________
3. ________
4. ________
5. ________
6. ________
7. ________

9. 根据所给条件，绘制正置式保温卷材防水上人屋面构造层次图。

条件如下：

保护层：30 厚 250mm×250mm，C20 细石混凝土预制板，缝宽 10mm，1∶2 水泥砂浆勾缝。

结合层：铺 25 厚中砂。

8-2　正置式保温屋面构造解析

隔离层：0.4 厚聚乙烯薄膜。
防水层：4 厚 APP 改性沥青卷材。
找平层：20 厚 1∶2.5 水泥砂浆。
保温层：90 厚挤塑聚苯乙烯泡沫塑料板。
找坡层：30 厚（最薄处）LC5.0 轻骨料混凝土，2%找坡抹平。
结构层：100 厚现浇钢筋混凝土屋面板，表面清扫干净。

10. 识读下图所示女儿墙节点详图，回答下列问题。

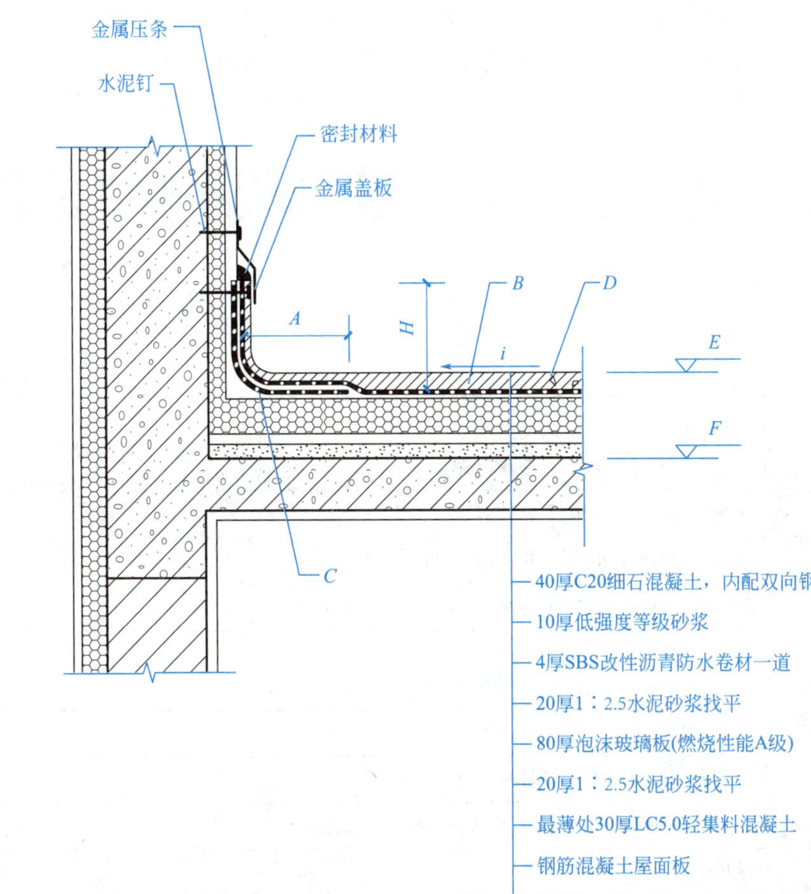

（1）图中 A 值不应小于________mm，H 值不应小于________mm。

（2）图中 B 所指处为屋面构造中的________；图中 C 所指处为屋面构造中的________，该层下面的水泥砂浆找平层需抹成______角，其目的是________________。

（3）图中 D 所指处为屋面构造中的________。所用材料是________。

（4）图中“10 厚低强度等级砂浆”是屋面构造中的____________。

（5）图中“80 厚泡沫玻璃板”是屋面构造中的________，按其设置位置，该屋面属于________屋面，保温层材料燃烧性能为________。

（6）该屋面找坡材料是____________，屋面坡度 i 不应小于______。

（7）图中字母______表示屋顶的标高，为________（建筑标高或结构标高）。

四、实训题

抄绘下列女儿墙详图，图幅和比例由教师指定。

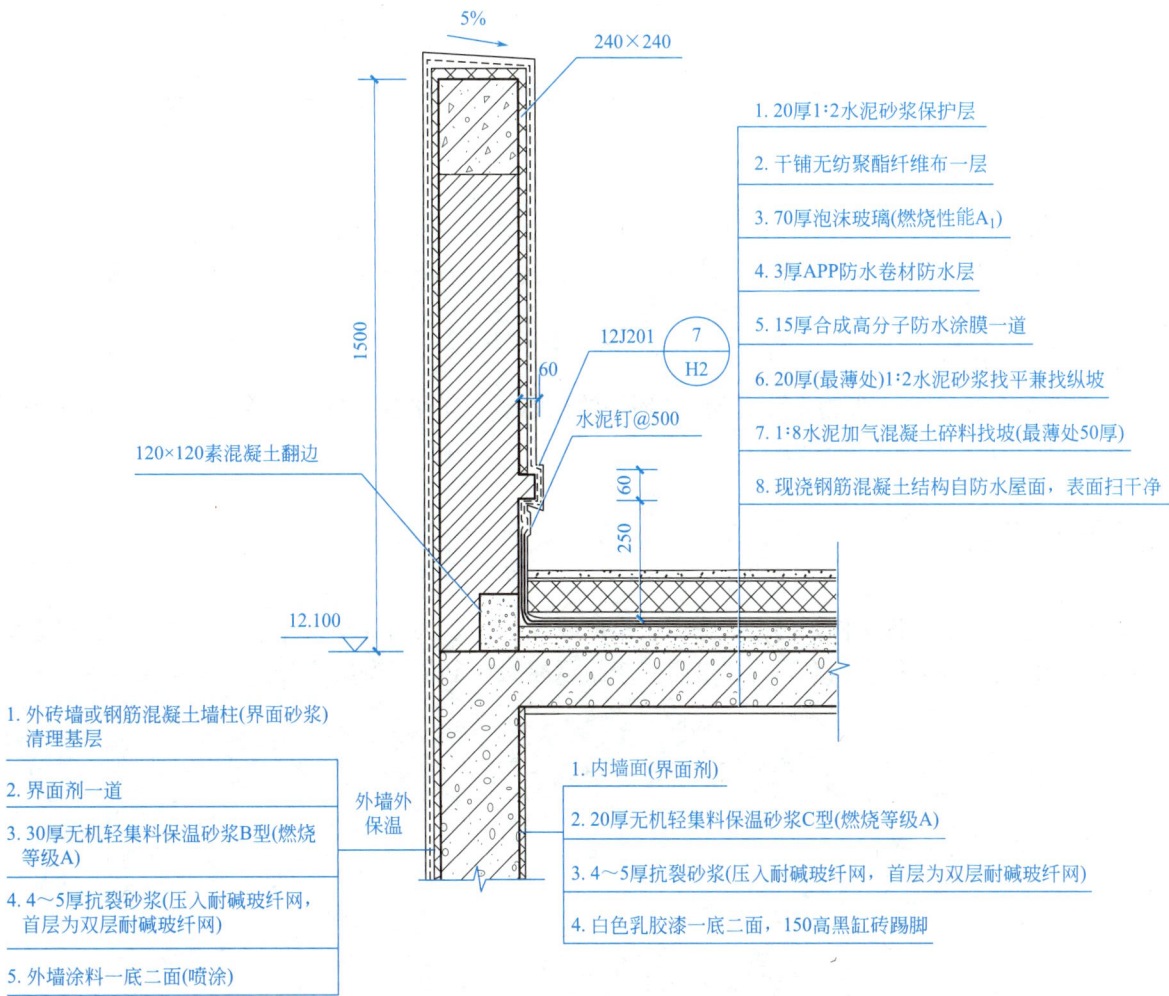

5%
240×240
1500
60
12J201
7
H2
水泥钉@500
60
250
120×120素混凝土翻边
12.100
1. 20厚1∶2水泥砂浆保护层
2. 干铺无纺聚酯纤维布一层
3. 70厚泡沫玻璃(燃烧性能A_1)
4. 3厚APP防水卷材防水层
5. 15厚合成高分子防水涂膜一道
6. 20厚(最薄处)1∶2水泥砂浆找平兼找纵坡
7. 1∶8水泥加气混凝土碎料找坡(最薄处50厚)
8. 现浇钢筋混凝土结构自防水屋面，表面扫干净
外墙外保温
1. 外砖墙或钢筋混凝土墙柱(界面砂浆)清理基层
2. 界面剂一道
3. 30厚无机轻集料保温砂浆B型(燃烧等级A)
4. 4～5厚抗裂砂浆(压入耐碱玻纤网，首层为双层耐碱玻纤网)
5. 外墙涂料一底二面(喷涂)
1. 内墙面(界面剂)
2. 20厚无机轻集料保温砂浆C型(燃烧等级A)
3. 4～5厚抗裂砂浆(压入耐碱玻纤网，首层为双层耐碱玻纤网)
4. 白色乳胶漆一底二面，150高黑缸砖踢脚

女儿墙详图 1∶5

项目九 门窗

学习基本要求

【知识目标】

熟悉门窗的作用、分类和设计要求，熟悉门窗的组成和门窗框的安装方式，掌握常见门窗的构造做法。

【能力目标】

能区分门窗性能（气密性、水密性、抗风压性等）、防火、保温要求等；能识读建筑设计说明中有关门窗的信息和门窗大样图；能运用规范、图集查找门窗构造要求和做法；能够依据制图标准，绘制和识读门窗图例。

【素质目标】

了解新型节能门窗，树立绿色、节能、环保的生态观；紧跟行业发展，养成终身学习的习惯，不断提高自己的专业素养和综合能力。

知识要点概述

门窗是建筑物的围护构件，门窗的选用应根据建筑所在地区的气候条件、节能要求、装饰造型等因素综合确定，并应符合国家现行建筑门窗产品标准的规定。门窗尺寸要符合模数以满足建筑工业化要求。

一、门窗的作用和要求

1. 门窗的主要作用

门的作用——交通联系、紧急疏散、防火兼有采光和通风等。

窗的作用——采光、通风、观察、传递以及在特殊情况下疏散等。

门窗同时都具有围护和装饰作用。

2. 门窗要求

门窗选用应根据建筑使用功能、节能要求、所在地区气候条件等因素综合确定，应满足抗风、水密、气密等性能要求，并应综合考虑安全、采光、节能、通风、防火、隔声等要求。

其中：

（1）抗风压性能——可开启部分在正常锁闭状态时，在风压作用下，外门窗变形不超过允许值且不发生损坏（如开裂、面板破损、连接破坏等）或功能障碍（如金件松动、开启困难、胶条脱落等）的能力。

（2）水密性能——外开启部分在正常锁闭状态时，在风雨同时作用下，外门窗阻止雨水渗漏的能力。

（3）气密性能——可开启部分在正常锁闭状态时，外门窗阻止空气渗透的能力。

（4）保温性能——外门窗阻止热量由室内向室外传递的能力，用传热系数表示。

（5）采光性能——外窗及其他采光系统在漫反射光照射下透过光的能力。

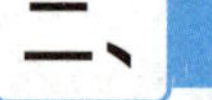

二、门窗分类

门窗的分类见表 9-1 和表 9-2。

门的分类 表 9-1

按所处位置可分	内门、外门
按使用材料可分	木门、铝合金门、塑钢门、玻璃门等
按构造形式分	夹板门、镶板门、拼板门、百叶门等
按门扇的开启方式可分	平开门、弹簧门、推拉门、折叠门、转门、卷帘门等
按使用功能分	隔声门、防火门、防盗门、防爆门、保温门、防辐射门等

窗的分类 表 9-2

按使用材料可分	木窗、钢窗、铝合金窗、塑钢窗等
按开启方式可分	固定窗、平开窗、悬窗、立转窗、推拉窗和百叶窗等
按用途分	亮窗、落地窗、逃生窗、橱窗、防火窗、隔声窗、保温窗等
按窗扇的层数分	单层窗、双层窗

隔离层：0.4 厚聚乙烯薄膜。
防水层：4 厚 APP 改性沥青卷材。
找平层：20 厚 1∶2.5 水泥砂浆。
保温层：90 厚挤塑聚苯乙烯泡沫塑料板。
找坡层：30 厚（最薄处）LC5.0 轻骨料混凝土，2%找坡抹平。
结构层：100 厚现浇钢筋混凝土屋面板，表面清扫干净。

10. 识读下图所示女儿墙节点详图，回答下列问题。

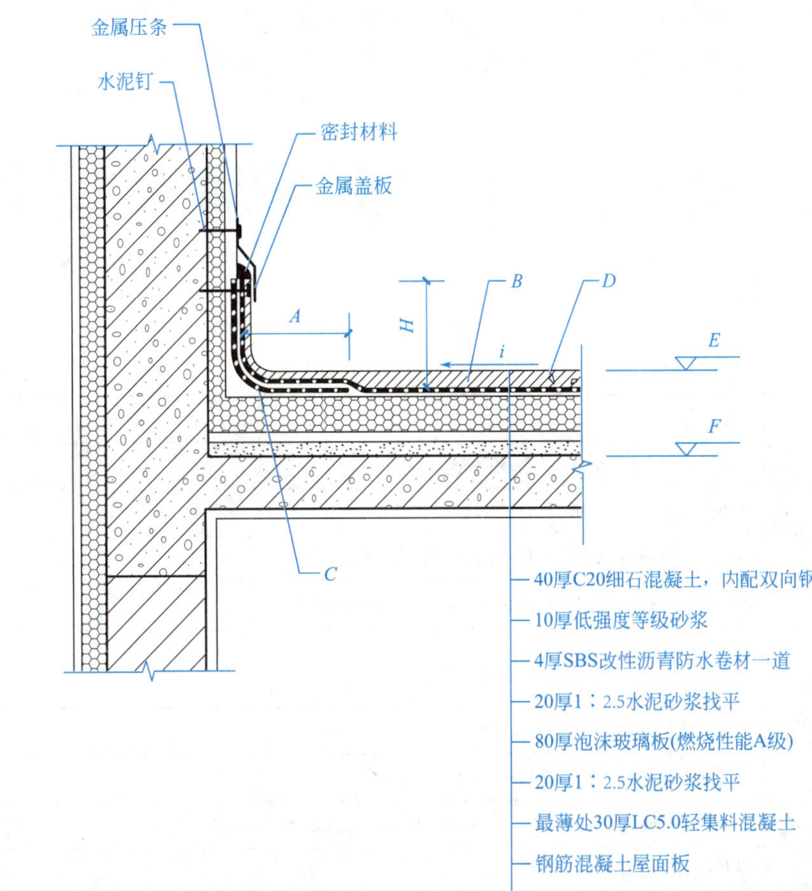

（1）图中 A 值不应小于________mm，H 值不应小于________mm。

（2）图中 B 所指处为屋面构造中的________；图中 C 所指处为屋面构造中的________，该层下面的水泥砂浆找平层需抹成______角，其目的是________________________。

（3）图中 D 所指处为屋面构造中的________。所用材料是________。

（4）图中“10 厚低强度等级砂浆”是屋面构造中的________________。

（5）图中“80 厚泡沫玻璃板”是屋面构造中的________，按其设置位置，该屋面属于____________屋面，保温层材料燃烧性能为__________。

（6）该屋面找坡材料是______________，屋面坡度 i 不应小于______。

（7）图中字母______表示屋顶的标高，为________（建筑标高或结构标高）。

四、实训题

抄绘下列女儿墙详图，图幅和比例由教师指定。

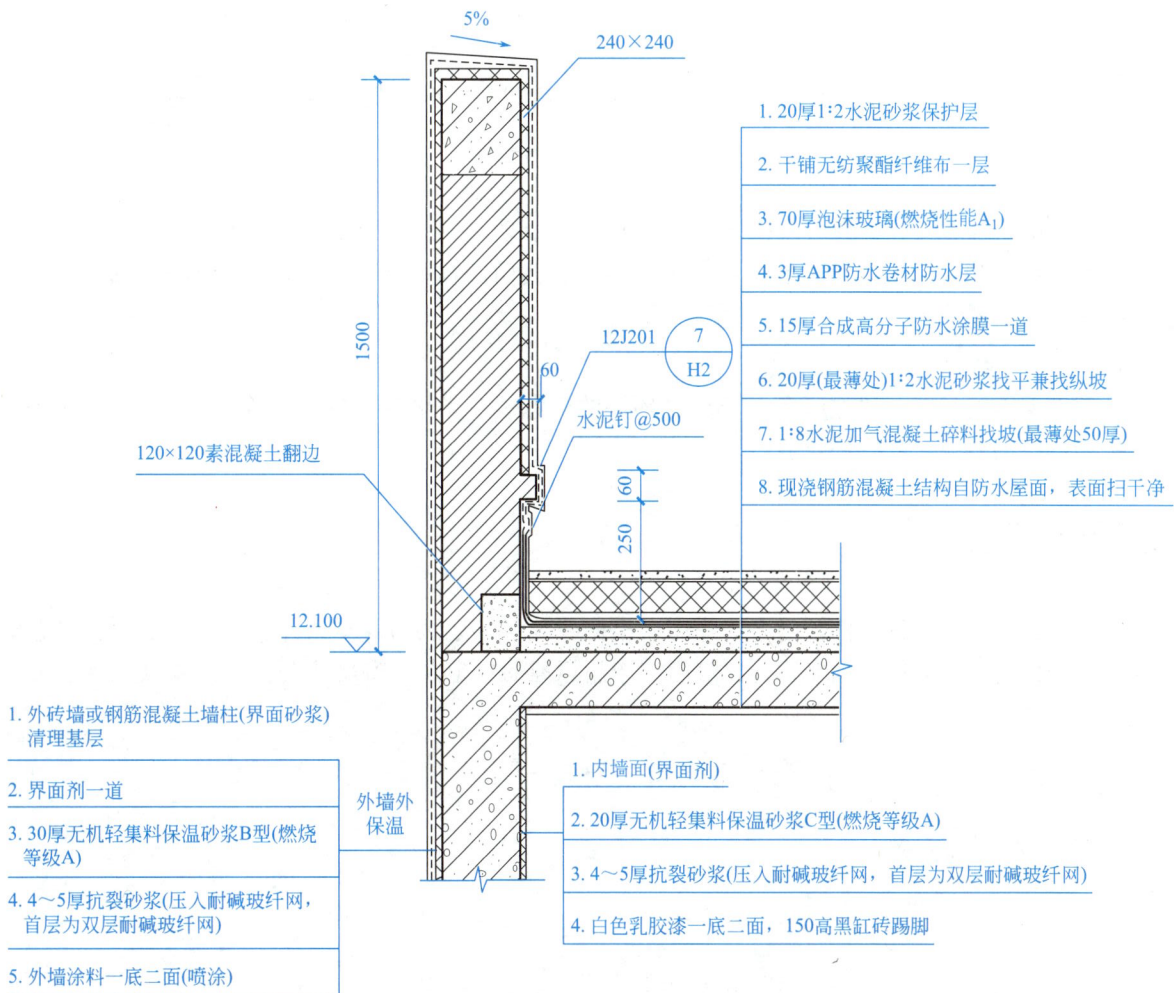

5%
240×240
1500
12J201 7/H2
60
水泥钉@500
60
250
120×120素混凝土翻边
12.100

1. 20厚1∶2水泥砂浆保护层
2. 干铺无纺聚酯纤维布一层
3. 70厚泡沫玻璃(燃烧性能A_1)
4. 3厚APP防水卷材防水层
5. 15厚合成高分子防水涂膜一道
6. 20厚(最薄处)1∶2水泥砂浆找平兼找纵坡
7. 1∶8水泥加气混凝土碎料找坡(最薄处50厚)
8. 现浇钢筋混凝土结构自防水屋面，表面扫干净

外墙外保温
1. 外砖墙或钢筋混凝土墙柱(界面砂浆)清理基层
2. 界面剂一道
3. 30厚无机轻集料保温砂浆B型(燃烧等级A)
4. 4～5厚抗裂砂浆(压入耐碱玻纤网，首层为双层耐碱玻纤网)
5. 外墙涂料一底二面(喷涂)

1. 内墙面(界面剂)
2. 20厚无机轻集料保温砂浆C型(燃烧等级A)
3. 4～5厚抗裂砂浆(压入耐碱玻纤网，首层为双层耐碱玻纤网)
4. 白色乳胶漆一底二面，150高黑缸砖踢脚

女儿墙详图 1∶5

项目九 门窗

学习基本要求

【知识目标】

熟悉门窗的作用、分类和设计要求，熟悉门窗的组成和门窗框的安装方式，掌握常见门窗的构造做法。

【能力目标】

能区分门窗性能（气密性、水密性、抗风压性等）、防火、保温要求等；能识读建筑设计说明中有关门窗的信息和门窗大样图；能运用规范、图集查找门窗构造要求和做法；能够依据制图标准，绘制和识读门窗图例。

【素质目标】

了解新型节能门窗，树立绿色、节能、环保的生态观；紧跟行业发展，养成终身学习的习惯，不断提高自己的专业素养和综合能力。

知识要点概述

门窗是建筑物的围护构件，门窗的选用应根据建筑所在地区的气候条件、节能要求、装饰造型等因素综合确定，并应符合国家现行建筑门窗产品标准的规定。门窗尺寸要符合模数以满足建筑工业化要求。

一、门窗的作用和要求

1. 门窗的主要作用

门的作用——交通联系、紧急疏散、防火兼有采光和通风等。

窗的作用——采光、通风、观察、传递以及在特殊情况下疏散等。

门窗同时都具有围护和装饰作用。

2. 门窗要求

门窗选用应根据建筑使用功能、节能要求、所在地区气候条件等因素综合确定，应满足抗风、水密、气密等性能要求，并应综合考虑安全、采光、节能、通风、防火、隔声等要求。

其中：

（1）抗风压性能——可开启部分在正常锁闭状态时，在风压作用下，外门窗变形不超过允许值且不发生损坏（如开裂、面板破损、连接破坏等）或功能障碍（如金件松动、开启困难、胶条脱落等）的能力。

（2）水密性能——外开启部分在正常锁闭状态时，在风雨同时作用下，外门窗阻止雨水渗漏的能力。

（3）气密性能——可开启部分在正常锁闭状态时，外门窗阻止空气渗透的能力。

（4）保温性能——外门窗阻止热量由室内向室外传递的能力，用传热系数表示。

（5）采光性能——外窗及其他采光系统在漫反射光照射下透过光的能力。

二、门窗分类

门窗的分类见表 9-1 和表 9-2。

门的分类　　表 9-1

按所处位置可分	内门、外门
按使用材料可分	木门、铝合金门、塑钢门、玻璃门等
按构造形式分	夹板门、镶板门、拼板门、百叶门等
按门扇的开启方式可分	平开门、弹簧门、推拉门、折叠门、转门、卷帘门等
按使用功能分	隔声门、防火门、防盗门、防爆门、保温门、防辐射门等

窗的分类　　表 9-2

按使用材料可分	木窗、钢窗、铝合金窗、塑钢窗等
按开启方式可分	固定窗、平开窗、悬窗、立转窗、推拉窗和百叶窗等
按用途分	亮窗、落地窗、逃生窗、橱窗、防火窗、隔声窗、保温窗等
按窗扇的层数分	单层窗、双层窗

三、门窗尺寸

门窗尺寸通常是指门窗洞口的宽度和高度的标志尺寸。

◆ 门的尺寸与人体平均身高、搬运物体尺寸、疏散人数及立面造型等有关，多以 3*M*、1*M* 为模数，单扇门的宽度通常为 700～1000mm，双扇门为 1200～1800mm，宽度在 2100mm 以上时，则做成三扇、四扇门或双扇带固定扇的门；门的高度通常为 2100～2400mm。

◆ 窗的尺寸根据建筑的采光、通风要求，同时综合考虑建筑的造型及模数来确定，一般以 1*M* 为模数。窗的宽度和高度优先选用尺寸有 600mm、900mm、1200mm、1500mm、1800mm、2100mm 等，亮窗高度为 300～600mm。

四、门窗设置要求

1. 门的设置要求

（1）门应开启方便、使用安全、坚固耐用。

（2）手动开启的大门扇应有制动装置，推拉门应有防脱轨的措施。

（3）非透明双向弹簧门应在可视高度部位安装透明玻璃。

（4）推拉门、旋转门、电动门、卷帘门、吊门、折叠门不应作为疏散门。

（5）全玻璃门应选用安全玻璃或采取防护措施，并应设防撞提示标志。

（6）门的开启不应跨越变形缝［图 9-1（a）］。

（7）当设有门斗时，门扇同时开启两道门的间距不应小于 0.8m，无障碍出入口的门厅、过厅如设置两道门，门扇同时开启时两道门的间距不应小于 1.5m［图 9-1（b）］。

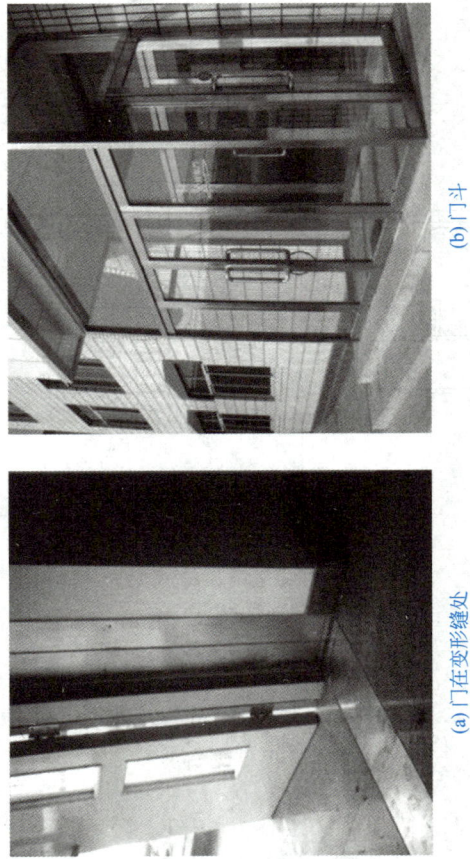

(a) 门在变形缝处 (b) 门斗

图 9-1 门的设置要求

2. 窗的选用及设置要求

（1）窗扇的开启形式应能保障使用安全，且应启闭方便，易于维修、清洗。

（2）开向公共走道的窗扇开启不应影响人员通行，其底面距走道地面的高度不应小于 2.00m。

（3）外开窗扇应采取防脱落措施。

（4）公共建筑临空外窗的窗台距楼地面净高不得低于 0.8m，否则应设置防护设施，防护设施的高度由楼地面（或可踏面）起算不应低于 0.8m［图 9-2（a）］。

（5）居住建筑临空外窗的窗台距楼地面净高不得低于 0.9m，否则应设置防护设施，防护设施的高度由楼地面（或可踏面）起算不应低于 0.9m［图 9-2（b）］。

（6）当防火墙上必须开设窗洞口时，应按《建筑设计防火规范（2018 年版）》GB 50016—2014 执行。

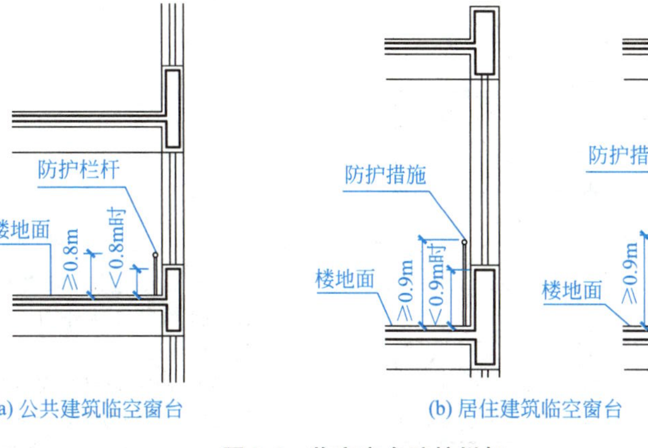

(a) 公共建筑临空窗台 (b) 居住建筑临空窗台

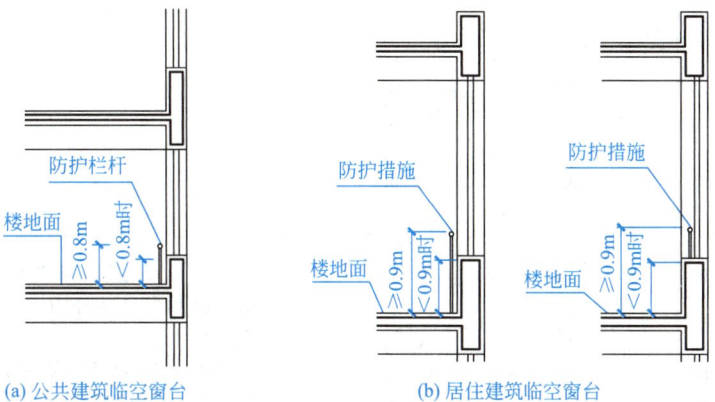

图 9-2 临空窗台防护栏杆

五、常用门窗图例

常用门窗图例见表 9-3。

常用门窗图例 表 9-3

1	单面开启单扇门（包括平开或单面弹簧）	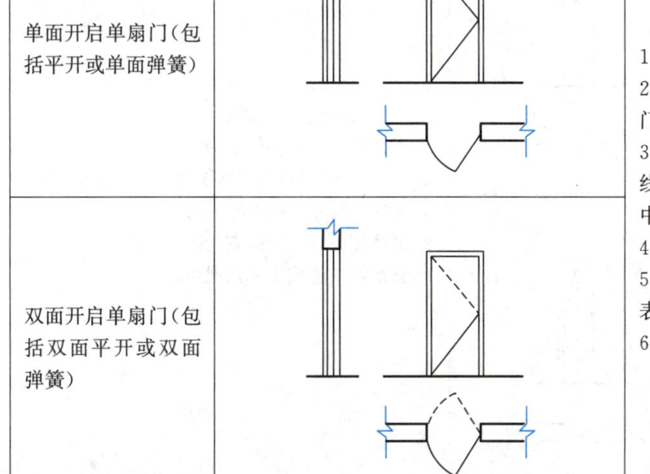	1. 门的名称代号用 M 表示。 2. 平面图中，下为外，上为内； 门开启线为 90°、60°或 45°，开启弧线宜绘出。 3. 立面图中，开启线实线为外开，虚线为内开。开启线交角的一侧为安装合页一侧。开启线在建筑立面图中可不表示，在立面大样图中可根据需要绘出。 4. 剖面图中，左为外，右为内。 5. 附加纱扇应以文字说明，在平、立、剖面图中均不表示。 6. 立面形式应按实际情况绘制
	双面开启单扇门（包括双面平开或双面弹簧）		

续表

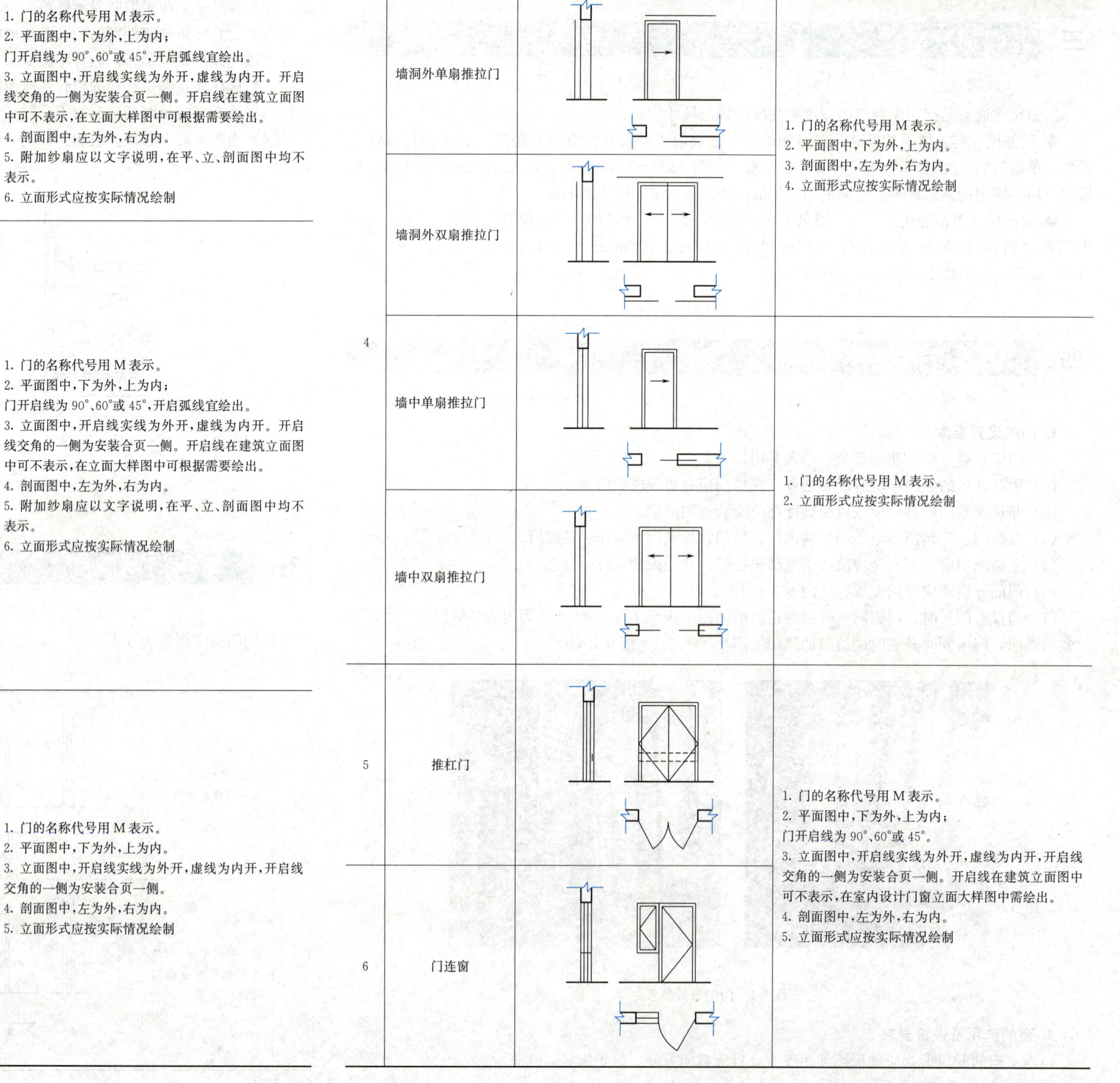

序号	名称	图例	备注
1	双层单扇平开门		1. 门的名称代号用M表示。 2. 平面图中，下为外，上为内； 门开启线为90°、60°或45°，开启弧线宜绘出。 3. 立面图中，开启线实线为外开，虚线为内开。开启线交角的一侧为安装合页一侧。开启线在建筑立面图中可不表示，在立面大样图中可根据需要绘出。 4. 剖面图中，左为外，右为内。 5. 附加纱扇应以文字说明，在平、立、剖面图中均不表示。 6. 立面形式应按实际情况绘制
2	单面开启双扇门（包括平开或单面弹簧）		1. 门的名称代号用M表示。 2. 平面图中，下为外，上为内； 门开启线为90°、60°或45°，开启弧线宜绘出。 3. 立面图中，开启线实线为外开，虚线为内开。开启线交角的一侧为安装合页一侧。开启线在建筑立面图中可不表示，在立面大样图中可根据需要绘出。 4. 剖面图中，左为外，右为内。 5. 附加纱扇应以文字说明，在平、立、剖面图中均不表示。 6. 立面形式应按实际情况绘制
	双面开启双扇门（包括双面平开或双面弹簧）		
	双层双扇平开门		
3	折叠门		1. 门的名称代号用M表示。 2. 平面图中，下为外，上为内。 3. 立面图中，开启线实线为外开，虚线为内开，开启线交角的一侧为安装合页一侧。 4. 剖面图中，左为外，右为内。 5. 立面形式应按实际情况绘制
	推拉折叠门		

续表

序号	名称	图例	备注
4	墙洞外单扇推拉门		1. 门的名称代号用M表示。 2. 平面图中，下为外，上为内。 3. 剖面图中，左为外，右为内。 4. 立面形式应按实际情况绘制
	墙洞外双扇推拉门		
	墙中单扇推拉门		1. 门的名称代号用M表示。 2. 立面形式应按实际情况绘制
	墙中双扇推拉门		
5	推杠门		1. 门的名称代号用M表示。 2. 平面图中，下为外，上为内； 门开启线为90°、60°或45°。 3. 立面图中，开启线实线为外开，虚线为内开，开启线交角的一侧为安装合页一侧。开启线在建筑立面图中可不表示，在室内设计门窗立面大样图中需绘出。 4. 剖面图中，左为外，右为内。 5. 立面形式应按实际情况绘制
6	门连窗		

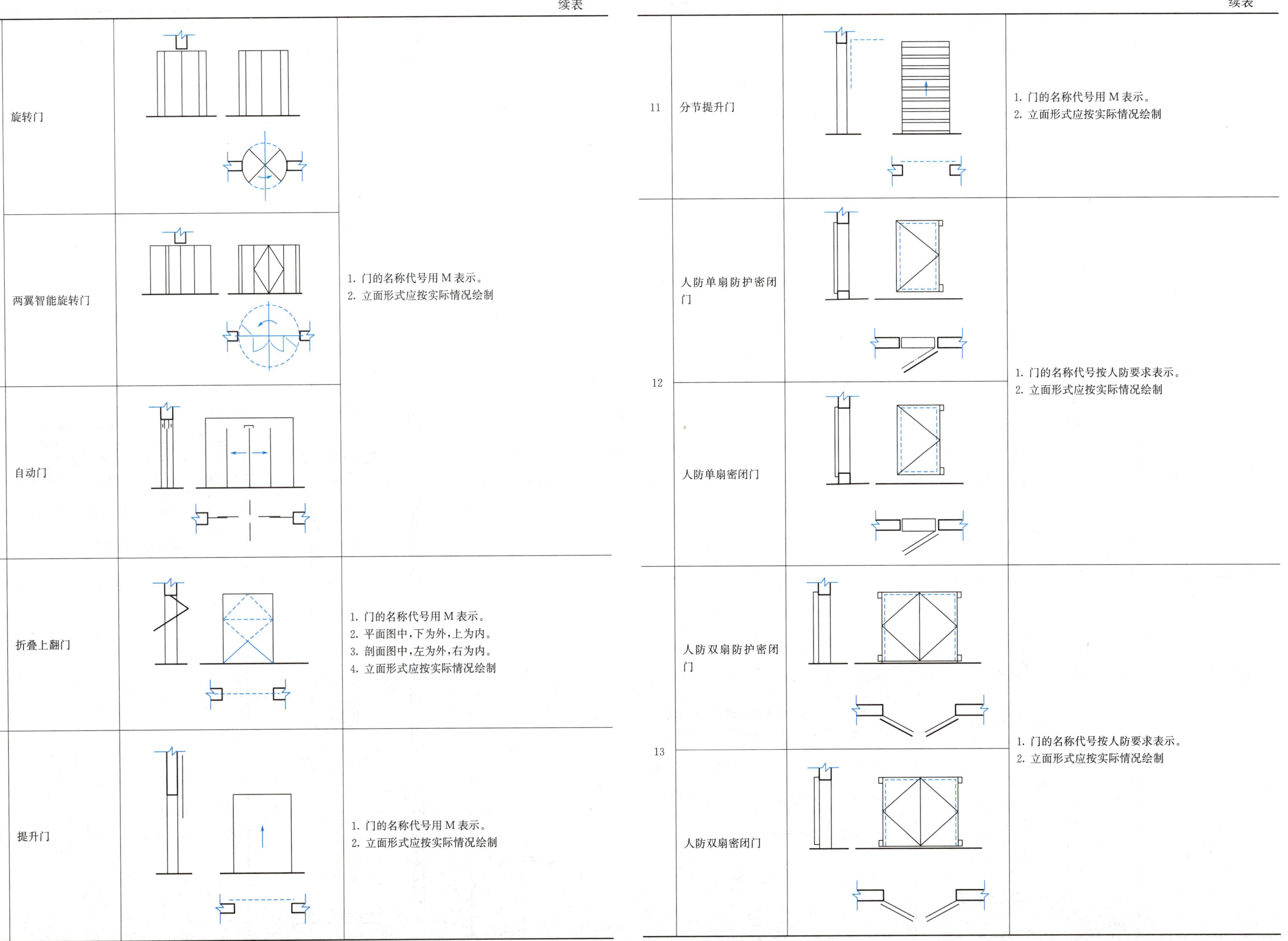

序号	名称	图例	说明
7	旋转门		1. 门的名称代号用 M 表示。 2. 立面形式应按实际情况绘制
	两翼智能旋转门		
8	自动门		
9	折叠上翻门		1. 门的名称代号用 M 表示。 2. 平面图中，下为外，上为内。 3. 剖面图中，左为外，右为内。 4. 立面形式应按实际情况绘制
10	提升门		1. 门的名称代号用 M 表示。 2. 立面形式应按实际情况绘制

序号	名称	图例	说明
11	分节提升门		1. 门的名称代号用 M 表示。 2. 立面形式应按实际情况绘制
12	人防单扇防护密闭门		1. 门的名称代号按人防要求表示。 2. 立面形式应按实际情况绘制
	人防单扇密闭门		
13	人防双扇防护密闭门		1. 门的名称代号按人防要求表示。 2. 立面形式应按实际情况绘制
	人防双扇密闭门		

续表

序号	名称	图例	备注
14	横向卷帘门	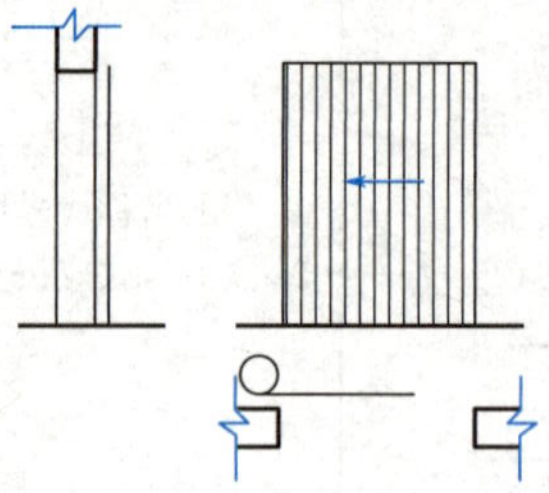	
	竖向卷帘门	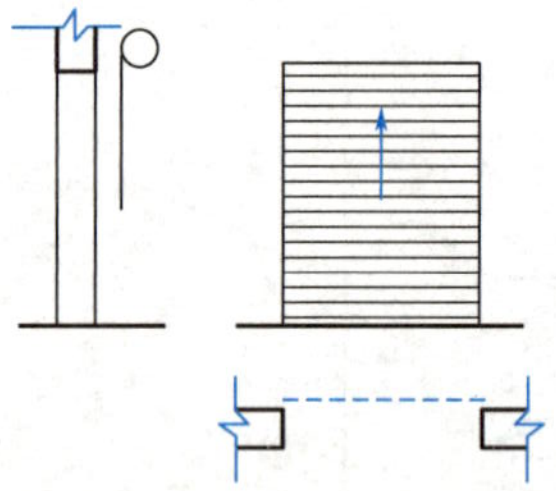	
	双侧单层卷帘门	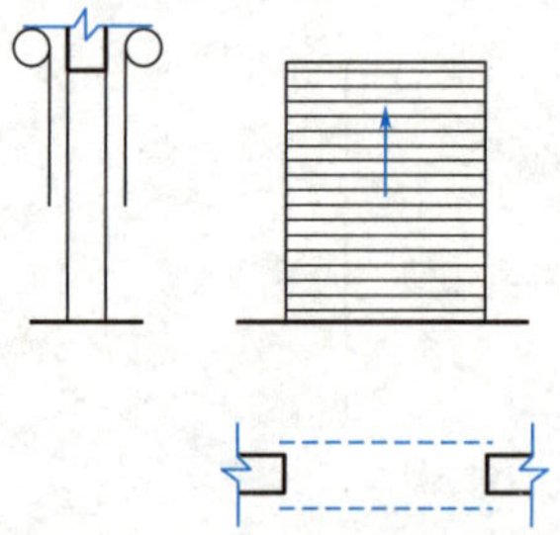	
15	固定窗	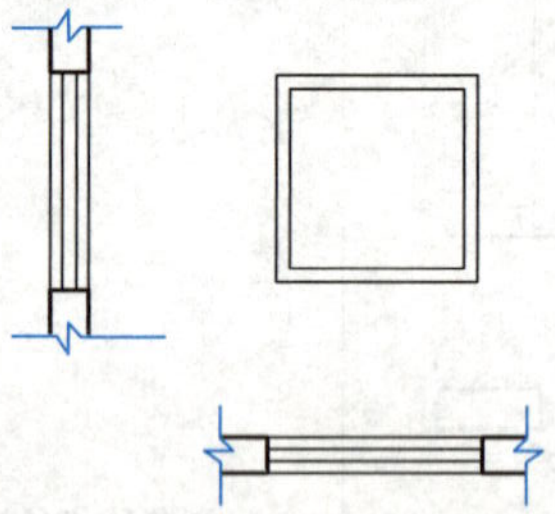	1. 窗的名称代号用C表示。 2. 平面图中，下为外，上为内。 3. 立面图中，开启线实线为外开，虚线为内开，开启线交角的一侧为安装合页一侧。开启线在建筑立面图中可不表示，在门窗立面大样图中需绘出。 4. 剖面图中，左为外、右为内。虚线仅表示开启方向，项目设计不表示。 5. 附加纱窗应以文字说明，在平、立、剖面图中均不表示。 6. 立面形式应按实际情况绘制
16	上悬窗	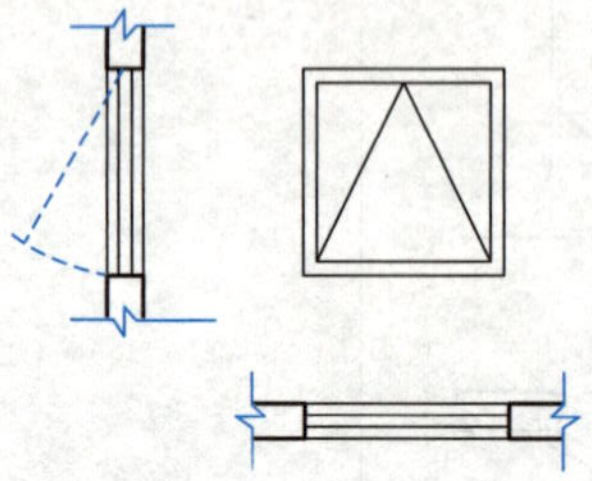	

续表

序号	名称	图例	备注
16	中悬窗	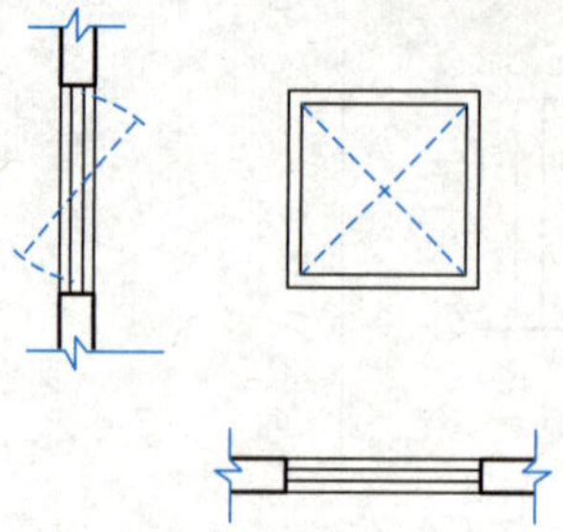	1. 窗的名称代号用C表示。 2. 平面图中，下为外，上为内。 3. 立面图中，开启线实线为外开，虚线为内开，开启线交角的一侧为安装合页一侧。开启线在建筑立面图中可不表示，在门窗立面大样图中需绘出。 4. 剖面图中，左为外、右为内。虚线仅表示开启方向，项目设计不表示。 5. 附加纱窗应以文字说明，在平、立、剖面图中均不表示。 6. 立面形式应按实际情况绘制
17	下悬窗	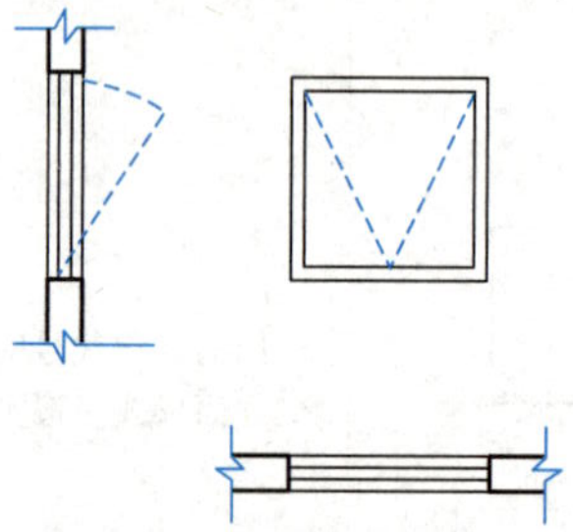	
18	立转窗	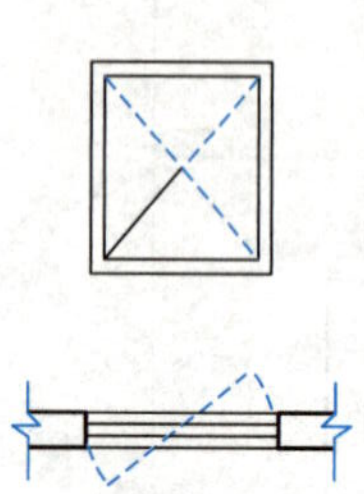	
19	内开平开内倾窗	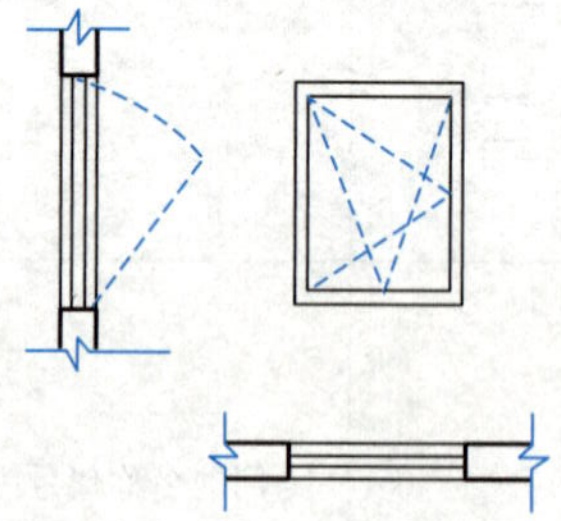	
20	单层外开平开窗	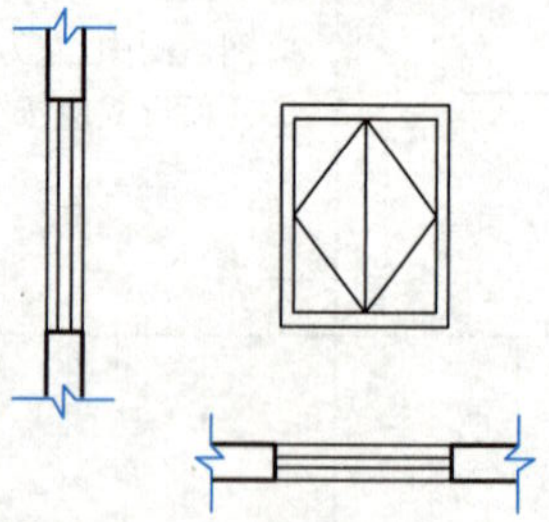	
	单层内开平开窗	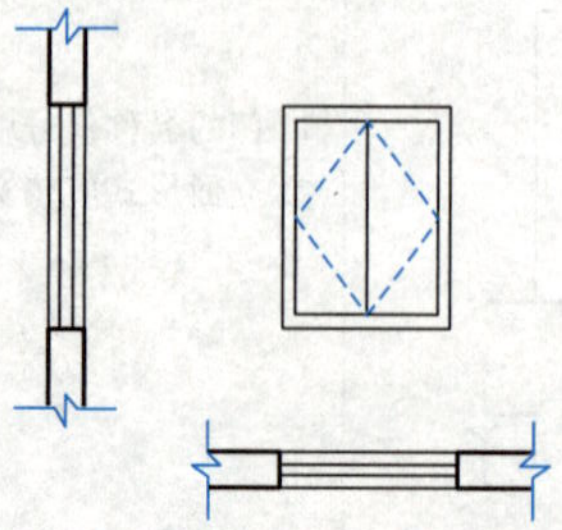	

续表

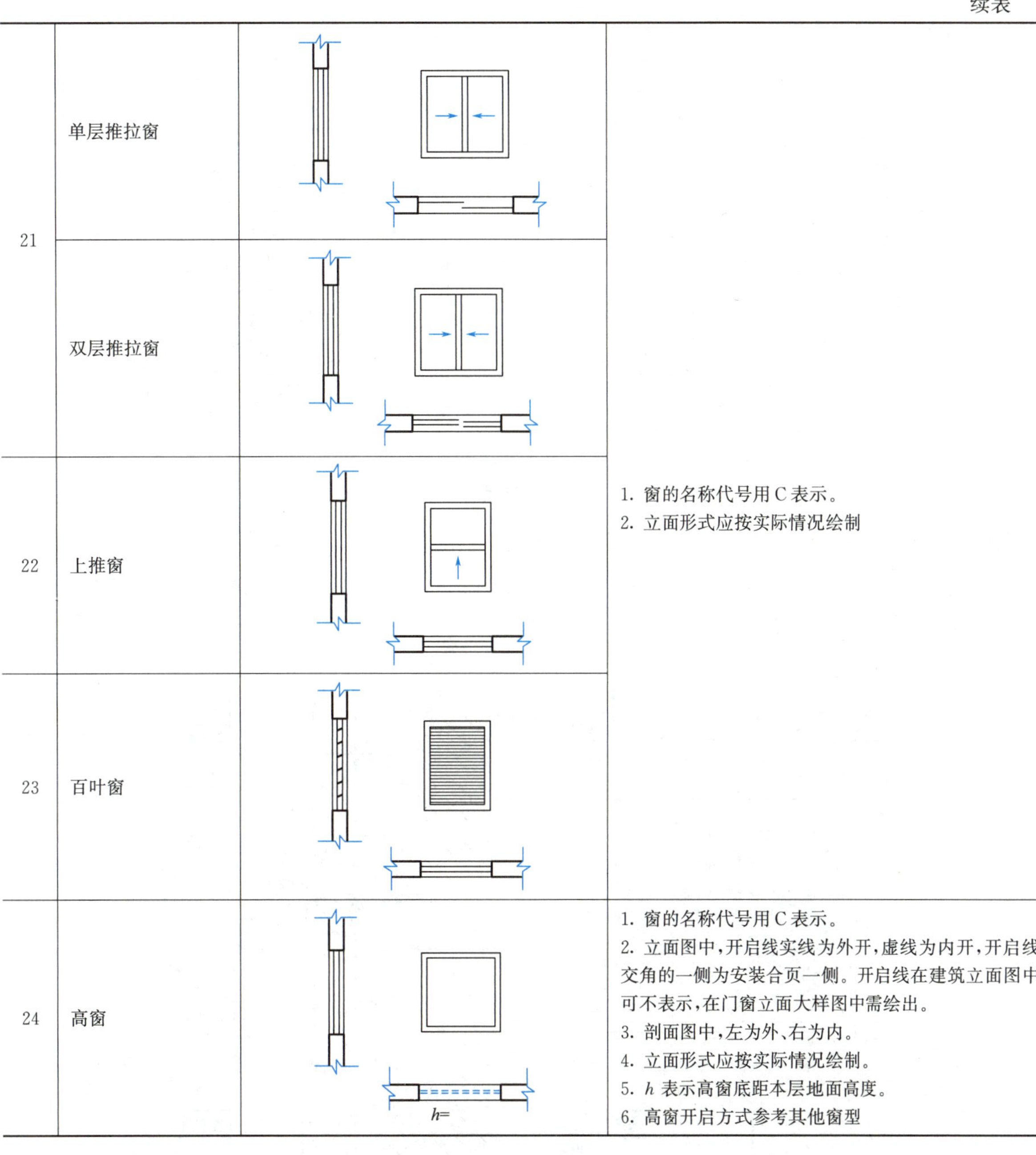

21	单层推拉窗		
	双层推拉窗		
22	上推窗		1. 窗的名称代号用C表示。 2. 立面形式应按实际情况绘制
23	百叶窗		
24	高窗	h=	1. 窗的名称代号用C表示。 2. 立面图中，开启线实线为外开，虚线为内开，开启线交角的一侧为安装合页一侧。开启线在建筑立面图中可不表示，在门窗立面大样图中需绘出。 3. 剖面图中，左为外、右为内。 4. 立面形式应按实际情况绘制。 5. h 表示高窗底距本层地面高度。 6. 高窗开启方式参考其他窗型

六、门窗的组成和安装方式

1. 门窗组成

门一般由门框、门扇、五金零件及附件（如筒子板、贴脸）组成，窗主要由窗框、窗扇（图 9-3）及五金零件组成，其中五金零件一般包括如铰链、合页、门锁、插销、闭门器、把手、门碰等。

2. 门窗框安装方式

门窗框与墙体的位置关系分为居中、内平和外平三种。

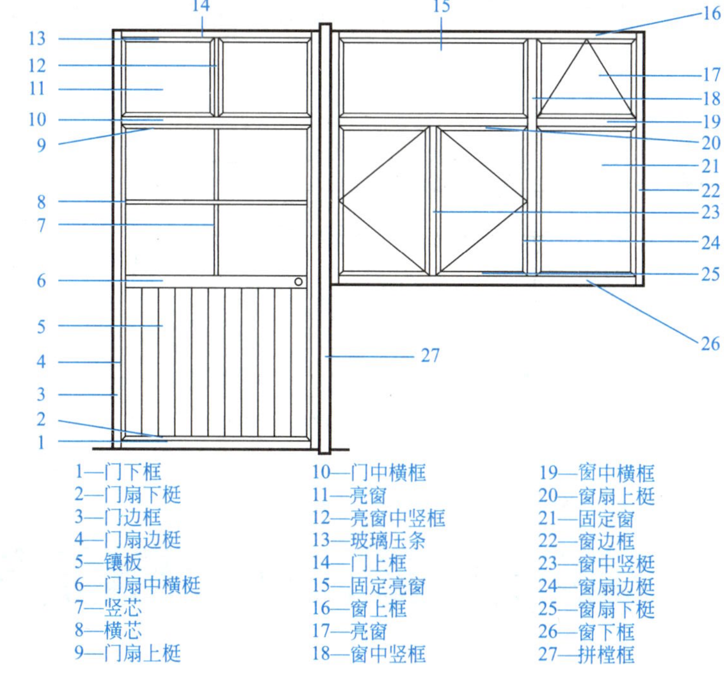

图 9-3　门窗的组成示意

门窗框根据施工方式可分为立口和塞口两种方式。立口是施工时先将门窗框装好后砌墙（基本不用）。塞口是在砌墙时先留出门窗洞，然后再安装门窗框（图 9-4），安装时应根据墙体饰面层材料厚度，预留安装间隙（表 9-4）。填缝材料可采用聚氨酯发泡胶填塞饱满。对于保温、隔声要求高的工程，应采用相应的隔热、隔声材料填塞后，撤掉临时固定用木楔或垫块，其空隙也应用弹性闭孔材料填塞。表面用密封胶密封。

图 9-4　门窗框塞口法示意

门窗边框和上框与洞口的间隙　　表 9-4

墙体饰面材料	洞口与门窗框间隙(mm)
清水墙	10
墙体外饰面抹水泥砂浆或贴马赛克	15～20
墙体外饰面贴釉面瓷砖	20～25
墙体外饰面贴大理石或花岗岩板	40～50
外保温墙体	保温层厚度+10

注：以饰面层厚度能盖过缝隙 5～10mm 为宜，但又不要压盖框料过多。

门窗框与墙体之间可采用预埋件焊接、燕尾铁脚连接、膨胀螺栓连接和射钉连接，如图 9-5 所示。

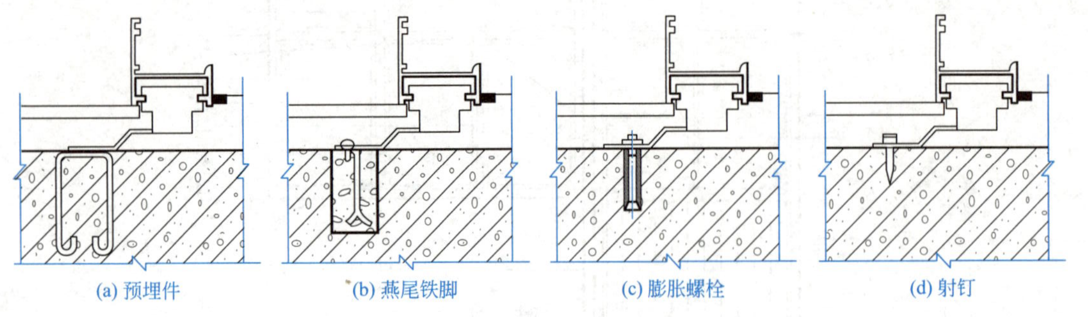

图 9-5　门窗框与墙体的连接

七、不同类型和材质门窗的构造组成及做法

1. 木门

（1）镶板门由上、中、下冒头和门梃组成骨架，中间镶嵌门芯板。门芯板可采用厚度为 15mm 的木板拼接而成，也可采用胶合板、硬质纤维板或玻璃等，门芯板之间的拼接方式有高低缝和企口缝等，可用于内门和外门。镶板门立面如图 9-6 所示。

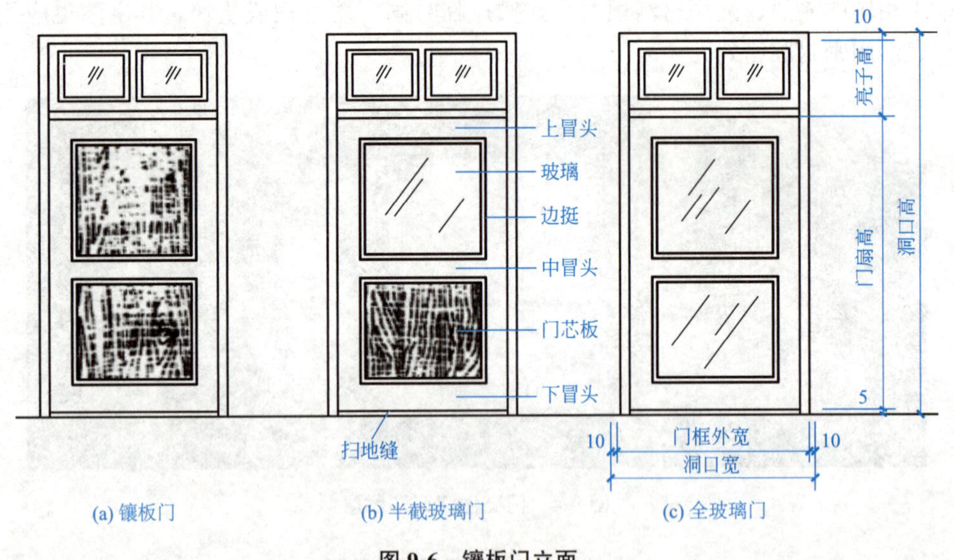

图 9-6　镶板门立面

（2）夹板门是用小截面的木条组成骨架，在骨架的两面铺钉胶合板或纤维板等。这种门轻便、光洁、制作简单，造价低廉，不需大截面木料，多用于内门，如图 9-7 所示。

2. 塑钢门窗

材料：以改性硬质聚氯乙烯为原料，经挤出机挤出成型为各种断面的多腔中空型材，在其空腔内填入特制型钢（加强筋），用热熔焊接制成。

规格：以门窗框料厚度的构造尺寸命名，有 60、65、70、75、80、88、90 等系列。

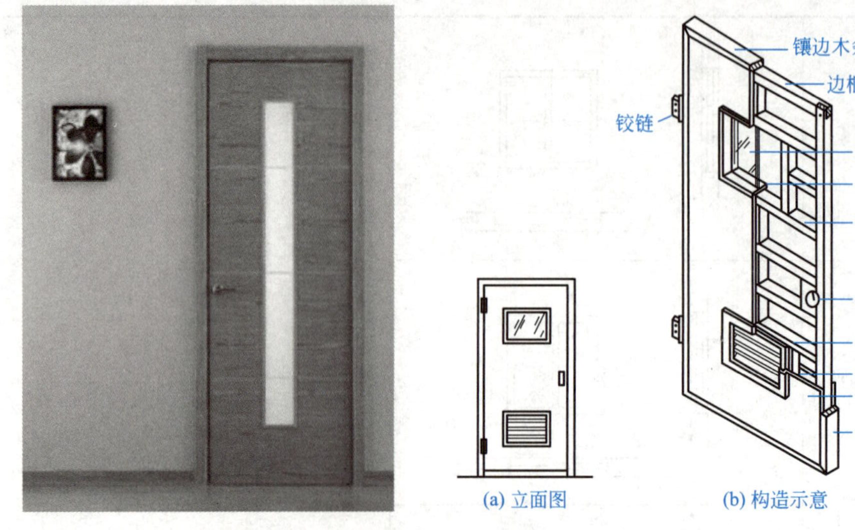

图 9-7　夹板门

特点：导热系数低，耐腐蚀性强，气密性、水密性、隔声性好等。

要求：采用塞口干法进行安装，窗固定点示意如图 9-8（a）所示，与墙体之间其他连接构造如图 9-8（b）、图 9-8（c）、图 9-8（d）所示。

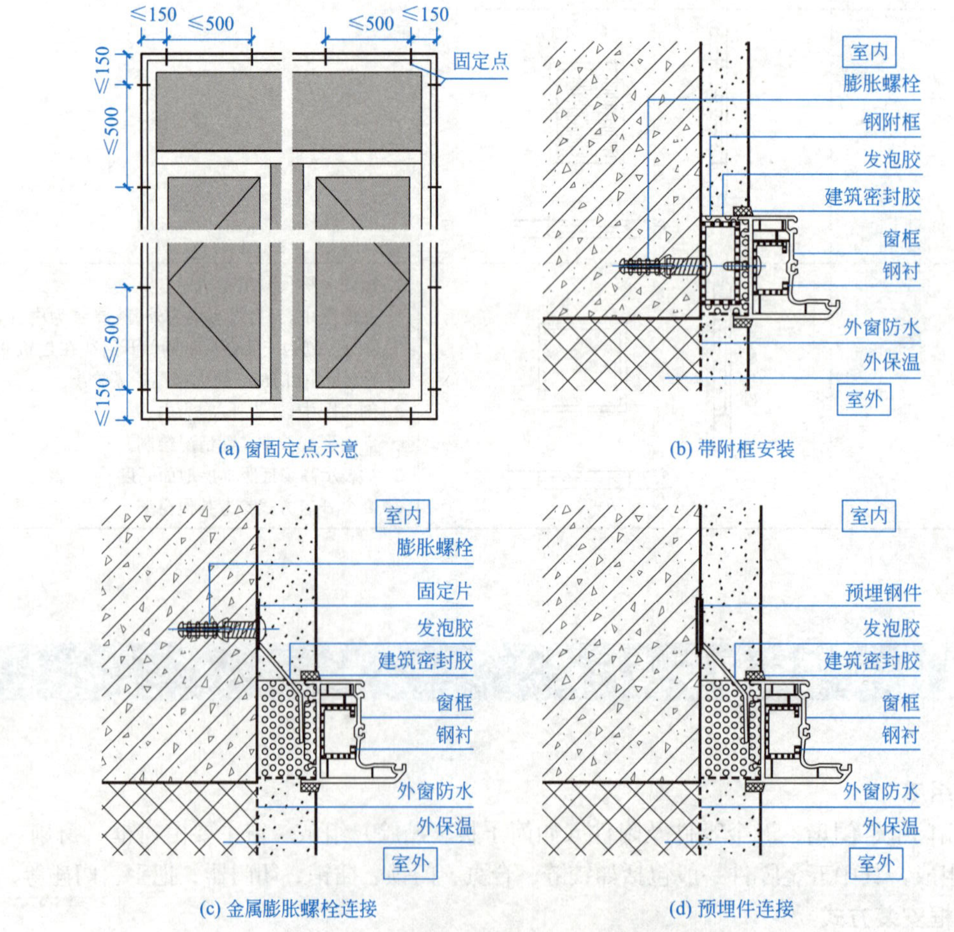

图 9-8　塑钢门窗框与墙体的连接构造

3. 铝合金门窗

材料：在铝中加入镁、锰、铜、锌、硅等元素形成的合金材料。

特点：自重小、强度高、密封性好、耐久性好、造型美观、色彩丰富，但导热系数大。

断桥铝合金：由外部铝合金框、内部铝合金框和中间隔热材料组成，能形成冬天暖流不向外流失热量，夏天外部热量不流向内部的屏障，克服铝合金固有的高热导率，断桥铝合金与中空玻璃及密封材料相结合，可作为具有良好保温隔热性能的节能门窗。

铝合金门窗安装与塑钢门窗安装基本一致。

4. 凸窗

凸窗也称飘窗，它是凸出外墙的窗，可以增加室内使用空间和美化建筑外观。凸出的尺寸一般为 350～400mm。凸窗窗台应设置防护措施，其目的是防止玻璃被冲击后导致人员高空坠落，当凸窗窗台高度低于或等于 0.45m 时，其防护高度从窗台面起算不应低于 0.9m；当凸窗窗台高度高于 0.45m 时，其防护高度从窗台面起算不应低于 0.6m。防护措施可以采用设置防护栏杆或采用带水平窗框加夹层玻璃的做法，如图 9-9 所示。

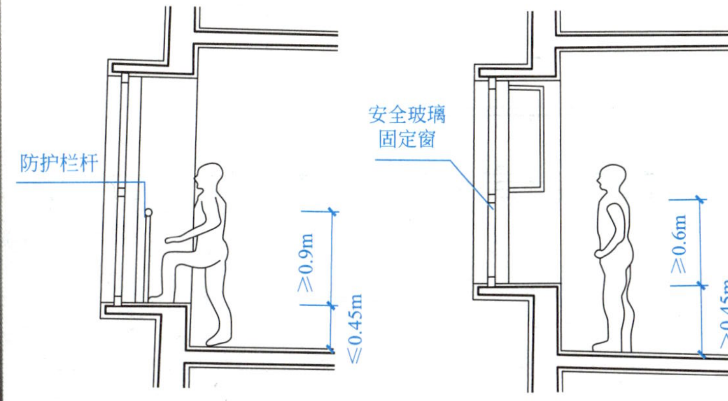

图 9-9　凸窗窗台防护措施

5. 门窗玻璃

（1）安全玻璃

安全玻璃包括钢化玻璃、安全夹层玻璃及其复合制品。钢化玻璃是经热处理之后的玻璃，特点是在玻璃表面形成压应力层，使机械强度和耐热冲击能力得到提高，并具有特殊的碎片状态。夹层玻璃是由两片或多片玻璃之间夹一层或多层有机聚合物中间膜，经过特殊的工艺处理后，使玻璃和中间膜粘合为一体的复合玻璃产品。

门窗工程使用安全玻璃的情况包括：

◆ 面积大于 1.5m^2 的窗玻璃或玻璃底边离最终装修面小于 500mm 的落地窗；

◆ 7 层及 7 层以上建筑外开窗；倾斜装配窗和天窗；

◆ 双面弹簧门的可视高度部分；

◆ 公共建筑的出入口、门厅等部位，且门玻璃应在视线高度设置明显的警示标志。

（2）节能玻璃

节能玻璃是指具有保温和隔热性能的玻璃。常见的节能玻璃种类有低辐射玻璃、中空玻璃（空腔可填充空气或惰性气体）、真空玻璃、热反射玻璃等。

理论实践自测

一、填空题

1. 门一般是由________、________、________、________等部分组成。连接门扇与墙体的部分为________。

2. 门的五金零件一般包括________、________、________、________等。门附件包括________、________等。

3. 镶板门由________和________组成。夹板门门扇是由________和________组成。

4. 窗一般由________、________、________等部分组成。

5. 一般门的尺寸以________、________为模数，门的高度一般取________mm。窗的尺寸一般以________为模数。

6. 门洞上方的窗称为________，高度一般为________mm。

7. 当设有门斗时，门扇同时开启两道门的间距不应小于________m，无障碍出入口的门厅、过厅如设置两道门，门扇同时开启时两道门的间距不应小于________m。

8. 建筑外开窗应采取________措施。公共走道的窗扇开启时不得影响人员通行，其底面距走道地面高度不应低于________m。

9. 全玻璃门应选用________或采取防护措施，并应设防撞提示标志。

10. 门窗框的安装方式有________和________两种。目前最为常用的安装方法是________。

11. 门窗框与墙洞口的位置有________、________、________三种。

12. 采用塞口安装门窗框时，框与洞口间隙通常用________材料填充。

二、单选题

1. 门窗是房屋的重要组成部分，均属于建筑的（　　）。

A. 围护结构　　B. 围护配件　　C. 承重结构　　D. 承重构件

2. 以下说法中正确的是（　　）。

A. 推拉门是建筑中最常见、使用最广泛的门

B. 转门可向两个方向旋转，故可作为疏散门

C. 平开门是建筑中最常见、使用最广泛的门

D. 转门可作为寒冷地区公共建筑的外门，也可作为疏散门

3. 只可采光不可通风的窗是（　　）。

A. 固定窗　　B. 悬窗　　C. 立转窗　　D. 百叶窗

4. 下列（　　）开启时不占用室内空间。

A. 悬窗　　B. 立转窗　　C. 推拉窗　　D. 平开窗

5. （　　）的功能是避光通风。

A. 固定窗　　B. 悬窗　　C. 立转窗　　D. 百叶窗

6. 民用建筑中应用最广泛的窗是（　　）。

A. 固定窗　　B. 上悬窗　　C. 立转窗　　D. 平开窗

7. 下列门中不宜用于幼儿园的门是（　　）。

A. 平开门　　B. 折叠门　　C. 推拉门　　D. 弹簧门

8. 门窗尺寸通常是指（　　）的宽度和高度尺寸。

A. 门窗框　　B. 门窗扇　　C. 门窗洞口　　D. 视情况而定

9. 下列（　　）不宜作为门洞口宽度尺寸。

A. 600mm　　B. 700mm　　C. 800mm　　D. 900mm

10. 下列（　　）不宜作为窗洞口宽度尺寸。

A. 600mm　　B. 850mm　　C. 900mm　　D. 1200mm

11. 采用塞口法施工时，预留洞口比门窗框外包尺寸至少大（　　）mm。

A. 10　　B. 20　　C. 25　　D. 30

12. 有关铝合金窗描述不正确的是（　　）。

A. 自重小、强度高　　B. 导热系数小，保温性能好

C. 门窗框采用塞口法安装　　D. 造型美观、色彩丰富

13. 在门窗玻璃安装工程中，单块玻璃大于（　　）时应使用安全玻璃。

A. $1.0m^2$　　B. $1.5m^2$　　C. $2.0m^2$　　D. $3.0m^2$

14. 下列有关门窗保温与节能描述正确的是（　　）。

A. 由于飘窗可以增加建筑立面效果，所以应大力发展飘窗

B. 中空玻璃空腔内是空气

C. 采用密封和密闭措施可以减少冷风渗透

D. 采用小窗扇和单块面积小的玻璃可以减少门窗缝隙

15. 公共建筑临空外窗的窗台距楼地面净高不得低于（　　）m，否则应设置防护设施，防护设施的高度由地面起算不应低于（　　）m。

A. 0.8，0.9　　B. 0.8，0.8　　C. 0.9，0.9　　D. 0.9，0.8

16. 居住建筑临空外窗的窗台距楼地面净高不得低于（　　）m，否则应设置防护设施，防护设施的高度由地面起算不应低于（　　）m。

A. 0.8，0.9　　B. 0.8，0.8　　C. 0.9，0.9　　D. 0.9，0.8

三、综合题

1. 简述门窗的作用和设计要求。

2. 指出下图中门窗的开启方式。

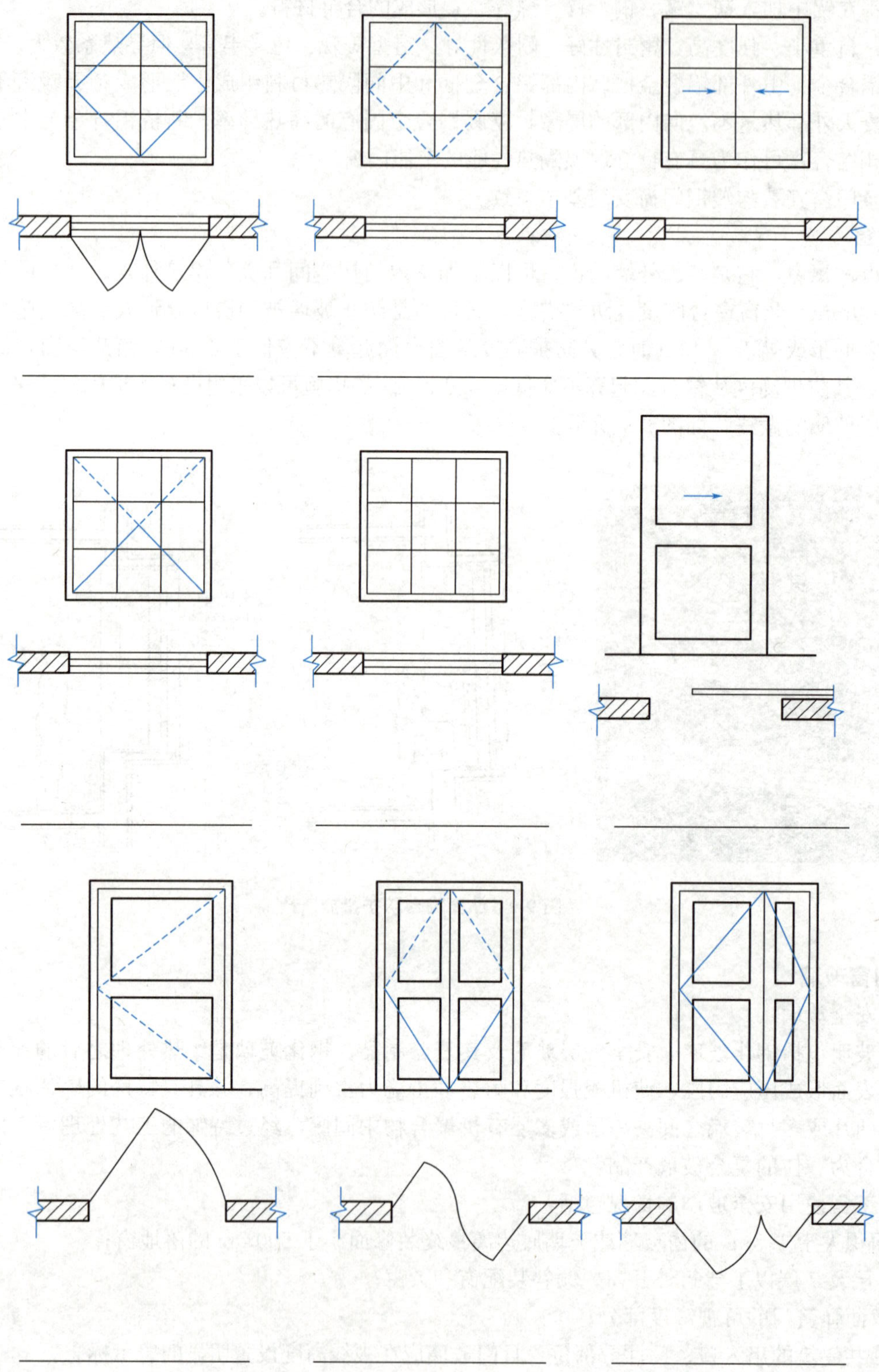

3. 根据下图木门框安装示意图，在下图木门框构造详图中填写相应部位的构造名称。

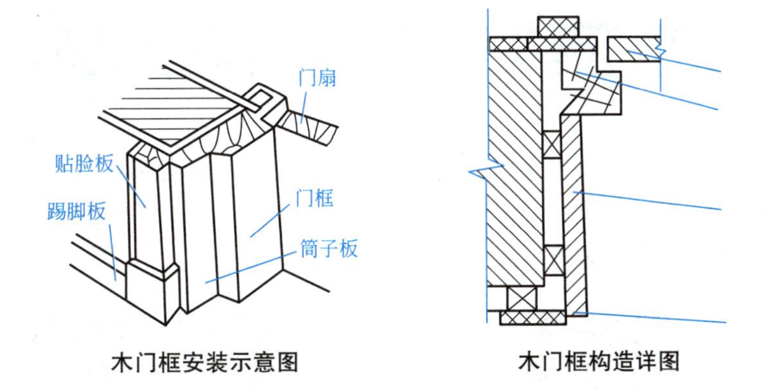

木门框安装示意图　　木门框构造详图

4. 在下图中指明窗框与墙体的连接方法。

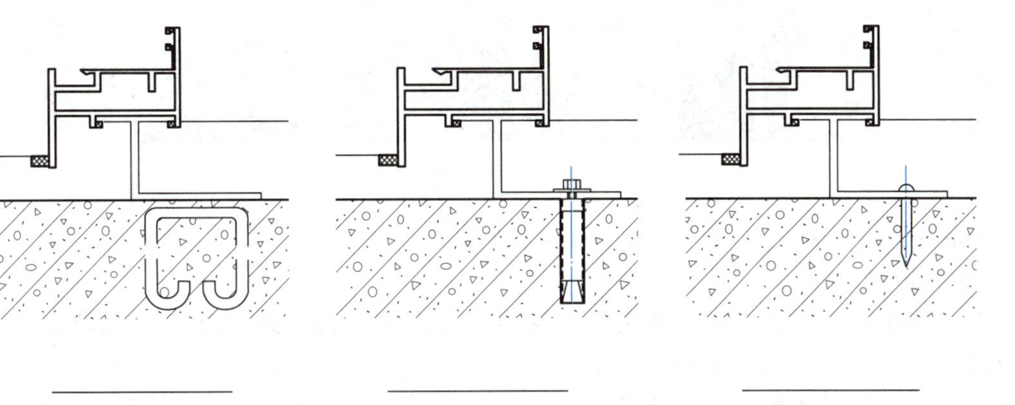

________　　________　　________

5. 注写下图中塑钢门窗指明部位的名称（包括膨胀螺栓、聚乙烯圆棒、自攻螺栓、塑钢门窗、框、建筑密封膏）。

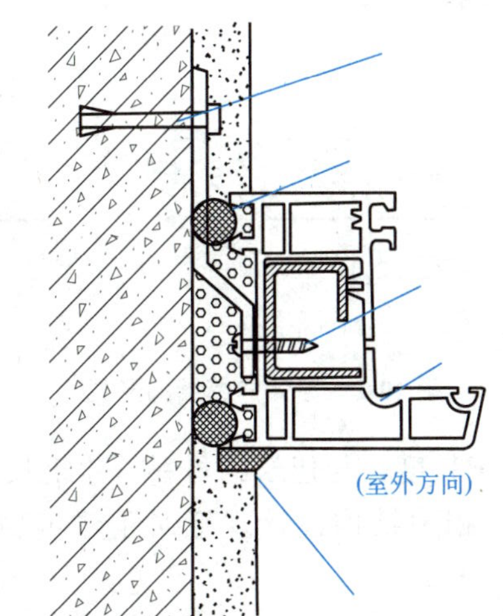

6. 门窗通常在什么情况下要使用安全玻璃？

7. 在下图中标出凸窗窗台防护设施的高度要求。

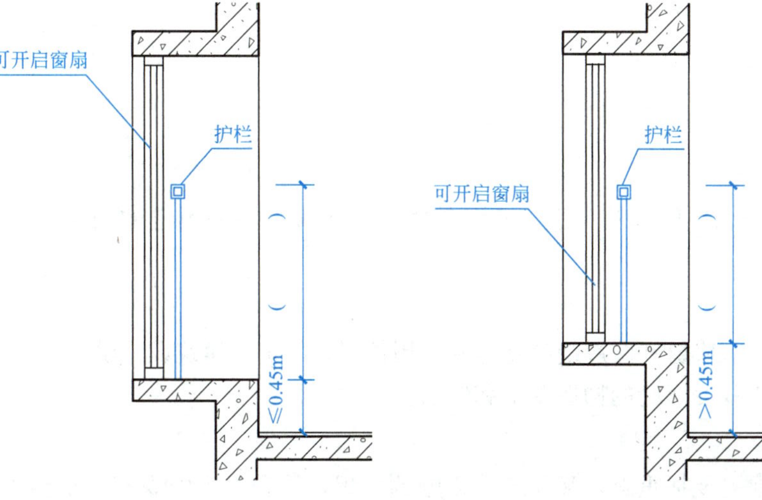

四、实训题

识读并抄绘本教材别墅建筑施工图门窗表，同时指出各种门窗在平面图上的具体位置。

项目十 变形缝

学习基本要求

【知识目标】

熟悉变形缝的概念、作用及类型，熟悉伸缩缝、沉降缝和防震缝的设置条件，掌握变形缝的构造。

【能力目标】

能判定伸缩缝、沉降缝和防震缝的特点和应用情况；能识读建筑设计说明中有关变形缝的信息；能运用规范、图集查找变形缝的构造要求和做法。

【素质目标】

培养学生看问题既要抓重点，又要统筹兼顾的意识，提升学生的观察分析能力，培养学生的工匠精神和社会责任感。

知识要点概述

建筑物在外界因素作用下常发生变形，导致开裂甚至破坏，影响其正常使用和安全。通常解决的办法有两种：一是加强建筑物的整体性，避免产生不良影响；二是预先在易变形敏感部位断开，形成变形缝。

一、变形缝的作用、类型和设置要求

建筑变形缝指建筑物由于气温变化、地基不均匀沉降、地震等外界因素作用下产生的变形而预留的构造缝（图 10-1）。在建筑物变形敏感的部位，将其分成若干独立部分，以保证各部分在不利影响作用下有足够的变形空间而不会造成建筑物开裂、碰撞甚至破坏，满足其正常使用与安全。

图 10-1　建筑变形缝

变形缝通常有伸缩缝、沉降缝和防震缝三种类型。

1. 伸缩缝（温度缝）

含义：为防止建筑构件因温度变化而产生热胀冷缩，使房屋出现裂缝，甚至破坏，沿建筑长度方向每隔一定距离设置的垂直缝隙。

断开部位：将建筑的墙体、楼板层、屋顶等地坪以上部分全部断开，基础部分因受温度变化影响较小，不需断开。

缝宽要求：一般为 20～30mm，以保证缝两侧建筑构件能在水平方向自由伸缩。墙体处伸缩缝可做成平口缝、企口缝和错口缝，如图 10-2 所示。

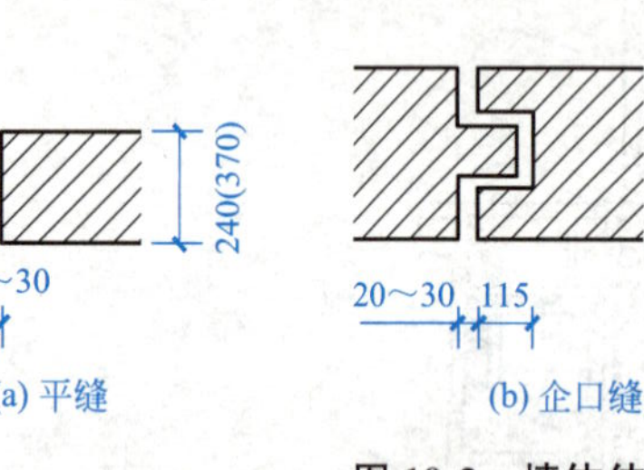

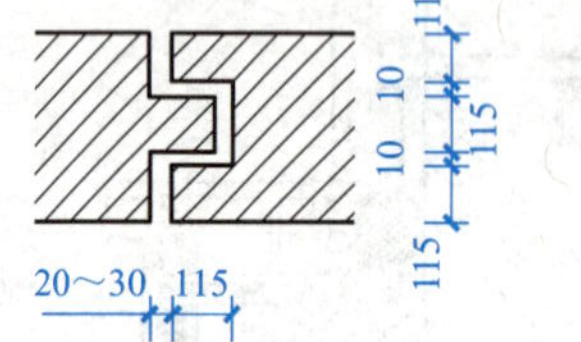

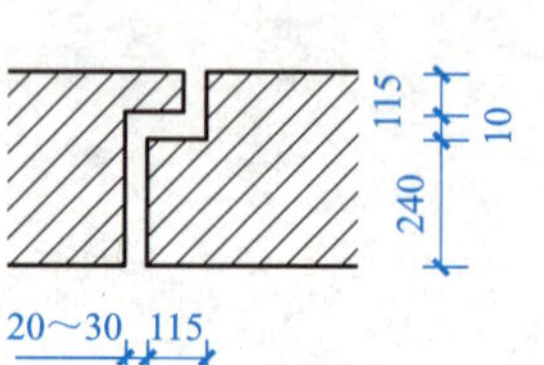

图 10-2　墙体伸缩缝的形式

设置间距：即建筑物的允许连续长度，与建筑的材料、建筑长度、结构类型、使用情况、施工条件及当地温度变化情况等有关。相关结构设计规范对于建筑物伸缩缝的设置间距有明确规定（表 10-1 和表 10-2）。

砌体房屋伸缩缝的最大间距　　**表 10-1**

屋盖或楼盖类别		伸缩缝最大间距（m）
整体式或装配整体式钢筋混凝土结构	有保温层或隔热层的屋盖、楼盖	50
	无保温层或隔热层的屋盖	40

续表

屋盖或楼盖类别		伸缩缝最大间距(m)
装配式无檩体系钢筋混凝土结构	有保温层或隔热层的屋盖、楼盖	60
	无保温层或隔热层的屋盖	50
装配式有檩体系钢筋混凝土结构	有保温层或隔热层的屋盖	75
	无保温层或隔热层的屋盖	60
瓦材屋盖、木屋盖或楼盖、轻钢屋盖		100

钢筋混凝土结构伸缩缝的最大间距　　表 10-2

结构类别		伸缩缝最大间距(m)	
		室内或土中	露天
排架结构	装配式	100	70
框架结构	装配式	75	50
	现浇式	55	35
剪力墙结构	装配式	65	40
	现浇式	45	30
挡土墙、地下室墙壁等类结构	装配式	40	30
	现浇式	30	20

2. 沉降缝

含义：为防止建筑各部分由于地基不均匀沉降引起的破坏而设置的垂直缝隙。

断开部位：应将建筑的基础、墙体、楼板层及屋顶全部断开，使缝隙两侧形成垂直方向自由沉降的独立单元。

设置条件：建筑平面的转折处、高度差异或荷载差异处、长高比过大的砌体承重结构或钢筋混凝土框架结构的适当部位、地基土的压缩性有显著差异处、建筑结构或基础类型不同处、分期建造房屋的分界处。

缝宽要求：与地基的性质和建筑的高度有关，地基越软弱、建筑的高度越大，沉降缝的宽度也越大，详见表 10-3。

沉降缝的宽度　　表 10-3

地基性质	房屋高度	沉降缝宽度(mm)
一般地基	<5m	30
	5～10m	50
	10～15m	70
软弱地基	2～3 层	50～80
	4～5 层	80～120
	5 层以上	>120
湿陷性黄土地基		≥30～70

沉降缝基础处理：常见的基础处理方案有偏心基础（图 10-3）、悬挑基础（图 10-4）和交叉基础（图 10-5）。

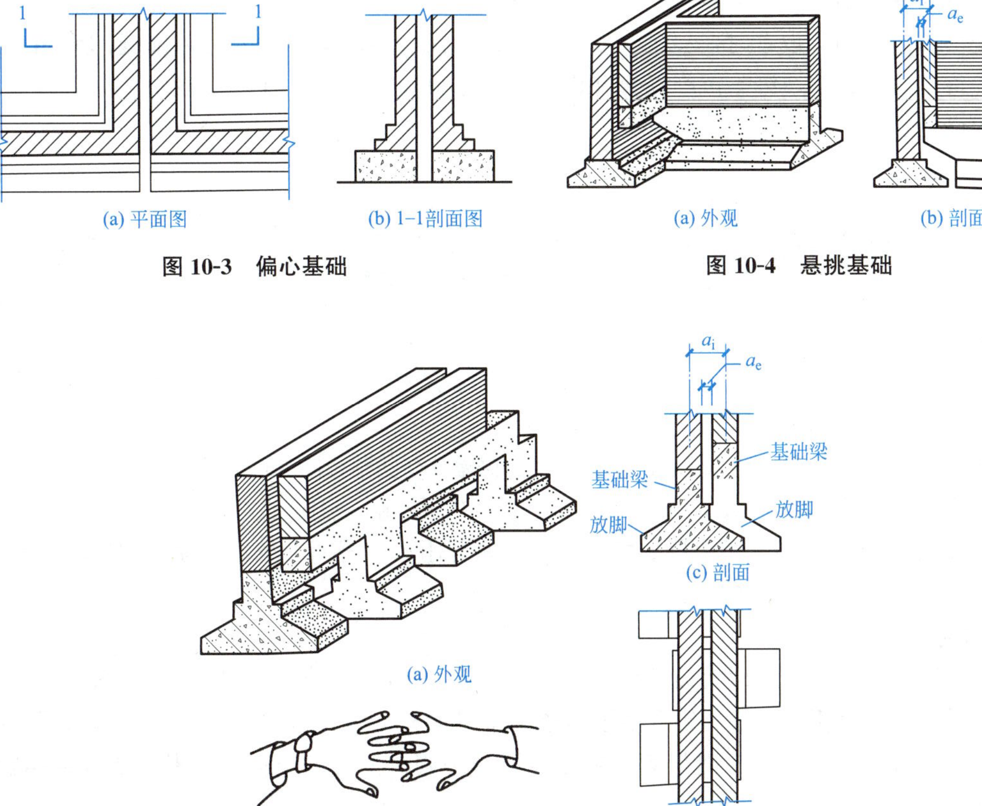

图 10-3　偏心基础

图 10-4　悬挑基础

图 10-5　交叉基础

3. 防震缝

含义：为减轻或防止地震作用破坏而预先设置的缝隙，能使房屋划分成若干形体简单、结构刚度均匀的独立部分，避免因地震造成建筑物整体震动不协调，产生破坏。

断开部位：宜沿房屋全高设置，地下室、基础可不设，但在地下室、基础与上部防震缝对应处需加强构造和连接。

设置条件：体型复杂、平立面不规则、房屋立面高差在 6m 以上、房屋有错层（楼板高差大于层高的 1/4）、各部分结构刚度和质量截然不同。

缝宽要求：砌体结构房屋根据抗震设防烈度和房屋高度确定，可采用 70～100mm。混凝土结构房屋防震缝宽度见表 10-4。

混凝土结构房屋防震缝宽度　　表 10-4

结构类型	建筑高度	防震缝宽度
框架结构	≤15m	应≥100mm
	>15m	6 度：高度每增加 5m，宽度增加 20mm
		7 度：高度每增加 4m，宽度增加 20mm
		8 度：高度每增加 3m，宽度增加 20mm
		9 度：高度每增加 2m，宽度增加 20mm
框架剪力墙结构	应≥框架缝宽的 70%，且宜≥100mm	
剪力墙结构	应≥框架缝宽的 50%，且宜≥100mm	

注：防震缝两侧结构类型不同时，宜按需要较宽防震缝的结构类型和较低房屋高度确定缝宽。

4. 三缝之间的关系

三种变形缝需要同时设置时，应统一布置，一缝多用。沉降缝一般兼起伸缩缝的作用，但是伸缩缝不能代替沉降缝；防震缝与沉降缝合并设置时，基础也需断开，在抗震设防地区，缝宽应按防震缝宽度留设。

二、变形缝的构造

变形缝实质是将建筑物从结构上划分为几个相互独立的单元，但是从建筑物的角度来看，它们还是一个整体。变形缝构造要求：

◆ 应根据其部位和需要做到盖缝、防水、防火、保温、防坠落、防腐蚀、防脆断、节能环保等。

◆ 确保缝的两侧的建筑物独立部分能自由变形，互不影响，不被破坏。

◆ 变形缝不应穿过厕所、卫生间、盥洗室和浴室等用水的房间，也不应穿过配电间等严禁有漏水的房间。

1. 墙体变形缝

墙体变形缝构造取决于变形缝类型和墙体厚度。外墙外侧缝的处理主要考虑防水、防火和保温要求，盖缝材料可采用不锈钢板、铝合金板、彩色涂层钢板、镀锌铁皮、橡胶等；内墙变形缝处理主要考虑防火要求，同时还应考虑与室内装饰环境相协调，多用装饰木板和铝合金等金属板盖缝，如图 10-6 所示。

2. 楼板层变形缝

楼板层变形缝包括地面变形缝和顶棚变形缝。地面变形缝处理要在建筑主体变形自如的前提下，保证人们行走的使用安全，同时还要考虑防水和防火等要求。接缝处的盖板有多种，如木板、硬橡胶板、铝板、铜板、压花钢板，如图 10-7 所示。顶棚变形缝的做法应与内墙变形缝做法统一协调，使其形成完整的装饰线。

由于地面变形缝基座需要用膨胀螺栓与主体结构固定，然后再进行地面装修，因此常在变形缝处设置向上的翻边或向下的凹槽，称为槽口。

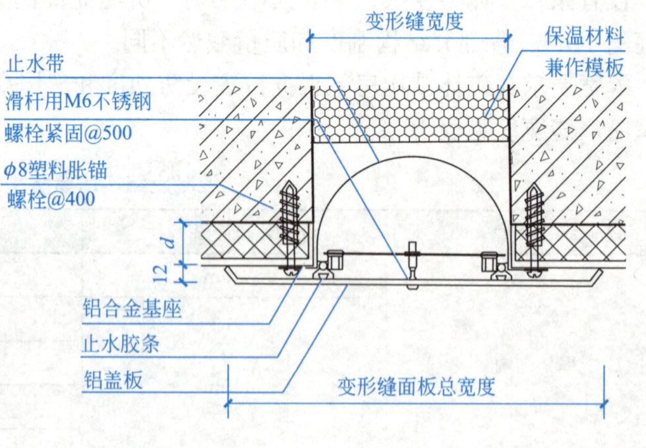

(a) 外墙平缝变形缝

图 10-6　墙体变形缝（*d* 为装修层厚度）（一）

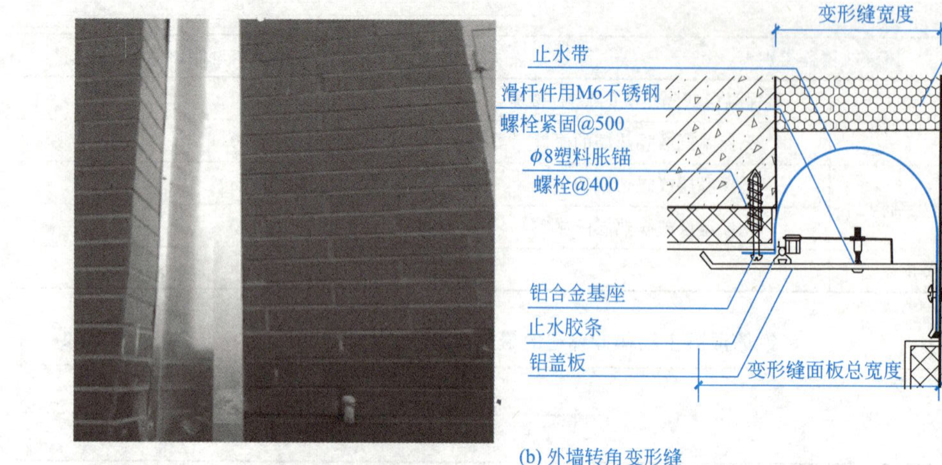

(b) 外墙转角变形缝

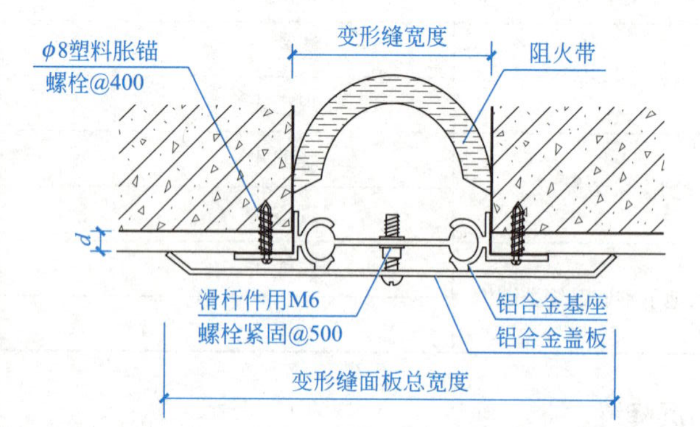

(c) 内墙平缝变形缝

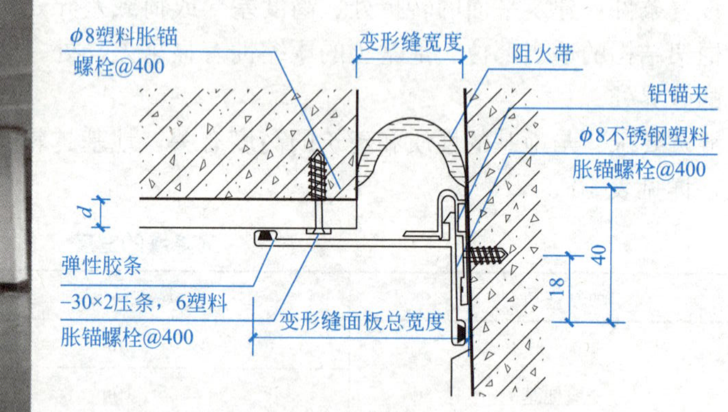

(d) 内墙、顶棚转角变形缝

图 10-6　墙体变形缝（*d* 为装修层厚度）（二）

3. 屋顶变形缝

屋顶变形缝要考虑防水、防火和保温要求。不上人屋面一般在变形缝处加设矮墙，其防水做法与泛水基本一致，缝上部可采用混凝土或金属盖板，如图 10-8 所示。上人屋面要便于人们行走而不凸出屋面，故渗漏可能性较大，必须特别注意施工质量，同时上人屋面还有高低跨处的变形缝，如图 10-9 所示。

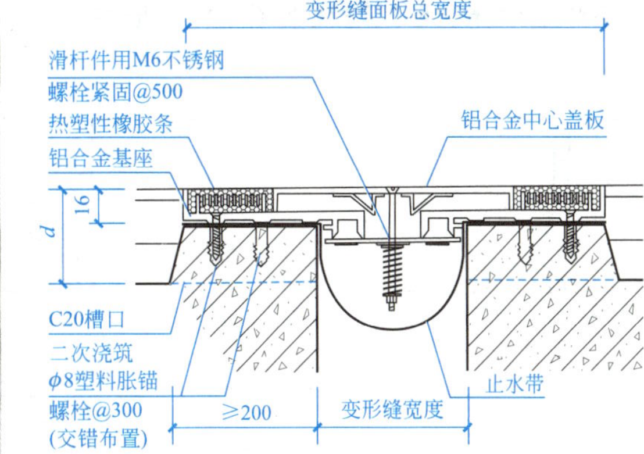

图 10-7　楼地层变形缝（*d* 为装修层厚度）

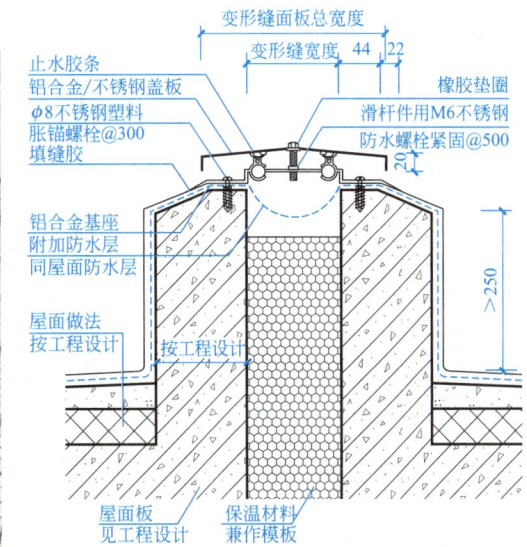

图 10-8　屋面平缝变形缝

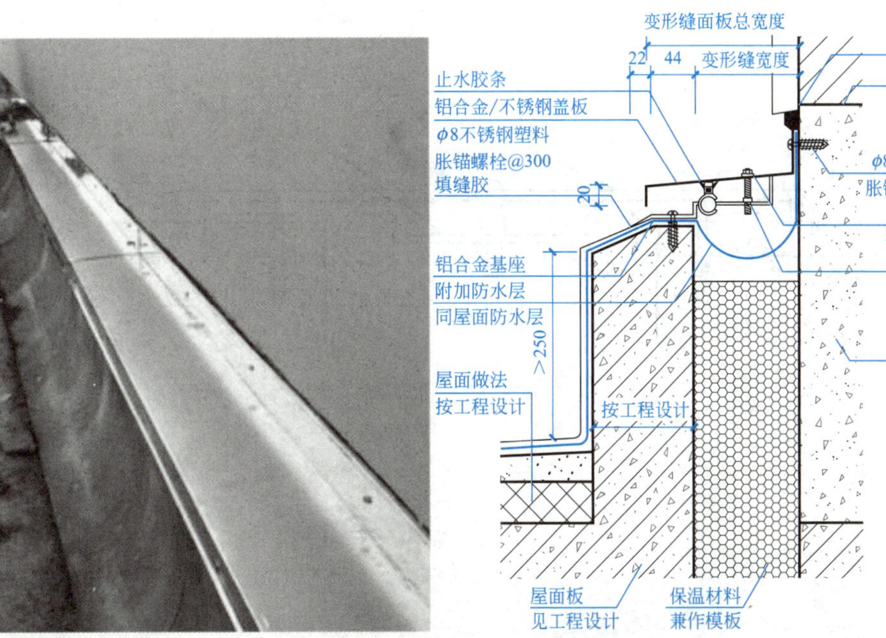

图 10-9　屋面高低跨处变形缝

理论实践自测

一、填空题

1. 变形缝是指＿＿＿＿＿＿＿＿＿＿＿＿＿＿＿＿＿＿＿＿＿＿＿＿＿＿＿＿＿＿＿＿＿＿。

2. 变形缝包括＿＿＿＿＿＿＿＿＿＿＿、＿＿＿＿＿＿＿＿＿＿＿和＿＿＿＿＿＿＿＿＿＿＿三种类型。

3. 伸缩缝从基础顶面开始，将＿＿＿＿＿＿＿＿、＿＿＿＿＿＿＿＿、＿＿＿＿＿＿＿＿全部断开。

4. 沉降缝应将建筑物的＿＿＿＿＿＿＿＿、＿＿＿＿＿＿＿＿、＿＿＿＿＿＿＿＿、＿＿＿＿＿全部断开，使相邻两侧结构单元沉降互不影响。

5. 伸缩缝的缝宽一般为＿＿＿＿＿＿＿mm；沉降缝的缝宽一般为＿＿＿＿＿＿＿＿＿mm；防震缝的缝宽一般取＿＿＿＿＿＿＿mm，钢筋混凝土房屋防震缝宽至少为＿＿＿＿＿＿＿mm。

6. 沉降缝在基础处的处理方案有＿＿＿＿＿＿＿＿＿＿、＿＿＿＿＿＿＿＿＿＿和＿＿＿＿＿＿＿＿＿＿三种。

7. 为防止建筑物各部分由于地基不均匀沉降引起的破坏而设置的缝为＿＿＿＿＿＿＿＿。

8. 一般地，抗震设防烈度为＿＿＿＿＿＿度的地区需考虑设置防震缝。

二、单选题

1. 伸缩缝是为了预防（　　）对建筑物的不利影响而设置的。

A. 温度变化　　B. 地基不均匀沉降

C. 建筑平面过于复杂　　D. 建筑高度相差过大

2. 当既设伸缩缝又设防震缝时，缝宽按（　　）处理。

A. 30mm　　B. 伸缩缝

C. 70mm　　D. 防震缝

3. 基础必须断开的是（　　）。

A. 变形缝　　B. 伸缩缝

C. 沉降缝　　D. 防震缝

4. 下列不宜设置沉降缝的是（　　）。

A. 同一建筑物相邻部分高差为 2m 处

B. 框架结构与砖混结构交接处

C. 独立基础与箱形基础交接处

D. 新建建筑物与原有建筑物紧相毗连处

5. 防震缝构造做法中基础要求是（　　）。

A. 断开　　B. 不断开

C. 可断可不断　　D. 与沉降缝要求一致

6. 高度为 15m 框架结构房屋，必须设防震缝时，其最小宽度应为（　　）。

A. 6cm　　B. 7cm

C. 8cm　　D. 10cm

7. 关于防震缝的设置条件，下列说法不正确的是（　　）。

A. 房屋各部分结构刚度截然不同

B. 房屋有错层，且楼板高差大于层高的 1/4

C. 房屋立面高差在 3m 以上

D. 房屋各部分结构质量截然不同

8. 关于变形缝，下列说法（　　）不正确。

A. 当建筑物的长度或宽度超过一定限值时，需设伸缩缝

B. 在沉降缝处，应将基础以上部分的墙体、楼地层和屋顶全部断开，基础可不断开

C. 当建筑物各部分高度相差悬殊时，应设沉降缝

D. 防震缝的最小宽度为 70mm

9. 伸缩缝处要满足缝两侧建筑构件（　　）方向的自由变形。

A. 水平　　B. 垂直

C. 水平和垂直　　D. 按工程设计

10. 沉降缝处要满足缝两侧建筑构件（　　）方向的自由变形。

A. 水平　　B. 垂直

C. 水平和垂直　　D. 按工程设计

三、综合题

1. 三种变形缝都需要设置时，如何协调？

2. 变形缝构造做法有什么要求？

3. 将墙体变形缝的形式写在下图相应的横线上。

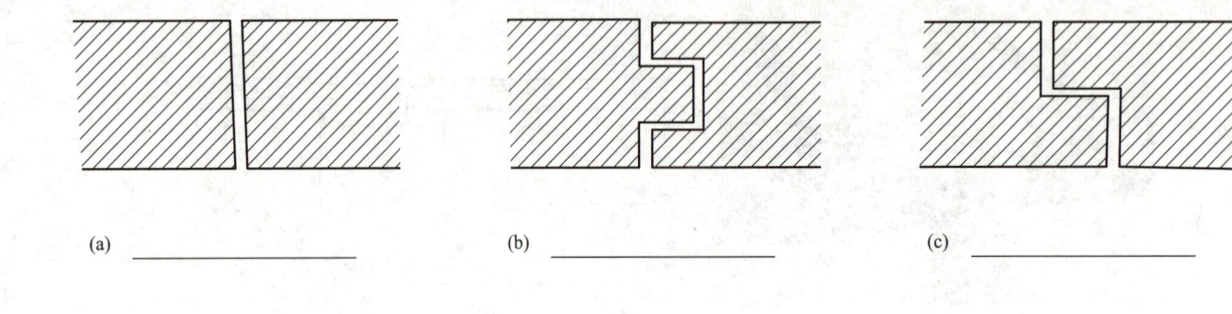

(a) ________　(b) ________　(c) ________

4. 将变形缝类型写在下图相应的横线上。

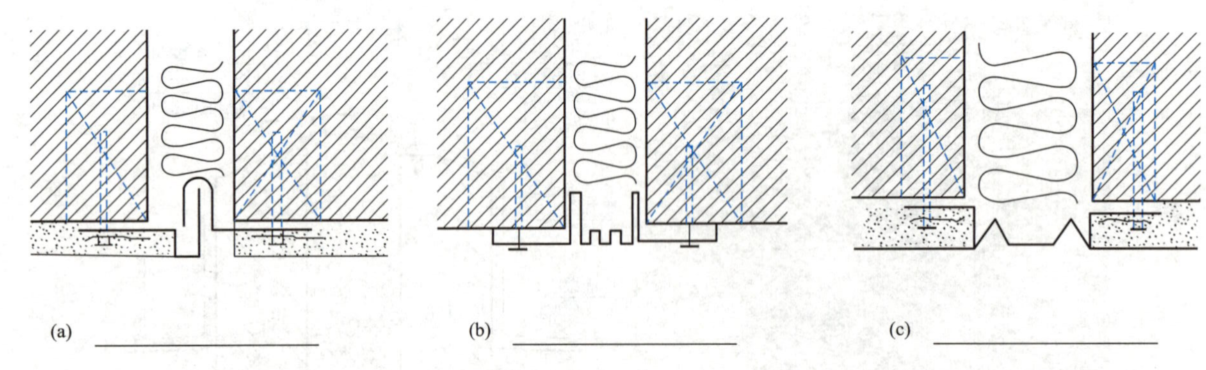

(a) ________　(b) ________　(c) ________

5. 墙面变形缝构造如下图所示，请将铝盖板、基座、胀锚螺栓、滑杆在图中的相对应的部位注写出来。

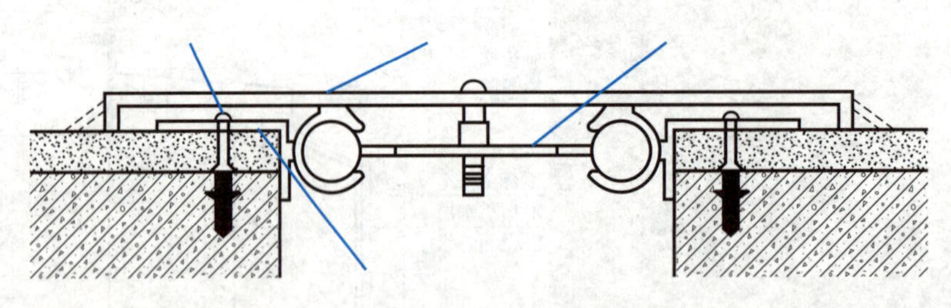

6. 屋面变形缝构造如下图所示，请将金属面板、基座、止水带、滑杆在图中的相对应的部位注写出来。

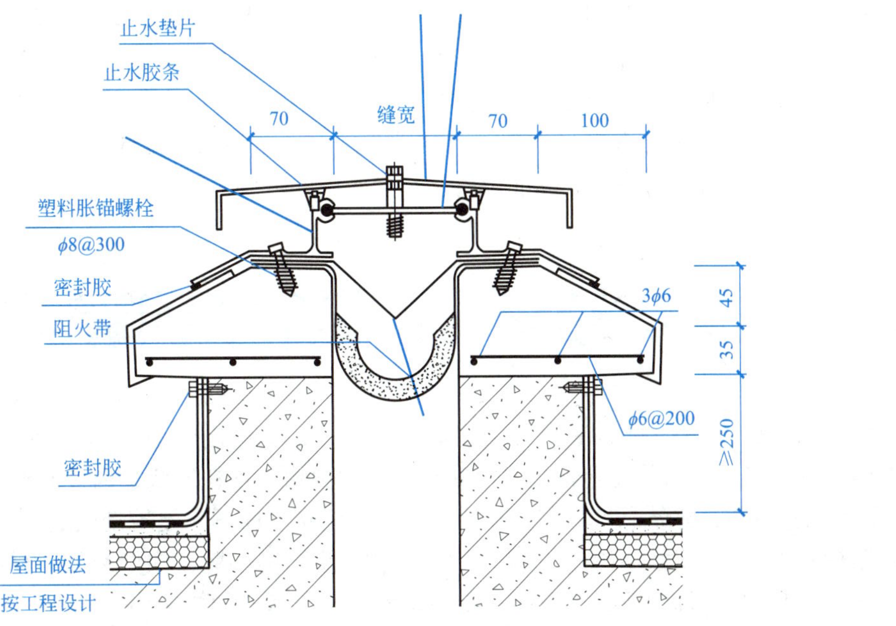

7. 请根据下图（a）～图（d）所示楼板层变形缝构造，在图（e）所示楼板层剖面图中标记出相应位置的变形缝。

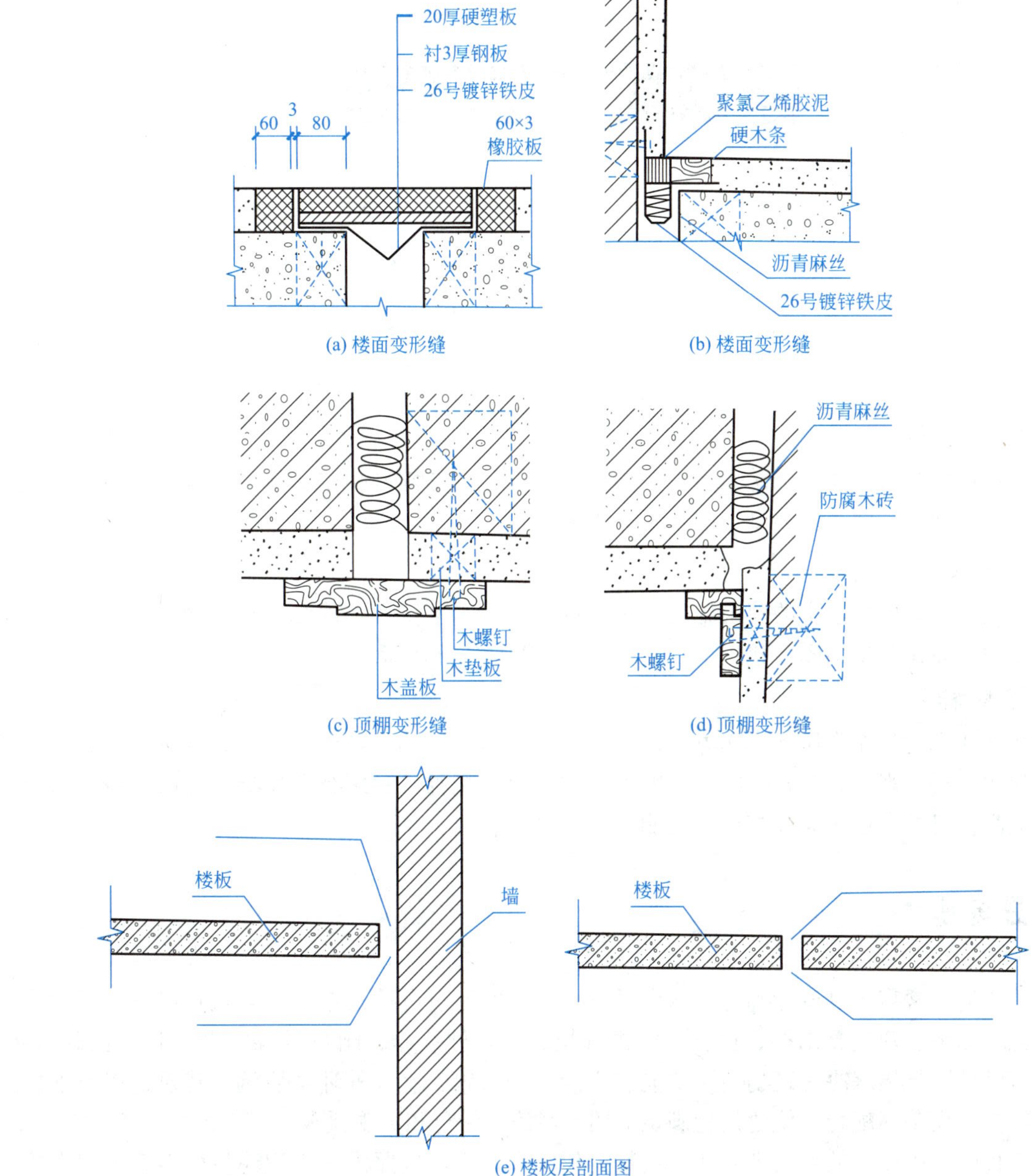

(a) 楼面变形缝
(b) 楼面变形缝
(c) 顶棚变形缝
(d) 顶棚变形缝
(e) 楼板层剖面图

项目十一 建筑施工图识读

Project 11

学习基本要求

【知识目标】

了解建筑设计基本程序；熟悉建筑工程图的组成、编排顺序及识图方法；掌握建筑施工图的组成、作用、图示特点、图示内容及识图方法和步骤。

【能力目标】

通过技能实践，提高学生的建筑施工图识读的系统性和准确性；能综合识读建筑施工图，包括建筑设计说明、建筑总平面图、建筑平、立、剖面图及建筑详图等。

【素质目标】

培养严谨认真的工作作风和工作方法；培养遵循工程规范和创新能力；具备发现问题、分析问题、解决问题的科学观；具备较强的沟通能力和团队协作精神；紧跟行业发展，养成终身学习的习惯，不断提高自身的专业素养和综合应用能力。

知识要点概述

房屋的建造通常需经过设计和施工两个过程。广义的建筑设计是指一个建筑物（群）要做的全部工作，包括场地、建筑、结构、设备、室内环境、室内外装修、园林景观等设计和工程概预算。狭义的建筑设计则是指解决建筑物使用功能和空间合理布置、室内外环境协调、建筑造型及细部处理，并与结构、设备等配合，使建筑物满足适用、经济、绿色和美观要求。

建筑工程图是用投影的方法来表达建筑物的形状和大小，按照国家工程建设标准有关规定绘制的图样。它能准确地表达出房屋的建筑，结构和设备等设计的内容和技术要求。

本课程识读重点是建筑施工图的相关内容。

一、建筑工程图的产生

民用建筑工程的设计程序一般分为方案设计、初步设计和施工图设计三个阶段。

◆ 方案设计——拟建项目按设计依据的规定进行建筑设计创作的过程，对拟建项目的总体布局、功能安排、建筑造型等提出可能且可行的技术文件，是建筑工程设计全过程的最初阶段，应满足方案审批或报批的需要。

◆ 初步设计——在方案设计文件的基础上进行的深化设计，解决总体、使用功能、建筑用材、工艺、系统、设备选型等工程技术方面的问题，符合环保、节能、防火、人防等技术要求，并提交工程概算，以满足编制施工图设计文件的需要。

◆ 施工图设计——在已批准的初步设计文件基础上进行的深化设计，提出各有关专业详细的设计图纸，以满足设备材料采购、非标准设备制作和施工的需要。

二、建筑工程图的分类、编排顺序

建筑工程图按专业分工不同，可分为建筑施工图、结构施工图、设备施工图等。

◆ 建筑施工图——简称建施，主要反映建筑物的规划位置、形状、内外装修、构造及施工要求等。一般包括首页图、建筑总平面图、建筑平面图、建筑立面图、建筑剖面图和建筑详图。

◆ 结构施工图——简称结施，主要反映建筑物承重结构布置、构件类型、材料、尺寸和构造做法等。一般包括结构设计说明、基础图、结构布置平面图和各种结构构件详图。

◆ 设备施工图——简称设施，是表明建筑工程各专业设备、管道及埋线的布置和安装要求的图样。通常分为给水排水施工图（简称水施）、供暖通风施工图（简称暖施）、电气施工图（简称电施）等。各专业施工图一般包括平面布置图、系统图和详图。

◆ 施工图编排顺序：

工程图纸按专业顺序编排，应为图纸目录、设计说明、总图、建筑图、结构图、给水排水图、暖通空调图、电气图等编排。

为了便于查阅图纸和档案管理，方便施工，一套完整的建筑工程图要按照一定的次序进行编排装订，对于各专业图纸，在编排时按下面要求进行：

1. 全局性图（基本图）在前，局部性图（详图）在后。
2. 先施工的在前，后施工的在后。
3. 重要的在前，次要的在后。

三、建筑施工图的图示特点、识图方法和步骤

◆ 图示特点：

1. 施工图中的各种图样，主要是根据正投影法绘制的，所绘图样都应符合正投影的投影规律。

6. 屋面变形缝构造如下图所示，请将金属面板、基座、止水带、滑杆在图中的相对应的部位注写出来。

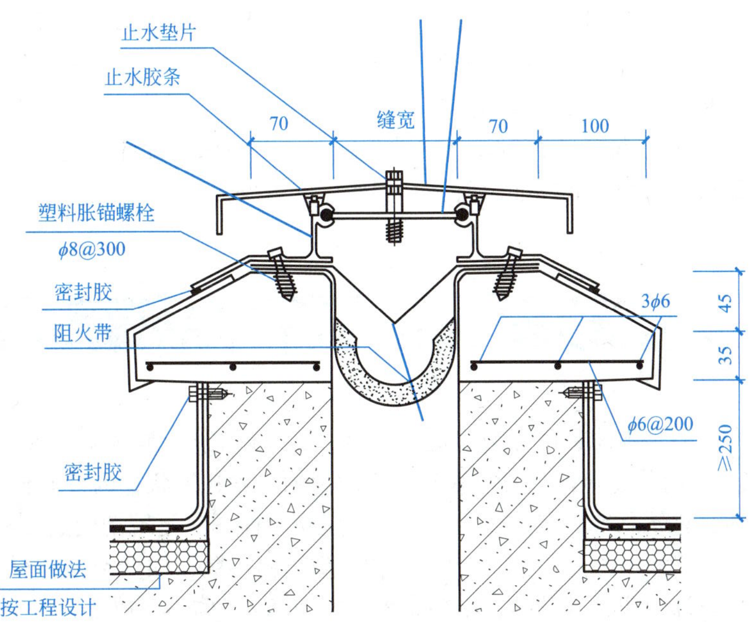

7. 请根据下图（a）～图（d）所示楼板层变形缝构造，在图（e）所示楼板层剖面图中标记出相应位置的变形缝。

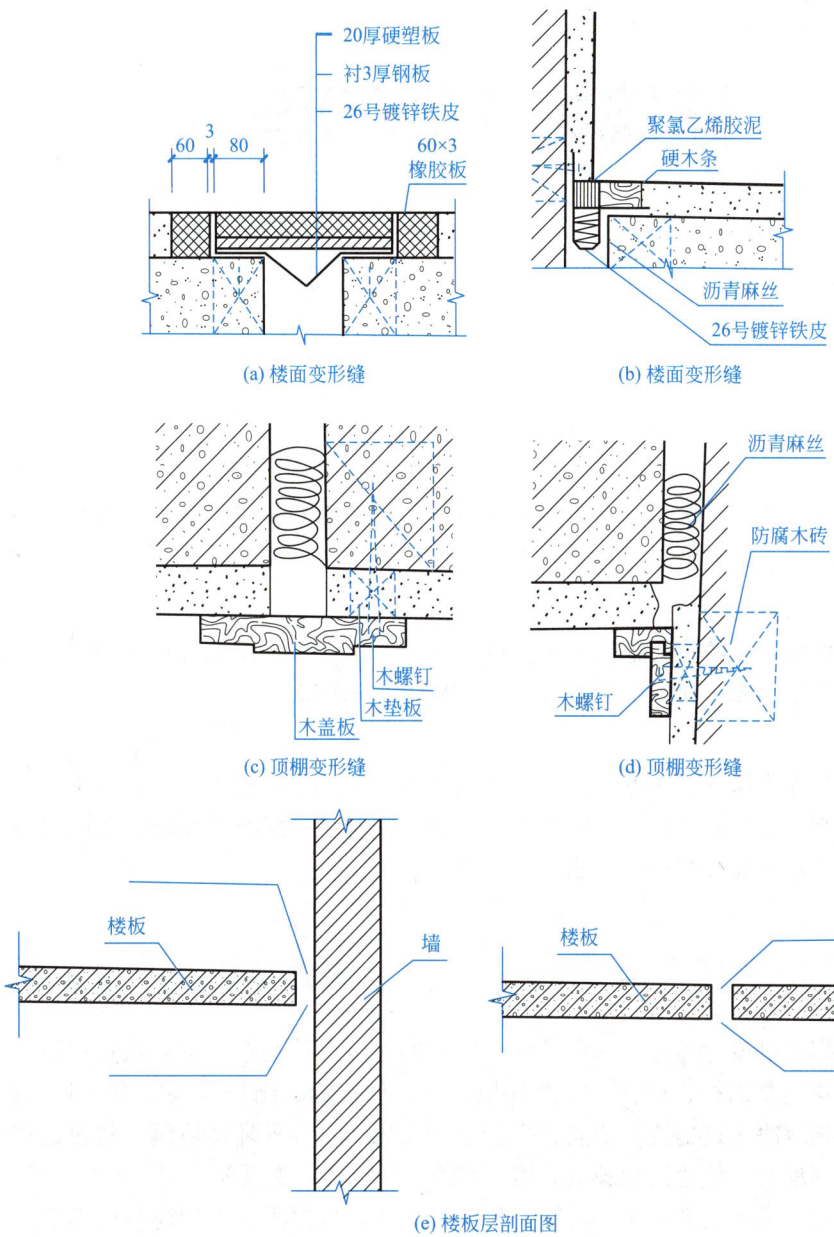

20厚硬塑板
衬3厚钢板
26号镀锌铁皮
60 3 80
60×3
橡胶板

(a) 楼面变形缝

聚氯乙烯胶泥
硬木条
沥青麻丝
26号镀锌铁皮

(b) 楼面变形缝

木螺钉
木垫板
木盖板

(c) 顶棚变形缝

沥青麻丝
防腐木砖
木螺钉

(d) 顶棚变形缝

楼板
墙
楼板

(e) 楼板层剖面图

Project 11

项目十一 建筑施工图识读

学习基本要求

【知识目标】

了解建筑设计基本程序；熟悉建筑工程图的组成、编排顺序及识图方法；掌握建筑施工图的组成、作用、图示特点、图示内容及识图方法和步骤。

【能力目标】

通过技能实践，提高学生的建筑施工图识读的系统性和准确性；能综合识读建筑施工图，包括建筑设计说明、建筑总平面图、建筑平、立、剖面图及建筑详图等。

【素质目标】

培养严谨认真的工作作风和工作方法；培养遵循工程规范和创新能力；具备发现问题、分析问题、解决问题的科学观；具备较强的沟通能力和团队协作精神；紧跟行业发展，养成终身学习的习惯，不断提高自身的专业素养和综合应用能力。

知识要点概述

房屋的建造通常需经过设计和施工两个过程。广义的建筑设计是指一个建筑物（群）要做的全部工作，包括场地、建筑、结构、设备、室内环境、室内外装修、园林景观等设计和工程概预算。狭义的建筑设计则是指解决建筑物使用功能和空间合理布置、室内外环境协调、建筑造型及细部处理，并与结构、设备等配合，使建筑物满足适用、经济、绿色和美观要求。

建筑工程图是用投影的方法来表达建筑物的形状和大小，按照国家工程建设标准有关规定绘制的图样。它能准确地表达出房屋的建筑，结构和设备等设计的内容和技术要求。

本课程识读重点是建筑施工图的相关内容。

一、建筑工程图的产生

民用建筑工程的设计程序一般分为方案设计、初步设计和施工图设计三个阶段。

◆ 方案设计——拟建项目按设计依据的规定进行建筑设计创作的过程，对拟建项目的总体布局、功能安排、建筑造型等提出可能且可行的技术文件，是建筑工程设计全过程的最初阶段，应满足方案审批或报批的需要。

◆ 初步设计——在方案设计文件的基础上进行的深化设计，解决总体、使用功能、建筑用材、工艺、系统、设备选型等工程技术方面的问题，符合环保、节能、防火、人防等技术要求，并提交工程概算，以满足编制施工图设计文件的需要。

◆ 施工图设计——在已批准的初步设计文件基础上进行的深化设计，提出各有关专业详细的设计图纸，以满足设备材料采购、非标准设备制作和施工的需要。

二、建筑工程图的分类、编排顺序

建筑工程图按专业分工不同，可分为建筑施工图、结构施工图、设备施工图等。

◆ 建筑施工图——简称建施，主要反映建筑物的规划位置、形状、内外装修、构造及施工要求等。一般包括首页图、建筑总平面图、建筑平面图、建筑立面图、建筑剖面图和建筑详图。

◆ 结构施工图——简称结施，主要反映建筑物承重结构布置、构件类型、材料、尺寸和构造做法等。一般包括结构设计说明、基础图、结构布置平面图和各种结构构件详图。

◆ 设备施工图——简称设施，是表明建筑工程各专业设备、管道及埋线的布置和安装要求的图样。通常分为给水排水施工图（简称水施）、供暖通风施工图（简称暖施）、电气施工图（简称电施）等。各专业施工图一般包括平面布置图、系统图和详图。

◆ 施工图编排顺序：

工程图纸按专业顺序编排，应为图纸目录、设计说明、总图、建筑图、结构图、给水排水图、暖通空调图、电气图等编排。

为了便于查阅图纸和档案管理，方便施工，一套完整的建筑工程图要按照一定的次序进行编排装订，对于各专业图纸，在编排时按下面要求进行：

1. 全局性图（基本图）在前，局部性图（详图）在后。
2. 先施工的在前，后施工的在后。
3. 重要的在前，次要的在后。

三、建筑施工图的图示特点、识图方法和步骤

◆ 图示特点：

1. 施工图中的各种图样，主要是根据正投影法绘制的，所绘图样都应符合正投影的投影规律。

2. 施工图应根据形体的大小，采用不同的比例绘制。

3. 由于建筑构配件和材料种类繁多，为作图简便起见，国家制图标准规定了一系列的图例符号和代号来代表建筑构配件、卫生设备、建筑材料等。

◆ 识图方法和步骤：

识图方法一般是：从外向里看，从大到小看，从粗到细看，图样与说明对照看，建筑与结构对照看。先粗看一遍，了解工程的概貌，而后再细读。

识图的一般步骤是：先看目录，了解总体情况，图纸总共有多少张；然后按图纸目录对照各类图纸是否齐全，再细读图纸内容。

四、首页图识读

首页图是对图样上未能详细注写的用料和做法等要求做出具体的文字说明。中小型建筑的建筑（施工）总说明，一般放在建筑施工图的第一页，故称为首页图。

首页图主要内容包括：

◆ 图纸目录：

图纸目录是施工图编排的目录单，在图纸的最前面。图纸目录通常由序号、图别、图名、图幅、备注等几项组成。

识读一套图纸，应首先查看图纸目录，了解图纸的组成和便于查找图样。

目录分为图纸总目录（表 11-1）和各专业图纸目录（表 11-2）。

图纸总目录（格式） 表 11-1

编制单位名称： 工程名称： 建筑面积：								设计编号： 建筑类型：						设计阶段：			
图纸目录																	
建筑			结构			给水排水			暖通与空调			电气					
												强电			弱电		
序号	图号	图纸名称	序号	图号	图纸名称	序号	图号	图纸名称	序号	图号	图纸名称	序号	图号	图纸名称	序号	图号	图纸名称
1			1			1			1			1			1		
2			2			2			2			2			2		
⋮			⋮			⋮			⋮			⋮			⋮		

建筑专业图纸目录（格式） 表 11-2

图纸目录				
序号	图号	图纸名称	图幅	备注
1	建施-1	总平面定位图	A2	
2	建施-2	建筑施工图设计说明	A1	
3	建施-3	底层平面图	A1	
…	……	……	……	

◆ 建筑设计说明：指用文字或表格的形式表达图样中未表达清楚或带有共性的内容，根据项目规模大小通常包括：

1. 设计依据——依据性文件名称和文号，如批文、本专业设计所执行的主要法规和所采用的主要标准（包括标准名称、编号、年号和版本号）及设计合同等。

2. 工程概况——项目工程名称、建设地点、建设单位、建筑面积、建筑基底面积、项目设计规模等级、设计使用年限、建筑层数和建筑高度、建筑耐火等级、人防工程类别和防护等级、人防建筑面积、屋面防水等级、地下室防水等级、主要结构类型、抗震设防烈度等。

3. 设计标高——工程的相对标高与总图绝对标高的关系。

4. 用料说明和室内外装修。

5. 对采用新技术、新材料和新工艺的做法说明及对特殊建筑造型和必要的建筑构造的说明。

6. 门窗表及门窗性能（防火、隔声、防护、抗风压、保温、隔热、气密性、水密性等）、窗框材质和颜色、玻璃品种和规格、五金件等的设计要求。

7. 幕墙工程（玻璃、金属、石材等）及特殊屋面工程（金属、玻璃、膜结构等）。

8. 电梯（自动扶梯、自动步道）选择及性能说明（功能、额定载重量、额定速度、停站数、提升高度等）。

9. 建筑防火设计说明。

10. 无障碍设计说明。

11. 建筑节能设计说明。

12. 根据工程需要采取的安全防范和防盗要求及具体措施，隔声减振减噪、防污染、防射线等的要求和措施。

13. 需要专业公司进行深化设计的部分，对分包单位明确设计要求，确定技术接口的深度。

14. 绿色建筑设计说明。

15. 装配式建筑设计说明。

16. 其他需要说明的问题。

建筑设计说明是对建筑施工图纸的补充，很多文字说明又是用图样无法表达的内容，对标准图集一些变更也是在说明中给出，因此应逐条认真阅读，再结合施工图样识读加以全面理解，才能更好地理解设计意图，指导施工。

五、建筑总平面图识读

形成：将新建建筑物所在基地一定范围内的地貌和地物向水平投影面（H 面）进行的正投影图。

作用：表示拟建房屋所在规划用地范围内的总体布置图，并反映与原有环境的关系和邻界的情况等。

用途：是新建房屋定位、施工放线、土方施工及施工总平面设计和水暖电等管线设置的依据。

特点：比例小、范围大、有较多的图例符号（项目一中表 1-18～表 1-20），还可另行自定图例，但需要在图纸中画出自定的图例，并注明其名称。

◆ 建筑总平面图图示内容：

1. 图名、比例、朝向、风向。

2. 用地红线、建筑红线、建筑控制线等。

3. 通过图例，表明新建建筑物及周围环境。

4. 新建建筑物定位，其方法有三种：①利用新建建筑与原有建筑或道路中心线的距离确定新建建筑的位置；②利用施工坐标确定新建建筑的位置；③利用测量坐标确定新建建筑的位置。

5. 新建建筑物首层地面绝对标高、室外地面及道路绝对标高。

6. 主要技术经济指标。

◆ 建筑总平面图识读步骤：

1. 看图名、比例、指北针或风玫瑰图，初步明确建筑规模、朝向和风向。

2. 看新建建筑物，明确工程名称、平面形状和必要尺寸、层数、主出入口位置、定位依据等。

3. 看新建建筑物周围环境，明确用地范围内建筑（原有、拟建、拆除建筑）、道路广场、绿化等布置情况。

4. 看场地范围的测量坐标（或定位尺寸），道路红线、建筑控制线、用地红线等的位置。

5. 看标高及场地竖向尺寸，明确新建建筑物首层室内地面的绝对标高、室外地坪标高及室内外高差、道路的绝对标高等。

6. 看主要技术经济指标，明确用地面积、建筑面积、容积率、绿地率、建筑密度、停车位等。

◆ 相关术语：

1. 道路红线——城市道路（含居住区级道路）用地的边界线。

2. 用地红线——各类建设工程项目用地使用权属范围的边界线。

3. 建筑控制线——规划行政主管部门在道路红线、建设用地边界内，另行划定的地面以上建（构）筑物主体不得超出的界线。

4. 建筑密度——在一定用地范围内，建筑物基底面积总和与总用地面积的比率（%）。

5. 容积率——在一定用地及计容范围内，建筑面积总和与用地面积的比值。

6. 绿地率——在一定用地范围内，各类绿地总面积占该用地总面积的比率（%）。

7. 建筑面积——指建筑物（包括墙体）所形成的楼地面面积。

8. 使用面积——建筑面积中减去公共交通面积、结构面积等，留下可供使用的面积。

9. 测量坐标——地形测量坐标系，其坐标网应画成交叉十字细实线，坐标代号用“X、Y”表示。

10. 施工坐标——也称建筑坐标，为自设坐标系，其坐标网应画成网格通线，坐标代号用“A、B”表示。

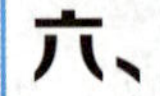

六、建筑平面图识读

形成：用一水平的剖切面沿门窗洞位置将房屋剖切后，对剖切面以下部分所做的水平投影图（图 11-1）。

作用：表达房屋的平面形状、大小、内部分隔和使用功能（如出入口、各房间的关系、楼梯和走廊的位置等）、墙（柱）材料和厚度，门窗类型与位置等。

用途：是施工放线、砌筑墙体、安装门窗和编制预算的主要依据。

命名方法：一层（底层或首层）平面图、中间层（标准层）平面图、顶层平面图。建筑平面图实质是水平剖面图，但屋顶平面图是从屋顶上方向下所作的屋顶外形的水平投影图，表示的是屋面排水方式、坡度、屋顶构造等，这是与其他平面图的不同之处。

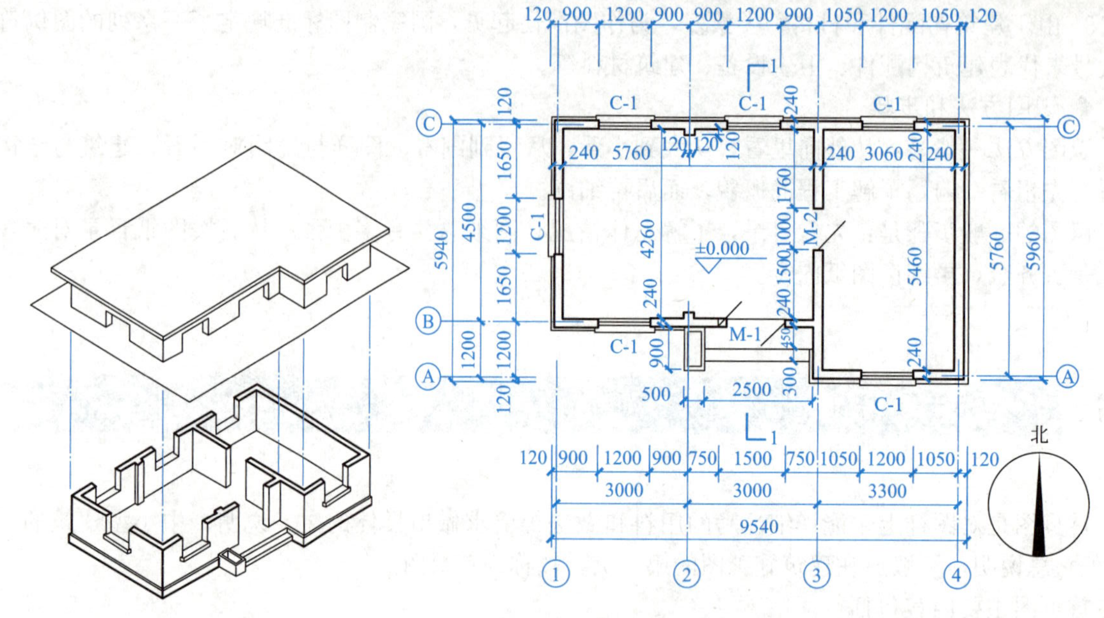

图 11-1 建筑平面图形成

◆ 建筑平面图图示内容：

1. 图名、比例、横纵双向定位轴线及编号。

2. 墙、柱、门窗位置。

3. 建筑物各层功能分区及房间名称。

4. 楼梯（电梯）的位置、平面形式及楼梯上下行方向。

5. 阳台、雨篷、台阶、雨水管、散水、明沟、花池等细部构造的位置。

6. 表示室内设备（如卫生器具、水池等）的形状及位置。

7. 尺寸标注：包括内部尺寸和外部尺寸（总长总宽尺寸、定位尺寸、细部尺寸）。

8. 必要的标高及索引符号。

9. 一层平面图还有剖切符号及编号和指北针。

10. 屋顶平面图中女儿墙、檐沟、上人孔、排水坡度及坡向、雨水口、凸出屋面的楼梯间和构筑物等。

◆ 建筑平面图识读步骤（以一层平面图为例）：

1. 看图名、比例、指北针，明确建筑物朝向，并与建筑总平面图对照。

2. 看定位轴线及编号、轴线尺寸及总尺寸，明确建筑平面规模。

3. 看墙、柱定位、走廊和楼梯位置及房间名称，明确平面布局及交通疏散方向。

4. 看门窗位置及编号，明确门窗定形、定位尺寸及门的开启疏散方向。

5. 看台阶、散水、阳台、雨篷、预留孔洞及索引符号，明确建筑构造位置尺寸及做法索引位置。

6. 看主要建筑设备和固定家具的位置及相关做法的索引等。

7. 看室内外地坪标高、楼梯间及卫生间等用水房间地面标高。

8. 看一层平面图的剖切符号，明确其剖切位置、剖视方向和编号，便于与建筑剖面图相对应。

七、建筑立面图识读

形成：在与房屋主要外墙面平行的投影面上所做的房屋正投影图（图 11-2）。

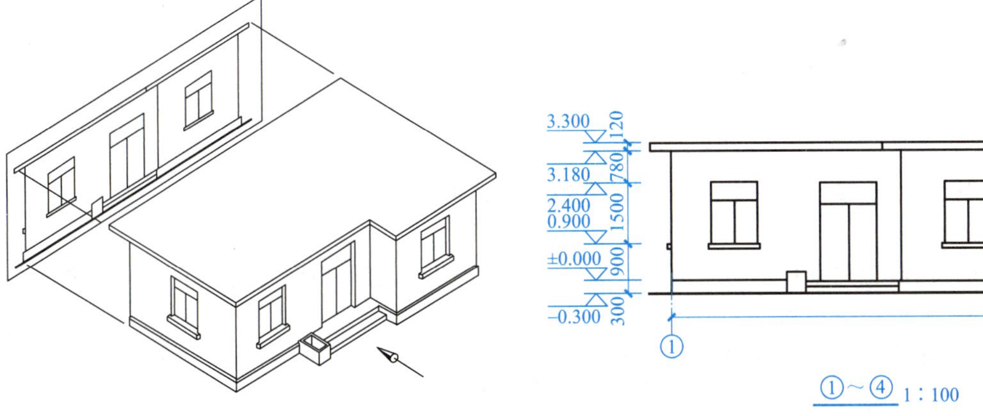

图 11-2　建筑立面图形成

作用：表达建筑物的体型和外貌、建筑层数、外墙装修、门窗位置与形式以及其他建筑构配件（空调台板、遮阳板、屋顶水箱、檐口、阳台、雨篷、雨水管、勒脚、平台、台阶等）的标高和尺寸。

用途：是建筑物外部装修施工的重要依据。

命名方法：通常按两端轴线命名和按朝向命名，如图 11-3 所示。

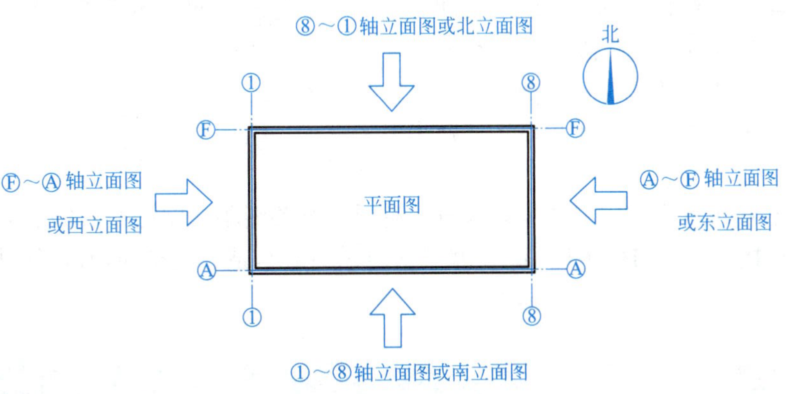

图 11-3　建筑立面图命名

◆ 建筑立面图图示内容：

1. 图名、比例、单向两端轴线及编号。

2. 建筑物在室外地坪线以上的外部造型，如室外地坪线及勒脚、台阶、外门窗、檐口、屋顶等。

3. 尺寸标注和标高。

4. 外立面装修做法等。

◆ 建筑立面图识读步骤：

1. 看图名、比例、两端轴线及编号，明确建筑立面的投影方向，注意与建筑平面图对照。

2. 看外形轮廓，明确建筑立面造型。

3. 看细部构配件，对照平面图，明确各细部如门窗、台阶、雨篷、檐口、装饰线条等的形状和位置。

4. 看尺寸和标高，明确外立面细部如门窗、阳台等的高度、层高和总高以及室外地坪、外窗台和窗顶、阳台、雨篷、女儿墙顶、屋顶水箱间及楼梯间屋顶等的标高。

5. 看文字说明及索引符号，对照建筑设计说明的工程构造做法要求，明确外立面装修材料、颜色、做法等。

八、建筑剖面图识读

形成：用垂直于外墙水平方向轴线的铅垂剖切面，将房屋剖切所得的正投影图（图 11-4）。

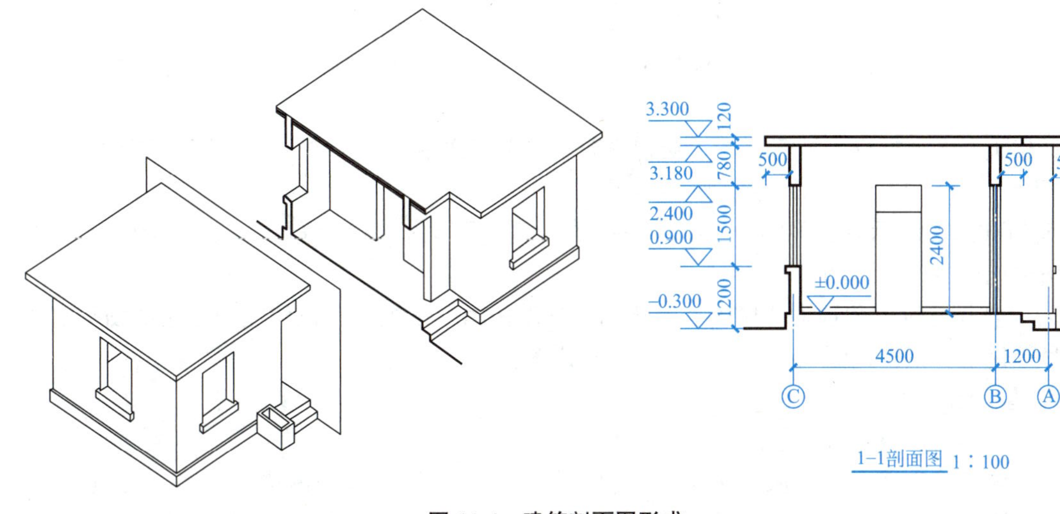

图 11-4　建筑剖面图形成

作用：表达建筑物内部的结构或构造方式，如楼层分层、结构形式、各构配件在垂直方向上的相互关系和高度尺寸等。

用途：是各层楼板和屋面施工、门窗安装、内部装修和编制预算的主要依据。

剖切位置：一般选择能反映全貌、构造特征比较复杂以及有代表性的部位，如门窗洞口、楼梯、阳台、雨篷、门窗等位置。

剖切方式：多采用单一剖，也可根据需要采用阶梯剖等其他方式。

命名方法：剖切位置在底层平面中用剖切符号标记，其编号即为剖面图的名称，如 1-1 剖面图。

◆ 建筑剖面图图示内容：

1. 图名、比例、剖切到的墙体定位轴线及编号。

2. 剖切到的楼板、屋顶、墙体、门窗、楼梯、台阶、雨篷等。

3. 未剖切，但是投影可见的墙柱、门窗等。

4. 尺寸标注：包括内部尺寸和外部尺寸（总高尺寸、层高尺寸、门窗等细部尺寸）。

5. 标高：室内外地坪标高、楼地面标高、地下层地面标高、楼层标高、屋顶标高、女儿墙标高等主要部位。

◆ 建筑剖面图识读步骤：

1. 看图名、比例，对照底层平面图，明确剖切位置及投影方向。

2. 看剖切到的各层楼板、屋顶，对照建筑平面图，明确建筑总高度、各楼层高度及标高、室内外高差等。

3. 看剖切到的墙体、门窗、楼梯、阳台、雨篷等，对照建筑平面图，明确其定位、尺寸、标高及相关关系。

4. 看未剖切，但是投影可见的墙柱、门窗等，对照建筑平面图，进一步理解其建筑空间关系。

九、建筑详图

概念：对建筑物的细部或建筑构、配件用较大的比例（一般为 1∶20、1∶10、1∶5 等）将其形状、大小、材料和做法详细地表示出来的图样，又称节点详图。

特点：比例大、范围小、图线多、尺寸标注齐全、文字说明详尽。

用途：是房屋细部施工、室内外装修、门窗安装、构配件制作和编制工程预算等的主要依据。

常见建筑详图：通常有墙身详图、楼梯详图、卫生间详图、女儿墙详图、雨篷详图等。

【说明】

1. 建筑详图的图示方法多样，可以是平面详图、立面详图、剖面详图、断面详图等，详图中还可以索引出比例更大的详图。

2. 对于选用标准图集或通用图的建筑详图，只需在图纸中被索引位置注明选用的图集名称、页码、编号等信息，即画出索引符号，可不必另画详图。

◆ 墙身详图：

含义：被剖切墙身的各部位的局部放大图。

作用：详尽地表达了墙身从防潮层到屋顶的各主要节点的构造和做法，如墙身与地面、楼面、屋面的构造连接情况以及檐口、门窗顶、窗台、勒脚、防潮层、散水或明沟的尺寸、材料、做法等的构造情况。

用途：是砌筑墙体、墙面和楼地面装修、门窗安装等施工和编制工程预算的依据。

图示特点：通常采用折断绘制，往往在窗中间断开，成为几个节点详图的组合；也可只绘制墙身中某个节点的构造详图，如墙脚详图、窗台窗顶详图等；基础部分不画，用折断线断开。

◆ 墙身详图读图步骤：

1. 看图名、比例、轴线及编号，对照相关图样或索引符号，明确剖切到的墙体位置和投影方向。

2. 看勒脚、散水节点构造，结合建筑设计说明，明确墙身防潮做法、首层地面构造、室内外高差、散水做法、首层窗台形式等。

3. 看楼层节点构造，明确楼层梁、板等构件的位置及其与墙体的关系、窗顶圈过梁、楼层墙内外、楼面、顶棚装修等。

4. 看檐口部位节点构造，明确檐口形式、屋顶泛水构造、屋顶构造层次和做法等。

5. 看各部分标高和墙身细部具体尺寸。

◆ 楼梯详图：

作用：表达楼梯的类型、结构形式、各部位的尺度、各部分连接构造和装修做法等。

用途：是楼梯施工、放样的主要依据。

组成：楼梯平面图、楼梯剖面图、踏步及栏杆构造节点详图。

【说明】楼梯详图通常有建筑详图和结构详图，应分别绘制并编入建筑施工图和结构施工图中。

1. 楼梯平面图

（1）形成：与建筑平面图基本一致，只表达楼梯间平面。通常包括楼梯一层（底层或首层）平面图、楼梯标准层平面图和楼梯顶层平面图。

（2）图名、比例、楼梯间墙柱纵横双向定位轴线及编号。

（3）楼梯各组成部分的平面形状、定位、尺寸、踏步起始位置、梯段上下行方向等。

（4）标高：楼地面标高、中间平台标高。

（5）剖切符号（仅楼梯一层平面图），必要的文字说明和索引符号。

2. 楼梯剖面图

（1）形成：用假想的垂直剖切面通过各层的一个梯段和门窗洞口将楼梯垂直剖开，向另一未剖到的梯段方向所作的正投影图。

（2）图名、比例、单向定位轴线及编号。

（3）楼梯竖向构造和尺寸。

（4）标高：楼地面标高、中间平台标高、楼梯间门窗洞口标高等。

（5）必要的文字说明和索引符号。

3. 楼梯构造节点详图

踏步、栏杆扶手等的构造做法及相互连接关系等。工程中多用标准图集和通用详图，用索引符号注明后可不必另画详图。

◆ 楼梯详图识读步骤：

1. 看图名、比例、轴线及编号，对照建筑平面图，明确楼梯的位置、楼梯间类型和尺寸。

2. 看楼梯平面图，明确楼梯梯段的长度和宽度、上下行的方向和步级数、踏步宽度和高度、中间平台的宽度、梯井宽度、栏杆扶手的位置等。

3. 在一层平面图中明确楼梯剖面图的剖切位置及投影方向。

4. 看楼梯剖面图，明确楼梯的梯段数、踏步数、形式、结构类型以及各梯段、平台、栏杆等的相互关系。

5. 看踏步、栏杆等构造节点详图或建筑设计说明和有关图集，明确踏步饰面装修做法和防滑措施、栏杆与梯段连接、栏杆与扶手连接、靠墙扶手（若有）构造、楼梯间护窗栏杆构造等。

十、建筑节能设计专篇识读

建筑节能设计，主要是通过对建筑各部分的节能构造设计、建筑内部空间的合理分隔设计以及新型建筑节能材料和设备的设计与选择等，来更好地利用既有建筑外部气候环境条件，以达到节能和改善室内微气候环境的效果。

◆ 主要内容：

1. 工程概况：项目地点气候分区、项目类型、建筑面积、建筑体积及建筑体形系数等。

2. 设计依据，节能设计采用的软件。

3. 建筑围护结构节能设计表。

4. 节能设计构造做法说明。

5. 节能设计节点构造图。

◆ 识读步骤：

建筑物节能构造设计部位主要包括屋顶、楼板、墙体、门窗等，具体识读步骤如下：

1. 看工程概况和设计依据，明确本工程的基本情况，了解设计依据等。

2. 看节能设计表，明确本工程节能设计的部位、主要参数等。

3. 看节能设计构造做法和详图，并结合建筑设计总说明和平面图等，明确具体的施工做法要求等。

◆ 相关术语

1. 建筑体形系数——建筑物与室外大气接触的外表面积与其所包围的建筑体积的比值，外表面积不包括地面和不供暖楼梯间内墙的面积。

2. 窗墙面积比——窗户洞口面积与房间立面单元面积（即建筑层高与开间定位线围成的面积）之比。

3. 传热系数 K——在稳定传热条件下，围护结构两侧空气温差为 1K（或℃），1s 内通过 $1m^2$ 面积传递的热量，单位是瓦/(平方米·度) 即 $W/(m^2 \cdot K)$。

4. 热桥（也称冷桥）——围护结构中包含金属、钢筋混凝土或混凝土梁、柱、肋等部位，在室内外温差作用下，形成热流密集、内表面温度低（高）的部位，成为传热的桥梁。

十一、建筑施工图图线要求

建筑平面图、墙身剖面图以及建筑详图的线宽选用示例如图 11-5～图 11-7 所示。

◆ 不同比例的平面图、剖面图，其抹灰层、楼地面、材料图例的省略画法规定：

1. 比例大于 1∶50 的平面图、剖面图，应画出抹灰层、保温隔热层等与楼地面、屋面的面层线，并宜画出材料图例。

2. 比例等于 1∶50 的平面图、剖面图，剖面图宜画出楼地面、屋面的面层线，宜绘出保温隔热层，抹灰层的面层线应根据需要确定。

3. 比例小于 1∶50 的平面图、剖面图，可不画出抹灰层，但剖面图宜画出楼地面、屋面的面层线。

4. 比例为 1∶100～1∶200 的平面图、剖面图，可画简化的材料图例，但剖面图宜画出楼地面、屋面的面层线。

5. 比例小于 1∶200 的平面图、剖面图，可不画材料图例，剖面图的楼地面、屋面的面层线可不画出。

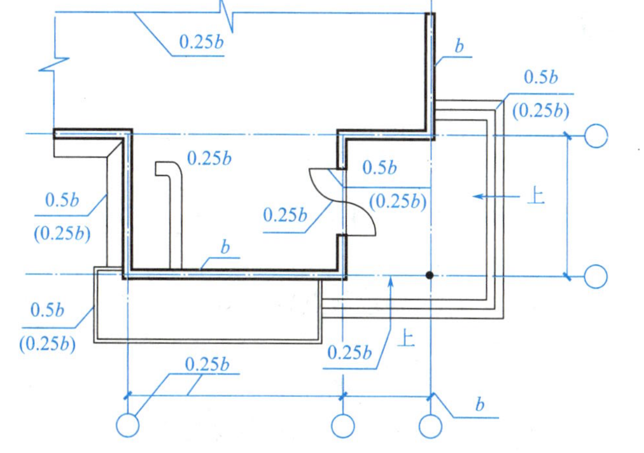

图 11-5　建筑平面图线宽选用示例

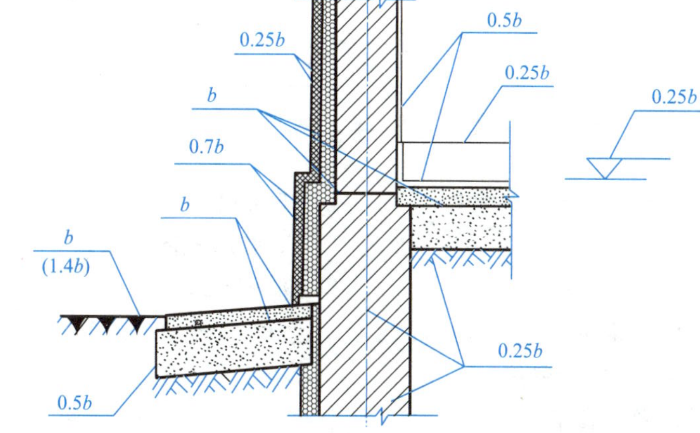

图 11-6　墙身剖面图图线宽度选用示例

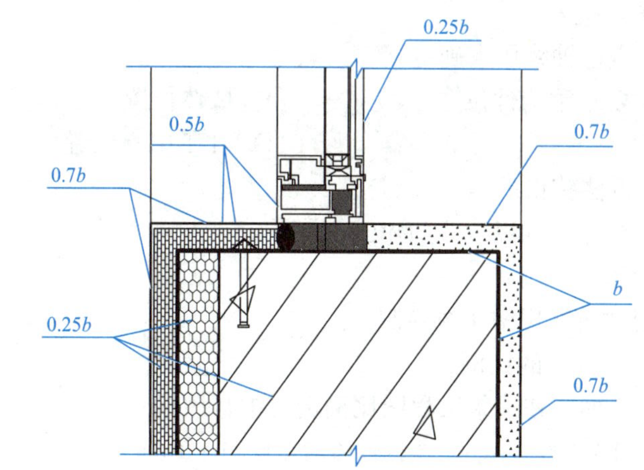

图 11-7　建筑详图图线宽度选用示例

理论实践自测

一、填空题

1. 一套建筑工程施工图根据专业不同，可分为________施工图、________施工图、________施工图等。

2. 建筑施工图一般包括首页图、建筑总平面图、________、________、________和________。

3. 标高数字应以______为单位，注写到小数点以后第______位。在总平面图中，可注写到小数点以后第______位。

4. 为表明建筑物的朝向，在________图和________图上要画出指北针。指北针外圆用________线绘制，圆的直径为______mm，指针尾部宽度约为________mm。

5. 建筑平面图中的尺寸标注有________和________两种。其中外部尺寸中离轮廓线最近的一道称为______尺寸，中间一道称为________尺寸，最外一道称为______尺寸。

6. 建筑剖面图的剖切位置多选择在________________。

7. 楼梯详图一般包括________图、________图和________图。

8. 容积率是指________________。

9. 建筑详图的特点是________________。

二、单选题

1. 总平面图上新建建筑物内部标高是指（　　）的标高。

A. 室外设计地面　　B. 底层室内地面

C. 二层楼面　　D. 屋顶

2. 施工图中均应注明详细的尺寸，国家标准中规定除（　　）和（　　）上的尺寸以（　　）为单位外，其余一律以（　　）为单位。

A. 平面图，剖面图，米，毫米

B. 平面图，总平面图，米，毫米

C. 标高，总平面图，米，毫米

D. 平面图，总平面图，毫米，米

3. 在建筑施工图中，定位轴线用来确定（　　）。

A. 承重墙、柱子等主要承重构件位置　　B. 墙体位置

C. 基础位置　　D. 柱子中心位置

4. 关于总平面图下列说法错误的是（　　）。

A. 总平面图上的尺寸标注，均以 m 为单位

B. 总平面图采用正投影法绘制

C. 总平面图中，新建建筑物用中实线绘制

D. 总平面图可采用 1：2000 的比例

5. 平面图、剖面图、立面图在建筑工程图比例选用中常用（　　）。

A. 1：500，1：200，1：100　　B. 1：1000，1：200，1：50

C. 1：50，1：100，1：200　　D. 1：50，1：25，1：10

6. 建筑剖面图的图名应与（　　）的剖切符号编号一致。

A. 楼梯底层平面图　　B. 底层平面图

C. 基础平面图　　D. 屋顶平面图

7. 主要表示建筑物承重结构构件的布置和构造情况的是（　　）。

A. 建筑施工图　　B. 结构施工图

C. 设备施工图　　D. 构件详图

8. 某新建建筑物的首层室内地面绝对标高为 46.28m，相当于±0.000，室外地坪绝对标高为 45.98m，则室外地坪的相对标高是（　　）m。

A. 0.3　　B. −0.3

C. 46.28　　D. 45.98

9. 下列（　　）是建筑立面图表达的内容。

A. 外墙面装修做法　　B. 各层梁板、楼梯、屋面的结构形式

C. 楼面、阳台、楼梯平台的位置和尺寸　　D. 墙体厚度、门窗洞口宽度

10. 某五层办公楼，其建筑剖面图楼板层标注标高 3.600 是指（　　）。

A. 结构完成面标高，属于相对标高　　B. 结构完成面标高，属于绝对标高

C. 建筑完成面标高，属于相对标高　　D. 建筑完成面标高，属于绝对标高

11. 室外散水应在（　　）表达。

A. 屋顶平面图　　B. 顶层平面图

C. 标准层平面图　　D. 底层平面图

12. 建筑平面图不包括（　　）。

A. 基础平面图　　B. 底层平面图

C. 地下一层平面图　　D. 屋顶平面图

13. 要了解建筑物平面定位坐标，应阅读（　　）。

A. 建筑平面图　　B. 建筑立面图

C. 建筑设计说明　　D. 建筑总平面图

14. 楼梯平面图中标明的“上”或“下”的箭头是以（　　）为起点。

A. 室内首层地坪为起点　　B. 室外地坪为起点

C. 该层楼地面为起点　　D. 该层休息平台为起点

15. 墙上有一预留槽，标注的尺寸 500mm×600mm×150mm 底距地面 1.5m，该槽高度为（　　）。

A. 500mm　　B. 600mm

C. 150mm　　D. 1.5m

16. 若某建筑物房间与卫生间的地面高差为 0.020，标准层高为 3.600，则该楼三层卫生间地面标高应为（　　）。

A. −0.020　　B. 7.180

C. 3.580　　D. 3.600

17. 在建筑识图中一般应遵守的识图原则是（　　）。

A. 由总体到局部　　B. 由结构到建筑

C. 由详图到总图　　D. 由设备到建筑

18. 建筑总平面图中新建房屋的定位依据中用坐标网格定位所表示的 X，Y 是指（　　）。

A. 施工坐标　　B. 建筑坐标

C. 测量坐标　　D. 投影坐标

19. 不属于标准层平面图的图示内容的是（　　）。

A. 门、窗位置及编号　　B. 楼地面标高

C. 墙、柱位置及轴线编号　　D. 指北针

三、综合题

1. 已知某小型房屋建筑平面图，补充其立面图和剖面图中所缺尺寸和图名。

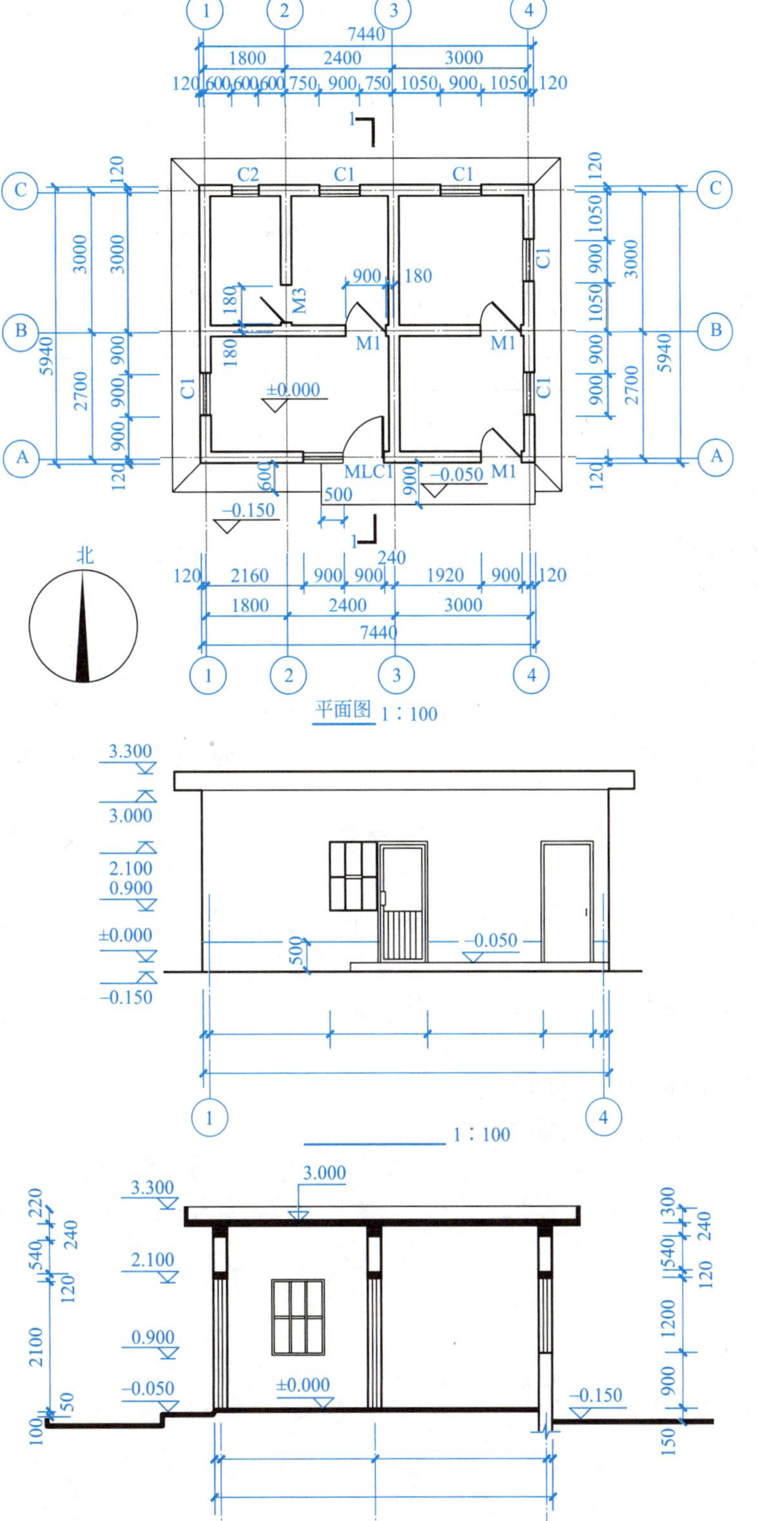

2. 识读某建筑总平面图，回答问题。

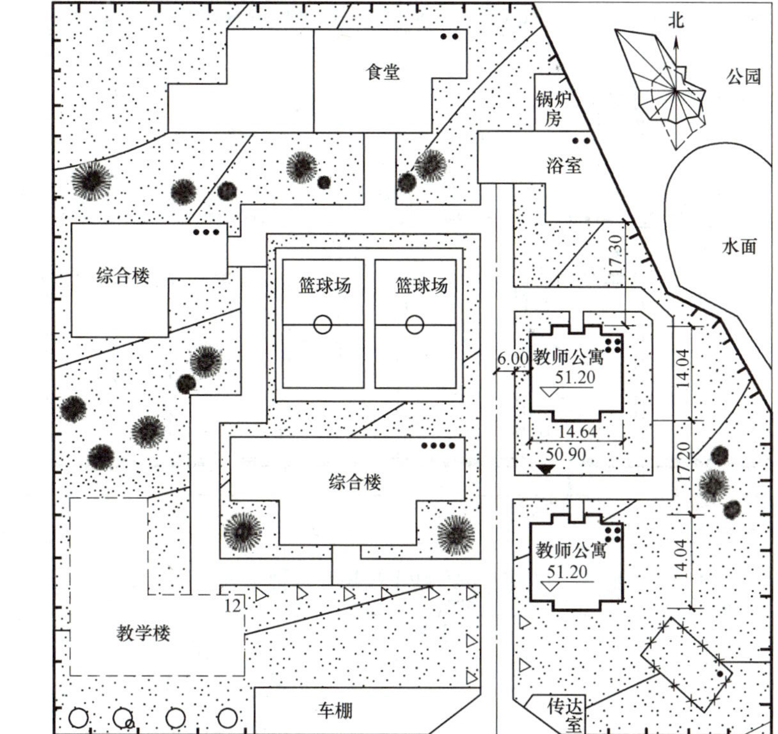

总平面图 1∶500

11-1 建筑总平面图识读解析

(1) 该图图名是________，比例为________。它是________________的依据。

(2) 该地区常年主导风向是________，夏季主导风向是________。

(3) 新建建筑物名称是________，在该区域的________方位，出入口朝________，其层数为________层，总长________，总宽________，室内外高差为________m。

(4) 该区域原有的建筑物分别有________________。

(5) 图上中虚线表示________；曲线表示________。

(6) 需拆除的建筑物在新建建筑物的________方位。

(7) 该区域的出入口朝________。图中[图例]表示________。

(8) 新建建筑物如何定位？

(9) 建筑总平面图的识读步骤是什么？

3. 识读某办公楼建筑平面图（底层平面图），回答问题。

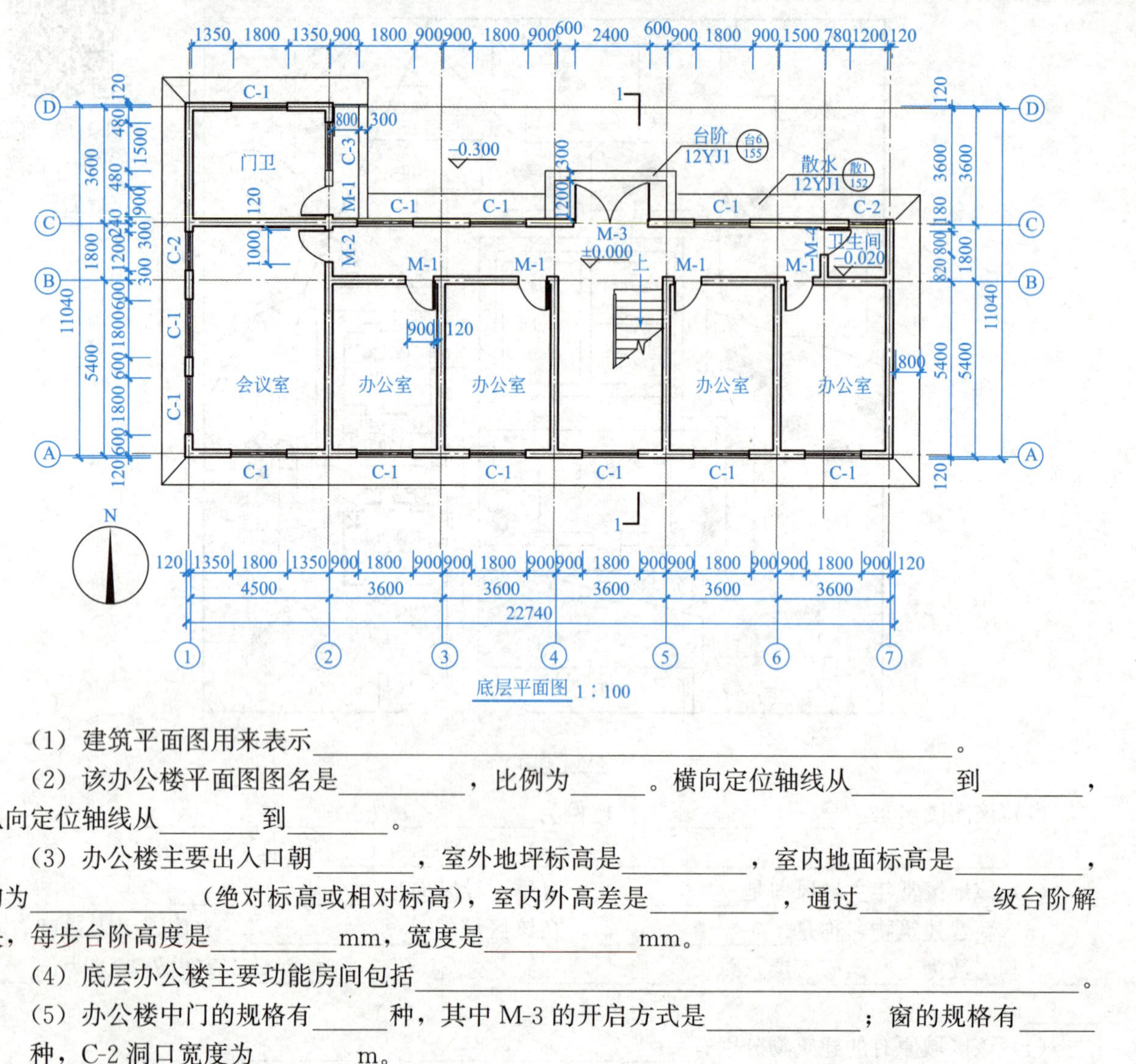

底层平面图 1∶100

（1）建筑平面图用来表示__________。

（2）该办公楼平面图图名是______，比例为______。横向定位轴线从______到______，纵向定位轴线从______到______。

（3）办公楼主要出入口朝______，室外地坪标高是______，室内地面标高是______，均为______（绝对标高或相对标高），室内外高差是______，通过______级台阶解决，每步台阶高度是______mm，宽度是______mm。

（4）底层办公楼主要功能房间包括__________。

（5）办公楼中门的规格有______种，其中 M-3 的开启方式是______；窗的规格有______种，C-2 洞口宽度为______m。

（6）在建筑平面图中，被剖到的墙身用______线绘制，未被剖切的墙身线、窗台、楼梯、台阶、雨篷等用______线绘制，尺寸界线、尺寸线用______线绘制，尺寸起止符号用______线绘制，剖切符号用______线绘制。

（7）办公楼外墙体厚度为______mm，与轴线的关系是______；楼梯设置______部，楼梯间的开间是______m，进深是______m。卫生间的地面比主要室内地面低______mm。

（8）办公楼总长为______m，总宽为______m。散水宽度是______mm。

（9）底层平面图中特有的符号有______和______；图中 1-1 剖切符号所表示的投射方向是______。

（10）图中有 2 处索引符号，请分别说明索引部位及含义？

4. 识读某办公楼建筑立面图，并结合第 3 题的建筑平面图回答问题。

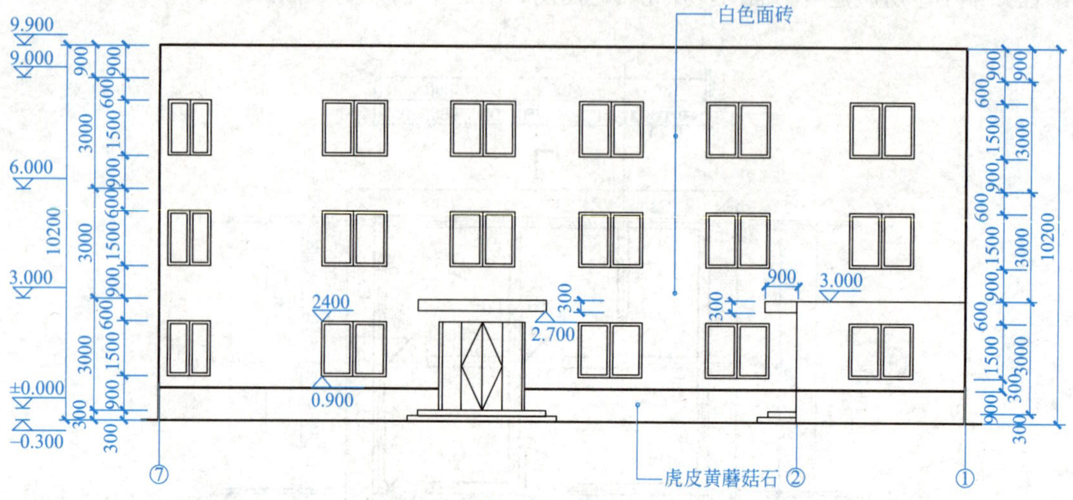

⑦～①立面图 1∶100

（1）该办公楼立面图图名是______，比例为______，一般与______图一致；若按其他方式命名，结合第 4 题图还可称为______。

（2）立面图主要用来表达__________。

（3）该立面图外部尺寸有三道，最里面一道是______尺寸、中间一道是______尺寸、最外一道表示建筑物的______，数值为______m。

（4）办公楼外墙装修做法是______，勒脚高为______m，其装修做法是______。

（5）办公楼共有______层，主体部分底层层高为______m，二层层高为______m，顶层层高为______m。

（6）外窗台高度均为______m，靠近⑦轴线的窗的代号是______，规格尺寸是______。主出入口处门的代号是______，规格尺寸是______。

（7）办公楼室外标高为______m，底层室内标高为______m，均为______（绝对标高或相对标高）。

（8）雨篷底板离室外设计地坪的高度是______m。

（9）建筑立面图的识读步骤有哪些？

5. 识读某办公楼建筑剖面图，并结合第3题的建筑平面图回答问题。

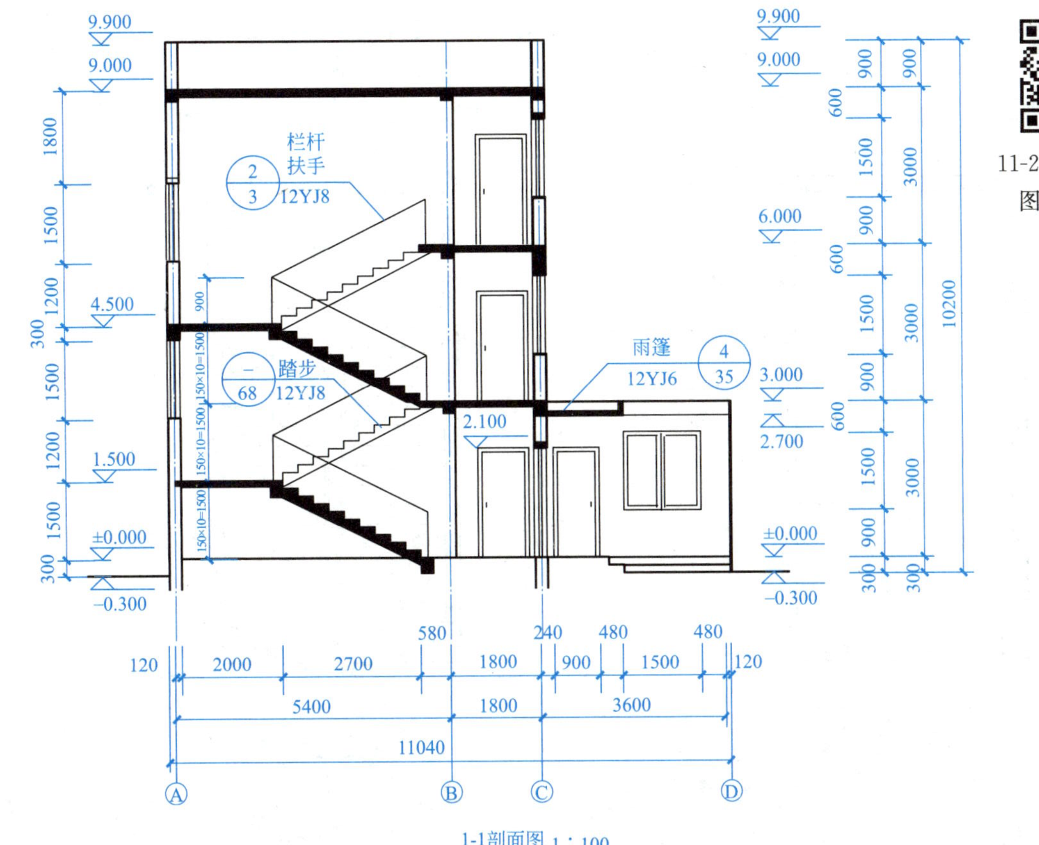

1-1剖面图 1∶100

11-2 建筑剖面图识读解析

（1）该办公楼剖面图图名是________，比例为______，一般与______图一致。

（2）剖面图的剖切位置在________图的______轴和______轴之间，剖切到的具体部位分别是________________。

（3）剖面图主要用来表达________________。

（4）办公楼总高度是______m，一层层高为______m，二层层高是______m，室内外高差是______m，用______步台阶解决此高差。

（5）图中室内外地坪采用______线绘制，被剖切到的钢筋混凝土构件用______表示。

（6）剖面图中剖切到了楼梯，该楼梯的建筑构造形式是________，休息平台处的标高分别是______和______。楼梯梯段长____m，高____m。栏杆扶手高度是____m，从底层上到二层共用______级踏步。

（7）楼梯间窗台高度均是______m，窗的高度均为______m，出入口门的高度是______m，门洞上方涂黑部分构件名称是________。

（8）该办公楼为________（平屋面或坡屋面），檐口形式是________，屋顶标高是______m，女儿墙压顶标高是______m，女儿墙高度为______m。

（9）分别说明图中索引符号的含义，试查阅相关图集，识读并绘制其中一处的标准详图。

6. 识读某建筑物外墙身节点详图，回答问题。

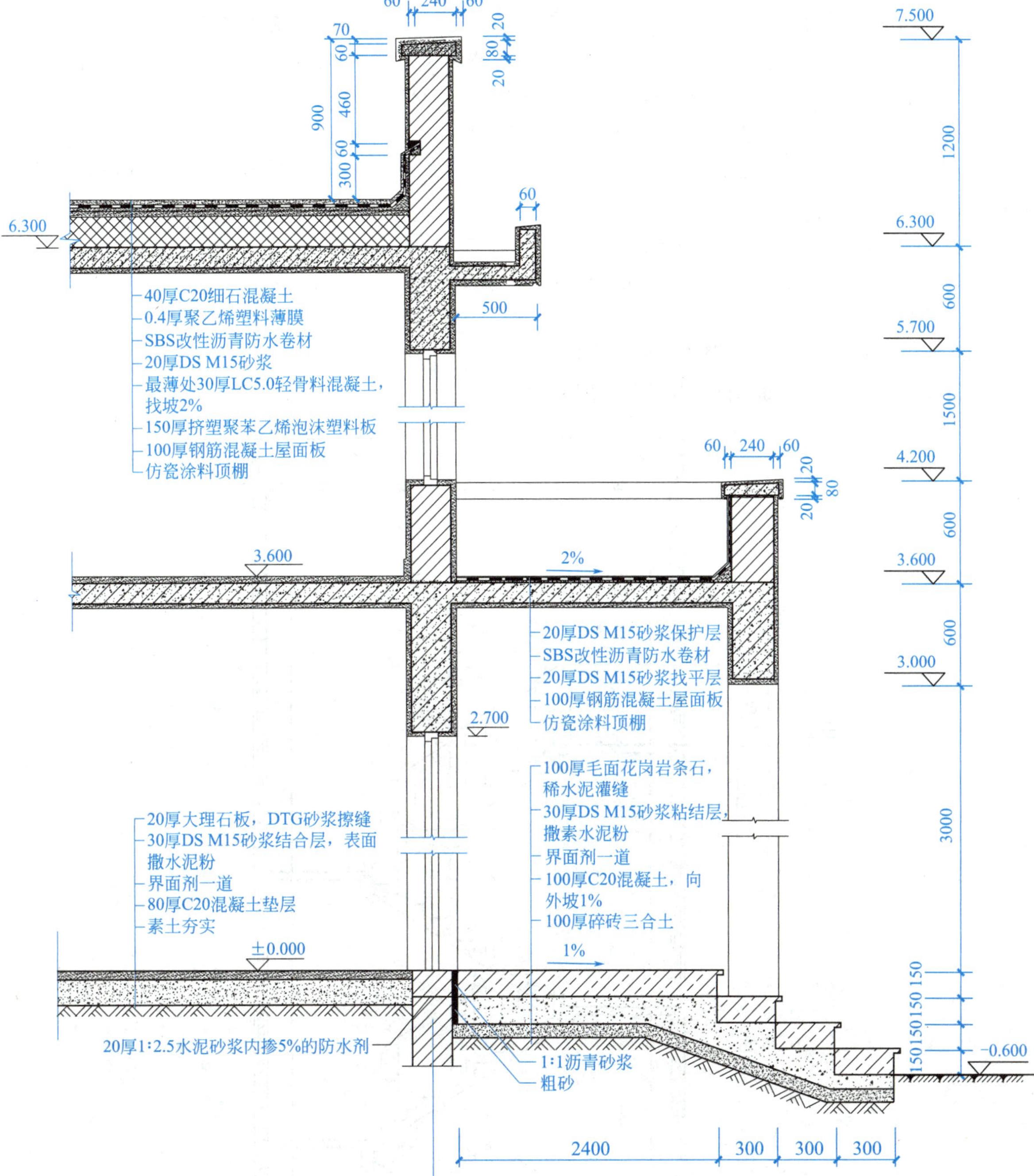

外墙身节点详图 1∶20

（1）墙身详图用来表达________________，常用比例是________，墙体厚度为________mm。

（2）该建筑物的总高是______m，室内外高差是______m，台阶共有___步，台阶踏面宽为______mm，踢面高为______mm。“1∶1沥青砂浆”所指部位的构造名称是________，缝宽一般为______mm。

（3）墙身防潮层的构造做法是＿＿＿＿＿＿＿＿＿＿＿＿＿＿＿＿＿＿＿＿，一般位于＿＿＿＿＿＿＿＿，其作用是＿＿＿＿＿＿＿＿＿＿＿＿＿＿＿＿。

（4）出入口处门洞高度为＿＿＿＿m，二层窗台高为＿＿＿＿m，窗高度为＿＿＿＿m，门窗洞口上方的梁所用材料是＿＿＿＿＿＿＿＿，其截面尺寸为＿＿＿＿＿＿＿＿。

（5）该屋面属于＿＿＿＿（平屋面或坡屋面），防水材料采用＿＿＿＿＿＿＿＿，屋面保温属于＿＿＿＿＿＿＿＿（正置式或倒置式），其特征是＿＿＿＿＿＿＿＿＿＿＿＿＿＿＿＿。

（6）该建筑物屋面檐口形式为＿＿＿＿＿＿＿＿＿＿，其中女儿墙高度＿＿＿mm，女儿墙压顶作用是＿＿＿＿＿＿＿＿＿＿＿＿＿＿＿＿，用＿＿＿＿＿＿＿＿材料。

（7）外挑檐沟净宽为＿＿＿＿mm，下方凹槽构造名称为＿＿＿＿＿＿。

（8）该屋面泛水高度为＿＿＿＿mm，设计上一般不小于＿＿＿mm。

（9）图中“DS M15 砂浆”含义是＿＿＿＿＿＿＿＿＿＿＿＿＿＿＿＿＿＿＿＿。

（10）屋面构造中“0.4 厚聚乙烯塑料薄膜”是＿＿＿＿层，作用是＿＿＿＿＿＿＿＿＿＿。

7. 识读某建筑楼梯平面图和剖面图，回答问题。

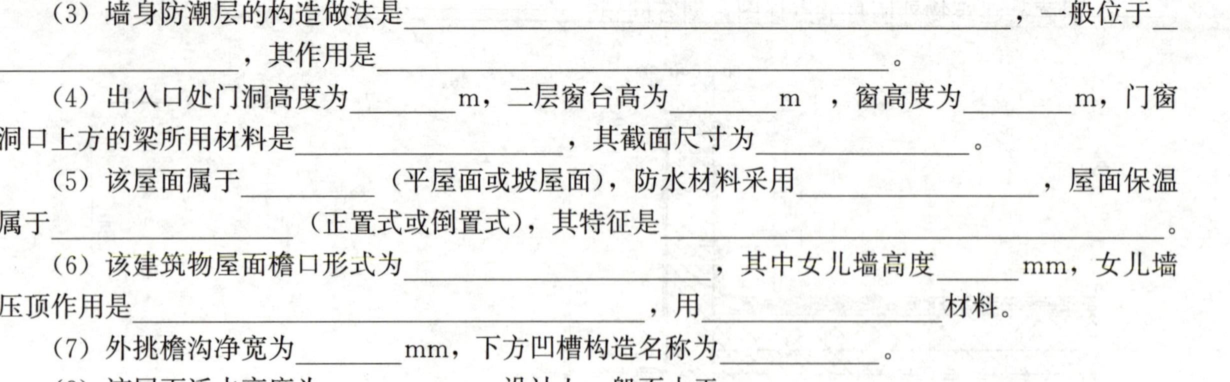

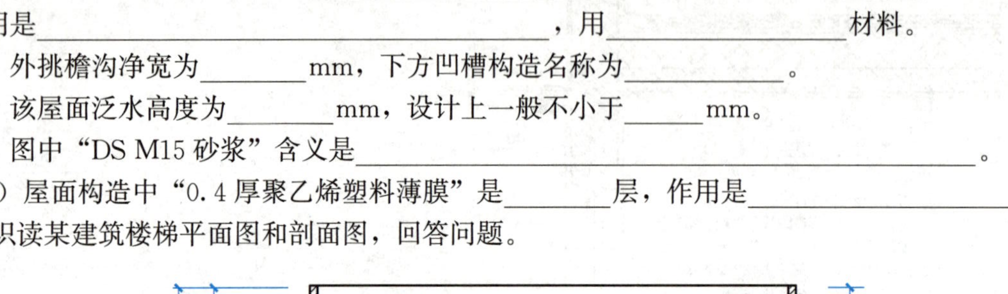

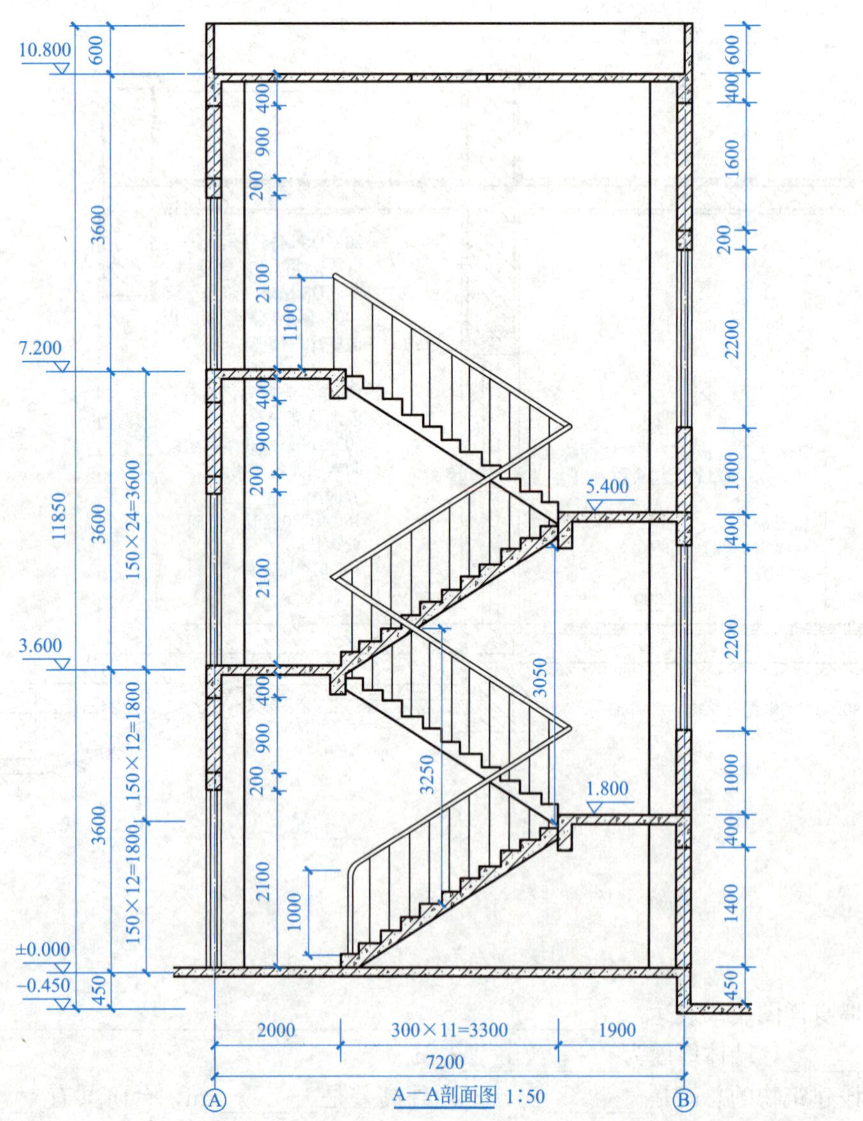

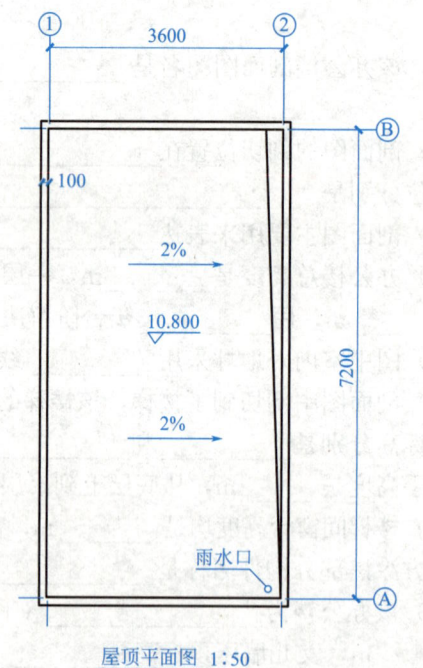

A—A剖面图 1:50

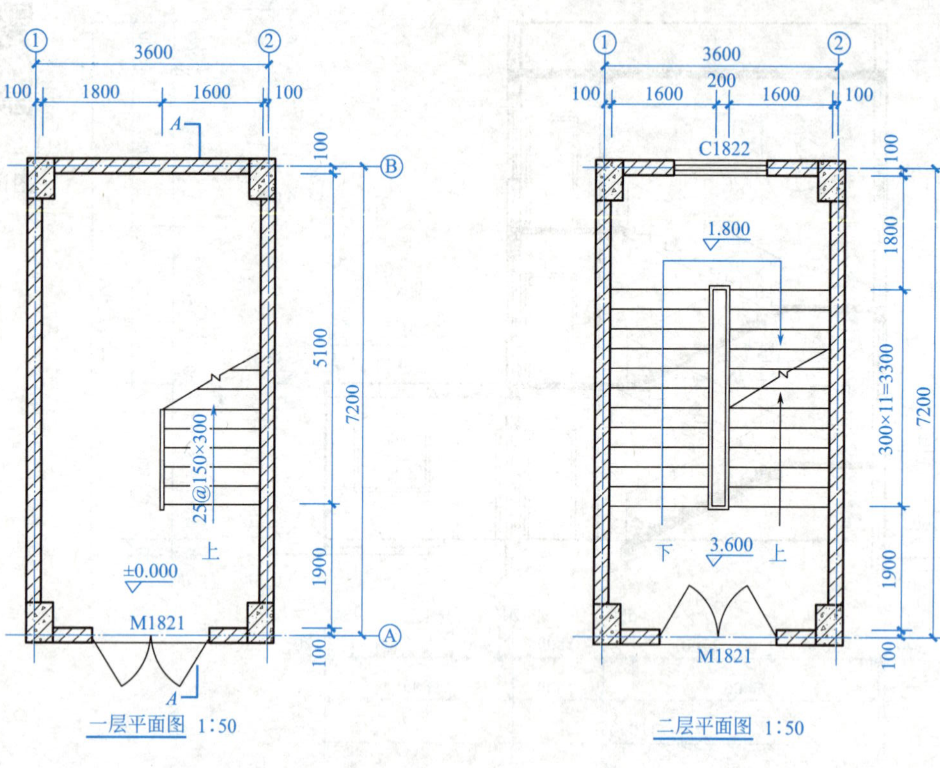

一层平面图 1:50

二层平面图 1:50

三层平面图 1:50

屋顶平面图 1:50

（1）楼梯平面形式是＿＿＿＿＿＿＿＿；楼梯间类型是＿＿＿＿＿＿＿＿＿＿（敞开或封闭）；楼梯的结构形式是＿＿＿＿＿＿＿＿＿。

（2）楼梯间开间是＿＿＿＿m，进深是＿＿＿＿m；二层的层高为＿＿＿＿＿m。平台梁高为＿＿＿＿＿m。

（3）楼梯梯段宽度为＿＿＿＿m，梯段长度为＿＿＿＿m，梯段高度为＿＿＿＿m。

（4）5.400 标高至 7.200 标高共有＿＿＿＿级踏步，踏面宽为＿＿＿＿m，踢面高为＿＿＿＿m。

（5）楼梯休息平台的宽度为＿＿＿m，二～三层中间平台的标高是＿＿＿＿＿m。

（6）楼梯梯井宽度为＿＿＿＿m，楼梯间窗的规格尺寸是＿＿＿＿＿m。

（7）楼梯扶手高度为＿＿＿m，顶层水平段扶手高度为＿＿＿m。栏杆净间距不大于＿＿＿＿m。

（8）楼梯详图包含哪些内容？

（9）一层平面图中大门“M1821”的开启方向是否有误？

8. 识读某六层综合楼楼梯平面图，回答问题。

（1）本工程楼梯的平面形式是＿＿＿＿＿＿＿＿＿＿＿＿，属于＿＿＿＿＿＿（开敞或封闭）楼梯间。

（2）楼梯间墙体厚度为＿＿＿mm，墙体中部内小方框表示的构件是＿＿＿＿＿，其作用是＿＿＿＿＿＿＿＿＿＿＿＿＿＿＿＿＿＿＿＿＿＿＿＿。

（3）该建筑物一层层高是＿＿＿＿m，一～二层楼梯休息平台标高为＿＿＿＿＿m；二层层高是＿＿＿＿＿m，二～三层楼梯休息平台标高为＿＿＿＿＿＿＿m；三～六层层高均为＿＿＿＿＿m。

（4）楼梯梯段宽度为＿＿＿＿＿mm，一层楼梯步级数是＿＿＿步，踏面宽度为＿＿＿＿mm，踢面高度为＿＿＿＿mm；二层楼梯步级数是＿＿＿步，踏面宽度为＿＿＿＿mm，踢面高度为＿＿＿＿mm；三层及以上楼梯步级数是＿＿＿步，踏面宽度为＿＿＿＿mm，踢面高度为＿＿＿＿mm。

（5）三层以上楼梯休息平台的宽度为＿＿＿＿mm，其宽度按设计要求是＿＿＿＿＿＿＿＿＿＿＿＿＿＿＿＿＿＿＿＿＿＿＿＿＿＿＿＿。

（6）梯井是指＿＿＿＿＿＿＿＿＿＿＿＿＿＿＿＿＿＿＿＿＿＿＿＿＿＿，本工程楼梯梯井宽度为＿＿＿＿＿＿mm。

（7）顶层楼梯中间部分有一水平段栏杆，其设计要求高度不小于＿＿＿＿＿m，该楼梯若采用垂直栏杆，其净距不大于＿＿＿＿mm，底部离楼面＿＿＿＿mm 高度内不宜留空。

（8）栏杆扶手、踏步详图通常表达哪些内容？

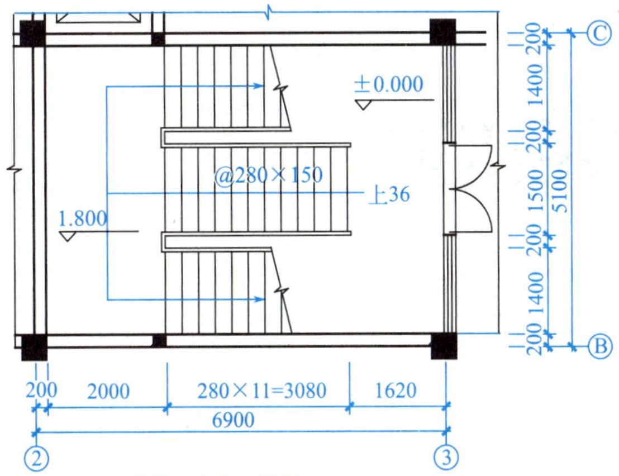

楼梯一层平面详图 1 : 50

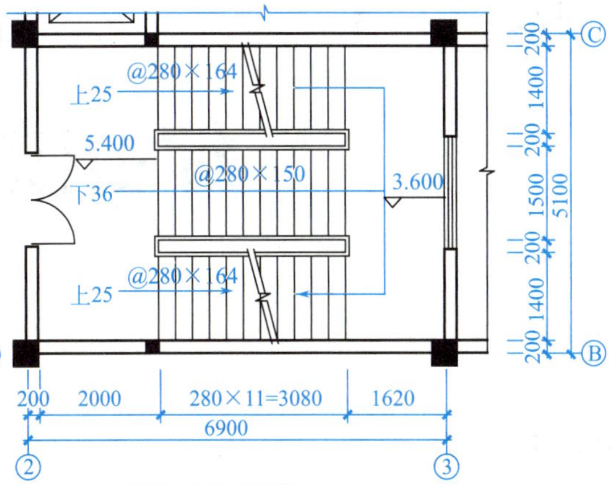

楼梯二层平面详图 1 : 50

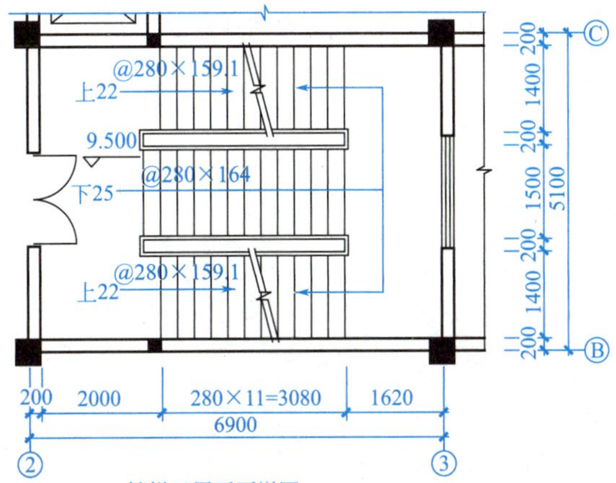

楼梯三层平面详图 1 : 50

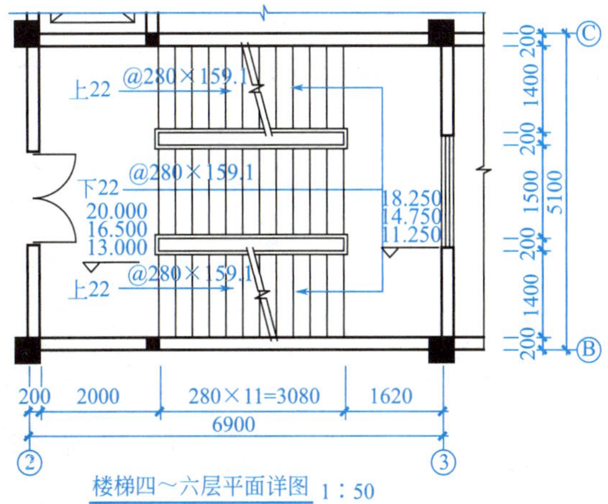

楼梯四～六层平面详图 1 : 50

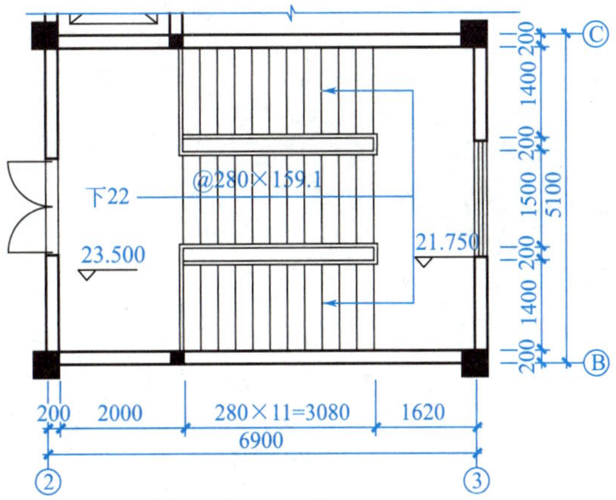

楼梯屋面层平面详图 1 : 50

11-3 办公楼
1-1 剖面图

项目十二 综合技能实训

Project 12

学习基本要求

根据别墅建筑施工图和办公楼建筑施工图两套图纸，进行“1＋X”建筑工程识图技能证书初级和中级（建筑设计方向）考试模拟，使学生进一步掌握投影原理，建筑制图规则及方法和建筑构造知识，提高学生对建筑施工图的识读和绘图综合应用能力。

建筑工程识图职业技能等级考试样卷（100分）

类别：初级 识图部分（满分60分）

【说明】参考图纸——附图1 别墅建筑施工图

一、单项选择题（每题1分，45题共45分）

1. A1图纸幅面尺寸为（ ）mm。

A. 841×1189　B. 594×841　C. 420×594　D. 297×420

2. 耐火砖的建筑图例是（ ）。

A.　B.　C.　D.

3. 通常断面图的剖切位置线绘制成粗实线，长度宜为（ ）mm。

A. 2～4　B. 4～6　C. 6～10　D. 10～12

4. 定位轴线应用（ ）绘制。

A. 中单点画线　B. 中实线　C. 细单点长画线　D. 细实线

5. 在建筑制图中，一般要求字体为（ ）。

A. 仿宋体　B. 宋体　C. 长仿宋体　D. 黑体

6. 按照形体的表面几何性质，几何形体可以分为（ ）和平面立体两大类。

A. 圆柱体　B. 曲面立体　C. 圆台体　D. 圆锥体

7. 已知某构件的左侧立面与平面图，请选择正立面图正确的一项（ ）。

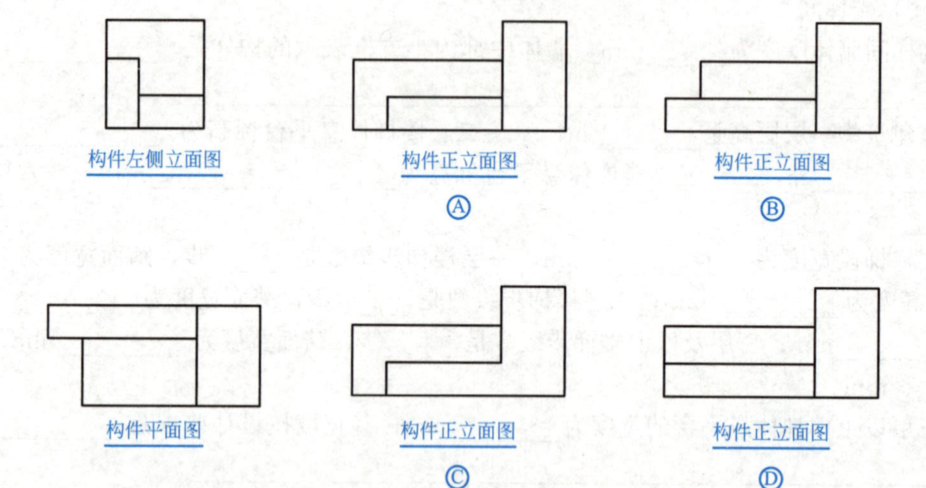

8. 正等测和斜二测的∠XOY轴间角分别是（ ）。

A. 135°、120°　B. 135°、90°　C. 120°、135°　D. 120°、90°

9. 线段的正投影显实性要求线段（ ）于投影面。

A. 铅垂　B. 平行　C. 倾斜　D. 从属

10. 物体在侧投影面上反映的方向是（ ）。

A. 上下、左右　B. 前后、左右　C. 上下、前后　D. 上下、左右

11. 已知某构件的正立面图与左侧立面图，请选择平面图正确的一项（　　）。

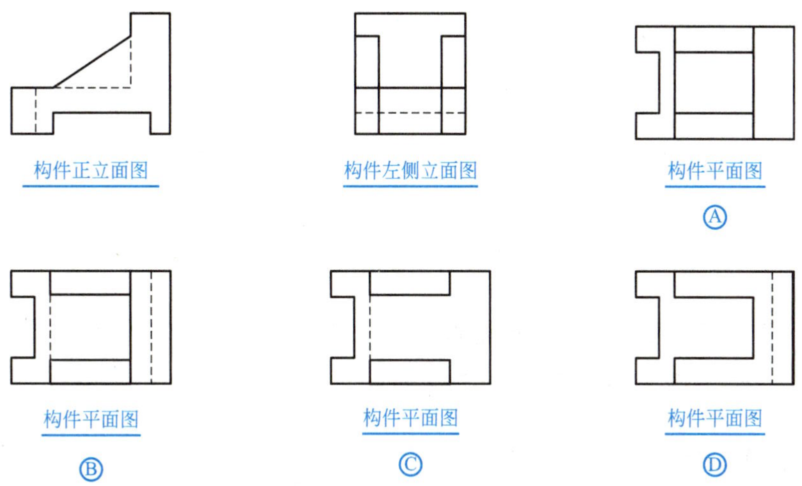

构件正立面图　构件左侧立面图

构件平面图 Ⓐ

构件平面图 Ⓑ

构件平面图 Ⓒ

构件平面图 Ⓓ

12. 本工程防火等级为（　　）。

A. 一级　B. 二级　C. 三级　D. 四级

13. 本工程墙体所用的材料是（　　）。

A. 蒸养灰砂砖　B. 烧结多孔砖　C. 加气混凝土砌块　D. 烧结普通砖

14. 本工程室内外高差为（　　）m。

A. 0.45　B. 0.90　C. 0.15　D. 0.30

15. 本工程散水宽度和排水坡度分别为（　　）。

A. 600mm，5%　B. 700mm，4%　C. 800mm，4%　D. 900mm，5%

16. 本工程二层共有（　　）种规格的窗。

A. 2　B. 3　C. 4　D. 5

17. 已知某构件的平面图与左侧立面图，请选择正立面图正确的一项（　　）。

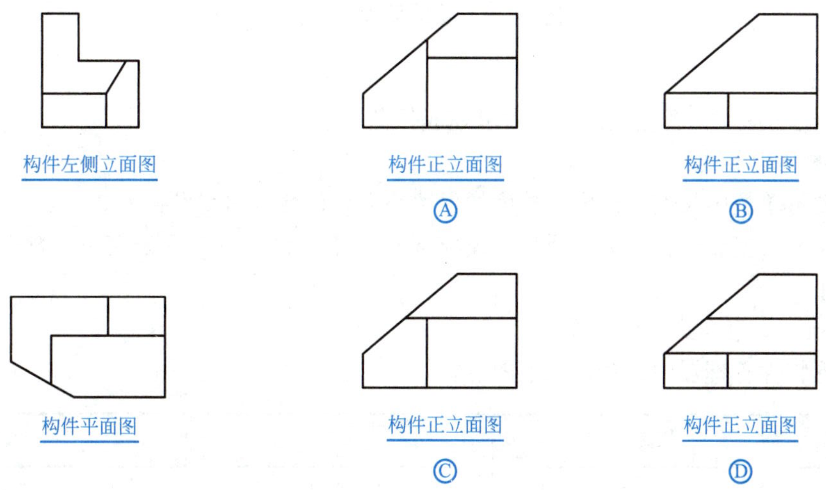

构件左侧立面图

构件正立面图 Ⓐ

构件正立面图 Ⓑ

构件平面图

构件正立面图 Ⓒ

构件正立面图 Ⓓ

18. 下列不属于组合体的尺寸类型的是（　　）。

A. 定形尺寸　B. 定位尺寸　C. 定量尺寸　D. 总尺寸

19. 本工程二层卫生间楼面的绝对标高是（　　）m。

A. 3.600　B. 3.580　C. 94.030　D. 94.050

20. 本工程墙体水平防潮层位置和材料是（　　）。

A. 室内地坪以下 60mm 处，20 厚 1：2 水泥砂浆内掺 5%防水剂

B. 室内地坪以上 60mm 处，20 厚 1：2 水泥砂浆内掺 5%防水剂

C. 室内地坪以下 60mm 处，1.5 厚聚氨酯防水涂料

D. 室内地坪以上 60mm 处，1.5 厚聚氨酯防水涂料

21. 本工程外窗台排水坡度为（　　）。

A. 2%　B. 3%　C. 4%　D. 5%

22. 本工程室内外露明金属件的油漆均需刷（　　）底漆。

A. 乳胶　B. 真石　C. 防锈　D. 调和

23. 本工程一层出入口门的开启方式是（　　）。

A. 双扇平开外开门　B. 四扇平开外开门

C. 双扇平开内开门　D. 四扇平开内开门

24. 本工程勒脚高度为（　　）mm。

A. 900　B. 450　C. 1350　D. 1250

25. 本工程楼梯扶手材料是（　　）。

A. 金属　B. 硬木　C. 塑料　D. 混凝土

26. 本工程的朝向是（　　）。

A. 朝东　B. 朝西　C. 朝南　D. 朝北

27. M0921 表示（　　）。

A. 窗洞口宽 900mm、高 2100mm

B. 门洞口宽 900mm、高 2100mm

C. 窗洞口宽 2100mm、高 900mm

D. 门洞口宽 2100mm、高 900mm

28. 本工程二层共有（　　）种规格的窗。

A. 2　B. 3　C. 4　D. 5

29. 本工程露台坡度为（　　），设计上多为（　　）找坡。

A. 1%，材料　B. 2%，材料

C. 3%，结构　D. 4%，结构

30. 本工程屋面所用的保温材料是（　　）。

A. 矿棉　B. 泡沫玻璃

C. 挤塑聚苯乙烯泡沫板　D. 加气混凝土

31. 本工程屋面保温材料的燃烧性能是（　　）。

A. 不燃材料　B. 难燃材料

C. 可燃材料　D. 易燃材料

32. 本工程有关外墙外窗台说法正确的是（　　）。

A. 采用 100 高 C20 钢筋混凝土悬挑窗台

B. 采用 120 高 C20 钢筋混凝土不悬挑窗台

C. 采用 120 高砖砌悬挑窗台

D. 采用 100 高砖砌不悬挑窗台

33. 本工程卫生间地面比室内主要地面低（　　）mm。

A. 20　B. 30

C. 15　D. 50

34. 本工程地面采用花岗岩装修的部位是（　　）。

A. 客厅　　B. 楼梯间　　C. 露台　　D. 室外台阶

35. 本工程一层餐厅窗台高度为（　　）mm。

A. 800　　B. 900　　C. 1000　　D. 1100

36. 本工程中女儿墙从结构板面算起高度为（　　）mm。

A. 1400　　B. 1450　　C. 1500　　D. 1550

37. 本工程二层平面图中露台标高 3.550 指的是（　　）。

A. 平屋顶结构板面　　B. 平屋顶结构板底

C. 平屋顶完成面的最低点　　D. 平屋顶完成面的最高点

38. 本工程中女儿墙从结构板面算起高度为（　　）mm。

A. 1400　　B. 1450　　C. 1500　　D. 1550

39. 本工程 1-1 剖面图中看到的门宽为（　　）mm，其开启方式为（　　），到 D 轴的距离为（　　）mm。

A. 800，内开，120　　B. 700，外开，150

C. 900，内开，180　　D. 1000，外开，240

40. 本工程有关楼梯说法错误的是（　　）。

A. 为平行双跑楼梯　　B. 踏面宽度为 240mm

C. 第一跑踏步数为 10 步　　D. 楼梯栏杆高度为 900mm

41. 本工程楼梯休息平台宽为（　　）mm。

A. 1200　　B. 1320　　C. 2160　　D. 2400

42. 本工程屋面防水材料是（　　）。

A. 3 厚 APP 改性沥青防水卷材　　B. 4 厚 SBS 改性沥青防水卷材

C. 1.5 厚聚氯乙烯防水卷材　　D. 1.5 厚三元乙丙橡胶防水卷材

43. 本工程楼梯栏杆与梯段的连接方式是（　　）。

A. 预埋件焊接　　B. 预留孔插接

C. 膨胀螺栓连接　　D. 图中未明确

44. 本工程屋面出入口处有（　　）级踏步，其宽×高分别为（　　）。

A. 2，300mm×150mm　　B. 1，420mm×150mm

C. 3，350mm×120mm　　D. 4，450mm×120mm

45. 本工程屋面排水管材料是（　　），管径为（　　）mm。

A. PVC，100　　B. UPVC，110

C. PVC，110　　D. UPVC，100

二、多项选择题（每题 3 分，5 题共 15 分。多选、错选不给分，漏选得 1 分）

1. 根据本工程建筑施工图设计说明，以下说法正确的是（　　）。

A. 本工程为多层住宅建筑

B. 本工程为框架结构

C. 本工程的抗震设防烈度为 7 度

D. 除标高外，其他尺寸以 mm 为单位

E. 本工程基础是条形基础

2. 下列说法正确的是（　　）。

A. 每层平面图中应标明相对标高

B. 剖切符号应绘制在每层平面图

C. 构造详图比例一般为 1∶100

D. 首层平面图应绘制指北针

E. 总平面图的比例一般为 1∶500

3. 本工程以下说法错误的是（　　）。

A. 内墙阳角的护角高度是 1800mm

B. 门窗表中所注门窗尺寸均为洞口尺寸

C. 卫生间地面的排水坡度为 1.5%

D. 本工程屋面标高为结构标高

E. 楼梯第一跑踏步数为 10

4. 有关剖面图与断面图关系，错误描述的有（　　）。

A. 剖面图与断面图所表示的信息是相同的

B. 剖面图与断面图所表示的信息是不同的

C. 断面图与剖面图的编号方式相同

D. 断面图与剖面图的编号方式不同

E. 剖面图包含断面图

5. 本工程有关屋面做法，下列说法正确的是（　　）。

A. 有两道防水层

B. 女儿墙压顶厚度为 120mm

C. 采用正置式保温

D. 采用倒置式保温

E. 女儿墙泛水高度为 300mm

类别：初级　绘图部分（满分 40 分）

任务一　绘图环境设置（8 分）

1. 新建文件

启动 CAD 绘图软件，新建文件后按要求完成任务。

2. 设置绘图环境参数

（1）设置图形单位中长度、角度、精度的保留小数点位数（精度设置为 0.00）。

（2）根据绘图习惯，调整绘图选项板中十字光标大小、自动捕捉标记大小、靶框大小、拾取框大小和夹点大小。

3. 设置图层、文字样式、标注样式

（1）在图形特性管理器中，新建如下图层：

图层名称	颜色	线型	线宽
图框	白色	默认实线	默认
轮廓	白色	默认实线	0.5mm
墙体	白色	默认实线	0.5mm
散水	洋红	默认实线	默认

续表

图层名称	颜色	线型	线宽
楼梯	蓝色	默认实线	默认
填充	红色	默认实线	默认
标注	青色	默认实线	默认
中心线	红色	Center2	默认
轴线	红色	Center2	默认
门窗	黄色	默认实线	默认
虚线	绿色	DASHED	默认

（2）设置两个文字样式，分别用于“汉字”和“数字和字母”的注释，所有字体均为直体字，宽度因子为 0.7。

① 用于“汉字”的文字样式，文字样式命名为“HZ”，字体名选择“仿宋”。

② 用于“数字和字母”的文字样式，文字样式命名为“XT”，字体名选择“simplex. shx”，大字体选择“HZTXT”。

（3）设置尺寸标注样式

尺寸标注样式名为“BZ”，文字样式用“XT”，尺寸界线超出尺寸线“2”，尺寸界线起点偏移量“2”，基线间距“8”，文字高度“3”，文字从尺寸线偏移“1”，主单位精度设置为“0”，其他参数请根据国家标准的相关要求进行设置。

4. 绘制图框

（1）绘制图框：在模型空间绘制，使用 1∶1 的比例，按 GB-A3 图纸幅面要求，横装、留装订边，在图框层。

（2）绘制标题栏：按下图所示的标题栏，在图框层绘制，不标注尺寸。

（3）图框线、标题栏、标题栏分隔线的线宽设置需符合国家标准要求。

（4）标题栏文字使用“汉字”的文字样式，图名字高为“7”，其余文字字高为“5”，文字居中放置。

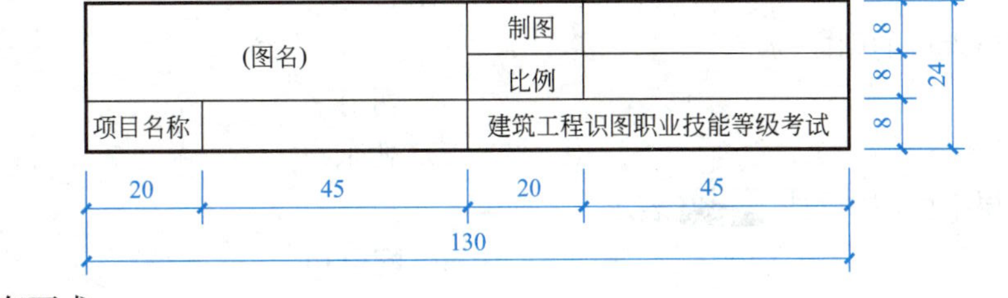

5. 文件保存要求

（略）。

任务二　三面投影图绘制（6 分）

1. 调用样板文件

（略）。

2. 绘图要求

补充绘制图样的左视图，不标注尺寸。

3. 文件保存要求

（略）。

任务三　正等轴测图绘制（6 分）

1. 调用样板文件

（略）。

2. 绘图要求

根据给定组合体的三面投影图完成组合体正等轴测图绘制，不标注尺寸。

3. 文件保存要求

（略）。

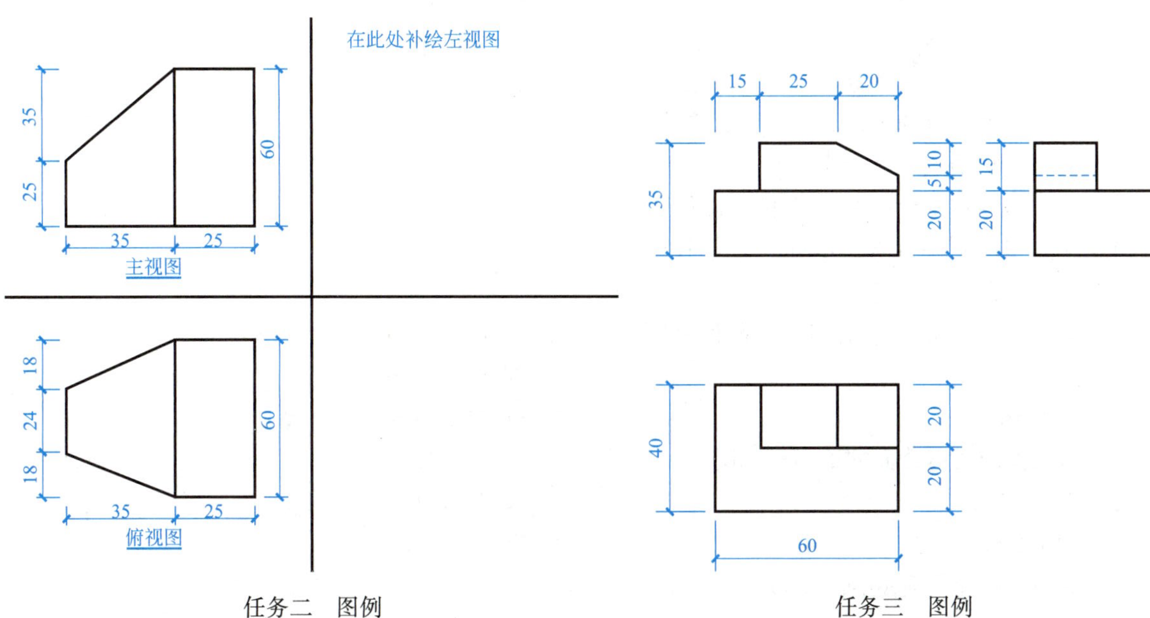

任务二　图例　　　任务三　图例

任务四　施工图绘制（20 分）

1. 新建文件

启动 CAD 绘图软件，自行完成绘图环境设置后按要求绘制图纸。

2. 绘图要求

（1）抄绘附图 1 中的“一层平面图”所有内容（包含散水、指北针、图名及比例）。

（2）图中未明确标注的尺寸根据住宅建筑构造常见形式自行确定尺寸。

（3）绘图比例 1∶1，出图比例 1∶100。

（4）家具无需绘制，房间面积无需标注。

3. 文件保存要求

（略）。

建筑工程识图职业技能等级考试样卷（100 分）

类别：中级（建筑设计方向） 识图部分（满分 70 分）

【说明】参考图纸——附图 2　办公楼建筑施工图

一、单项选择题（每题 1.5 分，40 题共 60 分）

1. 以下各项中，不属于立面图应表示内容的是（　　）。

A. 主要部位的标高　　B. 重要的竖向尺寸
C. 墙面装饰材料　　D. 指北针

2. 民用建筑台阶的规定，下列哪条错误（　　）。

A. 台阶高度超过 900mm 时可不设护栏设施
B. 室内台阶踏数不应少于 2 步
C. 主入口的室外台阶踏步高度不应大于 0.15m
D. 主入口的室外台阶踏步宽度不应小于 0.30m

以下“本工程”施工图纸见附图 2。

3. 本工程卫生间地面与同层楼面标高的关系是（　　）。

A. 无高差　　B. 低 15mm
C. 低 20mm　　D. 高 20mm

4. 本工程档案室楼面的绝对标高为（　　）。

A. 112.30m　　B. 108.40m
C. 116.20m　　D. 116.50m

5. 本工程的建筑高度为 16.50m 指的是（　　）。

A. 规划高度　　B. 消防高度
C. 屋面板底高度　　D. 结构高度

6. 本工程有关外墙保温，下列说法正确的是（　　）。

A. 保温类型为外墙外保温
B. 外墙保温层的厚度为 80mm
C. 所有外墙均做保温
D. 保温材料采用挤塑聚苯板

7. 本工程卫生间周边（除门洞外）墙体下部翻边高度为（　　）。

A. 200mm　　B. 250mm
C. 300mm　　D. 350mm

8. 本工程基底面积为（　　）。

A. $666.51m^2$　　B. $1936.98m^2$
C. $2603.49m^2$　　D. $1270.47m^2$

9. 本工程屋 1 采用的保温材料与构造是（　　）。

A. 60 厚岩棉板　　B. 70 挤塑聚苯板
C. 80 厚岩棉板　　D. 90 厚挤塑聚苯板

10. 以下建筑中，属于居住建筑的是（　　）。

A. 宾馆　　B. 宿舍
C. 办公楼　　D. 航站楼

11. 本工程屋 1 找坡方式及坡度是（　　）。

A. 材料找坡，2%　　B. 材料找坡，3%
C. 结构找坡，2%　　D. 结构找坡，3%

12. 本工程室内踢脚线的高度为（　　）mm。

A. 100　　B. 120
C. 150　　D. 180

13. 本工程室外散水的宽度为（　　）mm。

A. 700　　B. 800
C. 900　　D. 1000

14. 本工程属于（　　）。

A. 高层公共建筑　　B. 多层公共建筑
C. 多层居住建筑　　D. 低层公共建筑

15. 所有管井、管道间门应设门槛，其高度为（　　）mm。

A. 200　　B. 250
C. 300　　D. 350

16. 本工程标高 11.650m 到 15.500m 处的垂直交通设施是（　　）。

A. 楼梯 LT1　　B. 楼梯 LT2
C. 坡道　　D. 钢爬梯

17. 本工程楼梯 LT1 的平面形式是（　　）。

A. 三跑楼梯　　B. 双分平行楼梯
C. 剪刀式楼梯　　D. 平行双跑楼梯

18. 关于墙身详图的说法不正确的是（　　）。

A. 要表示出墙体的细部构造　　B. 图面要表示出材料的图例及符号
C. 墙身详图实质是剖面图　　D. 应绘出每一层墙身

19. 本工程的抗震设防烈度为（　　）。

A. 6 度　　B. 7 度
C. 8 度　　D. 9 度

20. 本工程主出入口的朝向为（　　）。

A. 朝北　　B. 朝南
C. 朝西　　D. 朝东

21. 本工程二层平面图中的 [图例] 表示（　　）。

A. 混凝土墙　　B. 配电箱
C. 风井　　D. 单栓消火栓箱

22. 本工程所在地区气候热工分区为（　　）。

A. 寒冷地区　　B. 夏热冬暖
C. 夏热冬冷　　D. 严寒地区

23. 本工程的基础型式是（　　）。

A. 条形基础　　B. 独立基础
C. 筏形基础　　D. 桩基础

24. 本工程共设置了（　　）处消防救援窗。

A. 4　　B. 5

C. 6　　D. 图中未表达

25. 本工程 M0821 表示（　　）。

A. 窗洞口宽 800mm、高 2100mm　　B. 门洞口宽 800mm、高 2100mm

C. 窗洞口宽 2100mm、高 800mm　　D. 门洞口宽 2100mm、高 800mm

26. 本工程楼梯 LT1 的梯井宽度为（　　）mm。

A.200　　B. 150

C. 100　　D. 60

27. 本工程 C2224 的开启方式是（　　）。

A. 平开　　B. 推拉

C. 上悬　　D. 下悬

28. 本工程屋面排水方式是（　　）。

A. 无组织排水　　B. 女儿墙内檐沟外排水

C. 挑檐沟外排水　　D. 自由落水

29. 弱电机房空调洞距室内地面高（　　）mm。

A. 250　　B. 300

C. 500　　D. 550

30. 本工程朝东出入口处雨篷的排水坡度为（　　）。

A. 0.5%　　B. 1.0%

C. 1.5%　　D. 2%

31. 本工程室外台阶的面层材料是（　　）。

A. 火烧面芝麻白花岗石　　B. 陶瓷防滑地砖

C. 水泥砂浆　　D. 细石混凝土

32. 本工程楼梯 LT1 二～三层的踏步的数量为（　　）。

A. 12 步　　B. 13 步

C. 24 步　　D. 26 步

33. 下列不属于本工程层高的是（　　）。

A. 3.3m　　B. 3.6m

C. 3.9m　　D. 5.6m

34. 本工程除卫生间外，所有阳角处做的护角高度为（　　）mm。

A. 2000　　B. 1800

C. 1500　　D. 900

35. 本工程内墙面的装修做法共有（　　）。

A. 3 种　　B. 4 种

C. 5 种　　D. 6 种

36. 本工程楼梯间护窗栏杆的高度为（　　）m。

A. 0.95m　　B. 1.0m

C. 1.05m　　D. 1.1m

37. 以下对建筑立面图室外地坪线的描述中，正确的是（　　）。

A. 地坪线应为室外自然地面，用特粗实线表示

B. 地坪线应为室外设计地面，用特粗实线表示

C. 地坪线应为室外自然地面，用细实线表示

D. 地坪线应为室外设计地面，用细实线表示

38. 本工程出屋面台阶踏步尺寸（宽×高）为（　　）。

A. 300mm×150mm　　B. 350mm×160mm

C. 280mm×150mm　　D. 320mm×160mm

39.《建筑制图标准》GB/T 50104—2010 规定，关于尺寸标注以下说法不正确的是（　　）。

A. 尺寸可分为外包尺寸、轴线尺寸和详细尺寸

B. 尺寸可分为总尺寸、定位尺寸和细部尺寸

C. 标注建筑平面图的定位尺寸时，应注写与其最邻近的轴线间的尺寸

D. 绘图时，应根据设计深度和图纸用途确定注写的尺寸

40. 本工程屋 2 女儿墙防水层上翻高度为（　　）。

A. 200mm　　B. 250mm　　C. 350mm　　D. 600mm

二、多项选择题（每题 2 分，5 题共 10 分，多选、错选不给分，漏选得 1 分）

1. 关于本工程屋 1，下列说法不正确的是（　　）。

A. 采用倒置式保温屋面

B. 为上人屋面

C. 找平层采用 20 厚 1∶2.5 水泥砂浆

D. 混凝土设备基座高度为 500mm

E. 保护层设置分隔缝的主要目的是便于施工

2. 关于本工程无障碍设计，下列说法正确的有（　　）。

A. 设置无障碍坡道，其坡度为 1∶12

B. LT2 为无障碍楼梯

C. 一～三层均设置有无障碍卫生间

D. 没有设置无障碍电梯

E. 入口平台处与室内高差为 20mm，均做缓坡处理

3. 本工程关于门窗的构造说法正确的是（　　）。

A. 窗框选用 60 系列断桥铝合金（5+12A+5）

B. 窗台低于 800mm 时须做护窗栏杆

C. 北向和南向卫生间外窗玻璃均采用磨砂玻璃遮挡视线

D. 外窗的气密性等级为 5 级

E. 防火门均采用木质防火门

4. 下列说法不正确的是（　　）。

A. 建筑总平面图中应标注房屋的层数

B. 剖面图中应标注的标高为绝对标高

C. 剖切符号应绘制在首层平面图

D. 首层平面图应绘制指北针

E. 建筑详图均为剖面图

5. 关于本工程消防，下列说法正确的有（　　）。

A. 本工程耐火等级为Ⅰ级

B. 外墙保温材料的燃烧性能等级为 A 级

C. 防火墙上消火栓的后面加贴防火板，达到 3.00h 耐火极限要求

D. 防火门 FM_Z 0818 需设置 500mm 高门槛

E. 消防救援窗口下沿距室内地面不宜大于 1.2m

类别：中级（建筑设计方向）绘图部分（满分 30 分）

任务一：建筑平面图绘制（13 分）

1. 图层设置

图层设置要求如下：

图层名称	颜色	线型	线宽
轴线	1	CENTER	0.15
墙体楼板	2	连续	0.5
门窗	4	连续	0.2
其余投影线	5	连续	0.13
填充	8	连续	0.05
尺寸标注	3	连续	0.09
文字	7	连续	默认
楼梯	2	连续	0.2
图框	6	连续	0.35
其他	6	连续	0.13

2. 文字样式设置

（1）汉字：样式名为“汉字”，字体名为“仿宋”，宽高比为 0.7。

（2）非汉字：样式名为“非汉字”，字体名为“Simplex”，宽高比为 0.7。

3. 尺寸样式设置

尺寸标注样式名为“标注 100”。文字样式选用“非汉字”，箭头大小为 1.2mm，文字高度为 3mm，基线间距 10mm，尺寸界线偏移尺寸线 2mm，尺寸界线偏移原点 5mm，使用全局比例为“100”。主单位单位格式为“小数”，精度为“0”。

4. 绘制范围

一层平面图③～⑧轴与 Ⓐ～Ⓔ轴交汇范围，超出此范围的部分用折断线断开。绘图比例 1∶1，出图比例 1∶100。绘制要求如下，其余未明确部分按现行制图标准绘制。

绘制要求：

（1）绘制此范围的墙、柱、门窗、立面造型；消火栓、管道、及门窗编号无需绘制。

（2）外部尺寸标注三道：门窗细部及定位尺寸、轴线尺寸和总尺寸。标注房间功能名称，房间内部尺寸及使用面积无需标注。

（3）标注必要的标高、除注明外，墙体厚度为“200”；门均采用单线绘制，除标注外均居墙中。

（4）将④轴上Ⓐ轴～Ⓒ轴范围增加一道 200 厚墙，轴线居中，原执法办公室两扇门 M1521 去掉，增加两扇门 M1121，在④轴处设有 100mm 门垛。

5. 文件保存要求

（略）。

任务二：建筑立面图绘制（10 分）

1. 绘制Ⓔ轴～Ⓐ轴立面图局部

绘图比例 1∶1，出图比例 1∶100。要求如下，其余未明确部分按现行制图标准绘图。

绘制要求：

（1）水平方向绘制范围为Ⓓ轴～Ⓐ轴，竖向方向为−0.300m 到 11.700m。

（2）应根据平立剖面图，画出正确的立面图。

（3）门窗样式按门窗大样图绘制。

（4）需画出轴线、墙体、轮廓、地坪、门窗、尺寸、图名、比例、标高、标注等，外墙涂料分格缝、腰线处不锈钢管画出示意即可。

2. 文件保存要求

（略）。

任务三：建筑详图绘制（7 分）

1. 依据 LT2 楼梯平面图，绘制 LT2 楼梯 B-B 局部剖面图

绘图比例 1∶1，出图比例 1∶50。要求如下，其余未明确部分按现行制图标准绘制。

绘图要求：

（1）绘制范围−0.300m 到 7.800m，屋顶用折断线断开。

（2）需画出轴线、墙体、门窗、梯段、平台、各剖切线、尺寸标注、图名、比例、标高。

（3）剖切到的构件需填充图例。

2. 文件保存要求

（略）。

附图 1　别墅建筑施工图

图纸目录

序号	图号	图纸名称	图幅	版次	备注
01	建施-01	图纸目录	A3	01	
02	建施-02	单体定位图	A3	01	
03	建施-03	建筑施工图设计说明(一)	A3	01	
04	建施-04	建筑施工图设计说明(二) 建筑构造统一做法表	A3	01	
05	建施-05	一层平面图	A3	01	
06	建施-06	二层平面图	A3	01	
07	建施-07	屋顶平面图	A3	01	
08	建施-08	①～⑤轴立面图	A3	01	
09	建施-09	⑤～①轴立面图	A3	01	
10	建施-10	Ⓔ～Ⓐ轴立面图	A3	01	
11	建施-11	Ⓐ～Ⓔ轴立面图	A3	01	
12	建施-12	1-1 剖面图	A3	01	
13	建施-13	墙身大样详图 女儿墙详图 排烟道出屋面详图 雨篷详图	A3	01	
14	建施-14	楼梯详图 卫生间大样图	A3	01	
15	建施-15	门窗表 门窗详图	A3	01	

项目	××苑	工程名称	别墅
图名	图纸目录	图别	建施
		图号	建施-01
		日期	

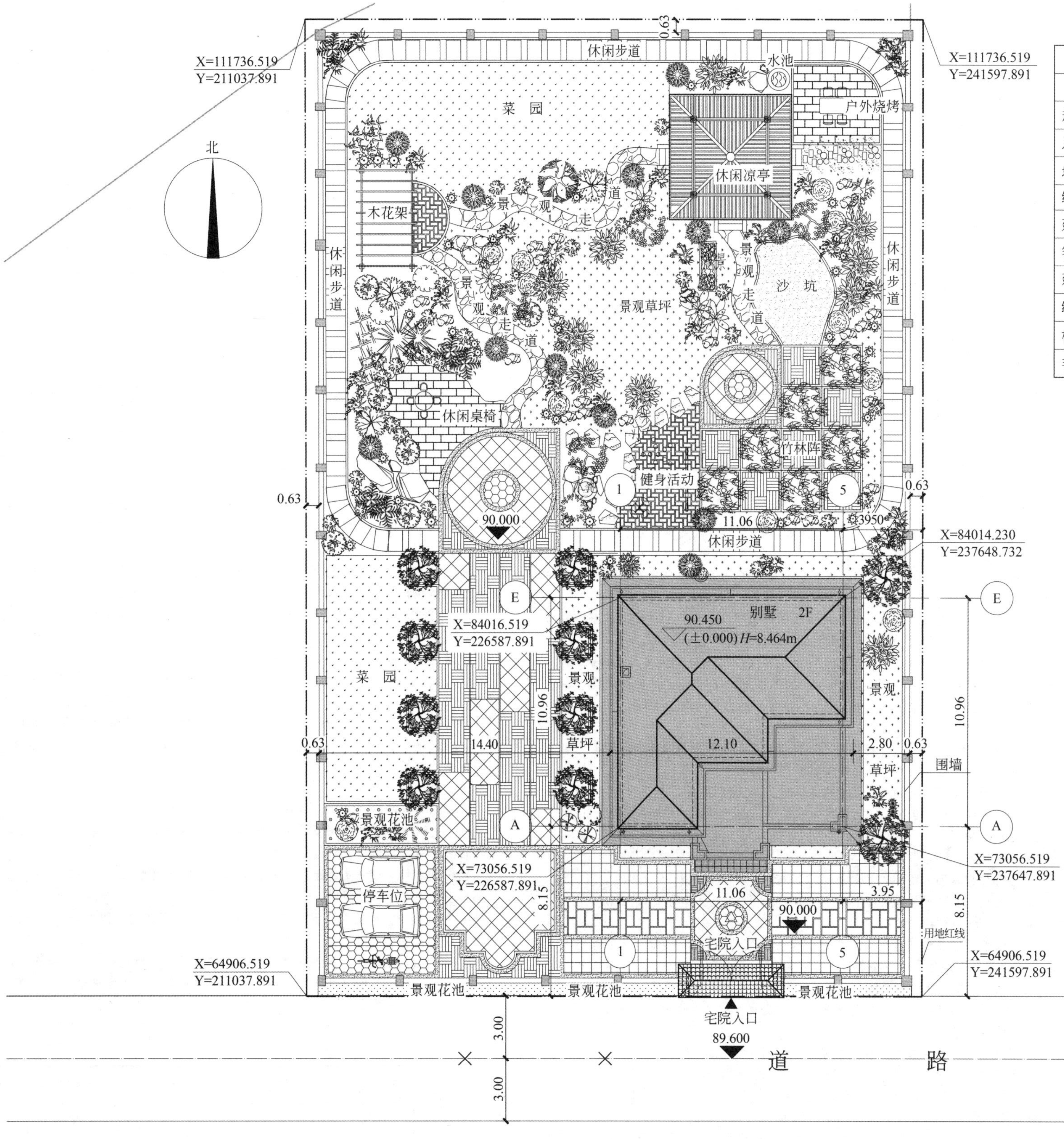

地块综合技术经济指标			
	面积	单位	备注
规划用地面积	1431.12	m^2	约2.15亩
总建筑面积	227.02	m^2	
地上总建筑面积	227.02	m^2	
绿地面积	1007.18	m^2	
建筑占地面积	130.38	m^2	
容积率	0.16	—	
建筑密度	9.11	%	
绿地率	70.38	%	
机动车	2	辆	
非机动车	1	辆	

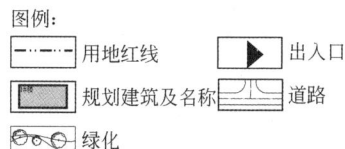

图例:

用地红线　出入口

规划建筑及名称　道路

绿化

设计说明

一、设计依据

1. 甲方所提设计要求。
2. 经甲方同意的设计方案。
3. 甲方提供的规划现状图。
4. 甲方提供的城市道路竖向资料。
5. 国家现行的有关建筑设计规范。

二、图纸说明

1. 本图为单体定位图。
2. 图中所用坐标系统，高程系统均为甲方提供。单体建筑坐标为建筑轴线交点坐标。
3. 图中尺寸标注单位为m；道路坡度以百分计。
4. 图中所注距离建筑物指外墙皮，道路指路缘石内沿。
5. 图中“F”表示建筑物地上层数。
6. 图中景观、园林小品、绿化等仅为示意，以景观设计施工图为准。

单体定位图　1:200

项目	××苑	工程名称	别墅
图名	单体定位图	图别	建施
		图号	建施-02
		日期	

建筑施工图设计说明（一）

一、工程概况

1. 工程名称：××苑——别墅。
2. 建设地点：××市××村。
3. 建设单位：×××有限公司。
4. 主要功能：居住。
5. 工程技术经济指标：

工程等级	三级	耐火等级	二级
设计合理使用年限	50年	建筑分类	低层居住建筑
层数	两层	建筑基底面积	130.38m^2
结构类型	砖混	建筑高度	8.464m
屋面防水等级	Ⅱ级	总建筑面积	227.02m^2
场地类别	Ⅱ类	基础形式	条形基础
防雷级别	Ⅲ类	二次加压供水	不设置
抗震设防烈度	7度	火灾自动报警系统	不设置
自动喷水灭火系统	不设置	集中供暖系统	不设置

二、设计依据

1. 依据甲乙双方签订的设计合同。
2. 依据甲方设计委托书及提供的航测图，建筑红线图、《岩土工程勘察报告》。
3. 依据甲方认可的设计方案。
4. 依据国家现行有关设计规范、规定及标准：

《建筑设计防火规范（2018年版）》	GB 50016—2014；
《建筑内部装修设计防火规范》	GB 50222—2017；
《建筑地面设计规范》	GB 50037—2013；
《住宅设计规范》	GB 50096—2011；
《住宅建筑规范》	GB 50368—2005；
《屋面工程技术规范》	GB 50345—2012；
《屋面工程质量验收规范》	GB 50207—2012；
《建筑工程建筑面积计算规范》	GB/T 50353—2013；
《民用建筑设计统一标准》	GB 50352—2019；
《建筑工程设计文件编制深度规定（2016版）》	建质函〔2016〕247号；
《建筑玻璃应用技术规程》	JGJ 113—2015；
河南省《12系列建筑标准设计图集》	DBJT 19—07—2012。

5. 其他相关专业提供的设计资料。

三、建筑物定位、设计标高及单位

1. 总平面定位以甲方提供坐标系为依据，详见总平面图；所有定位需经城市规划管理部门确认方可施工，如有误差请及时与设计单位联系。
2. 本工程±0.000标高以现场情况确定，建筑定位详定位平面图。
3. 图中所注标高，除注明者外，各楼层标高为建筑完成面标高，屋面标高为结构面标高。
4. 本工程总平面图及标高采用米为单位，其他均采用毫米为单位。
5. 总平面图中建筑物的定位坐标为外墙轴线交点坐标，施工时如发现图中标注坐标与实际情况有出入，应及时通知设计单位现场处理。

四、墙体工程

1. 墙体的基础部分、梁、柱的尺寸、定位及做法详见结构专业设计图纸。
2. 墙身防潮层：在室内地坪下60处，做20厚1∶2水泥砂浆内加5%防水剂的墙身防潮层（在此标高为钢筋混凝土地圈梁时可不做）。当室内地坪有高差时，应在墙身内设置高低两道水平防潮层，并在靠土壤一层设置垂直防潮层。
3. 外墙构造：240厚MU15烧结普通砖砌筑，M5.0水泥砂浆砌筑，除图中注明外，窗户下沿做100高C20钢筋混凝土窗台，纵向配筋2ϕ8，分布筋ϕ6@300，两边各伸入墙体300。两种不同材料的墙体交接处，应根据饰面材质在做饰面前加钉ϕ1@20宽300钢丝网或贴玻璃纤维网格布再进行抹灰，加强带与各基体的搭接宽度不应小于150，以防止墙面开裂。门窗洞宽度大于等于2100时，在此洞口两侧应做180宽同墙厚构造柱，长度小于60的墙垛可根据施工需要，现场浇筑素混凝土。
4. 内墙构造：除注明外为240厚MU15烧结普通砖砌筑，M5.0水泥砂浆砌筑。
5. 墙体留洞及封堵：

（1）墙体预留洞和预埋管详见各专业图纸，过梁详见结施，并应对照设备图。墙体留洞要求在施工时留好，避免完工后打洞，砌体墙留洞在设备安装完毕后用C20细石混凝土填实。设备管道与隔墙、楼板处的缝隙采用防火封堵材料封堵。

（2）墙体留洞待管道设备安装完毕后，用防火封堵材料封堵，防火墙上留洞的封堵应采用防火棉将管道周围的空隙填塞密实。变形缝处双墙留洞的封堵，应在双墙分别增设套管，套管与穿墙管之间嵌塞防火棉。

凡消火栓穿透墙体，凡穿过防火墙及楼板的各类管道，穿洞后用防火板封堵，其耐火极限不小于2.00h，在其背面粉刷时，应加钉一层1厚小孔钢板网。

6. 所有墙体内埋入构件：木构件满涂防腐油；铁构件除锈后涂防锈漆。
7. 空调管留洞（若有）：留洞预埋ϕ80UPVC套管，向外倾斜10°，做法详12YJ6第77页节点C、D，距楼地面2400或200，除注明外，洞中心距墙边200（躲开结构钢筋梁柱）。
8. 所有外窗口刷1.5厚聚氨酯防水涂料，外翻200；窗台完成面内外侧有5高差，向外找坡，做法可参照12YJ3-3第7-9页。

五、防水工程

1. 本工程屋面防水等级为Ⅱ级，采用一道4厚SBS防水卷材，各部位屋面做法详见设计说明“建筑构造统一做法表”。
2. 屋面采用有组织排水，具体见屋面平面图。雨水管（除注明外）采用ϕ110UPVC管，具体做法参见12YJ5-1第E2页和12YJ5-2第T4页，内排水雨水管数设详水施。小面积雨篷选用ϕ50UPVC雨水管，外伸80，做法参见12YJ6第35页详图1。雨水管建议采用防攀阻燃型。
3. 所有平屋面排水坡度为2%，雨篷、有排水要求的房间及空调搁板排水找坡均为1%。
4. 卫生间，盥洗间及有防水要求的楼板四周墙下除门洞外均设C20混凝土沿楼地面上翻200，上翻混凝土的宽度同砌体宽度，防水材料沿墙上翻300。
5. 通气管道出屋面防水做法参见12YJ5-2第K11页（防水层为1.5厚聚氨酯防水涂料，分两次涂刷），排气道出屋面参12YJ5-2第K13页。女儿墙处防水层收头做法参见12YJ5-1第A11页详图3（女儿墙结构高度不超过800时），详图6（女儿墙结构高度超过800时）。
6. 出屋面的墙体及管道井壁设置150高（从屋面板建筑完成面开始算起）宽同墙厚的钢筋混凝土反槛，且与梁板一起浇筑。
7. 凡在楼板上预留管洞处，在竖管安装后，需镶严缝隙，其下部先用1∶2水泥砂浆镶严，中间防水油膏嵌牢，上部用与面层相同的材料嵌牢。如缝宽大于30时，内填C20细石混凝土。

六、楼地面工程

1. 各部位楼地面做法详见设计说明“建筑构造统一做法表”。
2. 卫生间、盥洗间楼地面标高比同层其他房间楼地面标高低0.020m，并向地漏处做1%坡，地漏位置详水施。
3. 设备管线、排气道等部位楼板留洞待安装完毕后，用1∶3水泥砂浆打底，用C20细石混凝土封堵密实，设备管道井每层均用楼板先预留钢筋，待设备管线安装完毕，二次浇筑同楼板厚度和强度的混凝土并封堵密实，最后用同楼地面材料做面层。
4. 楼地面构造交接处和地坪高度变化处，变化线均位于楼面较低一侧。

七、屋面工程

1. 屋面工程执行《屋面工程技术规范》GB 50345—2012。
2. 屋面防水等级为Ⅱ级，采用1道柔性防水材料设防。

（1）屋一：上人屋面，屋面防水等级为Ⅱ级，防水构造为4厚SBS防水卷材，构造做法参见12YJ1-屋101，使用部位详见平面图。

（2）屋二：瓦屋面，屋面防水等级为Ⅱ级，防水构造为4厚SBS防水卷材，构造做法参见12YJ1-屋306，使用部位详见平面图。

3. 屋面排水管材采用UPVC管，除特殊注明外，雨水管直径为DN110。
4. 各种管道出屋面防水做法参见12YJ5-2（—/F9），泛水高度300。屋面出入口做法参见12YJ5-1（1/A14）。
5. 各层标注标高为各层完成面标高，屋面标高为结构面标高。
6. 平屋面屋顶保温层选用80厚挤塑聚苯乙烯泡沫塑料板燃烧性能等级不低于B_1级；保温层和防水层选用材料应相容匹配；屋面女儿墙及开口部位四周500宽采用矿棉、岩棉、玻璃棉板（150）（厚度同保温层）作为防火隔离带。
7. 所有平屋面、露台排水坡度为2%，天沟、檐沟、雨篷排水找坡不小于1%，均采用有组织排水，排水方式见屋顶平面图。
8. 屋面泛水构造：屋面柔性防水层在女儿墙和凸出屋面结构的交接处均做≥250高的泛水，做法参见12YJ5-1（3/B6）；出坡屋面排气道做法参见12YJ5-2（—/K11）；出坡屋面管道做法参见12YJ5-2（—/K13）。
9. 平屋面落水口做法参见12YJ5-1（A/B6），坡屋面外排水落口做法参见12YJ5-1（B/E3），水落口中心周围500范围内坡度不小于5%。雨水管配件组合做法参见12YJ5-1（6/E2），屋面过水孔（若有）做法参见12YJ5-1（—/A13）。
10. 屋面做法未尽之处按照《屋面工程技术规范》GB 50345—2012进行施工，并严格执行《屋面工程质量验收规范》GB 50207—2012。

八、门窗工程

1. 本工程外窗抗风压性能分级为2级，气密性能分级为5级，水密性能分级为3级，保温性能分级为4级，隔声性能分级为3级，采光性能分级为3级。
2. 门窗玻璃的选用应遵照《建筑玻璃应用技术规程》JGJ 113—2015及地方主管部门的有关规定。

建筑物的下列部位采用安全玻璃：

（1）单块面积大于1.5m^{2}的窗玻璃；（2）玻璃底边离最终装修面小于0.5m的落地窗；（3）室内隔断、浴室维护；（4）建筑物的出入口、门厅等；（5）7层以上外开窗及当门玻璃面积大于0.5m^{2}时，也应用安全玻璃；（6）易遭受撞击、冲击而造成人体伤害的其他部位；（7）对使用中容易受到撞击的部位，尚应设置明显的警示标志；（8）使用中容易受到撞击、冲击而造成人体伤害的其他部位，其玻璃幕墙应采用安全玻璃。

3. 门窗制作安装应遵照河南省《12系列建筑标准设计图集》DBJT 19—07—2012。
4. 外窗除特别注明外均采用断桥铝合金中空玻璃窗（5+9A+5）。所有木门材质见门窗表，表面造型建设单位自行选定。

门窗五金件由建设单位选定，预埋件由生产厂家根据本地区的风压进行验算。断桥铝门窗还应符合相关规定。

5. 门窗立樘：外门窗立樘详墙身节点图，内门窗立樘除图中另有注明者外，单、双平开门均立樘于墙中。
6. 本工程所有门除特殊要求外，均为木夹板门，表面造型甲方自行选定，窗选用断桥铝合金门窗，颜色为咖啡色。外窗玻璃选用白色普通中空玻璃（5+9A+5），门窗五金件要求为一级品。

项目	××苑	工程名称	别墅
图名	建筑施工图设计说明（一）	图别	建施
		图号	建施-03
		日期	

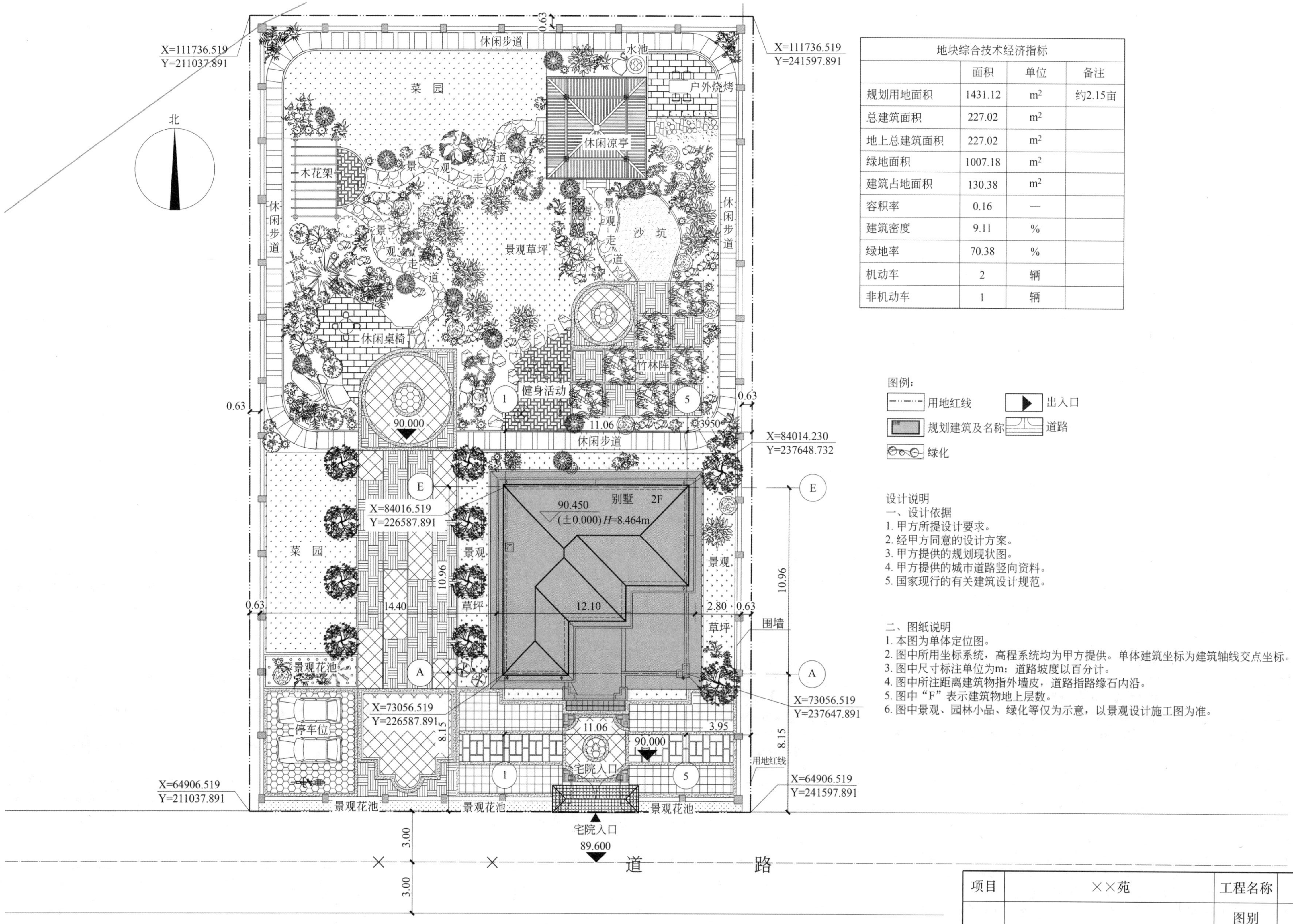

X=111736.519
Y=211037.891

X=111736.519
Y=241597.891

北

菜园　休闲步道　水池　户外烧烤　休闲凉亭　木花架　景观走道　景观草坪　沙坑　休闲桌椅　竹林阵　健身活动　别墅　2F　景观　草坪　围墙　停车位　景观花池　宅院入口　用地红线

90.450
(±0.000) H=8.464m

90.000　89.600

X=84014.230
Y=237648.732

X=84016.519
Y=226587.891

X=73056.519
Y=226587.891

X=73056.519
Y=237647.891

X=64906.519
Y=211037.891

X=64906.519
Y=241597.891

0.63　11.06　3950　10.96　14.40　12.10　2.80　8.15　3.95　3.00

道　路

地块综合技术经济指标			
	面积	单位	备注
规划用地面积	1431.12	m^2	约2.15亩
总建筑面积	227.02	m^2	
地上总建筑面积	227.02	m^2	
绿地面积	1007.18	m^2	
建筑占地面积	130.38	m^2	
容积率	0.16	—	
建筑密度	9.11	%	
绿地率	70.38	%	
机动车	2	辆	
非机动车	1	辆	

图例:
用地红线　出入口
规划建筑及名称　道路
绿化

设计说明
一、设计依据
1. 甲方所提设计要求。
2. 经甲方同意的设计方案。
3. 甲方提供的规划现状图。
4. 甲方提供的城市道路竖向资料。
5. 国家现行的有关建筑设计规范。

二、图纸说明
1. 本图为单体定位图。
2. 图中所用坐标系统，高程系统均为甲方提供。单体建筑坐标为建筑轴线交点坐标。
3. 图中尺寸标注单位为m；道路坡度以百分计。
4. 图中所注距离建筑物指外墙皮，道路指路缘石内沿。
5. 图中“F”表示建筑物地上层数。
6. 图中景观、园林小品、绿化等仅为示意，以景观设计施工图为准。

项目	××苑	工程名称	别墅
图名	单体定位图	图别	建施
		图号	建施-02
		日期	

单体定位图　1:200

建筑施工图设计说明（一）

一、工程概况

1. 工程名称：××苑——别墅。
2. 建设地点：××市××村。
3. 建设单位：×××有限公司。
4. 主要功能：居住。
5. 工程技术经济指标：

工程等级	三级	耐火等级	二级
设计合理使用年限	50年	建筑分类	低层居住建筑
层数	两层	建筑基底面积	130.38m^2
结构类型	砖混	建筑高度	8.464m
屋面防水等级	Ⅱ级	总建筑面积	227.02m^2
场地类别	Ⅱ类	基础形式	条形基础
防雷级别	Ⅲ类	二次加压供水	不设置
抗震设防烈度	7度	火灾自动报警系统	不设置
自动喷水灭火系统	不设置	集中供暖系统	不设置

二、设计依据

1. 依据甲乙双方签订的设计合同。
2. 依据甲方设计委托书及提供的航测图，建筑红线图、《岩土工程勘察报告》。
3. 依据甲方认可的设计方案。
4. 依据国家现行有关设计规范、规定及标准：

《建筑设计防火规范（2018年版）》 GB 50016—2014；
《建筑内部装修设计防火规范》 GB 50222—2017；
《建筑地面设计规范》 GB 50037—2013；
《住宅设计规范》 GB 50096—2011；
《住宅建筑规范》 GB 50368—2005；
《屋面工程技术规范》 GB 50345—2012；
《屋面工程质量验收规范》 GB 50207—2012；
《建筑工程建筑面积计算规范》 GB/T 50353—2013；
《民用建筑设计统一标准》 GB 50352—2019；
《建筑工程设计文件编制深度规定（2016版）》 建质函〔2016〕247号；
《建筑玻璃应用技术规程》 JGJ 113—2015；
河南省《12系列建筑标准设计图集》 DBJT 19—07—2012。

5. 其他相关专业提供的设计资料。

三、建筑物定位、设计标高及单位

1. 总平面定位以甲方提供坐标系为依据，详见总平面图；所有定位需经城市规划管理部门确认方可施工，如有误差请及时与设计单位联系。
2. 本工程±0.000标高以现场情况确定，建筑定位详定位平面图。
3. 图中所注标高，除注明者外，各楼层标高为建筑完成面标高，屋面标高为结构面标高。
4. 本工程总平面图及标高采用米为单位，其他均采用毫米为单位。
5. 总平面图中建筑物的定位坐标为外墙轴线交点坐标，施工时如发现图中标注坐标与实际情况有出入，应及时通知设计单位现场处理。

四、墙体工程

1. 墙体的基础部分、梁、柱的尺寸、定位及做法详见结构专业设计图纸。
2. 墙身防潮层：在室内地坪下60处，做20厚1∶2水泥砂浆内加5%防水剂的墙身防潮层（在此标高为钢筋混凝土地圈梁时可不做）。当室内地坪有高差时，应在墙身内设置高低两道水平防潮层，并在靠土壤一层设置垂直防潮层。
3. 外墙构造：240厚MU15烧结普通砖砌筑，M5.0水泥砂浆砌筑，除图中注明外，窗户下沿做100高C20钢筋混凝土窗台，纵向配筋2ϕ8，分布筋ϕ6@300，两边各伸入墙体300。两种不同材料的墙体交接处，应根据饰面材质在做饰面前加钉ϕ1@20宽300钢丝网或贴玻璃纤维网格布再进行抹灰，加强带与各基体的搭接宽度不应小于150，以防止墙面开裂。门窗洞宽度大于等于2100时，在此洞口两侧应做180宽同墙厚构造柱，长度小于60的墙垛可根据施工需要，现场浇筑素混凝土。
4. 内墙构造：除注明外为240厚MU15烧结普通砖砌筑，M5.0水泥砂浆砌筑。
5. 墙体留洞及封堵：

（1）墙体预留洞和预埋管详见各专业图纸，过梁详见结施，并应对照设备图。墙体留洞要求在施工时留好，避免完工后打洞，砌体墙留洞在设备安装完毕后用C20细石混凝土填实。设备管道与隔墙、楼板处的缝隙采用防火封堵材料封堵。

（2）墙体留洞待管道设备安装完毕后，用防火封堵材料封堵，防火墙上留洞的封堵应采用防火棉将管道周围的空隙填塞密实。变形缝处双墙留洞的封堵，应在双墙分别增设套管，套管与穿墙管之间嵌塞防火棉。

凡消火栓穿透墙体，凡穿过防火墙及楼板的各类管道，穿洞后用防火板封堵，其耐火极限不小于2.00h，在其背面粉刷时，应加钉一层1厚小孔钢板网。

6. 所有墙体内埋入构件：木构件满涂防腐油；铁构件除锈后涂防锈漆。
7. 空调管留洞（若有）：留洞预埋ϕ80UPVC套管，向外倾斜10°，做法详12YJ6第77页节点C、D，距楼地面2400或200，除注明外，洞中心距墙边200（躲开结构钢筋梁柱）。
8. 所有外窗口刷1.5厚聚氨酯防水涂料，外翻200；窗台完成面内外侧有5高差，向外找坡，做法可参照12YJ3-3第7-9页。

五、防水工程

1. 本工程屋面防水等级为Ⅱ级，采用一道4厚SBS防水卷材，各部位屋面做法详见设计说明"建筑构造统一做法表"。
2. 屋面采用有组织排水，具体见屋面平面图。雨水管（除注明外）采用ϕ110UPVC管、具体做法参见12YJ5-1第E2页和12YJ5-2第T4页，内排水雨水管数设详水施。小面积雨篷选用ϕ50UPVC雨水管，外伸80，做法参见12YJ6第35页详图1。雨水管建议采用防攀阻燃型。
3. 所有平屋面排水坡度为2%，雨篷、有排水要求的房间及空调搁板排水找坡均为1%。
4. 卫生间，盥洗间及有防水要求的楼板四周墙下除门洞外均设C20混凝土沿楼地面上翻200，上翻混凝土的宽度同砌体宽度，防水材料沿墙上翻300。
5. 通气管道出屋面防水做法参见12YJ5-2第K11页（防水层为1.5厚聚氨酯防水涂料，分两次涂刷），排气道出屋面参12YJ5-2第K13页。女儿墙处防水层收头做法参见12YJ5-1第A11页详图3（女儿墙结构高度不超过800时），详图6（女儿墙结构高度超过800时）。
6. 出屋面的墙体及管道井壁设置150高（从屋面板建筑完成面开始算起）宽同墙厚的钢筋混凝土反槛，且与梁板一起浇筑。
7. 凡在楼板上预留管洞处，在竖管安装后，需镶严缝隙，其下部先用1∶2水泥砂浆镶严，中间防水油膏嵌牢，上部用与面层相同的材料嵌牢。如缝宽大于30时，内填C20细石混凝土。

六、楼地面工程

1. 各部位楼地面做法详见设计说明"建筑构造统一做法表"。
2. 卫生间、盥洗间楼地面标高比同层其他房间楼地面标高低0.020m，并向地漏处做1%坡，地漏位置详水施。
3. 设备管线、排气道等部位楼板留洞待安装完毕后，用1∶3水泥砂浆打底，用C20细石混凝土封堵密实，设备管道井每层均用楼板先预留钢筋，待设备管线安装完毕，二次浇筑同楼板厚度和强度的混凝土并封堵密实，最后用同楼地面材料做面层。
4. 楼地面构造交接处和地坪高度变化处，变化线均位于楼面较低一侧。

七、屋面工程

1. 屋面工程执行《屋面工程技术规范》GB 50345—2012。
2. 屋面防水等级为Ⅱ级，采用1道柔性防水材料设防。

（1）屋一：上人屋面，屋面防水等级为Ⅱ级，防水构造为4厚SBS防水卷材，构造做法参见12YJ1-屋101，使用部位详见平面图。

（2）屋二：瓦屋面，屋面防水等级为Ⅱ级，防水构造为4厚SBS防水卷材，构造做法参见12YJ1-屋306，使用部位详见平面图。

3. 屋面排水管材采用UPVC管，除特殊注明外，雨水管直径为DN110。
4. 各种管道出屋面防水做法参见12YJ5-2（—/F9），泛水高度300。屋面出入口做法参见12YJ5-1（1/A14）。
5. 各层标注标高为各层完成面标高，屋面标高为结构面标高。
6. 平屋面屋顶保温层选用80厚挤塑聚苯乙烯泡沫塑料板燃烧性能等级不低于B_1级；保温层和防水层选用材料应相容匹配；屋面女儿墙及开口部位四周500宽采用矿棉、岩棉、玻璃棉板（150）（厚度同保温层）作为防火隔离带。
7. 所有平屋面、露台排水坡度为2%，天沟、檐沟、雨篷排水找坡不小于1%，均采用有组织排水，排水方式见屋顶平面图。
8. 屋面泛水构造：屋面柔性防水层在女儿墙和凸出屋面结构的交接处均做≥250高的泛水，做法参见12YJ5-1（3/B6）；出坡屋面排气道做法参见12YJ5-2（—/K11）；出坡屋面管道做法参见12YJ5-2（—/K13）。
9. 平屋面落水口做法参见12YJ5-1（A/B6），坡屋面外排水落口做法参见12YJ5-1（B/E3），水落口中心周围500范围内坡度不小于5%。雨水管配件组合做法参见12YJ5-1（6/E2），屋面过水孔（若有）做法参见12YJ5-1（—/A13）。
10. 屋面做法未尽之处按照《屋面工程技术规范》GB 50345—2012进行施工，并严格执行《屋面工程质量验收规范》GB 50207—2012。

八、门窗工程

1. 本工程外窗抗风压性能分级为2级，气密性能分级为5级，水密性能分级为3级，保温性能分级为4级，隔声性能分级为3级，采光性能分级为3级。
2. 门窗玻璃的选用应遵照《建筑玻璃应用技术规程》JGJ 113—2015及地方主管部门的有关规定。

建筑物的下列部位采用安全玻璃：

（1）单块面积大于1.5m^{2}的窗玻璃；（2）玻璃底边离最终装修面小于0.5m的落地窗；（3）室内隔断、浴室维护；（4）建筑物的出入口、门厅等；（5）7层以上外开窗及当门玻璃面积大于0.5m^{2}时，也应用安全玻璃；（6）易遭受撞击、冲击而造成人体伤害的其他部位；（7）对使用中容易受到撞击的部位，尚应设置明显的警示标志；（8）使用中容易受到撞击、冲击而造成人体伤害的其他部位，其玻璃幕墙应采用安全玻璃。

3. 门窗制作安装应遵照河南省《12系列建筑标准设计图集》DBJT 19—07—2012。
4. 外窗除特别注明外均采用断桥铝合金中空玻璃窗（5+9A+5）。所有木门材质见门窗表，表面造型建设单位自行选定。

门窗五金件由建设单位选定，预埋件由生产厂家根据本地区的风压进行验算。断桥铝门窗还应符合相关规定。

5. 门窗立樘：外门窗立樘详墙身节点图，内门窗立樘除图中另有注明者外，单、双平开门均立樘于墙中。
6. 本工程所有门除特殊要求外，均为木夹板门，表面造型甲方自行选定，窗选用断桥铝合金门窗，颜色为咖啡色。外窗玻璃选用白色普通中空玻璃（5+9A+5），门窗五金件要求为一级品。

项目	××苑	工程名称	别墅
图名	建筑施工图设计说明（一）	图别	建施
		图号	建施-03
		日期	

建筑施工图设计说明（二）

7. 本工程除注明外门垛宽 120 或 60，凡门垛小于 60 均由 C20 素混凝土浇筑。

8. 门窗立面均表示洞口尺寸，门窗加工尺寸要按照装修面厚度和实际尺寸由承包商予以调整。并核实门窗实际数量、尺寸、规格后才能下料加工。

9. 凡低于 800 的窗台，设防护栏杆，做法参见 12YJ7-1 第 84 页（特殊注明者除外），取消下端横栏有效防护高度不低于 900。楼梯等公共部位做法见 12YJ8-4 第 64 页，栏杆底部做 200×100 素混凝土翻边；护栏高度 1200，栏杆竖向间距<110。

10. 所有门窗洞口均设钢筋混凝土过梁，详见结构专业设计图纸，门窗洞口大小见门窗表。门（防火的与普通的）及套内门均由专业厂家提供。白玻门（含固定落地玻璃）上应有醒目标志，以防误撞。

九、油漆、涂料与防腐工程

1. 所有木门、扶手等木制品需刷底油一道满刮腻子，楼梯扶手刷浅灰色调和漆，做法详见 12YJ1 页 103 涂 102。

2. 室内外露明金属件的油漆做法为刷防锈漆两道后刷调和漆一道，做法详见 12YJ1 页 106 涂 202。

3. 各项油漆均由施工单位制作样板，经确认后进行封样，并据此进行验收。

4. 除注明外，金属构件与墙体的连接均采用预埋钢板，并与金属构件焊接，预埋件做法见 12YJ8 页 71 详图 2，并埋入混凝土中。

5. 凡与混凝土或砌块接触的木材表面、预埋木砖均需刷环保防腐涂料。

十、外装修工程

1. 本工程外立面装修用材及色彩见立面图，构造做法见"建筑构造统一做法表"及外墙节点详图。

2. 外装修选用的各项材料，其材质、规格、颜色等，均由施工单位提供样板，经建设和设计单位确认后进行封样，并据此验收。外墙饰面应保证打底、找平层密实不渗水，面层粘贴牢靠。外墙饰面材料抗裂分格缝的设置措施由外墙外保温厂家配合施工单位确定，其位置还应征得建设单位和本设计单位同意后方可施工。

3. 由生产商进行二次设计的立面造型、装饰物及做法等经建设单位和设计单位确认后向建筑设计单位提供预埋件设置要求并不得破坏主体效果及结构安全。

4. 一层外窗应采用安全防护措施，由建设方请专业设计厂家设计完成。

5. 内、外粉刷在不同材料接缝处，应先铺玻璃纤维网格布，并绷紧牢固，然后做粉刷。

6. 雨水管打磨后涂刷与该部位墙面颜色相同的外墙涂料两遍。女儿墙顶面面层同相邻部位外墙，内侧水泥砂浆抹面，表面白色涂料。雨篷及其他外露构件板底做法见"建筑构造统一做法表"，表面白色涂料。

7. 外墙水平凸出线脚均做滴水线，做法详见建施节点大样图。

8. 凸出墙面的线脚、挑檐等上部与墙交接处做成小圆角并向外找坡大于等于 1%，以利排水；下部应做滴水线。做法参见 12YJ3-1（1/A17）。

9. 外墙饰面应保证基层、找平层不渗水，面层粘贴牢靠。外墙饰面材料抗裂分格缝的设置措施由外保温厂家施工单位确定，并经设计单位同意后方可施工。

10. 施工单位在施工前，应对照立面图和效果图核实外墙饰面材料的分色和分布，避免出现不同种类和色彩的材质在建筑立面阳角交接的情况。如发现施工图中的标示有出入，应及时通知设计人员进行处理。

十一、内装修工程

1. 本工程内装修部分执行《建筑内部装修设计防火规范》GB 50222—2017；楼地面执行《建筑地面设计规范》GB 50037—2013；室内一般装修做法以"建筑构造统一做法表"施工，内装修选用的各项材料其材质、规格、颜色等，均由施工单位提供样板，大面积施工前，先由建设单位确认，方可进行。并把样板封样，据此验收。

2. 墙面阳角处、门窗洞口及楼梯梁底部，粉 1.5 厚 1∶1 水泥砂浆护角（每边宽 50），护角高 2000，做法详见 12YJ7-1（1/61）。

3. 二次装修设计须保证结构安全，同时不得损坏水、电、暖通等设施，并应满足相关建筑设计法规要求。

4. 楼地面构造交接处和地坪高度变化处，除图中另有注明者外均位于齐平门扇开启面处。

5. 顶棚和吊顶采用燃烧性能等级不低于 B_1 级的内装修材料。

6. 本工程室内楼梯栏杆均采用木扶手金属栏杆，栏杆高度 900，当楼梯水平栏杆长度大于 500，栏杆高度应不小于 1200，栏杆竖向间距应小于 110，栏杆应防儿童攀爬，做法参见 12YJ8（—/1）。踏步防滑条及护角做法参见 12YJ8（—/34）。

楼梯栏杆顶部水平荷载取值为 1.0kN/m。

十二、安全防护措施

1. 室内楼梯扶手高度 0.9m（踏步前缘起算），水平段栏杆长度大于 0.5m 时，栏杆高度 1.20m，梯井宽度大于 0.11m 时，应采取防止儿童攀爬及坠落措施；室外栏杆有效防护高度不低于 1.20m。楼梯栏杆顶部水平荷载取值为 1.0kN/m。

2. 临空栏杆安全措施：栏杆应能承受荷载规范规定的水平荷载，栏杆高度 1.10m；栏杆距楼面 0.10m 高度内不留空。

十三、空调

本工程无供暖及空调设计，如要设计具体甲方自定。

十四、室外工程

本工程外墙处设有 800 宽散水，做法选用图集 12YJ9-1（3/95）。台阶做法选用 12YJ9-1（6/102）。

十五、消防、防火设计

1. 本工程防火设计严格按照《建筑设计防火规范（2018 年版）》GB 50016—2014 及相关规范执行。

2. 本工程为低层居住建筑，地上 2 层，地上耐火等级为二级。

3. 本工程一层为一个防火分区，防火分区及疏散不超《建筑设计防火规范（2018 年版）》GB 50016—2014 有关防火分区和疏散要求。

十六、施工中注意事项

1. 本图必须与结构、水、电、暖专业配合，预留洞穿墙，板，梁等须对照结构、设备施工图后方可施工。

2. 各种设备管线复杂，密度大，交叉点多，各工种管线间距小，施工时应严格控制设备管线交叉点的竖向距离，不得突破设计规定的控制尺寸，设备预留安装洞口应将设备专业图纸与土建专业图纸对照配合施工，如发现不符或遗漏，应及时通知设计单位，进行核对修改后方可施工。

3. 图中所选标准图中有对结构工种的预埋件、预留洞，如楼梯、平台栏杆、门窗、建筑配件等，应按图集要求预留。

4. 本工程中涉及颜色、规格等的材料，应在施工前提供样品或样板，经甲方及设计单位认可后施工，围护墙及屋面所用的材料、色彩在订货前需经设计、建设、施工三方面共同协商确定。

5. 设备预留设备搬运孔洞，待设备安装后封砌。顶埋木砖及贴邻墙体的木质面均做防腐处理，露明铁件均做防锈处理。

6. 图中所绘制的洁具仅为示意，由建设单位决定是否安装设置。

7. 本工程的屋面、地面、外墙、外窗应采取防止雨水和冰雪融化水侵入室内的措施。外墙采用防水砂浆（加防水外加剂），外窗采用密封处理防止雨水和冰雪融化水侵入室内。

8. 凡不同墙体交接处以及墙体中嵌有设备箱、柜等同墙体等宽时，粉刷前在交接处及箱体背面加钉一层纺织钢丝网。周边宽出 300 以保证粉刷质量。

9. 图中所选用的预埋件、预留洞应与各工种密切配合，确认无误后方可施工。

10. 本工程设计中选用的标准图集，不论是全部采用，还是局部采用的节点，除设计中另有注明外，均按标准图的编制说明施工。

11. 本工程应及时按相关建设程序进行报建审批，施工前应取得相关批复文件，图纸审查机构审查合格、取得施工许可证并经建设单位、监理单位、设计单位、施工单位四方共同进行图纸会审后，方可用于工程的施工。本工程中应严格执行国家各项施工质量验收规范。

12. 施工时应有良好的安全措施保障施工作业人员安全，注意防火，防范事故发生，倡导文明施工，尽量做到节能、减排。

13. 本图未尽事宜，均按国家现行建筑施工及安装工程、装饰工程规范及有关标准规定执行，不详之处及时与设计单位协商解决，各参建方应及时沟通，共同协商，妥善解决。

14. 本设计图纸中工程做法及做法大样仅注明建筑材料的构造层次，施工单位除按照设计图纸及说明进行施工外，还必须严格按照设计图纸中所引注的标准设计图集相关图示及国家现行建筑安装、工程验收规范及工程质量检验评定标准进行施工。

15. 施工中发现图纸中存在的问题或施工中出现的问题以及建设单位提出的局部修改，按照国家规定均应由设计单位负责解释或出具变更通知单，未经设计单位同意，不得单方面修改设计图纸进行施工。

建筑构造统一做法表

项目		做法名称	构造做法	适用范围	备注
地面	地 1	地砖地面	12YJ1—地 202	盥洗间、卫生间	面层为防滑地砖，规格由甲方自定
	地 2	地砖地面	12YJ1—地 201	卧室、客厅、走道	规格甲方自定
	地 3	地砖地面	12YJ1—地 205	台阶	面层为花岗岩石板，规格由甲方自定
楼面	楼 1	地砖地面	12YJ1—楼 202	盥洗间、卫生间	面层为防滑地砖，规格由甲方自定
	楼 2	地砖地面	12YJ1—楼 201	卧室、客厅、走道	规格甲方自定
内墙面	内墙 1	水泥砂浆墙面	12YJ1—内墙 6-AF	盥洗间、卫生间、厨房	
	内墙 2	混合砂浆墙面	12YJ1—内墙 3-A	卧室、客厅、走道	
外墙面	外墙 1	涂料外墙面	12YJ1—外墙 6-A	外墙	
	外墙 2	涂料外墙面	12YJ1—外墙 6-A	外墙	
	外墙 3	涂料外墙面	12YJ1—外墙 6-A	外墙	
	外墙 4	面砖外墙面	12YJ1—外墙 11-A	外墙	
踢脚	踢 1	水泥砂浆踢脚	12YJ1—踢脚 1	所有房间	
顶棚	顶 1	混合砂浆顶棚	12YJ1—顶 5	卧室、客厅、走道	
	顶 2	水泥砂浆顶棚	12YJ1—顶 6	盥洗间、卫生间	规格由甲方自定
油漆	漆 1	木材面清漆	12YJ1—涂 104	房间木门	浅栗色
屋面	屋一	地砖上人屋面	12YJ1—屋 101	屋面	
	屋二	瓦屋面	12YJ1—屋 306	屋面	
标准	选用标准为河南省《12 系列建筑标准设计图集》DBJT 19—07—2012				

项目	××苑	工程名称	别墅
图名	建筑施工图设计说明（二） 建筑构造统一做法表	图别	建施
		图号	建施-04
		日期	

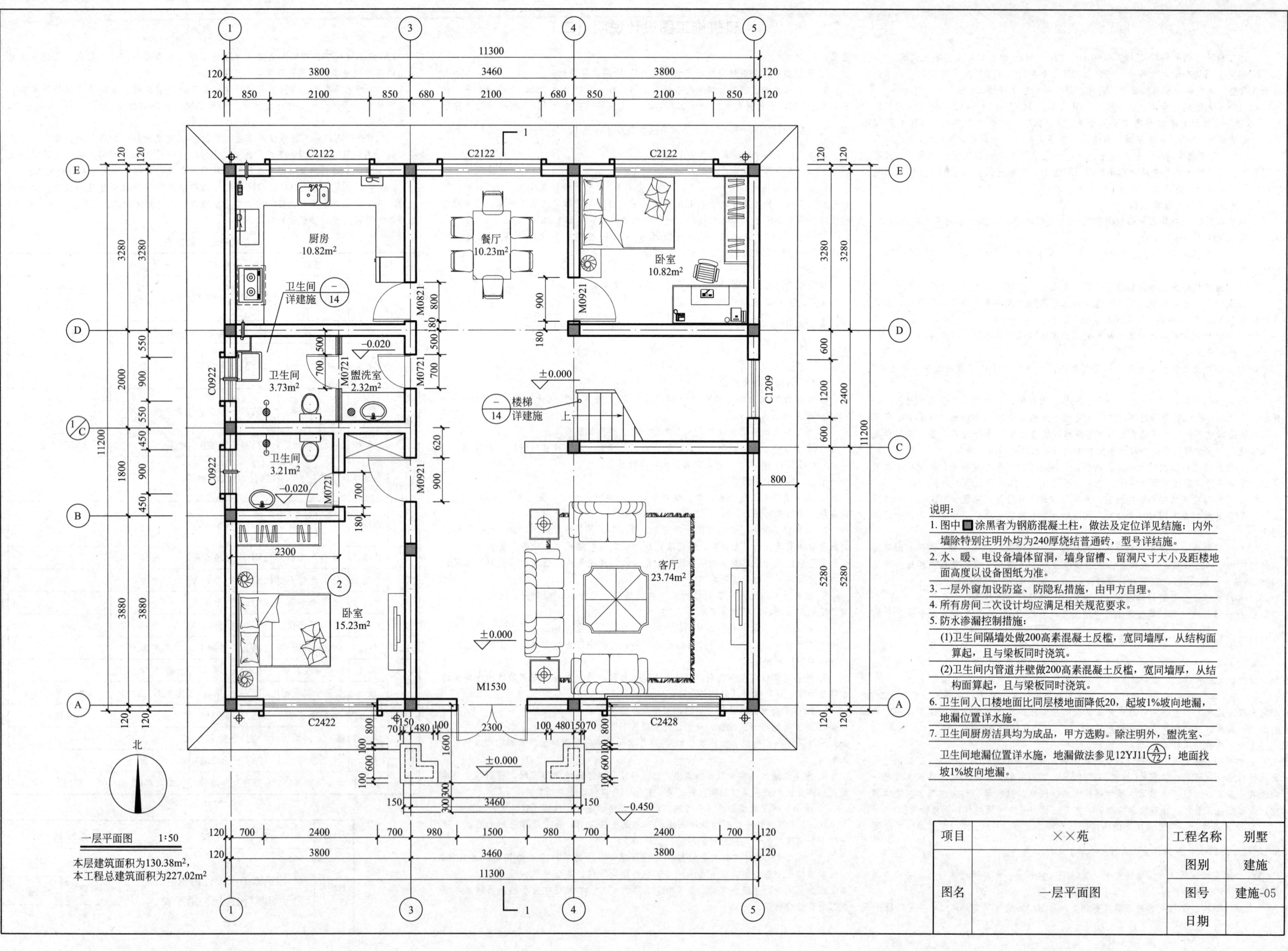

一层平面图　1:50

本层建筑面积为130.38m²，
本工程总建筑面积为227.02m²

说明：

1. 图中■涂黑者为钢筋混凝土柱，做法及定位详见结施；内外墙除特别注明外均为240厚烧结普通砖，型号详结施。
2. 水、暖、电设备墙体留洞，墙身留槽、留洞尺寸大小及距楼地面高度以设备图纸为准。
3. 一层外窗加设防盗、防隐私措施，由甲方自理。
4. 所有房间二次设计均应满足相关规范要求。
5. 防水渗漏控制措施：
   (1)卫生间隔墙处做200高素混凝土反槛，宽同墙厚，从结构面算起，且与梁板同时浇筑。
   (2)卫生间内管道井壁做200高素混凝土反槛，宽同墙厚，从结构面算起，且与梁板同时浇筑。
6. 卫生间入口楼地面比同层楼地面降低20，起坡1%坡向地漏，地漏位置详水施。
7. 卫生间厨房洁具均为成品，甲方选购。除注明外，盥洗室、卫生间地漏位置详水施，地漏做法参见12YJ11 (A/72)；地面找坡1%坡向地漏。

项目	××苑	工程名称	别墅
图名	一层平面图	图别	建施
		图号	建施-05
		日期	

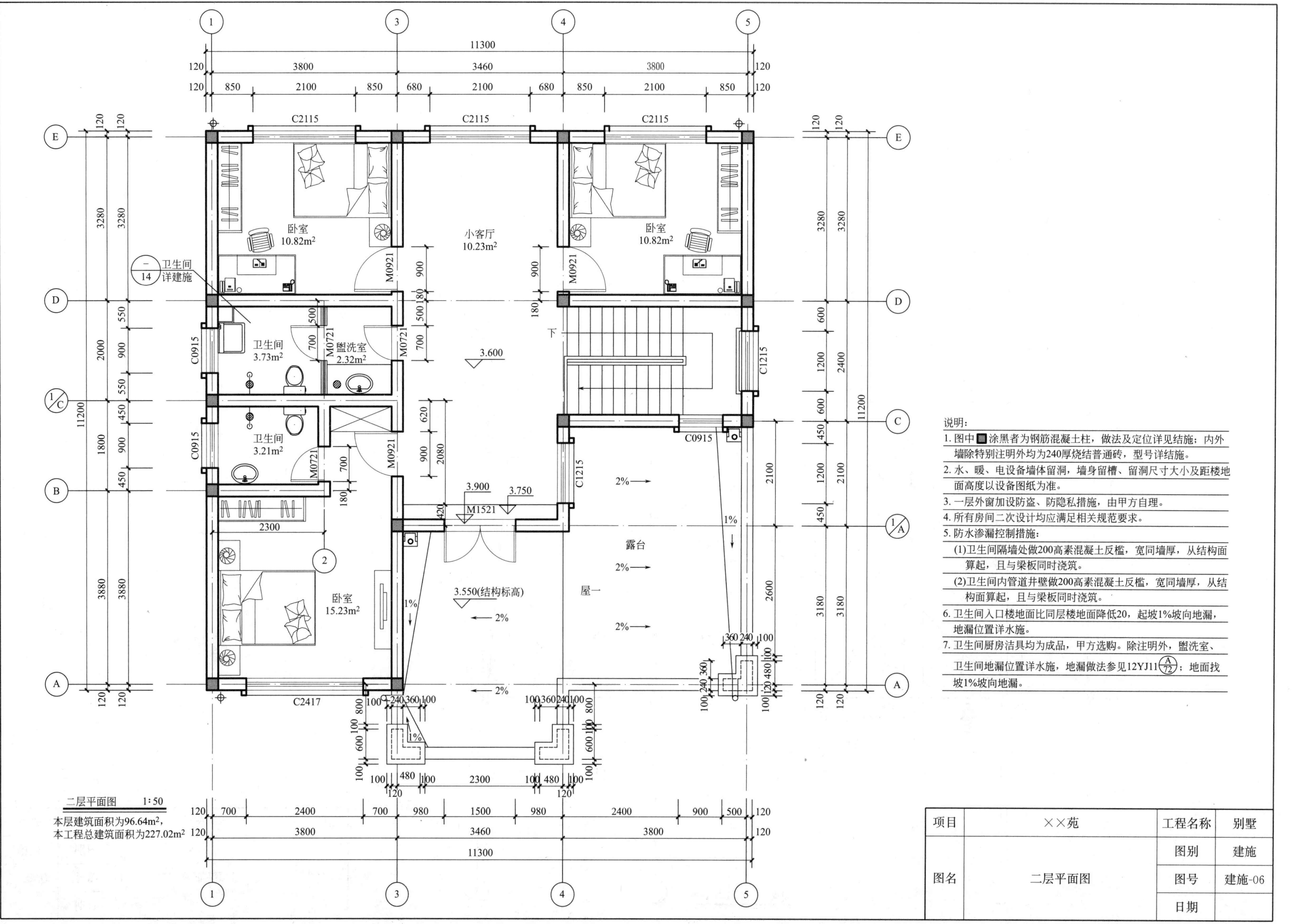

说明:

1. 图中■涂黑者为钢筋混凝土柱，做法及定位详见结施；内外墙除特别注明外均为240厚烧结普通砖，型号详结施。
2. 水、暖、电设备墙体留洞，墙身留槽、留洞尺寸大小及距楼地面高度以设备图纸为准。
3. 一层外窗加设防盗、防隐私措施，由甲方自理。
4. 所有房间二次设计均应满足相关规范要求。
5. 防水渗漏控制措施：
   (1)卫生间隔墙处做200高素混凝土反槛，宽同墙厚，从结构面算起，且与梁板同时浇筑。
   (2)卫生间内管道井壁做200高素混凝土反槛，宽同墙厚，从结构面算起，且与梁板同时浇筑。
6. 卫生间入口楼地面比同层楼地面降低20，起坡1%坡向地漏，地漏位置详水施。
7. 卫生间厨房洁具均为成品，甲方选购。除注明外，盥洗室、卫生间地漏位置详水施，地漏做法参见12YJ11 $\frac{A}{72}$；地面找坡1%坡向地漏。

项目	××苑	工程名称	别墅
图名	二层平面图	图别	建施
		图号	建施-06
		日期	

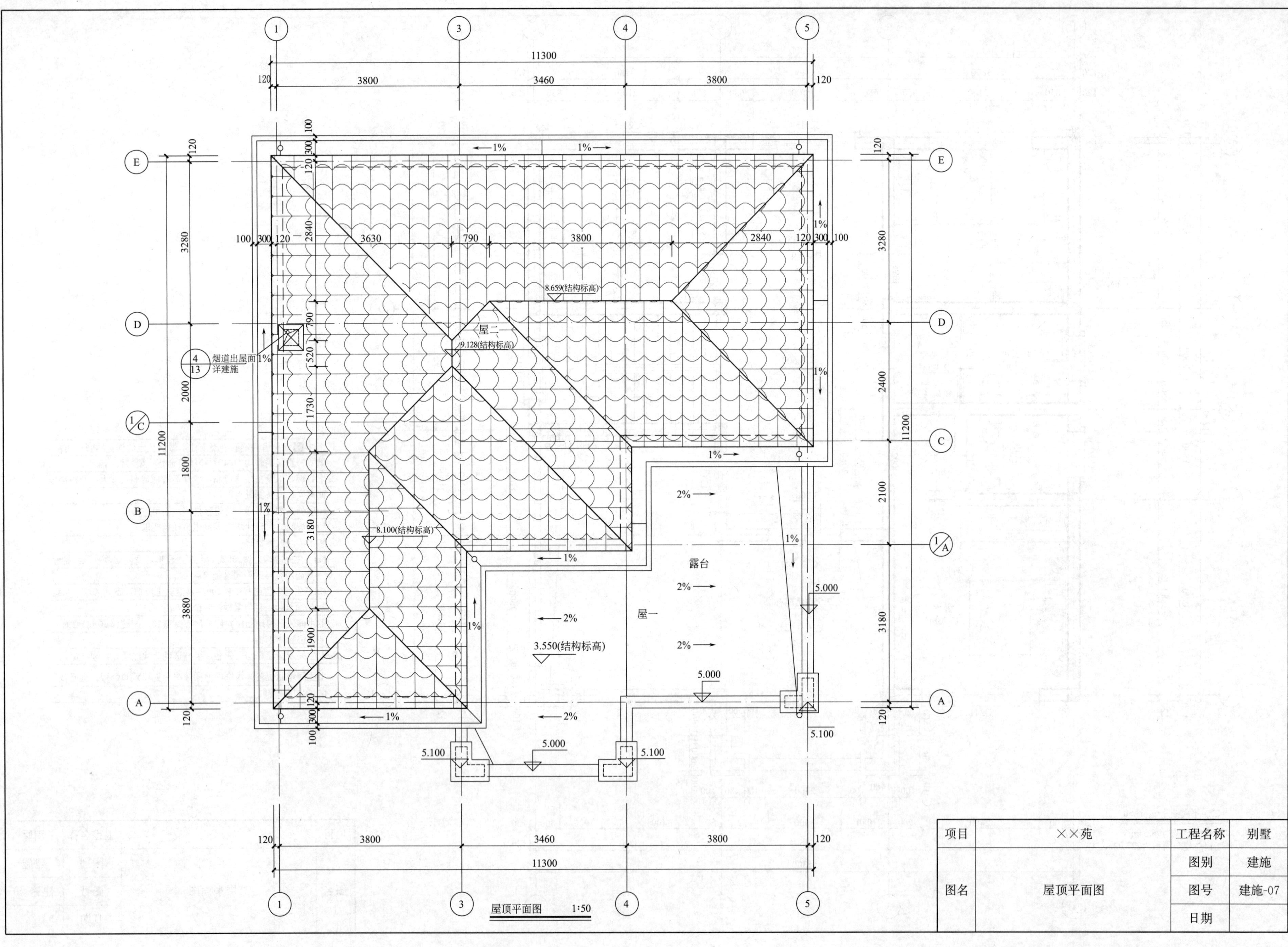

屋二
9.128(结构标高)
8.659(结构标高)
8.100(结构标高)
3.550(结构标高)
屋一
露台
烟道出屋面1%
详建施
5.000
5.100
屋顶平面图 1:50
项目
××苑
工程名称
别墅
图别
建施
图名
屋顶平面图
图号
建施-07
日期

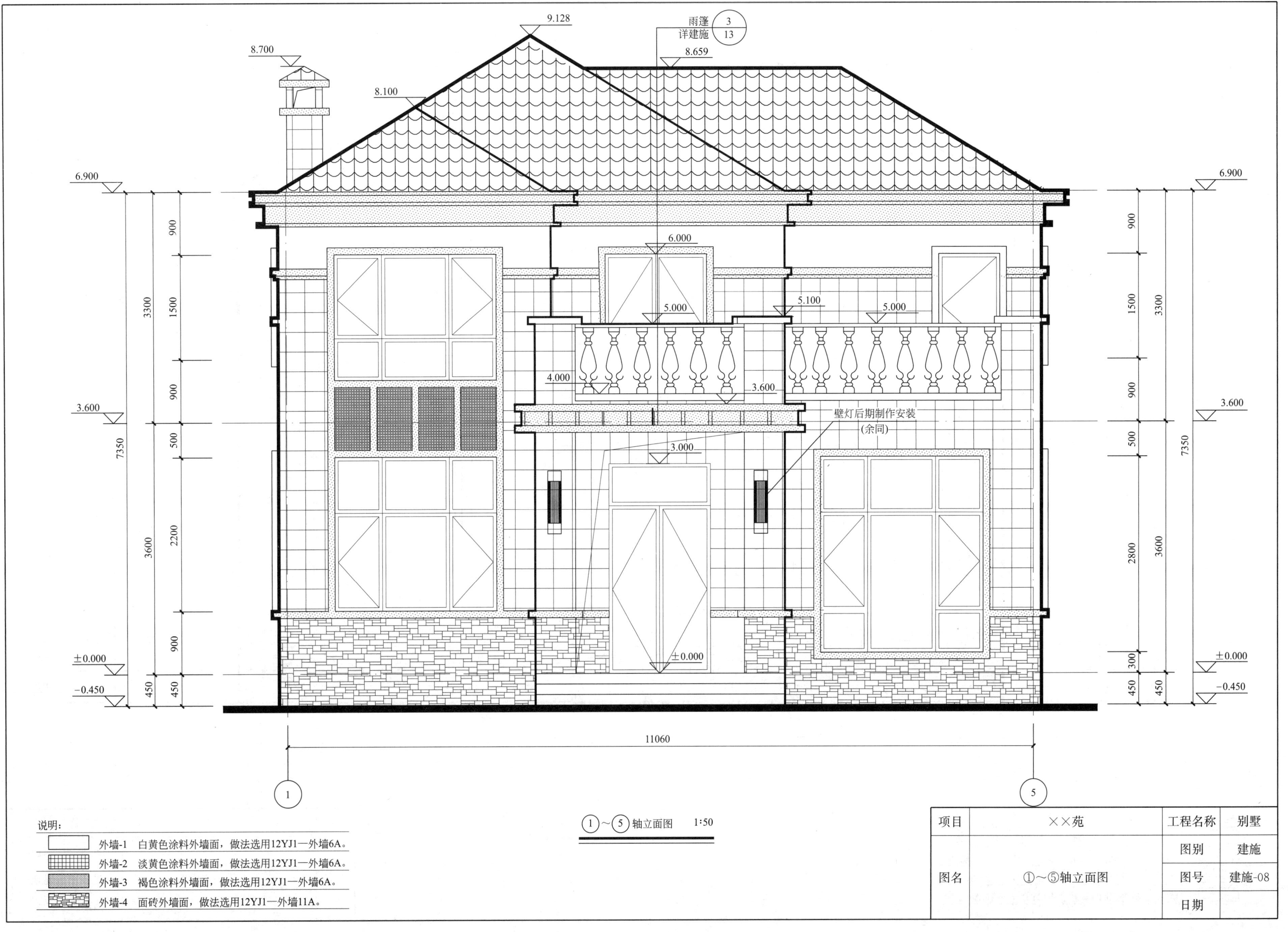

①～⑤轴立面图 1:50

说明：

图例	说明
	外墙-1 白黄色涂料外墙面，做法选用12YJ1—外墙6A。
	外墙-2 淡黄色涂料外墙面，做法选用12YJ1—外墙6A。
	外墙-3 褐色涂料外墙面，做法选用12YJ1—外墙6A。
	外墙-4 面砖外墙面，做法选用12YJ1—外墙11A。

项目	××苑	工程名称	别墅
图名	①～⑤轴立面图	图别	建施
		图号	建施-08
		日期	

⑤～① 轴立面图　1:50

项目	××苑	工程名称	别墅
图名	⑤～①轴立面图	图别	建施
		图号	建施-09
		日期	

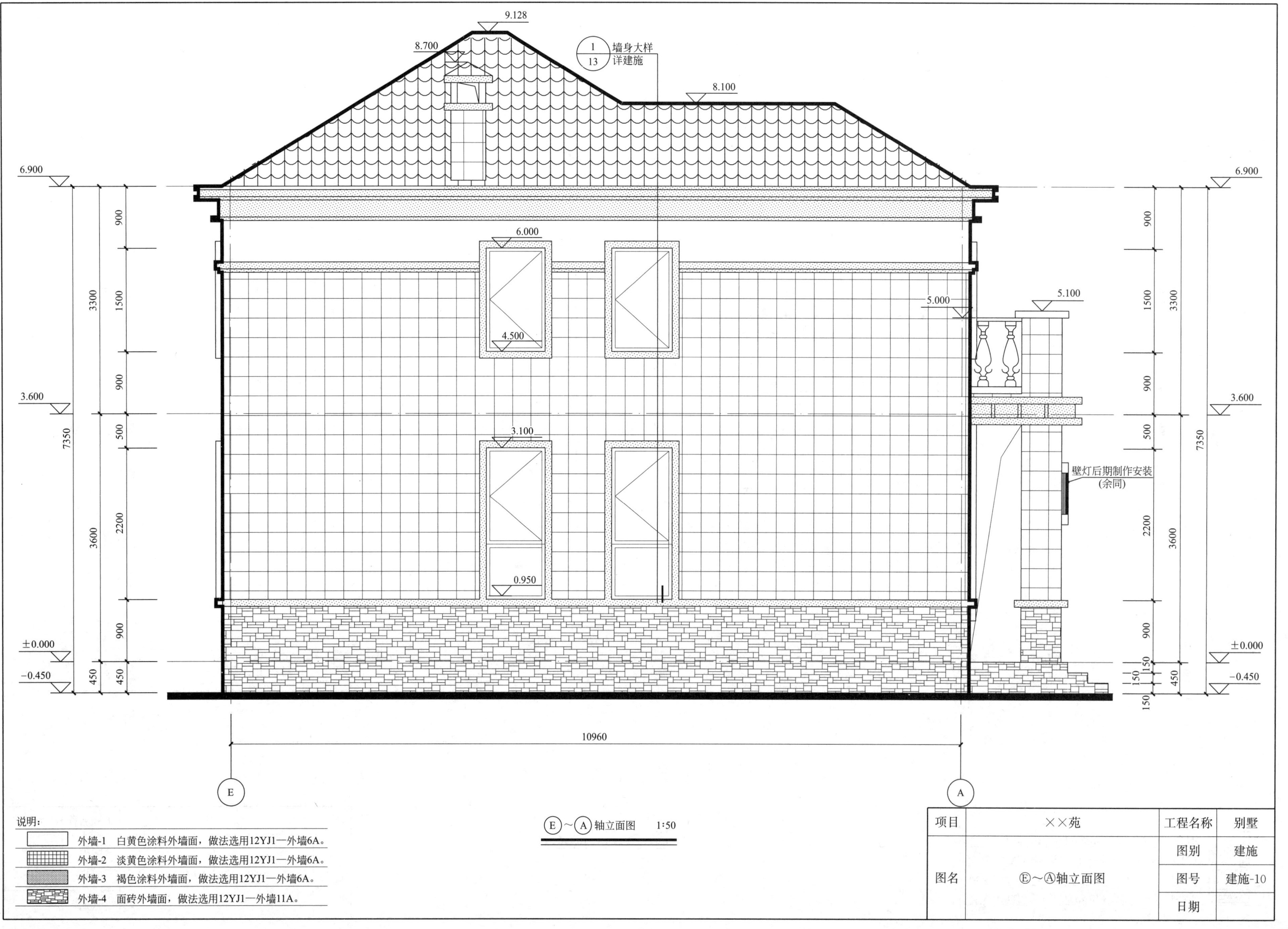

Ⓔ～Ⓐ轴立面图 1:50

说明:

图例	说明
	外墙-1 白黄色涂料外墙面，做法选用12YJ1—外墙6A。
	外墙-2 淡黄色涂料外墙面，做法选用12YJ1—外墙6A。
	外墙-3 褐色涂料外墙面，做法选用12YJ1—外墙6A。
	外墙-4 面砖外墙面，做法选用12YJ1—外墙11A。

项目	××苑	工程名称	别墅
图名	Ⓔ～Ⓐ轴立面图	图别	建施
		图号	建施-10
		日期	

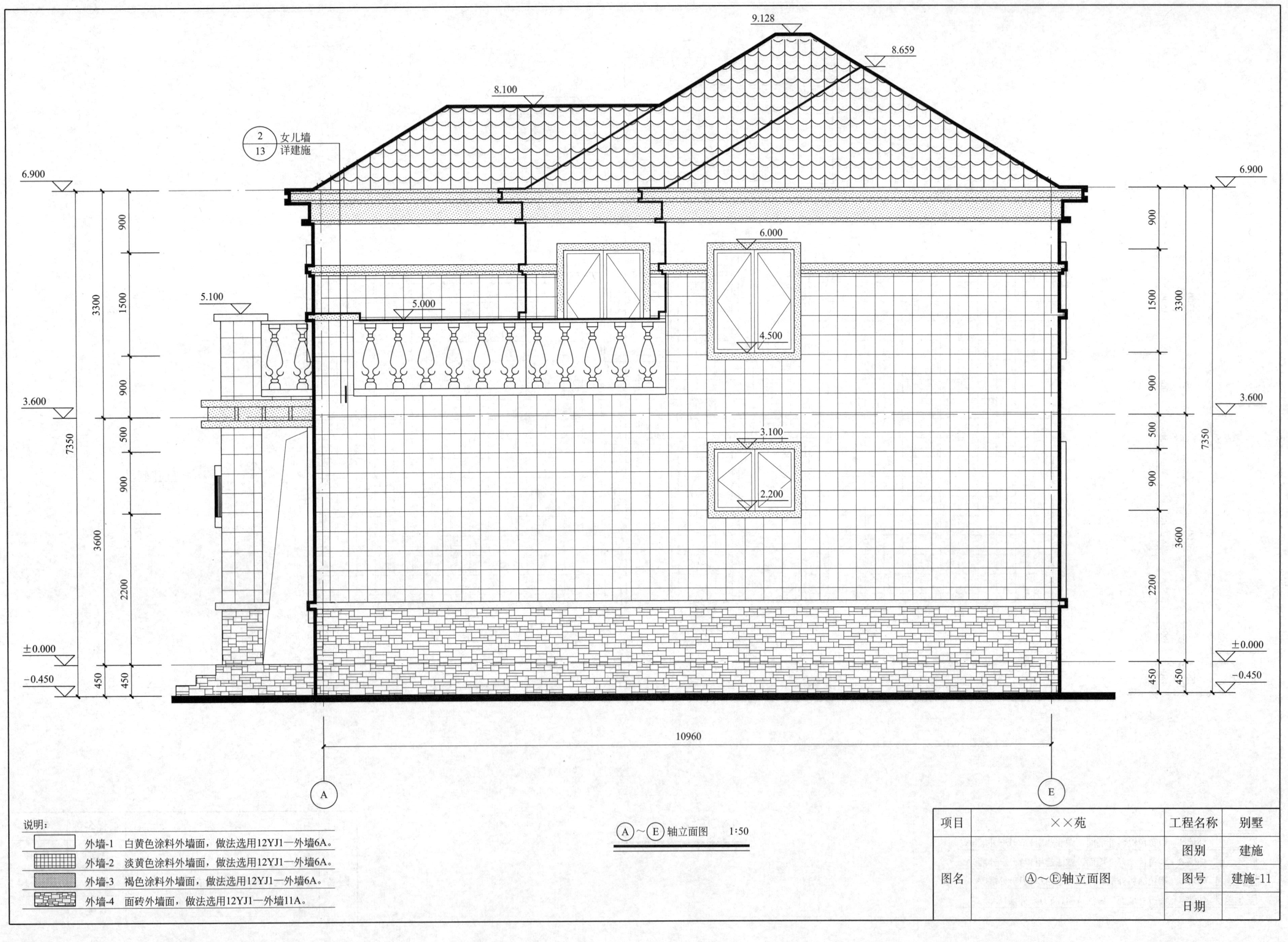
9.128
8.659
8.100
2
13
女儿墙
详建施
6.900
3.600
±0.000
−0.450
5.100
5.000
6.000
4.500
3.100
2.200
900
1500
500
2200
450
3300
3600
7350
10960
A
E
说明:
外墙-1 白黄色涂料外墙面，做法选用12YJ1—外墙6A。
外墙-2 淡黄色涂料外墙面，做法选用12YJ1—外墙6A。
外墙-3 褐色涂料外墙面，做法选用12YJ1—外墙6A。
外墙-4 面砖外墙面，做法选用12YJ1—外墙11A。
Ⓐ～Ⓔ轴立面图 1:50
项目
××苑
工程名称
别墅
图别
建施
图名
Ⓐ～Ⓔ轴立面图
图号
建施-11
日期

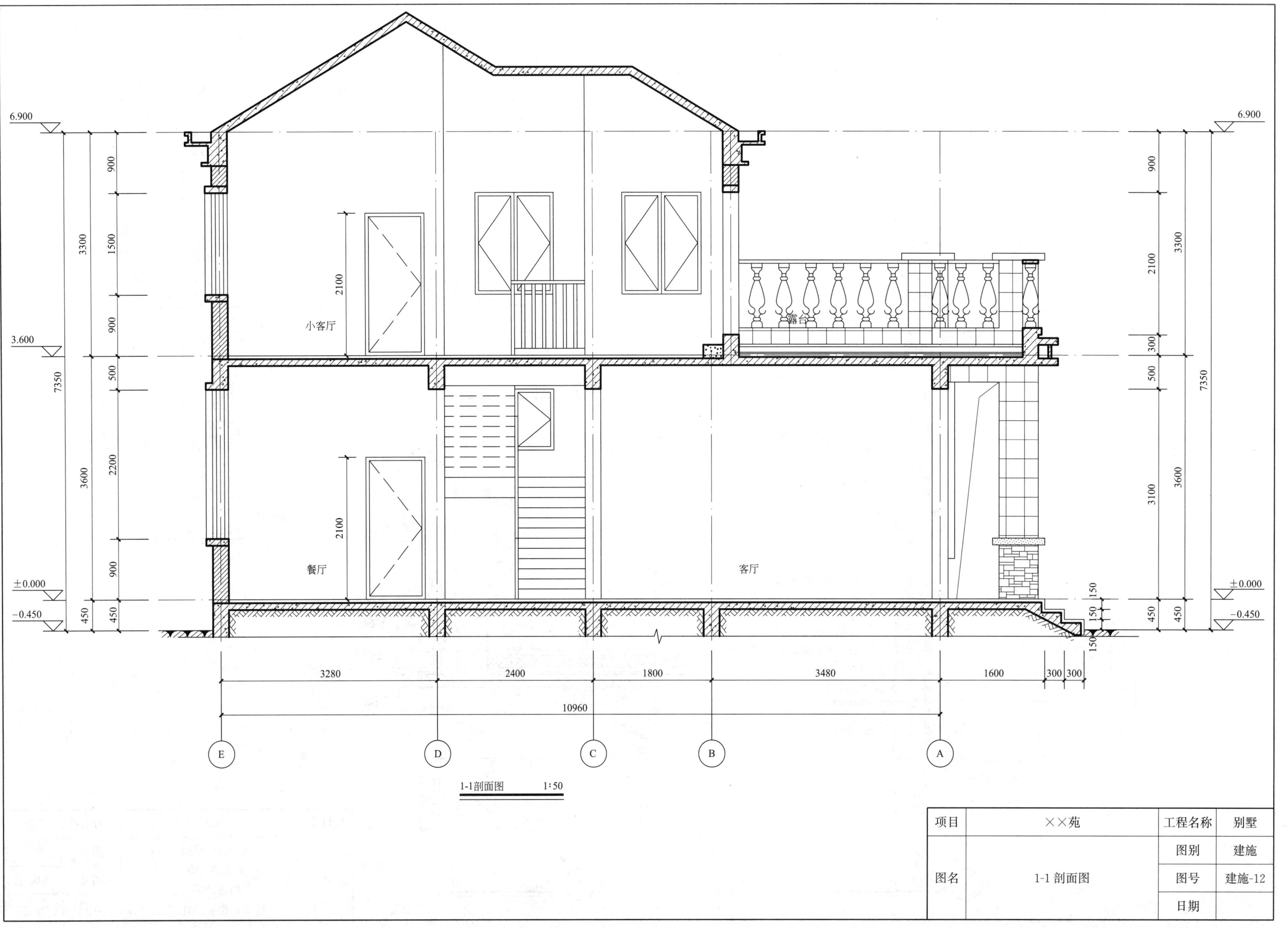

1-1剖面图 1:50

项目	××苑	工程名称	别墅
图名	1-1 剖面图	图别	建施
		图号	建施-12
		日期	

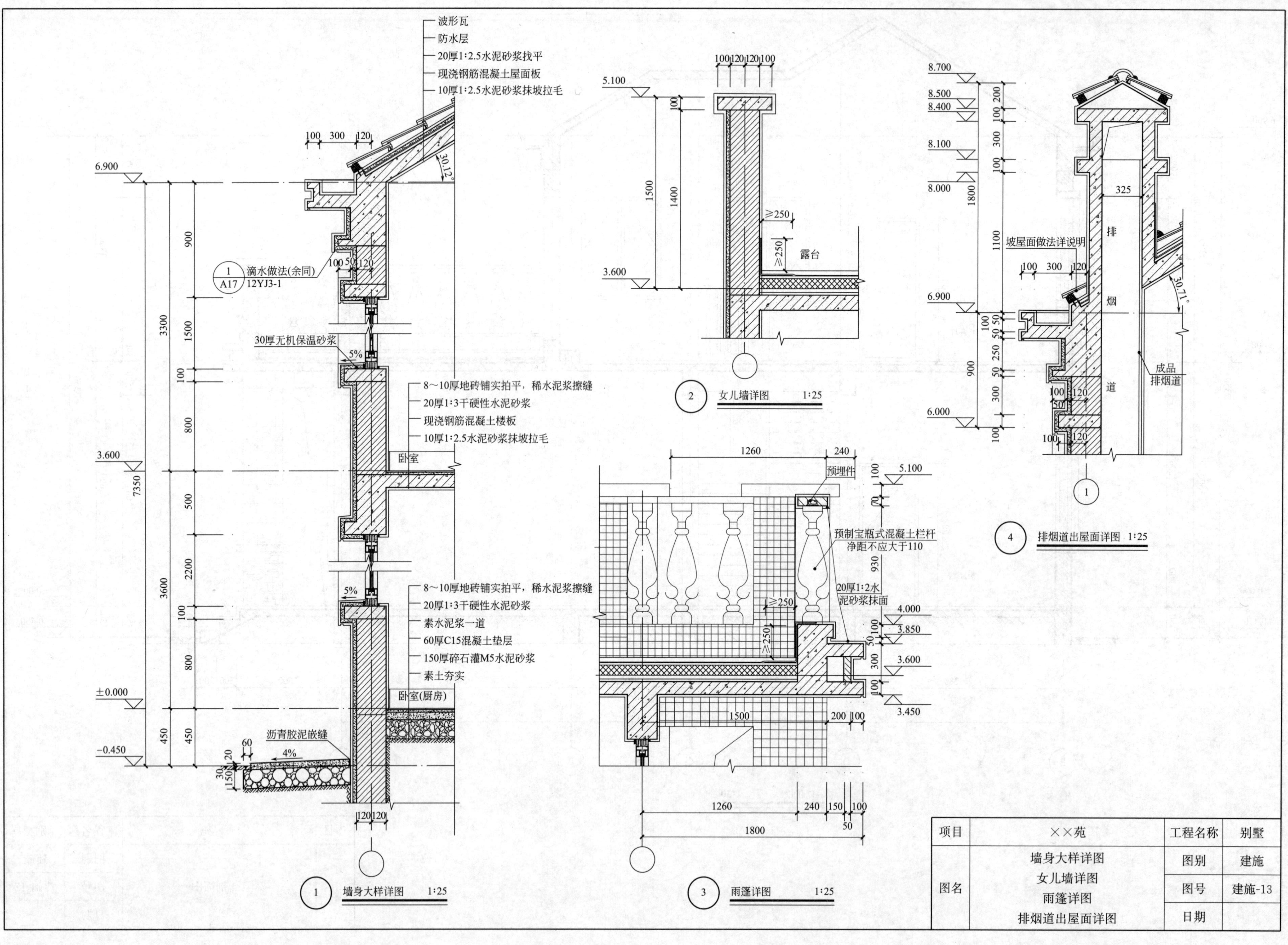

项目	××苑	工程名称	别墅
图名	墙身大样详图 女儿墙详图 雨篷详图 排烟道出屋面详图	图别	建施
		图号	建施-13
		日期	

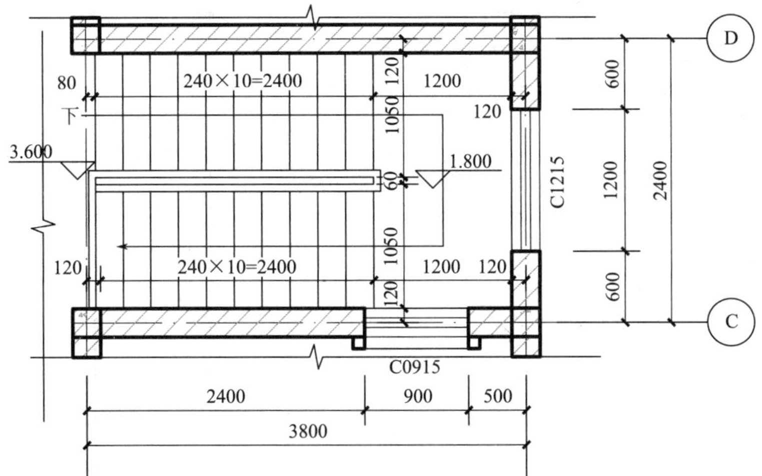

楼梯二层平面图 1:50

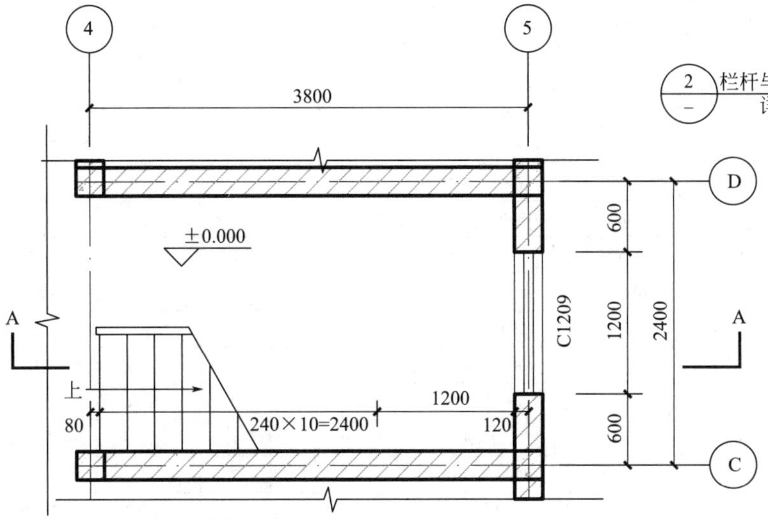

楼梯一层平面图 1:50

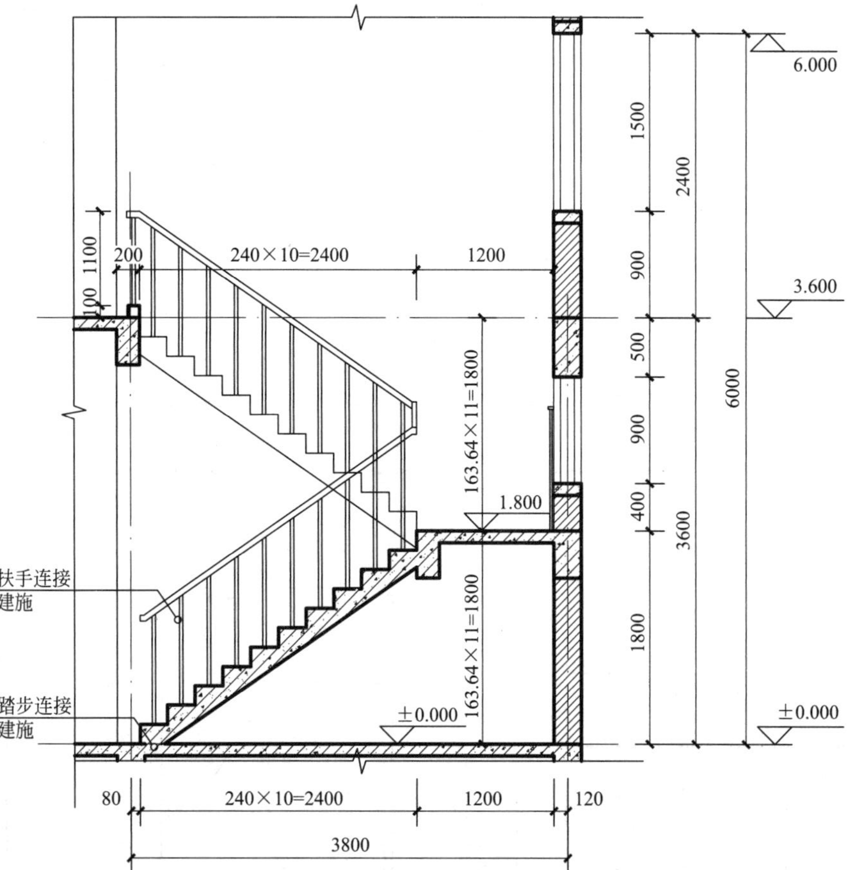

法兰 1:5

预埋件 1:5

A-A剖面图 1:50

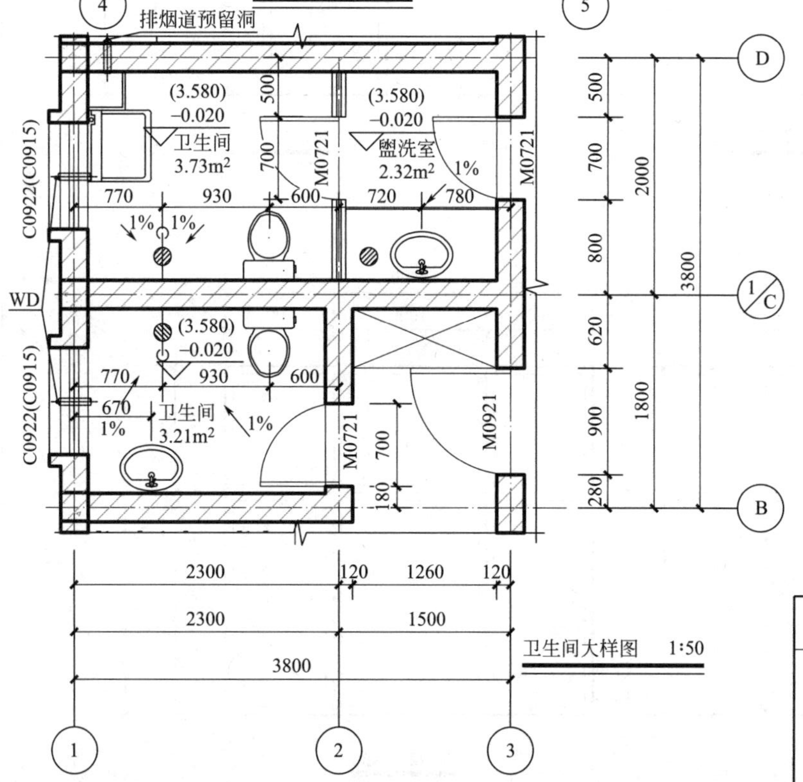

卫生间大样图 1:50

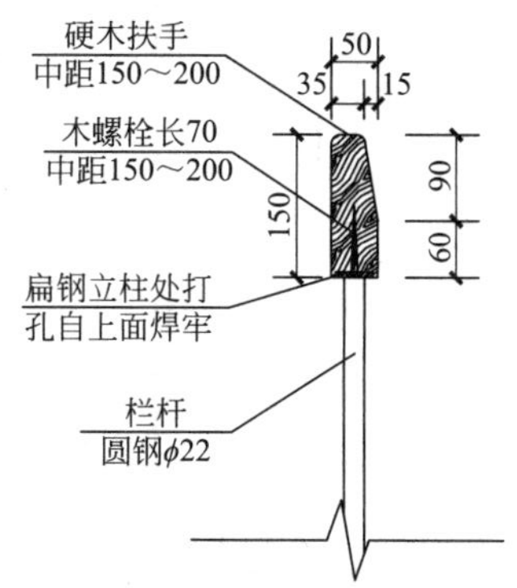

栏杆与扶手连接 1:10

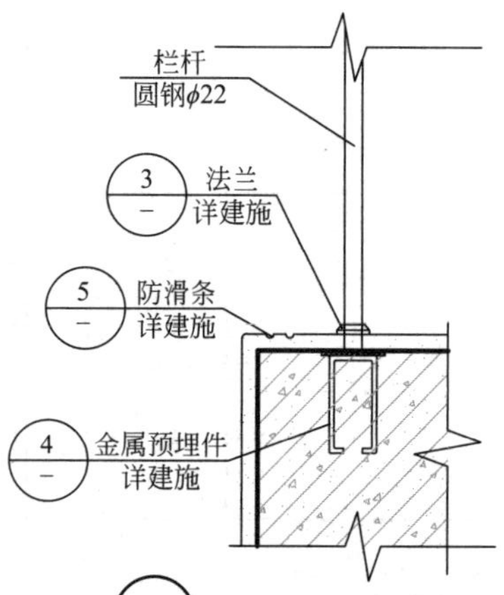

栏杆与踏步连接 1:10

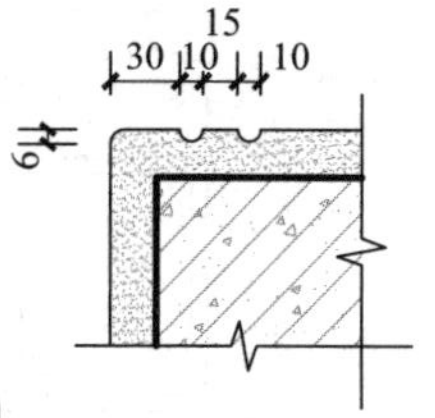

水泥面踏步防滑条 1:5

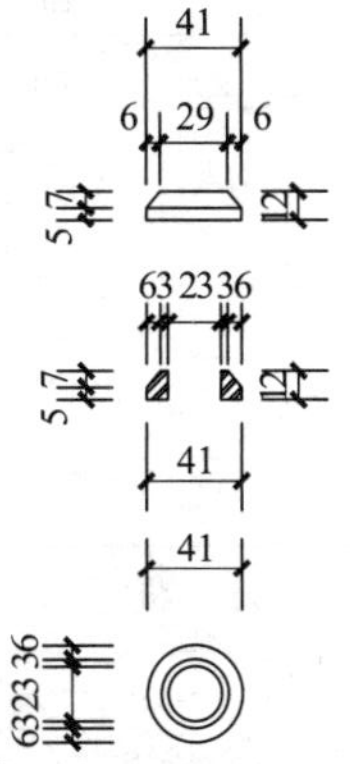

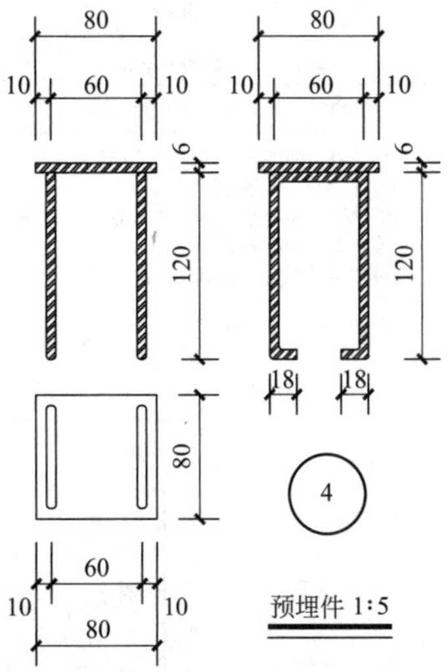

项目	××苑	工程名称	别墅
图名	楼梯详图 卫生间大样图	图别	建施
		图号	建施-14
		日期	

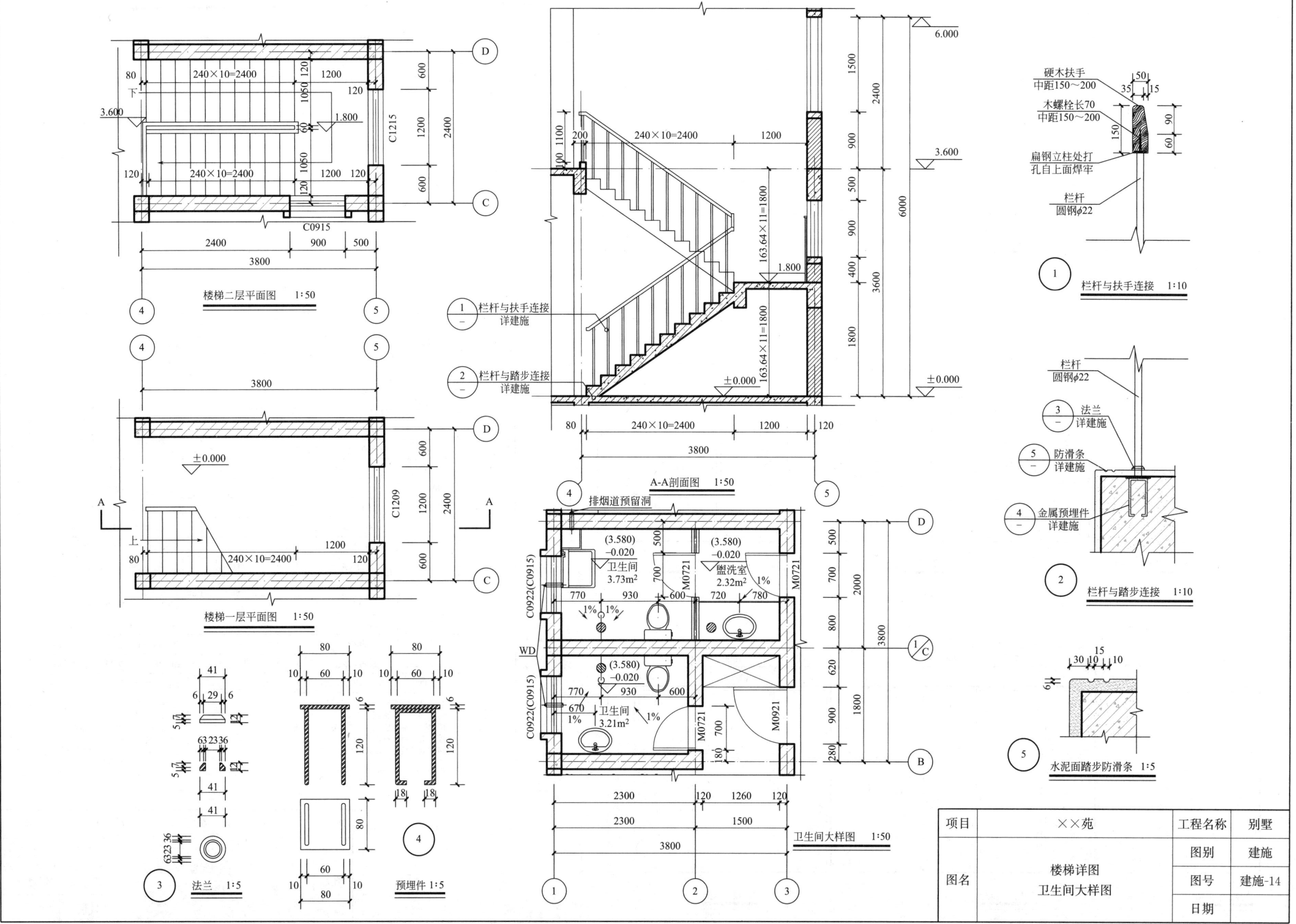

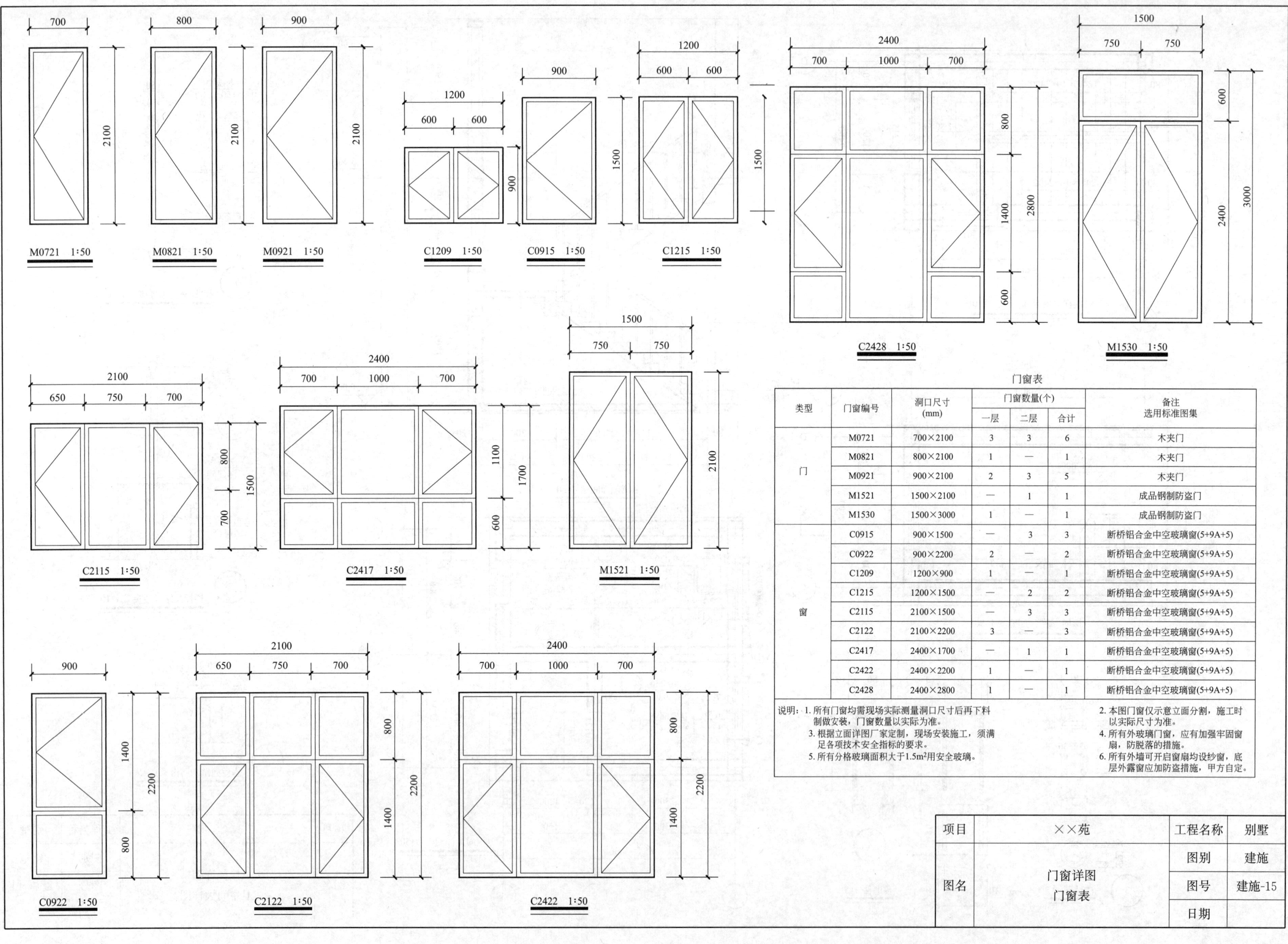

门窗表

类型	门窗编号	洞口尺寸(mm)	门窗数量(个)			备注 选用标准图集
			一层	二层	合计	
门	M0721	700×2100	3	3	6	木夹门
	M0821	800×2100	1	—	1	木夹门
	M0921	900×2100	2	3	5	木夹门
	M1521	1500×2100	—	1	1	成品钢制防盗门
	M1530	1500×3000	1	—	1	成品钢制防盗门
窗	C0915	900×1500	—	3	3	断桥铝合金中空玻璃窗(5+9A+5)
	C0922	900×2200	2	—	2	断桥铝合金中空玻璃窗(5+9A+5)
	C1209	1200×900	1	—	1	断桥铝合金中空玻璃窗(5+9A+5)
	C1215	1200×1500	—	2	2	断桥铝合金中空玻璃窗(5+9A+5)
	C2115	2100×1500	—	3	3	断桥铝合金中空玻璃窗(5+9A+5)
	C2122	2100×2200	3	—	3	断桥铝合金中空玻璃窗(5+9A+5)
	C2417	2400×1700	—	1	1	断桥铝合金中空玻璃窗(5+9A+5)
	C2422	2400×2200	1	—	1	断桥铝合金中空玻璃窗(5+9A+5)
	C2428	2400×2800	1	—	1	断桥铝合金中空玻璃窗(5+9A+5)

说明：1. 所有门窗均需现场实际测量洞口尺寸后再下料制做安装，门窗数量以实际为准。
2. 本图门窗仅示意立面分割，施工时以实际尺寸为准。
3. 根据立面详图厂家定制，现场安装施工，须满足各项技术安全指标的要求。
4. 所有外玻璃门窗，应有加强牢固窗扇，防脱落的措施。
5. 所有分格玻璃面积大于1.5m²用安全玻璃。
6. 所有外墙可开启窗扇均设纱窗，底层外露窗应加防盗措施，甲方自定。

项目	××苑	工程名称	别墅
图名	门窗详图 门窗表	图别	建施
		图号	建施-15
		日期	

附图 2　办公楼建筑施工图

建筑施工图目录

序号	图纸名称	图号	规格
1	总平面布置图（略）	00	A2+1/4
2	图纸目录 选用标准设计图集目录 建筑设计总说明（一）	01	A2+1/4
3	建筑设计总说明（二）	02	A2+1/4
4	建筑设计总说明（三）	03	A2+1/4
5	建筑设计总说明（四）	04	A2+1/4
6	地下二层平面示意图（略）	05	A2+1/4
7	地下一层平面示意图（略）	06	A2+1/4
8	一层平面图	07	A2+1/4
9	二层平面图	08	A2+1/4
10	三层平面图	09	A2+1/4
11	屋顶平面图	10	A2+1/4
12	楼梯间屋顶平面图	11	A2+1/4
13	①～⑭轴立面图	12	A2+1/4
14	⑭～①轴立面图	13	A2+1/4
15	Ⓐ～Ⓔ轴立面图、Ⓔ～Ⓐ轴立面图	14	A2+1/4
16	1—1剖面图、2—2剖面图	15	A2+1/4
17	楼梯详图（一）	16	A2+1/4
18	楼梯详图（二）	17	A2+1/4
19	楼梯详图（三）、门窗表	18	A2+1/4
20	门窗大样	19	A2+1/4
21	卫生间大样图、造型柱平面放大图	20	A2+1/4
22	节点详图（一）	21	A2+1/4
23	节点详图（二）	22	A2+1/4
24	节点详图（三）	23	A2+1/4
合计			24

注：本套图纸原规格为A2+1/4，但受限于本教材的开本，为提高阅读体验，将图号01～04的图纸分开排版，同时为保证正确识图，所有图号还与原图纸保持一致，不做调整。

选用标准设计图集目录

序号	图集号	图集名称	备注
1	建筑专业合订本（一）12YJ	河南省《12系列建筑标准设计图集》	河南省通用图
2	建筑专业合订本（二）12YJ	河南省《12系列建筑标准设计图集》	河南省通用图
3	建筑专业合订本（三）12YJ	河南省《12系列建筑标准设计图集》	河南省通用图
4	建筑专业合订本（四）12YJ	河南省《12系列建筑标准设计图集》	河南省通用图

建筑施工图设计总说明

1. 设计依据

1.1 甲方和乙方签订的建设工程设计合同。

1.2 甲方向乙方提交的有关基础资料和电子文件：

1.2.1 建设地段规划设计条件；

1.2.2 由××××地质勘察院完成的详细勘察阶段；

1.2.3 由建设单位提供的该项目用地相关市政基础设施资料。

1.3 甲方认可的本项目建筑设计方案。

1.4 甲乙双方研讨磋商所形成和制定的相关设计标准：

1.4.1 甲方提供的《施工图设计任务书》；

1.4.2 甲乙双方共同研讨确定的技术定案文件。

1.5 国家所颁布的现行有关规范、标准及省市有关规定、规程：

《工程建设标准强制性条文：房屋建筑部分（2013年版）》	中国建筑工业出版社；
《城市居住区规划设计标准》	GB 50180—2018；
《建筑设计防火规范（2018年版）》	GB 50016—2014；
《民用建筑设计统一标准》	GB 50352—2019；
《建筑内部装修设计防火规范》	GB 50222—2017；
《屋面工程技术规范》	GB 50345—2012；
《倒置式屋面工程技术规程》	JGJ 230—2010；
《地下工程防水技术规范》	GB 50108—2008；
《无障碍设计规范》	GB 50763—2012；
《民用建筑热工设计规范》	GB 50176—2016；
《河南省公共建筑节能设计标准》	DBJ41/T 075—2016；
《办公建筑设计标准》	JGJ/T 67—2019；
《民用建筑工程室内环境污染控制标准》	GB 50325—2020；
《安全防范工程技术标准》	GB 50348—2018；
《建筑防火封堵应用技术标准》	GB/T 51410—2020。

工程名称	经济技术开发区安置区项目14#楼	图名	建筑设计总说明（一）	图别	建筑	图号	01

2. 工程概况及设计范围

2.1 工程概况

2.1.1 工程名称及业主单位

工程名称：经济技术开发区安置区项目14#楼；

业主单位：略。

2.1.2 地理位置

××街与××街交叉口西南角。

2.1.3 工程主要概况

本项目主要概况如下：

工程等级	三级	建筑使用性质		办公	设计合理使用年限		50年
规划建筑高度(m)	16.50（室外地坪至女儿墙顶）	层数（层）	地上	3层	耐火等级	地上	二级
建筑高度(m)	12.30（室外地坪至屋顶面层）		地下	2层（地库）		地下	一级
结构类型	框架结构	层高(m)		3.9	地下室层高(m)		−1F：5.6 −2F：3.6
基础形式	筏形基础	场地类别		Ⅲ类	抗震设防类别		丙类
抗震设防烈度	7度	结构抗震等级		三级	附设人防工程		设置
屋面防水等级	Ⅰ级	地下室防水等级		详车库	防雷类别		三类
二次加压供水	不设置	自报自喷系统		不设置			

注：屋面层按300mm计入建筑高度。

2.1.4 主要技术经济指标

总建筑面积(m^2)		1936.98	基底面积(m^2)	666.51
其中	地上建筑面积(m^2)	1936.98	车库类别	
	地下建筑面积(m^2)	详车库图纸	停车位数量(个)	

注：外墙保温按60厚计入总建筑面积。

2.2 设计范围

2.2.1 建筑、结构、给水排水、电气、暖通、室外景观各专业及其总平面的设计。

2.2.2 本建筑施工图仅承担一般性的全装修设计。

3. 建筑物定位及设计标高

3.1 高程定位系统：本工程采用黄海高程系统，建筑室内±0.000相当于绝对标高为112.30m。建筑出入口处的室内外高差均为300。

水平定位系统：采用甲方提供的界址点定位坐标系统。

3.2 各层标注标高为完成面标高（建筑面标高），屋面标高为结构面标高。

3.3 本图所注尺寸单位标高以m其余尺寸以mm计。

3.4 建筑物在总平面中的定位坐标为轴线交点坐标，施工时应全面放线，以确保建筑物之间及建筑物与道路等的间距准确无误。若现场发现图中所示坐标和尺寸与实际情况有出入时，应及时通知设计人员进行研究处理。

4. 建筑施工与安装

4.1 本施工图工程做法及做法大样仅注明建筑材料的构造层次，施工单位除按图纸及说明进行施工外，还必须严格按照施工图中所引注的标准设计图集相关大样及说明执行，按国家颁布的现行建筑安装、施工工程验收规范和工程质量检验评定标准进行施工。

4.2 材料和设备的选用必须符合国家的相关质量标准，严禁采用假冒伪劣产品和不合格产品。

4.3 施工过程中发现设计图纸所存在的问题或施工中所出现的问题以及建设单位提出的局部修改，按国家规定均须由设计单位负责解释或出具设计修改通知单，未经设计单位同意切勿单方面修改施工图进行施工。

4.4 施工图中预留孔洞凡预留在墙上等钢筋混凝土构件部位者，均在结施中表达。

填充墙上≤ϕ300或300×300的预留孔洞在建施和结施图纸中均未标注，安装单位应在施工过程中按各工种图纸要求，配合土建施工预留孔洞或预留套管。

4.5 土建施工应与设备安装相互核实，以免出现漏埋预埋件等现象；由于各层墙体所预留的孔洞较多，施工、安装人员应对土建施工图与设备专业施工图相互对照、密切配合以免出错，不得事后在钢筋混凝土墙梁上穿墙打洞。

4.6 回填土必须符合相关质量规范，并按规范要求分层夯实（即每回填250高即进行夯实，夯实后密实度≥94%，边角处须补夯密实）；回填前应去掉腐蚀性有机物等杂质，并严禁回填不符合要求的土壤和建筑垃圾。

4.7 施工图中所绘制的室内空调机位仅为布置示意。

5. 楼地面工程

5.1 结构楼板降板部位的降板高度

序号	降板部位	完成面标高(m)	结构板面标高(m)
1	除卫生间及已经标注房间外所有房间	H	$H-0.050$
2	卫生间	$H-0.015$	$H-0.110$
3	冷媒井	$H-0.060$	$H-0.110$
4	公共走廊	H	$H-0.050$
5	楼梯间	H	$H-0.030$
6	电井	$H-0.030$	$H-0.050$
7	备餐间	$H-0.020$	$H-0.110$
备注	1. H为各层楼面的建筑完成面标高； 2. 结构降板不降梁标高，特殊部位详结施； 3. 各种阳台梁下口标高平齐。		

5.2 楼地面做法详见“室内装修做法表”。

5.3 楼板预留洞及封堵：强弱电井和水暖井每层设防火楼板隔断，井内楼板宜先预留钢筋（详结施），待设备管线安装完成后二次浇筑同楼板厚度和强度等级的混凝土并封堵密实。

6. 地下工程

本工程地下两层为地下车库，具体设计内容详见车库图纸。

工程名称	经济技术开发区安置区项目14#楼	图名	建筑设计总说明（一）	图别	建筑	图号	01

7. 屋面工程

7.1 平屋面采用倒置式屋面，屋面防水等级为Ⅰ级，两道设防，采用 2 层 3.0＋3.0，共 6.0 厚 SBS 改性沥青聚酯胎防水卷材，耐低温－20℃，屋面及雨篷防水做法详工程做法。倒置式屋面保温层设计厚度按照节能计算厚度增加 25％取值。

7.2 当为倒置式屋面时使用年限为 20 年，且应符合《屋面工程技术规范》GB 50345—2012 的规定。

7.3 屋面上的各设备基础的防水构造做法见屋顶平面图。屋面上的各种设备基础及管井穿屋面的防水构造参见图集 12YJ5-1 第 A17～A21 页。

屋面做法及屋面节点未注明处均参见图集 12YJ5-1。

7.4 平屋面排水采用屋面有组织排水，排水方式见屋顶平面图，倒置式屋面排水坡度不应小于 3％，其他屋面不应小于 2％；雨水管（除注明者外）选用 ϕ110 白色 UPVC 塑料管。颜色均与相邻外墙同颜色。

高屋面排到低屋面时雨水管出水口做水簸箕，做法选用 12YJ5-2 图集第 T4 页，雨水管固定件务必按照图集预埋，固定件长度充分考虑外保温材料厚度，安装做法参见 12YJ3-1 第 J3 页。

7.5 当采用内排水时，具体详见给水排水专业施工图。

7.6 空调排水立管（除注明者外）采用白色 ϕ50UPVC 管，涂刷与附近外墙相同颜色的涂料。

7.7 屋面做法未详尽之处按照《屋面工程技术规范》GB 50345—2012 的规定进行施工。

7.8 屋面工程所采用的防水、保温隔热材料应有产品合格证书和性能检测报告，材料的品种，规格，性能等应符合现行国家产品标准和设计要求。

8. 墙体工程

8.1 墙体的基础部分和钢筋混凝土梁、柱见结施，应做好隐蔽工程的记录与验收。

8.2 框架柱和加气块砌体交接处、墙体埋管线处加铺 300 宽，ϕ0.9@12.7×12.7 镀锌铁丝网，专用胶粘钉固定。

8.3 下列部位须做 C20 细石混凝土翻边，高度高于同层厅房建筑完成面 250，宽度同该部位墙体厚度，然后再砌筑墙体：

8.3.1 卫生间周边（除门洞外）墙体下部；

8.3.2 阳台、露台、屋面与外墙交接处（除门洞外）；

8.3.3 雨篷与外墙交接处。

8.4 所有墙体拉接、构造柱的设置、门窗洞口构造措施详结施图纸及说明，构造柱的位置在建筑各层平面中均有表达；填充墙长超过 5m 时，构造柱未定位时均居墙中。

8.5 除图中特殊注明外，填充墙体材料及墙体如下：

	使用部位	填充墙体材料	厚度(mm)
外墙	室内地坪以上	加气混凝土砌块	200
	室内地坪以下	钢筋混凝土	详结施

续表

	使用部位	填充墙体材料	厚度(mm)
内墙	室内地坪以上	加气混凝土砌块	200
	室内地坪以下	加气混凝土砌块	200
备注	1. 不同填充墙体材料的具体使用部位详见建施各层平面图及大样图； 2. 各层内外墙砌筑时，顶部砌至梁或板底后，其间空隙应用 C20 细石混凝土填实； 3. 门窗洞口上设过梁，下设压顶，加气块墙两侧设 200 宽 200 高，厚度同墙厚的 C20 混凝土块，间距 600；门窗洞口距结构柱(墙)边小于或等于 200 时，用素混凝土一次浇筑(混凝土强度详结构)； 4. 除 100 厚的填充墙外，200 厚的填充墙定位未标注的均居轴线中。		

8.6 墙体预留洞及封堵：

8.6.1 墙体预留洞详各相关专业图纸中均作表达，其中：

	留洞图例	宽度(mm)	高度(mm)	深度(mm)	洞底距地(mm)	定位
配电箱、强电		400	600	100	1800	墙体留洞平面定位详各层平面图
单栓消火栓箱	(半嵌入消火栓)	680	1050	140	700	墙体留洞平面定位详各层平面图

备注：砌筑墙体预留洞过梁详结施图说明。

8.6.2 墙体预留洞的封堵：

消火栓箱除图中特殊注明外，均采用全嵌入墙体安装方式，墙体留洞保证洞后墙体厚度不小于 100，洞后用加气混凝土块封堵；墙体预留洞待管道设备安装完毕后，用防火封堵材料填实；外墙上的留洞填实后采用防水砂浆找平收光；防水砂浆为 1∶2.5 水泥砂浆掺 5％防水剂。

备注：预留洞的封堵处，均加铺 300 宽、ϕ0.9@12.7×12.7 孔镀锌铁丝网，专用胶粘钉固定。

8.7 轴线定位及墙身厚度：

外侧轴线距外墙边均为 100，内侧轴线均居内墙墙中。

8.8 墙身防潮层：在室内地坪下约 60 处做 20 厚水泥砂浆加 5％防水剂墙身防潮层（在此标高为钢筋混凝土构造时可不做）；当室内地坪变化处防潮层应重叠搭接，并在高低差埋土一侧墙身做 20 厚聚合物防水砂浆防潮层；如埋土侧为室外，还应刷 1.5 厚聚氨酯防水涂膜。

9. 门窗工程

9.1 门窗选型：60 系列断桥铝合金 Low-E 中空（5mm＋12A＋5mm）。

门窗型材厚度由门窗安装公司根据门窗性能指标计算选用。

9.2 窗台低于 800mm 时均须作护窗栏杆，做法详见建施墙身大样。

工程名称	经济技术开发区安置区项目 14＃楼	图名	建筑设计总说明（二）	图别	建筑	图号	02

9.3 门窗详图中所绘制的门窗均为外视图，仅作门窗制作分格时参考；门窗应在洞口尺寸经验收合格后方可制作。

9.4 门窗玻璃的厚度和安全性还应满足《建筑玻璃应用技术规程》JGJ 113—2015 以及现行《建筑安全玻璃管理规定》的有关规定；采用安全玻璃的部位，当节能设计要求采用中空玻璃时应采用中空安全玻璃。

9.5 门窗的设计、制作、安装均应由具有相关资质的专业厂家承担，门窗的深化设计须由设计单位及甲方认可后方可制作安装；有关门窗的物理性能、保温节能性能、安全性能和防水、防火、防腐性能及加装附框架构造措施等均由专业厂家负责设计，并配合土建提供预埋件做法、尺寸和位置。

9.6 所有外门及出屋面门立樘均居墙中，其余内门立樘均与开启方向墙面平，未注明窗立樘均居墙中。

9.7 单块面积大于 $1.5m^2$ 的窗玻璃或玻璃底边距最终完成装饰面层的楼地面的距离小于 500 的落地门窗，必须使用安全玻璃。

9.8 外门窗洞口上顶面须做滴水。

<table>
<tr><td rowspan="2">门窗部位</td><td>断热铝合金低辐射中空玻璃窗</td><td colspan="2" rowspan="2">做法参照标准图集及图集号</td><td rowspan="2">传热系数[W/m²·K]</td></tr>
<tr><td>门窗选型</td></tr>
<tr><td rowspan="2">外窗</td><td>Low-E 中空(5mm+12A+5mm)</td><td rowspan="2">《常用门窗》</td><td rowspan="2">12YJ4-1</td><td rowspan="2">≤2.30</td></tr>
<tr><td>内、外侧 5Low-E</td></tr>
<tr><td>内门</td><td>夹板木门</td><td>《常用门窗》</td><td>12YJ4-1</td><td>—</td></tr>
<tr><td>外门</td><td colspan="3">首层透明外门为夹胶钢化玻璃门</td><td>≤2.30</td></tr>
<tr><td>备注</td><td colspan="4">1. 外门的防火等级及具体适用部位详见平面图及门窗表；
2. 门窗框选用深灰色哑光粉末喷涂铝合金中空玻璃；
3. 平开铝合金门窗采用不锈钢铰链、门锁、滑撑；推拉铝合金门窗采用不锈钢带轴承滑轮；凡推拉窗均应加设防窗扇脱落的限位装置以及防从外面拆卸的安全装置；平开窗应有加强牢固窗扇、防脱落的措施；
平开或推拉均采用橡胶密封条以便更换，铝合金百叶的固定配件采用不锈钢；
4. 断热门窗料的性能指标需达到相关国家标准要求，窗户的性能指标达到：
(1)风压强度性能≥3.0kPa；(2)雨水渗透性能≥250Pa；(3)空气声计权隔声量≥35dB；(4)断热铝合金低辐射 Low-E 中空玻璃≤2.30W/(m²·K)；(5)外窗气密性等级 6 级。</td></tr>
</table>

9.9 双面弹簧门应在可视高度部分装透明安全玻璃，全玻璃门应选安全玻璃或采取防护措施，并应设防撞提示标志。

9.10 洞口与门、窗框间隙具体预留尺寸按装饰材料如下：

墙体外饰面材料	金属板	清水墙	水泥砂浆或涂料	面砖	石材
洞口与门窗框缝隙(mm)	5	10	20	25	50

10. 防火门

10.1 公共部分的防火门采用木质防火门；有防火要求的外门采用双面金属板保温、隔声、防盗安全门；防火门的产品质量及防火性能均应经国家防火质量检测中心检验合格，并达到设计所要求的耐火极限方可使用。

10.2 防火门的安装必须保证正面和侧面的垂直度，使安装后的防火门开启灵活、关闭严密，安装时门框与周边结构体系的缝隙采用防火封堵材料封堵。门框焊接牢固；防火门上不容许留有孔洞，门框四周安装盖缝木条。

10.3 防火门上部如有管线穿过，则管线四周均应用满足防火要求的防火封堵材料封堵。

10.4 用于疏散的走道、楼梯间和前室的防火门，应具有自行关闭的功能，双扇和多扇防火门还应具有按顺序关闭的功能。

10.5 地下部分及配电间、电井、屋顶出屋面的防火门采用钢制防火门，其余采用木质防火门，具体详门窗表。

10.6 所有管井、管道间检修门应设门槛，门槛高 300，宽同墙厚，用 C20 素混凝土浇筑。

11. 外装修工程

11.1 不同种类和颜色的饰面材料在建筑立面上的分布情况详建施立面图和剖面图；外装修做法详见工程做法及构造做法。

11.2 外墙饰面应保证打底、找平层密实不渗水，面层粘贴牢靠；外墙饰面材料抗裂分格缝的设置措施由外墙外保温厂家配合施工单位确定，其位置还应征得建设单位和设计单位同意后方可施工，作法可参照国标 06J123 图集第 13，17 页。

11.3 雨水管、冷凝水管的色彩刷涂同该部位墙面相同颜色的外墙涂料 2 遍。

11.4 外墙饰面材料在施工前先应由施工单位或材料供应商先做出或提供局部样板，经甲方和本设计单位认可后封样，并据此进行工程验收。

11.5 施工单位在施工前，应对照立面图和效果图核实外墙饰面材料的分色和分布，避免出现不同种类和不同色彩的材质在建筑立面阳角交接的情况；如发现施工图中的标示有出入时，应及时通知设计人员进行处理。

11.6 外墙保温工程应由具有相应专业资质的施工单位提供施工的具体技术及措施，对保温层和饰面层安装固定的安全可靠性负责，并符合 12YJ3-1 外墙外保温系统的要求。

11.7 雨篷及其他外露构件板底粉刷 15 厚 DPM20 预拌砂浆加 5%防水剂，表面刷同外墙色外墙涂料 3 遍。

11.8 外墙滴水线见 12YJ3-1 第 A171 页。

11.9 污水、上下水管走室外部位时，做保温处理，保温做法详水施。

11.10 本项目无外遮阳、太阳能设施、外墙花池等设施，仅有空调室外机位。空调板现浇，按拟定机型大小设置，同时采用可开启金属格栅围挡，且外部设施的结构构件及与主体构件的连接，满足围护结构安全耐久防护的要求，并预留操作空间，以保障安装、检修及维护人员的安全。

12. 内装修工程

12.1 内部装修详室内装修做法表，装修标准如下：

工程名称	经济技术开发区安置区项目14#楼	图名	建筑设计总说明（二）	图别	建筑	图号	02

装修部位	装修标准
公共部分	室内装修公共部位为毛墙毛地
其他部分	楼地面只做到找平层或打底层或面层
	内墙面和顶棚面为毛面
备注	1. 公共部分包括公共走道、门厅、楼梯间等； 2. 室内装修应一次性装修到位； 3. 室内装修的面层材料和做法可参照室内装修做法表执行

12.2 装饰设计必须保证结构安全，还必须满足相关建筑设计法规的要求；内装修工程执行《建筑内部装修设计防火规范》GB 50222—2017，楼地面部分执行《建筑地面设计规范》GB 50037—2013。

12.3 内装修工程注意事项：

12.3.1 室内踢脚线高度均为 100mm 高，做法详见室内装修做法表。

12.3.2 除卫生间外，所有阳角均做 2000 高护角详 12YJ7-1 $\frac{1}{61}$，阴角粉刷详见 12YJ7-1 $\frac{1}{62}$。

12.4 根据控制室内环境污染的不同要求，本工程属于Ⅱ类民用建筑，工程竣工时，室内空气污染物的活度和浓度应符合如下规定：

氡≤150（Bq/m^3），甲醛≤0.08（mg/m^3），苯≤0.09（mg/m^3），甲苯≤0.20（mg/m^3），二甲苯≤0.20（mg/m^3），氨≤0.20（mg/m^3），TVOC≤0.50（mg/m^3）

民用建筑无机非金属主体材料与装修材料及放射性限量应满足《民用建筑工程室内环境污染控制标准》GB 50325—2020 中第 3.1.1、3.1.2、3.2.1、3.6.1 条规定。

12.5 室内装修（地上部分）材料的防火等级符合《建筑内部装修设计防火规范》GB 50222—2017。

火灾危险类别	A	B_1	B_1	B_1	B_1	B_1	B_2
材料燃烧性能等级	顶棚	墙面	地面	隔断	固定家具	装饰织物	其他

注：上表适用部位为疏散楼梯以外的其他部位，楼梯间疏散楼梯间的顶棚、墙面和地面装修材料燃烧性能等级均应满足 A 级。

12.6 本工程采用的建筑材料和装修材料应严格按照现行《民用建筑工程室内环境污染控制标准》GB 50325—2020 中相关要求执行。

12.7 民用建筑工程室内装修中所使用的木质材料，严禁采用沥青、煤焦油类防腐、防潮处理剂。

12.8 本建筑土壤中氡浓度或土壤表面氡析出率应满足《民用建筑工程室内环境污染控制标准》GB 50325—2020 第 4.1.1 条。

12.9 防潮防水材料设计、施工、质量验收应符合《住宅室内防水工程技术规范》JGJ 298—2013 等现行国家相关标准的规定。

13. 木作及油漆工程

13.1 木材含水率应控制在 15%以下，木材等级为Ⅱ级。

13.2 所有靠墙体或混凝土的木构件表面及预埋木砖、木块等，均应进行环保防腐处理；有防火要求的还应用经防火处理后具有不燃性的防火木材制作。

13.3 木作装修油漆除特别注明者外均漆油性调和漆，详见 12YJ1—涂 101。

13.4 所有外露的上下金属管道均应先做除锈处理，再刷防锈漆 2 道，并按各专业规定的颜色罩调和漆 2 道；其他外露铁件均先做除锈处理，再刷防锈漆 2 道，调和漆 2 道。

13.5 木门油漆采用 12YJ1—涂 102，米色醇酸磁漆；所有金属管件均应先做防锈防腐处理，外露管件选用 12YJ1—涂 203；楼梯栏杆、护窗栏杆选用碳灰色调和漆；所有外露栏杆选用碳灰色调和漆。

14. 无障碍设计及室外工程

14.1 本工程室外与绿化接触的外墙散水采用 900 宽的混凝土散水，做法选用 12YJ-1 $\frac{3}{95}$。出入口无障碍坡道和台阶应结合室外工程调整完成。

14.2 本工程无障碍设计范围及内容按《无障碍设计规范》GB 50763—2012 设置；入口平台处与室内高差 15，均做缓坡处理。

14.3 无障碍坡道做法选用 12YJ12 $\frac{3}{25}$；台阶做法选用 12YJ9-1 $\frac{4}{104}$；饰面采用 300×600 火烧面芝麻白花岗花池、台阶和坡道挡墙做法选用 12YJ9-1 $\frac{2}{105}$，H=600，B=200；无障碍坡道侧边挡墙、台阶挡墙和花池饰面采用 300×600 国产白麻光面花岗石板。无障碍出入口门应满足《无障碍设计规范》GB 50763—2012 中 3.5.3 条的相关规定。

14.4 卫生间：地上 1 层设置无障碍厕位，地上 1～3 层设置卫生间。

14.5 楼梯：LT2 为无障碍楼梯。无障碍楼梯踏步、栏杆、安全挡台见楼梯详图。无障碍楼梯不应采用无踢面和凸缘为直角形的踏步，宜在两侧均做扶手，踏面应平整、防滑，距踏步起点和终点 250～300 宜设提示盲道，踏面和踢面的颜色宜有区分和对比。

15. 消防设计

15.1 本工程为三层办公建筑，地下室两层均为机动车停车库（详地下车库图纸）。耐火等级地上为二级，地下为一级。

15.2 本工程建筑距周边其他建筑距离高层不小于 13m，多层不小于 6m，具体详总平面图。

15.3 除特殊注明外，每个防火分区均设两个及以上独立的安全出口。

15.4 本工程均按不设置自动喷水灭火系统来控制防火分区面积，防火分区面积按不大于 $2500m^2$ 控制，每层为一个防火分区，具体详平面图防火分区示意图。

工程名称	经济技术开发区安置区项目 14#楼	图名	建筑设计总说明（二）	图别	建筑	图号	02

15.5 安全疏散距离设计：地上部分房间内任意一点到疏散门的最大直线距离不大于 22m，直通疏散走道的房间疏散门至最近安全出口的直线距离，位于两个安全出口之间的疏散门不大于 35（40−5）m，位于袋形走道两侧或尽端的疏散门不大于 20（22−2）m。地下部分详车库。

15.6 疏散楼梯设计：本工程地上部分楼梯为开敞楼梯间。楼梯间具体形式详建筑平面图。

15.7 消防电梯设置：未设置。

15.8 外墙外保温材料岩棉带的燃烧性能为 A 级。屋面外保温挤塑聚苯板的燃烧性能为 B1 级。

15.9 建筑外墙保温系统、墙体基层与干挂石材之间的空腔，应在楼层处采用防火岩棉封堵，防火岩棉宽度≥200mm，做法参 12YJ3-1 $\frac{3}{K8}$。

15.10 幕墙系统与基层墙体、柱之间的空腔，防火封堵材料封堵。

15.11 建筑防火构造

15.11.1 防火墙：所有防火墙均采用 200（100）厚加气混凝土砌块墙，防火墙应直接设置在建筑的基础或框架、梁等承重结构上，框架、梁等承重结构的耐火极限不应低于防火墙的耐火极限；凡防火墙上穿洞的管子及安装的设备，待其安装完毕后，用相当于隔墙耐火极限的防火封堵材料封堵，并在设备箱（如消火栓等）的后面加贴防火板，达到 3.00h 耐火极限的要求；防火墙上除本设计预留孔洞外，不允许在使用过程中开设其他孔洞，必须开设时，应满足防火墙上开洞的有关要求并征得消防部门及设计人员同意。

15.11.2 除通风井外，所有管井待管线等安装后，每层在楼板处用相当于楼板耐火极限的不燃烧材料作防火分隔，详见结构施工图。凡管道穿隔墙、楼板处，待管道安装后，均需用相当于隔墙、楼板耐火极限的防火封堵材料封堵。

15.11.3 建筑外墙上下层开口之间应设置不小于 1.2m 的实体墙。

15.11.4 在对应消防车道设置消防救援窗口，消防救援窗口满足净高度和净宽度均不应小于 1.0m，下沿距室内地面不宜大于 1.2m，间距不大于 20m 且每个防火分区不应少于 2 个，窗口的玻璃应易于破碎，并应设置可在室外易于识别的明显标志。

16. 安全设计

16.1 建筑的阳台、外廊、室内回廊、内天井、上人屋面及室外楼梯等临空处应设置防护栏杆，并应符合以下规定：

16.1.1 临空栏杆高度不应低于 1.1m。

16.1.2 栏杆离楼面、屋面完成面一定高度内应做混凝土实体坎墙挡板，挡板高度详单体建筑平面图。

16.1.3 少年儿童专用的活动场所的栏杆必须采用防止少年儿童攀爬的构造，当采用竖向栏杆时，其杆件净距不应大于 0.11m；允许少年儿童进入的公共建筑采用竖向栏杆时，其竖向杆件净距亦不应大于 0.11m。楼梯栏杆扶手顶部水平荷载取值 1.5kN/m，竖向荷载取值为 1.2kN/m。

16.2 由专业公司深化设计的防护栏杆，应满足国家规范规定的安全防护要求。

16.3 双面弹簧门应在可视高度部分装透明安全玻璃。

16.4 玻璃门应选用安全玻璃或采取防护措施，并应设防撞提示标志。

16.5 安装在易于受到人体或物体碰撞部位的建筑玻璃，如落地窗、玻璃门、玻璃隔断等，应采取保护措施。保护措施应视易发生碰撞的建筑玻璃所处的具体部位不同，分别采取警示（在视线高度设置醒目标志）或防碰撞措施（设置护栏）等。对于发生后可能发生高处人体或玻璃坠落的情况，必须采取可靠的护栏。

17. 节能设计

17.1 建筑节能设计按《河南省公共建筑节能设计标准》DBJ41/T 075—2016 的规定进行设计。节能设计采用建筑节能设计分析软件（PKPMCAD 系列软件）进行节能计算。

17.2 本工程位于××市××区，属寒冷地区。

17.3 本建筑地上 3 层地下 2 层，建筑面积详建施主要技术经济指标。

17.4 本工程外墙采用 200 厚蒸压加气混凝土砌块（B06 级）+60 厚岩棉带；保温类型为外墙外保温。

17.5 本项目体型系数为 0.29。窗墙面积比，东：0.04，南：0.44，西：0.04，北 0.45。

17.6 冬季室内计算温度为 18℃，冬季室外计算温度为 −5℃，室内空气露点温度为 10.12℃，最不利热桥部位内表面温度为，屋面：11.18℃、外墙：7.20℃。

17.7 围护结构各部位选用的保温材料的各项指标如下：

围护结构部位	保温层材料名称、厚度	导热系数 [W/(m²·K)]	蓄热系数 [W/(m²·K)]	修正系数 α	干密度 (kg/m³)	燃烧性能	压缩强度 (MPa)
屋面	挤塑聚苯板 [90(72×1.25)mm]	0.030	0.32	1.10	32	B_1	0.15（压缩强度）
外墙	岩棉带（60mm）	0.046	0.75	1.10	100	A	0.50（抗压强度）
非供暖地下室顶板室外架空	岩棉带（60mm）	0.046	0.75	1.10	100	A	0.50（抗压强度）

17.8 断桥铝窗框（Low-E 中空）（5mm+12A+5mm），传热系数 2.30W/（m^2·K），可见光透射比 0.61，玻璃太阳得热系数 0.52，气密性为 6 级，中空玻璃露点<−40℃。

17.9 结论：规定性指标未全部满足要求，须进行围护结构节能动态计算。该设计建筑的全年能耗 39.52（kWh/m^2）小于参照建筑的全年能耗 40.19（kWh/m^2）。

17.10 具体详见下表河南省寒冷地区甲类公共建筑建筑专业节能设计表。

18. 其他事宜

18.1 由专业公司制作的钢结构构件、幕墙部分应由甲方选定具有专业资质的厂家设计，并经设计单位确认后施工。

18.2 本工程中凡涉及颜色、规格等的材料，均应在施工前提供样品或样板，经建设单位和设计单位认可后方可订货加工、施工。

18.3 施工中不得按比例量度尺寸，应以图面标注尺寸及现场土建尺寸为准。严禁随意变更改变结构用途和使用环境。

18.4 图中所选用标准图中有对结构工种的预埋件、预留洞，如楼梯、平台钢栏杆、门窗、建筑配件等，本图所标注的各种留洞与预埋件应与各工种密切配合后，确认无误方可施工。

18.5 消火栓定位详见给水排水施工图。电气预留洞口的定位详见电气施工图。

18.6 设计中选用的标准图，无论采用局部节点，还是全部详图，均应全面配合该标准图施工。

18.7 建筑外墙采用外墙外保温，具体做法见节能说明。所有保温做法均应在专业厂家的技术指导下完成。

18.8 栏杆承受水平荷载的能力应符合《民用建筑设计统一标准》GB 50352—2019 的规定。

18.9 施工时应有良好的安全措施保障施工作业人员安全，防范事故发生，倡导文明施工，尽量做到节能、减排。

18.10 本工程应及时按相关建设程序进行报建审批，施工前应取得相关批复文件。

18.11 本工程中应严格执行国家各项施工质量验收规范。

18.12 本工程所用材料均需达到环保要求。

18.13 使用预拌砂浆时应按国家现行施工验收规范及有关标准与水泥砂浆做相应代换。

18.14 本图未尽事宜，均按国家现行建筑施工及安装工程，装饰工程规范及有关标准规定执行。

工程名称	经济技术开发区安置区项目 14＃楼	图名	建筑设计总说明（三）	图别	建筑	图号	03

河南省寒冷地区甲类公共建筑建筑专业节能设计表（体形系数≤0.3的建筑）

工程项目名称	经济技术开发区安置区项目14#楼	设计单位名称			
建设单位名称		设计	校对		审核

条文号	围护结构部位		限值(标准指标)		设计值
3.2.1	体形系数		300<A≤800	≤0.5	—
			A>800	≤0.4	0.29
3.2.4	单一立面外窗(含透光幕墙)透光材料的可见光透射比		窗墙面积比<0.4	≥0.6	东:0.61 南:0.61 西:0.61 北:0.61
			窗墙面积比≥0.4	≥0.4	
3.2.7	屋顶透光部分面积与屋顶总面积之比M		20%		—
3.2.8	单一立面外窗(含透光幕墙)可开启扇有效通风换气面积		不宜小于房间外窗所在外墙面积的10%		—
3.3.5	建筑外门窗气密、水密、抗风压性能检测方法	外门	≥4级		6级
		外窗	≥10层	≥7级	—
			<10层	≥6级	6级
3.3.6	建筑幕墙的气密性等级		≥3级		—
3.3.7	建筑入口大堂采用全玻幕墙时，非中空玻璃的面积占同一立面透光面积(门窗和玻璃幕墙)的比例		≤15%		—

条文号	项目		数值
	建筑层数(地上/地下)		3/2
	建筑面积(m^2)(地上/地下)		1936.98/—
	外墙墙体材料及选用的外墙保温体系		材料：蒸压加气混凝土砌块(B06级)200.00mm+岩棉带60.00mm；保温类型：外保温
3.3.4	冬季室内计算温度(℃)		18.00
	冬季室外计算温度(℃)		屋顶：−5.0，外墙：−5.0
	室内空气露点温度(℃)		10.12
	屋面、外墙、地下室等各部位中各自最不利热桥部位内表面温度(℃)	屋面	16.97
		外墙	16.31
		地下室	地面：—，外墙：—
		其他	—

3.3.1 围护结构部位	限值(标准指标)		设计值	保温层材料、厚度、燃烧性能等级	保温材料导热系数及修正系数	
屋面	传热系数K [W/(m^2·K)]	≤0.45	0.41	挤塑聚苯板(厚度:72.00mm，防火等级:B_1级)	0.030	1.10
外墙(含非透光幕墙)		≤0.50	0.52	岩棉带(厚度:60.00mm，防火等级:A级)	0.046	1.10
底面接触室外空气的架空或外挑楼板		≤0.50	—		—	—
地下车库与供暖房间之间的楼板		≤1.0	—	—	—	—
非供暖房间与供暖房间之间的隔墙		≤1.5	—	—	—	—
周边地面	保温材料层热阻R [(m^2·K)/W]	≥0.60	0.91	挤塑聚苯板(厚度:30.00mm，防火等级:B_1级)	0.030	1.10
供暖、空调地下室外墙(与土壤接触的外墙)		≥0.60	—	—	—	—
变形缝(两侧墙内保温时)		≥0.90	—	—	—	—

	立面	窗墙面积比(简称CW)	传热系数K [W/(m^2·K)]	太阳得热系数$SHGC$(东、南、西向/北向)	传热系数K [W/(m^2·K)]	太阳得热系数$SHGC$	窗框材料及窗玻璃品种、规格，中空玻璃露点
单一立面外窗(含透光幕墙)	东、南、西、北	(东:0.04 西:0.04)CW≤0.20	≤3.0	—	东:2.30 西:2.30	—	东：断桥铝窗框(Low-E中空)5mm+12A+5mm，<−40℃ 西：断桥铝窗框(Low-E中空)5mm+12A+5mm，<−40℃
		(—)0.20<CW≤0.30	≤2.7	≤0.52/—	—	—	—，<−40℃
		(—)0.30<CW≤0.40	≤2.4	≤0.48/—	—	—	—，<−40℃
		(南:0.44 北:0.45)0.40<CW≤0.50	≤2.2	≤0.43/—	南:2.30 北:2.30	南:0.44 北:0.44	南：断桥铝窗框(Low-E中空)5mm+12A+5mm，<−40℃ 北：断桥铝窗框(Low-E中空)5mm+12A+5mm，<−40℃
		(—)0.50<CW≤0.60	≤2.0	≤0.40/—	—	—	—，<−40℃
		(—)0.60<CW≤0.70	≤1.9	≤0.35/0.60	—	—	—，<−40℃
		(—)0.70<CW≤0.80	≤1.6	≤0.35/0.52	—	—	—，<−40℃
		(—)CW>0.8	≤1.5	≤0.30/0.52	—	—	—，<−40℃
屋顶透光部分(透光部分面积比例≤20%)			≤2.4	≤0.44	—	—	—

是否符合标准规定性指标要求　是□　否■（如果不符合，须填写以下内容；如果符合，以下内容可不填写）

3.4.1	围护结构部位	限值(标准指标)		设计值	3.4.2	全年供暖和空调总耗电量	
权衡判断基本	屋面	传热系数K [W/(m^2·K)]	≤0.55	0.41	权衡计算结果	参照建筑(kWh/m^2)	设计建筑(kWh/m^2)
	外墙(含非透光幕墙)		≤0.60	0.52		40.19	39.52

工程名称	经济技术开发区安置区项目14#楼	图名	建筑设计总说明(三)	图别	建筑	图号	03

15.5 安全疏散距离设计：地上部分房间内任意一点到疏散门的最大直线距离不大于 22m，直通疏散走道的房间疏散门至最近安全出口的直线距离，位于两个安全出口之间的疏散门不大于 35（40—5）m，位于袋形走道两侧或尽端的疏散门不大于 20（22—2）m。地下部分详车库。

15.6 疏散楼梯设计：本工程地上部分楼梯为开敞楼梯间。楼梯间具体形式详建筑平面图。

15.7 消防电梯设置：未设置。

15.8 外墙外保温材料岩棉带的燃烧性能为 A 级。屋面外保温挤塑聚苯板的燃烧性能为 B1 级。

15.9 建筑外墙保温系统、墙体基层与干挂石材之间的空腔，应在楼层处采用防火岩棉封堵，防火岩棉宽度≥200mm，做法参 12YJ3-1 (3/K8)。

15.10 幕墙系统与基层墙体、柱之间的空腔，防火封堵材料封堵。

15.11 建筑防火构造

15.11.1 防火墙：所有防火墙均采用 200（100）厚加气混凝土砌块墙，防火墙应直接设置在建筑的基础或框架、梁等承重结构上，框架、梁等承重结构的耐火极限不应低于防火墙的耐火极限；凡防火墙上穿洞的管子及安装的设备，待其安装完毕后，用相当于隔墙耐火极限的防火封堵材料封堵，并在设备箱（如消火栓等）的后面加贴防火板，达到 3.00h 耐火极限的要求；防火墙上除本设计预留孔洞外，不允许在使用过程中开设其他孔洞，必须开设时，应满足防火墙上开洞的有关要求并征得消防部门及设计人员同意。

15.11.2 除通风井外，所有管井待管线等安装后，每层在楼板处用相当于楼板耐火极限的不燃烧材料作防火分隔，详见结构施工图。凡管道穿隔墙、楼板处，待管道安装后，均需用相当于隔墙、楼板耐火极限的防火封堵材料封堵。

15.11.3 建筑外墙上下层开口之间应设置不小于 1.2m 的实体墙。

15.11.4 在对应消防车道设置消防救援窗口，消防救援窗口满足净高度和净宽度均不应小于 1.0m，下沿距室内地面不宜大于 1.2m，间距不大于 20m 且每个防火分区不应少于 2 个，窗口的玻璃应易于破碎，并应设置可在室外易于识别的明显标志。

16. 安全设计

16.1 建筑的阳台、外廊、室内回廊、内天井、上人屋面及室外楼梯等临空处应设置防护栏杆，并应符合以下规定：

16.1.1 临空栏杆高度不应低于 1.1m。

16.1.2 栏杆离楼面、屋面完成面一定高度内应做混凝土实体坎墙挡板，挡板高度详单体建筑平面图。

16.1.3 少年儿童专用的活动场所的栏杆必须采用防止少年儿童攀爬的构造，当采用竖向栏杆时，其杆件净距不应大于 0.11m；允许少年儿童进入的公共建筑采用竖向栏杆时，其竖向杆件净距亦不应大于 0.11m。楼梯栏杆扶手顶部水平荷载取值 1.5kN/m，竖向荷载取值为 1.2kN/m。

16.2 由专业公司深化设计的防护栏杆，应满足国家规范规定的安全防护要求。

16.3 双面弹簧门应在可视高度部分装透明安全玻璃。

16.4 玻璃门应选用安全玻璃或采取防护措施，并应设防撞提示标志。

16.5 安装在易于受到人体或物体碰撞部位的建筑玻璃，如落地窗、玻璃门、玻璃隔断等，应采取保护措施。保护措施应视易发生碰撞的建筑玻璃所处的具体部位不同，分别采取警示（在视线高度设置醒目标志）或防碰撞措施（设置护栏）等。对于发生后可能发生高处人体或玻璃坠落的情况，必须采取可靠的护栏。

17. 节能设计

17.1 建筑节能设计按《河南省公共建筑节能设计标准》DBJ41/T 075—2016 的规定进行设计。节能设计采用建筑节能设计分析软件（PKPMCAD 系列软件）进行节能计算。

17.2 本工程位于××市××区，属寒冷地区。

17.3 本建筑地上 3 层地下 2 层，建筑面积详建施主要技术经济指标。

17.4 本工程外墙采用 200 厚蒸压加气混凝土砌块（B06 级）＋60 厚岩棉带；保温类型为外墙外保温。

17.5 本项目体型系数为 0.29。窗墙面积比，东：0.04，南：0.44，西：0.04，北 0.45。

17.6 冬季室内计算温度为 18℃，冬季室外计算温度为−5℃，室内空气露点温度为 10.12℃，最不利热桥部位内表面温度为，屋面：11.18℃、外墙：7.20℃。

17.7 围护结构各部位选用的保温材料的各项指标如下：

围护结构部位	保温层材料名称、厚度	导热系数 $[W/(m^2\cdot K)]$	蓄热系数 $[W/(m^2\cdot K)]$	修正系数 α	干密度 (kg/m^3)	燃烧性能	压缩强度 (MPa)
屋面	挤塑聚苯板 [90(72×1.25)mm]	0.030	0.32	1.10	32	B_1	0.15（压缩强度）
外墙	岩棉带 (60mm)	0.046	0.75	1.10	100	A	0.50（抗压强度）
非供暖地下室顶板室外架空	岩棉带 (60mm)	0.046	0.75	1.10	100	A	0.50（抗压强度）

17.8 断桥铝窗框（Low-E 中空）（5mm＋12A＋5mm），传热系数 2.30W/（$m^2\cdot K$），可见光透射比 0.61，玻璃太阳得热系数 0.52，气密性为 6 级，中空玻璃露点<−40℃。

17.9 结论：规定性指标未全部满足要求，须进行围护结构节能动态计算。该设计建筑的全年能耗 39.52（kWh/m^2）小于参照建筑的全年能耗 40.19（kWh/m^2）。

17.10 具体详见下表河南省寒冷地区甲类公共建筑建筑专业节能设计表。

18. 其他事宜

18.1 由专业公司制作的钢结构构件、幕墙部分应由甲方选定具有专业资质的厂家设计，并经设计单位确认后施工。

18.2 本工程中凡涉及颜色、规格等的材料，均应在施工前提供样品或样板，经建设单位和设计单位认可后方可订货加工、施工。

18.3 施工中不得按比例量度尺寸，应以图面标注尺寸及现场土建尺寸为准。严禁随意变更改变结构用途和使用环境。

18.4 图中所选用标准图中有对结构工种的预埋件、预留洞，如楼梯、平台钢栏杆、门窗、建筑配件等，本图所标注的各种留洞与预埋件应与各工种密切配合后，确认无误方可施工。

18.5 消火栓定位详见给水排水施工图。电气预留洞口的定位详见电气施工图。

18.6 设计中选用的标准图，无论采用局部节点，还是全部详图，均应全面配合该标准图施工。

18.7 建筑外墙采用外墙外保温，具体做法见节能说明。所有保温做法均应在专业厂家的技术指导下完成。

18.8 栏杆承受水平荷载的能力应符合《民用建筑设计统一标准》GB 50352—2019 的规定。

18.9 施工时应有良好的安全措施保障施工作业人员安全，防范事故发生，倡导文明施工，尽量做到节能、减排。

18.10 本工程应及时按相关建设程序进行报建审批，施工前应取得相关批复文件。

18.11 本工程中应严格执行国家各项施工质量验收规范。

18.12 本工程所用材料均需达到环保要求。

18.13 使用预拌砂浆时应按国家现行施工验收规范及有关标准与水泥砂浆做相应代换。

18.14 本图未尽事宜，均按国家现行建筑施工及安装工程，装饰工程规范及有关标准规定执行。

工程名称	经济技术开发区安置区项目 14＃楼	图名	建筑设计总说明（三）	图别	建筑	图号	03

河南省寒冷地区甲类公共建筑建筑专业节能设计表（体形系数≤0.3的建筑）

工程项目名称	经济技术开发区安置区项目14#楼	设计单位名称	
建设单位名称		设计	校对	审核

条文号	围护结构部位		限值(标准指标)		设计值
3.2.1	体形系数		300<A≤800	≤0.5	—
			A>800	≤0.4	0.29
3.2.4	单一立面外窗(含透光幕墙)透光材料的可见光透射比		窗墙面积比<0.4	≥0.6	东:0.61 南:0.61
			窗墙面积比≥0.4	≥0.4	西:0.61 北:0.61
3.2.7	屋顶透光部分面积与屋顶总面积之比M		20%		—
3.2.8	单一立面外窗(含透光幕墙)可开启扇有效通风换气面积		不宜小于房间外窗所在外墙面积的10%		—
3.3.5	建筑外门窗气密、水密、抗风压性能检测方法	外门	≥4级		6级
		外窗	≥10层	≥7级	—
			<10层	≥6级	6级
3.3.6	建筑幕墙的气密性等级		≥3级		—
3.3.7	建筑入口大堂采用全玻幕墙时，非中空玻璃的面积占同一立面透光面积(门窗和玻璃幕墙)的比例		≤15%		—

建筑层数(地上/地下)		3/2
建筑面积(m^2)(地上/地下)		1936.98/—
外墙墙体材料及选用的外墙保温体系		材料：蒸压加气混凝土砌块(B06级)200.00mm+岩棉带60.00mm；保温类型：外保温
3.3.4	冬季室内计算温度(℃)	18.00
	冬季室外计算温度(℃)	屋顶:−5.0，外墙:−5.0
	室内空气露点温度(℃)	10.12
	屋面、外墙、地下室等各部位中各自最不利热桥部位内表面温度(℃)：屋面	16.97
	外墙	16.31
	地下室	地面:—，外墙:—
	其他	—

3.3.1 围护结构部位	限值(标准指标)		设计值	保温层材料、厚度、燃烧性能等级	保温材料导热系数及修正系数	
屋面	传热系数K [W/(m^2·K)]	≤0.45	0.41	挤塑聚苯板(厚度:72.00mm，防火等级:B_1级)	0.030	1.10
外墙(含非透光幕墙)		≤0.50	0.52	岩棉带(厚度:60.00mm，防火等级:A级)	0.046	1.10
底面接触室外空气的架空或外挑楼板		≤0.50	—	—	—	—
地下车库与供暖房间之间的楼板		≤1.0	—	—	—	—
非供暖房间与供暖房间之间的隔墙		≤1.5	—	—	—	—
周边地面	保温材料层热阻R [(m^2·K)/W]	≥0.60	0.91	挤塑聚苯板(厚度:30.00mm，防火等级:B_1级)	0.030	1.10
供暖、空调地下室外墙(与土壤接触的外墙)		≥0.60	—	—	—	—
变形缝(两侧墙内保温时)		≥0.90	—	—	—	—

	立面	窗墙面积比(简称CW)	传热系数K [W/(m^2·K)]	太阳得热系数$SHGC$(东、南、西向/北向)	传热系数K [W/(m^2·K)]	太阳得热系数$SHGC$	窗框材料及窗玻璃品种、规格，中空玻璃露点
单一立面外窗(含透光幕墙)	东、南、西、北	(东:0.04 西:0.04)CW≤0.20	≤3.0	—	东:2.30 西:2.30	—	东:断桥铝窗框(Low-E中空)5mm+12A+5mm，<−40℃ 西:断桥铝窗框(Low-E中空)5mm+12A+5mm，<−40℃
		(—)0.20<CW≤0.30	≤2.7	≤0.52/—	—	—	—，<−40℃
		(—)0.30<CW≤0.40	≤2.4	≤0.48/—	—	—	—，<−40℃
		(南:0.44 北:0.45)0.40<CW≤0.50	≤2.2	≤0.43/—	南:2.30 北:2.30	南:0.44 北:0.44	南:断桥铝窗框(Low-E中空)5mm+12A+5mm，<−40℃ 北:断桥铝窗框(Low-E中空)5mm+12A+5mm，<−40℃
		(—)0.50<CW≤0.60	≤2.0	≤0.40/—	—	—	—，<−40℃
		(—)0.60<CW≤0.70	≤1.9	≤0.35/0.60	—	—	—，<−40℃
		(—)0.70<CW≤0.80	≤1.6	≤0.35/0.52	—	—	—，<−40℃
		(—)CW>0.8	≤1.5	≤0.30/0.52	—	—	—，<−40℃
屋顶透光部分(透光部分面积比例≤20%)			≤2.4	≤0.44	—	—	—

是否符合标准规定性指标要求　是□　否■（如果不符合，须填写以下内容；如果符合，以下内容可不填写）

3.4.1	围护结构部位	限值(标准指标)		设计值	3.4.2	全年供暖和空调总耗电量	
权衡判断基本	屋面	传热系数K [W/(m^2·K)]	≤0.55	0.41	权衡计算结果	参照建筑(kWh/m^2)	设计建筑(kWh/m^2)
	外墙(含非透光幕墙)		≤0.60	0.52		40.19	39.52

工程名称	经济技术开发区安置区项目14#楼	图名	建筑设计总说明(三)	图别	建筑	图号	03

外墙 3:(不保温外墙,真石漆饰面)

序号	构造做法	材料厚度(mm)
①	基层墙体 A:混凝土基层须先刷界面处理剂	200、250
	基础墙体 B:加气混凝土墙基层须先刷建筑胶素水泥浆一遍,配合比为建筑胶∶水=1∶4	—
②	1∶3 水泥砂浆打底,两次成活,扫毛或划出纹道(掺 5%防水剂)	9
③	1∶2.5 水泥砂浆找平	6
④	干粉类聚合物水泥砂浆,中间压入一层耐碱玻璃纤维网格布	5
⑤	硅橡胶弹性底漆及柔性耐水腻子	—
⑥	涂饰底层涂料	—
⑦	喷涂主层涂料	—
⑧	真石漆面层涂料二遍	—
备注	1. 本构造层次自上而下; 2. 做法详见河南省工程建设标准设计《工程用料做法》12YJ1 及相关图说。	

续表

序号	构造名称	构造做法	材料厚度(mm)
⑥	防水层	2 层 3.0(共 6.0)厚低温柔度−20℃聚酯胎 SBS 改性沥青防水卷材,遇墙、柱	6
		女儿墙上翻 500	—
⑤	防水基层	刷基层处理剂一道(材性同上)	—
④	找平层	1∶2.5 水泥砂浆找平	20
③	找坡层	LC5.0 轻集料混凝土找坡 $i=3\%$,坡向穿墙出水口或屋面下水口	最薄处 30
②	隔汽层	一道氯化聚乙烯防水卷材,沿周边墙面向上连续铺设,高出保温层上表面 150	1.5
①	结构层	钢筋混凝土屋面板	详结施
备注	1. 做法详见河南省 12 系列工程建设标准设计图集(图集号 12YJ1)屋 205 及相关图说; 2. 构造做法详见 12YJ5-1 平屋面相关图说。		

屋面工程做法

屋 1:(保温平屋面,Ⅰ级防水,二道设防,适用于主楼屋面,机房屋面等)

序号	构造名称	构造做法	材料厚度(mm)
⑨	保护层	C20 细石混凝土抹平,分隔缝间距 6m,缝宽 10,密封材料嵌实	50
⑧	保温层	挤塑聚苯板 $\lambda \leqslant 0.030\text{W}/(\text{m}\cdot\text{K})$	计算厚度 72 施工厚度 72×1.25=90
⑦	找平垫层	砂垫层(仅用于找平,厚度≤10)	10

屋 2:(不保温不上人平屋面,适用于雨篷、空调板、风井顶板等)

序号	构造名称	构造做法	材料厚度(mm)
③	防水兼找坡层	10 厚聚合物防水砂浆抹面压光,四周上翻至刚性防水层完成	—
		面 300 高;15 厚聚合物防水砂浆木抹搓平,找坡 $i=1\%$	最薄处 10
		坡向吐水口、穿墙出水口或屋面下水口靠墙处上翻至刚性防水	—
		防水层完成面 300 高	—
②	结合层	刷水泥砂浆一道	
①	结构层	钢筋混凝土屋面板	详结施
备注	1. 本构造层次自下而上; 2. 构造做法详见 12YJ6 第 35 页相关图及注释第 4 条。		

工程名称	经济技术开发区安置区项目 14#楼	图名	建筑设计总说明(三)	图别	建筑	图号	03

室内装修做法表

楼层	部位	楼地面				踢脚			内墙面			顶棚			备注
	以下装修构造做法表中的“设计编号”除本设计特别注明外，均选自河南省12系列工程建设标准设计图集《工程用料做法》12YJ1														
	房间名称	做法名称	设计编号	厚度	燃烧性能	做法名称	设计编号	燃烧性能	做法名称	设计编号	燃烧性能	做法名称	设计编号	燃烧性能	
一层～屋顶层	走廊、大厅	陶瓷防滑地砖楼面	LM1	50	A	100×600面砖踢脚	踢3	A	白色无机涂料内墙面	内墙3+(无机涂料)	A	白色无机涂料	顶6+(无机涂料)	A	
	办公室、休息室等其他普通房间	陶瓷防滑地砖楼面	LM1	50	A	100×600面砖踢脚	踢3	A	白色无机涂料内墙面	内墙3+(无机涂料)	A	白色无机涂料	顶6+(无机涂料)	A	
	公共卫生间	陶瓷防滑地砖防水楼面	LM4	90	A	—	—	—	釉面砖(防潮)内墙面	内墙6(F1)	A	铝合金方形板吊顶	DP1 棚15	A	吊顶底面齐梁底高
	楼梯间	防滑地砖楼面	LM2	30	A	100×600面砖踢脚	踢3	A	白色无机涂料内墙面	内墙3+(无机涂料)	A	白色无机涂料	顶6+(无机涂料)	A	
	电井	水泥砂浆楼面	LM5	20	A	水泥砂浆踢脚	踢1	A	混合砂浆毛内墙面	内墙3	A	嵌缝批灰	顶1	A	
	冷媒井	水泥砂浆防水楼面	LM3	50	A	水泥砂浆踢脚	踢1	A	防水砂浆白水泥罩白	内墙2浆3	A	防水砂浆白水泥罩白	DP1 浆3	A	
备注	室内装修一次性装修到位，面层材料和做法可参照室内装修做法表执行。本表中的内墙、踢脚、顶棚做法选自河南省《12系列工程建设标准设计图集》。卫生间顶棚做防潮处理，做法详见DP1。														

预拌砂浆与传统砂浆的对应关系

品种	预拌砂浆	传统砂浆
砌筑砂浆	WM M5、DM M5	M5混合砂浆；M5水泥砂浆
	WM M7.5、DM M7.5	M7.5混合砂浆；M7.5水泥砂浆
	WM M10、DM M10	M10混合砂浆；M10水泥砂浆
	WM M15、DM M15	M15水泥砂浆
	WM M20、DM M20	M20水泥砂浆
抹灰砂浆	WP M5、DP M5	1∶1∶6混合砂浆
	WP M10、DP M10	1∶1∶4混合砂浆
	WP M15、DP M15	1∶3水泥砂浆
	WP M20、DP M20	1∶2、1∶2.5水泥砂浆；1∶1∶2混合砂浆
地面砂浆	WS M15、DS M15	1∶3水泥砂浆
	WS M20、DS M20	1∶2水泥砂浆

LM1	陶瓷防滑地砖楼面50厚(单位mm)
4	8～12厚地砖铺实拍平，水泥浆擦缝
3	38～42厚1∶3干硬性水泥砂浆结合层
2	刷素水泥浆一道
1	现浇钢筋混凝土楼板
LM2	防滑地砖楼面(楼梯间)30厚(单位mm)
4	10厚地砖铺实拍平，水泥浆擦缝
3	20厚1∶3干硬性水泥砂浆
2	刷素水泥浆一道
1	现浇钢筋混凝土楼板

续表

LM3	水泥砂浆防水楼面(管井)50厚(单位mm)
5	20厚1∶2水泥砂浆找平
4	1.5厚聚氨酯防水涂膜，四周沿墙上翻高出完成楼层250，在门洞处，防水层应向外延伸300宽，管道、地漏周边300范围内及阴阳角部位附加1.5厚聚氨酯防水涂膜一道，并附加耐碱玻纤无纺网格布一层
3	刷基础处理剂一层
2	素水泥浆结合层一道，30厚C20细石混凝土找0.5%坡，最薄处20
1	现浇钢筋混凝土楼板(表面清理干净)
LM4	陶瓷防滑地砖防水楼面95厚(单位mm)
7	10厚地砖铺实拍平，水泥浆擦缝
6	25厚1∶4干硬性水泥砂浆
5	1.5厚聚氨酯防水涂膜，四周沿墙上翻高出完成楼层250，在门洞处，防水层应向外延伸300宽，管道、地漏周边300范围内及阴阳角部位附加1.5厚聚氨酯防水涂膜一道，并附加耐碱玻纤无纺网格布一层
4	刷基层处理剂一遍
3	60厚细石混凝土找坡1%，最薄处30厚
2	素水泥浆结合层一道
1	现浇钢筋混凝土楼板
LM5	水泥砂浆楼面(单位mm)
3	20厚1∶2水泥砂浆抹光
2	素水泥浆结合层一道
1	现浇钢筋混凝土楼板
	白色无机涂料喷涂(墙面、顶棚)
3	白色无机涂料两遍
2	满刮腻子抹平
1	砂浆抹平墙面(砂浆抹平顶棚)

工程名称	经济技术开发区安置区项目14#楼	图名	建筑设计总说明（四）	图别	建筑	图号	04

外墙工程做法

外墙 1：（外墙外保温，真石漆饰面）

序号	构造做法	材料厚度(mm)
①	内墙做法	—
②	基层墙体 A：混凝土基层须先刷界面处理剂	200
	基础墙体 B：加气混凝土墙基层须先刷建筑胶素水泥浆一遍，配合比为建筑胶：水＝1：4	—
③	1：3 水泥砂浆打底，两次成活，扫毛或划出纹道(掺 5%防水剂)	9
④	1：2.5 水泥砂浆找平	6
⑤	干粉类聚合物水泥防水砂浆，中间压入一层耐碱玻璃纤维网格布	5
⑥	岩棉带(导热系数≤0.046W/(m·K)，干密度≥140kg/m³)，板两表面及侧面涂刷专用界面剂，锚栓锚固岩棉带	60
⑦	抹面胶浆压入一层耐碱玻璃纤维网格布，上刮配套柔性耐水腻子两遍找平	5
⑧	硅橡胶弹性底漆及柔性耐水腻子	—
⑨	涂饰底层涂料	—
⑩	喷涂主层涂料	—
⑪	真石漆面层涂料二遍	—
备注	1. 本构造层次自上而下； 2. 做法详见河南省工程建设标准设计图集《工程用料做法》12YJ1 及相关图说。	—

DP1	水泥砂浆防潮顶棚(有水房间顶棚)(单位 mm)
3	3 厚 1：2 水泥砂浆抹平
2	5 厚 1：3 水泥砂浆(内掺 5%防水剂)打底
1	钢筋混凝土板底面清理干净

外墙 2：（外墙外保温，石材饰面）

序号	构造做法	材料厚度(mm)
①	内墙做法	—
②	基层墙体 A：混凝土基层须先刷界面处理剂	200
	基础墙体 B：加气混凝土墙基层须先刷建筑胶素水泥浆一遍，配合比为建筑胶：水＝1：4	—
③	1：3 水泥砂浆打底，两次成活，扫毛或划出纹道(掺 5%防水剂)	9
④	1：2.5 水泥砂浆找平	6
⑤	墙体固定连接件及竖向龙骨	—
⑥	岩棉带[(导热系数≤0.046W/(m·K)，干密度≥140kg/m³)]，板两表面及侧面涂刷专用界面剂，锚栓锚固岩棉带	60
⑦	抹面胶浆分遍抹压，压入耐碱玻璃纤维网格布	—
⑧	刮柔性耐水腻子	—
⑨	按石材高度安装配套不锈钢挂件	—
⑩	25～30 厚石材板，用硅酮密封胶填缝	—
备注	1. 本构造层次自上而下； 2. 做法详见河南省工程建设标准设计图集《工程用料做法》12YJ1 及相关图说。	

空调板保温措施

空调板的板顶、板底及造型内侧和上下侧均做胶粉聚苯颗粒保温浆料，厚度 30，板顶找坡 2%，坡向空调板外边或地漏。

外墙外保温由界面层、保温层、抗裂层和饰面层构成，防水设置在抗裂层和饰面层。抗裂砂浆中掺加防水剂（3kg/t），饰面层采用柔性耐水腻子＋外墙真石漆。

露天的单独空调板、雨篷等挑出外墙的结构板上，做保温层之后，在墙根处设防水附加层一道，1.5 厚的聚氨酯防水涂膜向上向外 300，再做最薄处 20 厚 1：3 水泥砂浆（掺 5%防水剂）找坡层，最后做抗裂砂浆（掺防水剂 3kg/t）保护层。

工程名称	经济技术开发区安置区项目 14#楼	图名	建筑设计总说明（四）	图别	建筑	图号	04

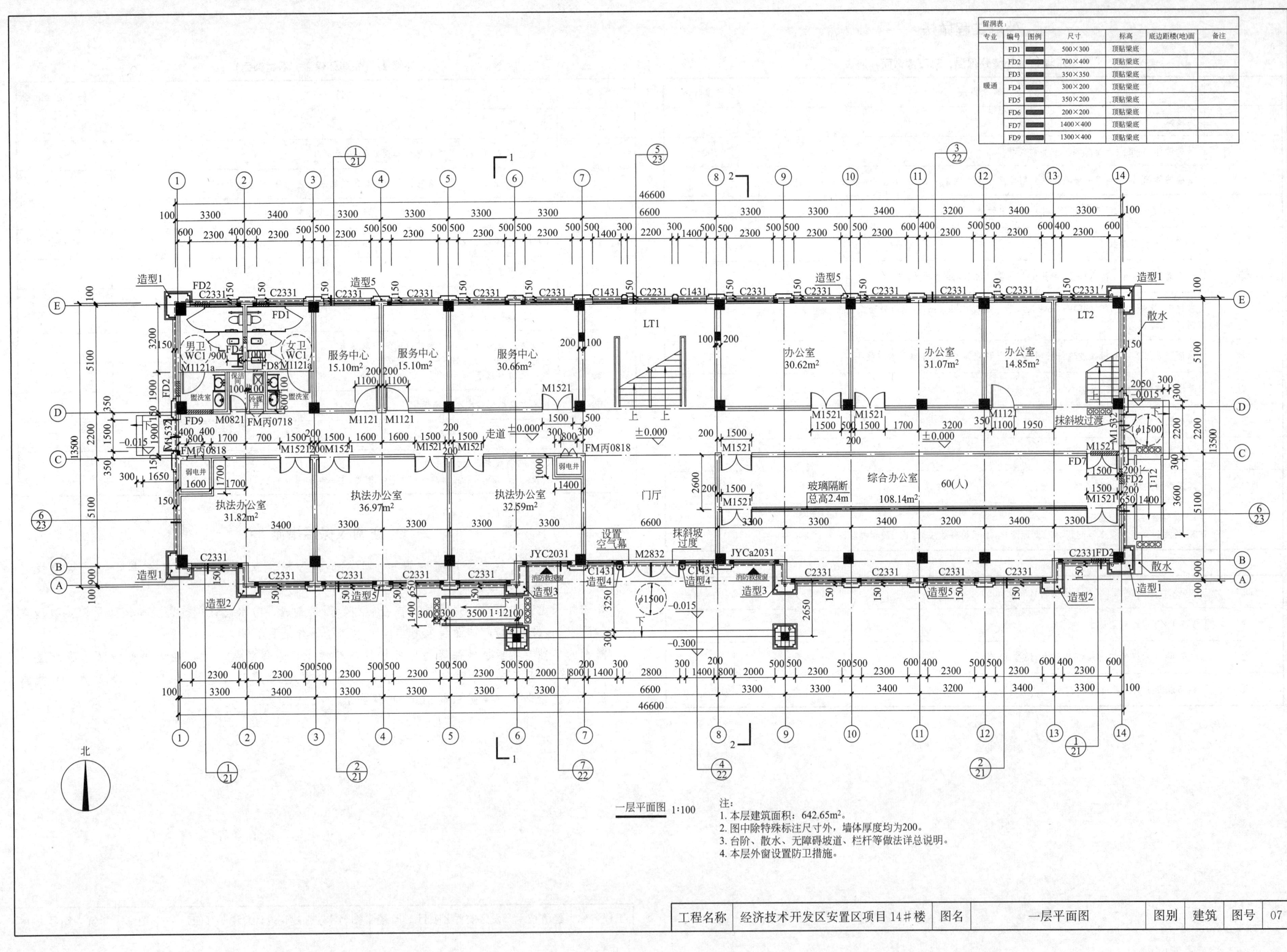

留洞表：

专业	编号	图例	尺寸	标高	底边距楼(地)面	备注
暖通	FD1		500×300	顶贴梁底		
	FD2		700×400	顶贴梁底		
	FD3		350×350	顶贴梁底		
	FD4		300×200	顶贴梁底		
	FD5		350×200	顶贴梁底		
	FD6		200×200	顶贴梁底		
	FD7		1400×400	顶贴梁底		
	FD9		1300×400	顶贴梁底		

一层平面图 1:100

注：

1. 本层建筑面积：642.65m²。
2. 图中除特殊标注尺寸外，墙体厚度均为200。
3. 台阶、散水、无障碍坡道、栏杆等做法详总说明。
4. 本层外窗设置防卫措施。

工程名称	经济技术开发区安置区项目14＃楼	图名	一层平面图	图别	建筑	图号	07

留洞表：

专业	编号	图例	尺寸	标高	底边距楼(地)面	备注
暖通	FD1		500×300	顶贴梁底		
	FD2		700×400	顶贴梁底		
	FD3		350×350	顶贴梁底		
	FD4		300×200	顶贴梁底		
	FD5		350×200	顶贴梁底		
	FD6		200×200	顶贴梁底		
	FD7		1400×400	顶贴梁底		
	FD9		1300×400	顶贴梁底		

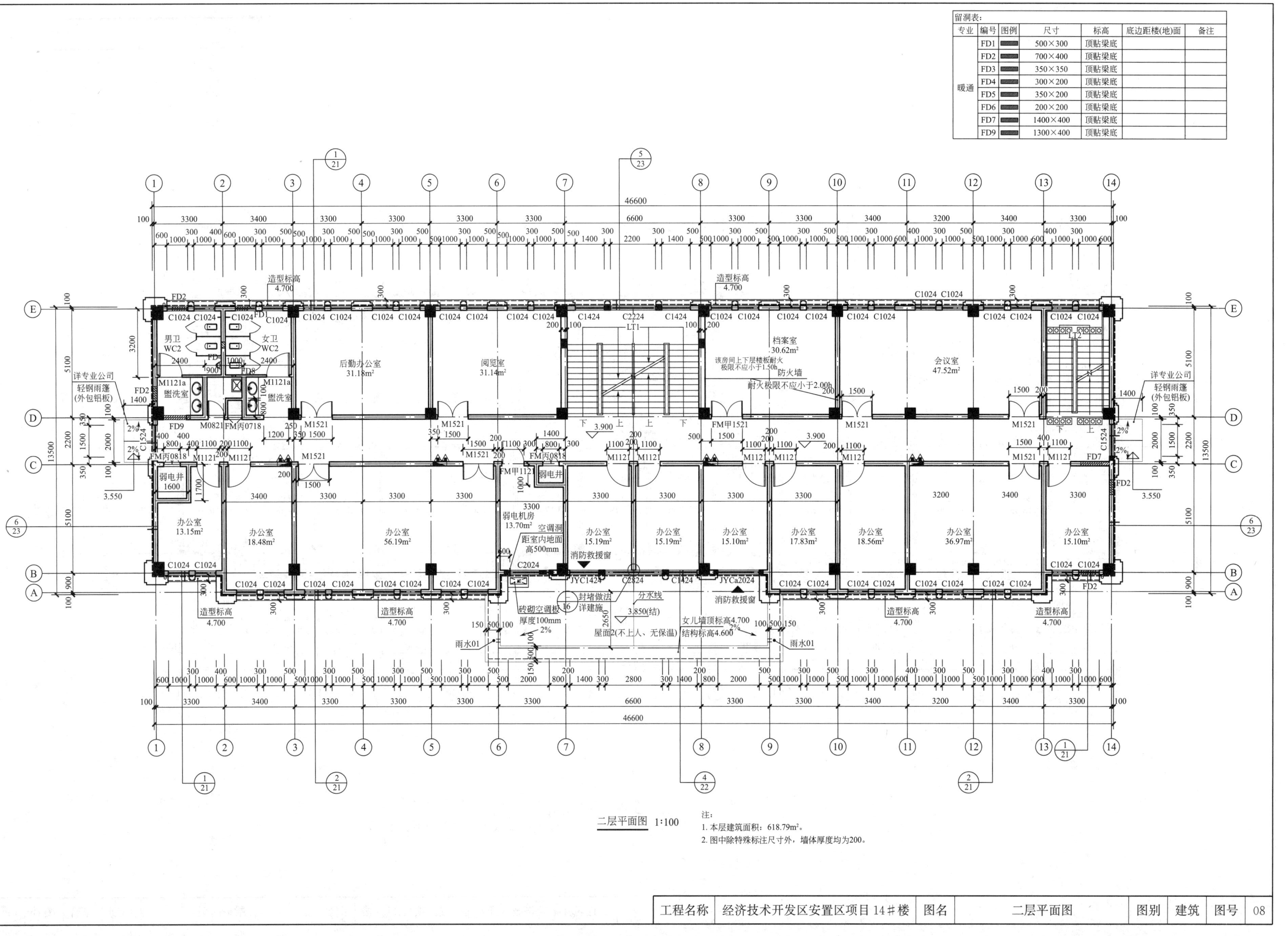

二层平面图 1:100

注：
1. 本层建筑面积：618.79m²。
2. 图中除特殊标注尺寸外，墙体厚度均为200。

工程名称	经济技术开发区安置区项目14#楼	图名	二层平面图	图别	建筑	图号	08

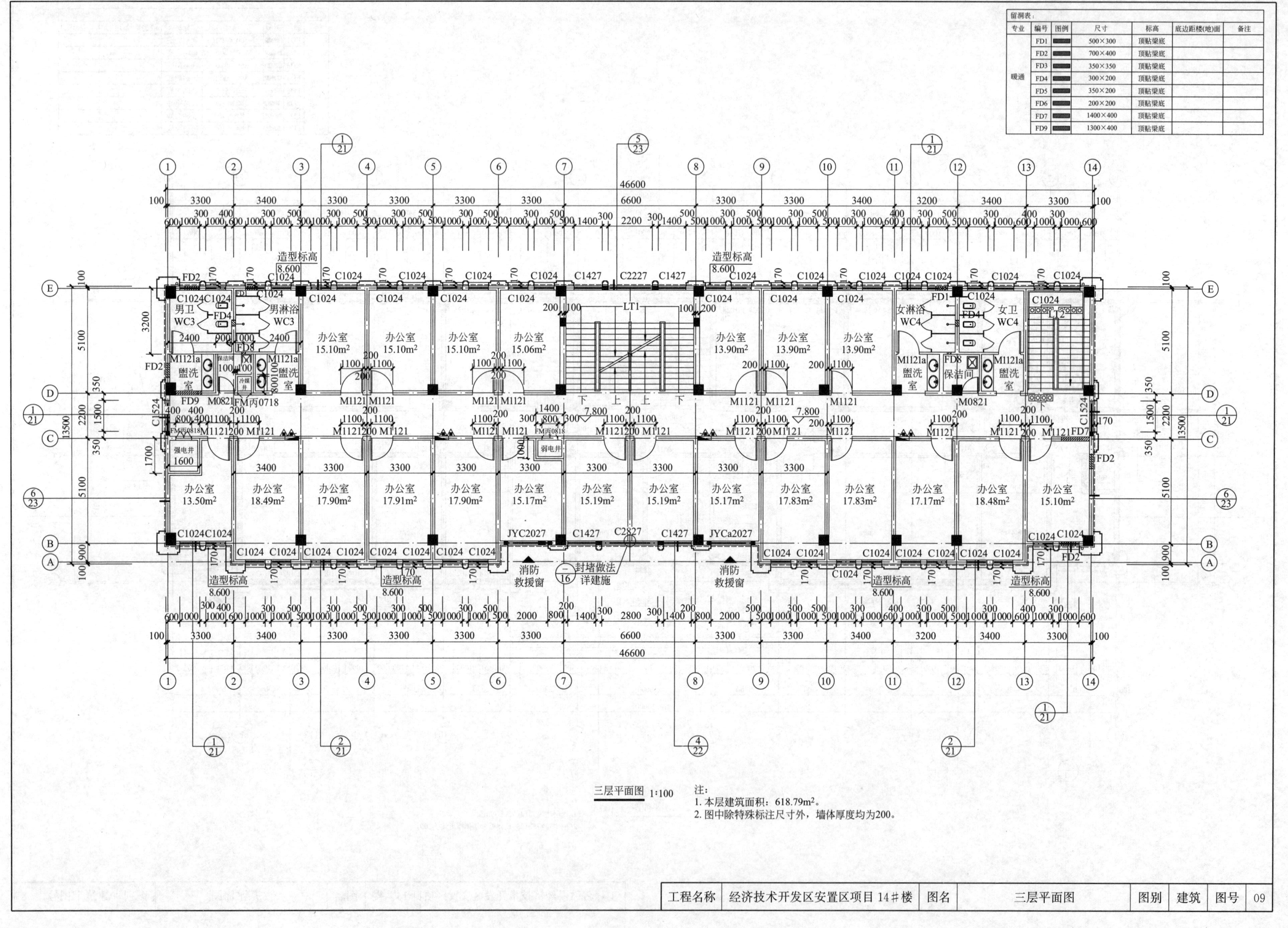

留洞表：

专业	编号	图例	尺寸	标高	底边距楼(地)面	备注
暖通	FD1		500×300	顶贴梁底		
	FD2		700×400	顶贴梁底		
	FD3		350×350	顶贴梁底		
	FD4		300×200	顶贴梁底		
	FD5		350×200	顶贴梁底		
	FD6		200×200	顶贴梁底		
	FD7		1400×400	顶贴梁底		
	FD9		1300×400	顶贴梁底		

三层平面图 1:100

注：
1. 本层建筑面积：618.79m²。
2. 图中除特殊标注尺寸外，墙体厚度均为200。

工程名称	经济技术开发区安置区项目14＃楼	图名	三层平面图	图别	建筑	图号	09

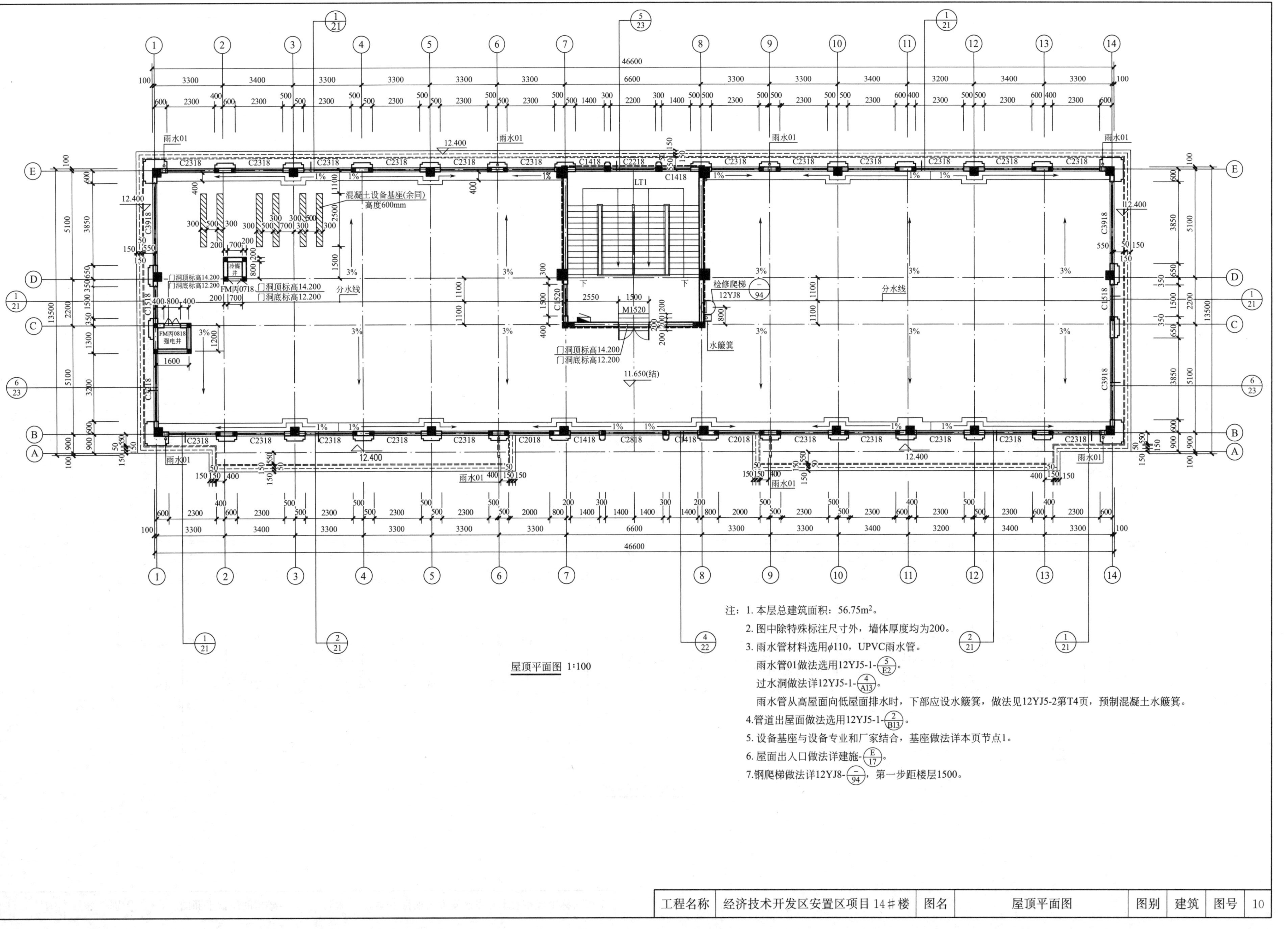

屋顶平面图 1:100

注：1. 本层总建筑面积：56.75m²。

2. 图中除特殊标注尺寸外，墙体厚度均为200。

3. 雨水管材料选用ϕ110，UPVC雨水管。

雨水管01做法选用12YJ5-1-(5/E2)。

过水洞做法详12YJ5-1-(4/A13)。

雨水管从高屋面向低屋面排水时，下部应设水簸箕，做法见12YJ5-2第T4页，预制混凝土水簸箕。

4.管道出屋面做法选用12YJ5-1-(2/B13)。

5. 设备基座与设备专业和厂家结合，基座做法详本页节点1。

6. 屋面出入口做法详建施-(E/17)。

7.钢爬梯做法详12YJ8-(—/94)，第一步距楼层1500。

工程名称	经济技术开发区安置区项目14#楼	图名	屋顶平面图	图别	建筑	图号	10

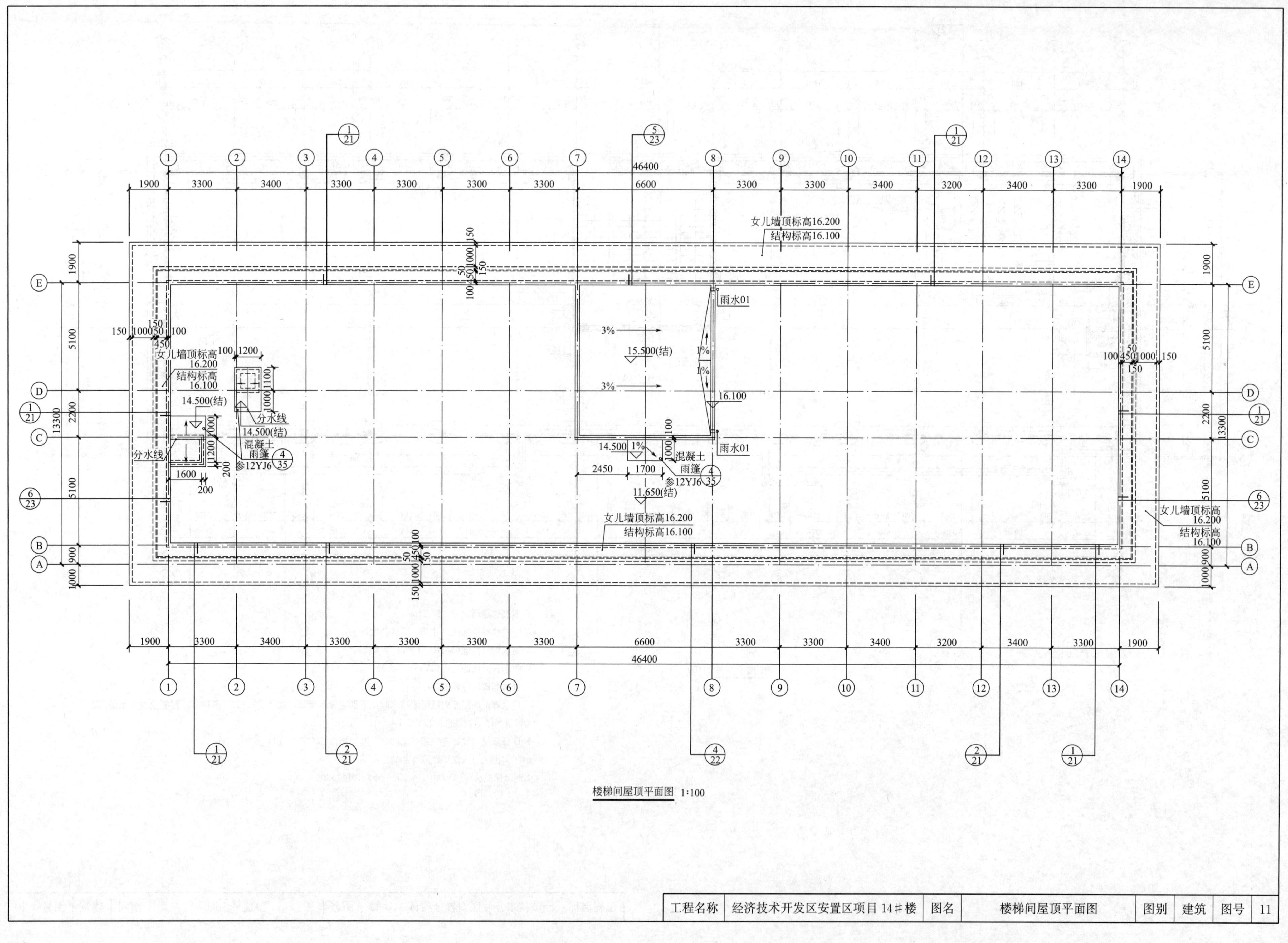

楼梯间屋顶平面图 1:100

工程名称	经济技术开发区安置区项目 14#楼	图名	楼梯间屋顶平面图	图别	建筑	图号	11

①～⑭轴立面图 1:100

1	名称	米白色外挂石材	2	名称	棕色石材	3	名称	浅棕色石材	4	名称	米白色真石漆	5	名称	深咖啡色真石漆	6	女儿墙内侧刷米黄色真石漆	7	暖通留洞示意	
	做法	做法选用外墙　1、2		做法	做法选用外墙　1、2		做法	做法选用外墙　1、2		做法	做法选用外墙　1、2		做法	做法选用外墙　1、2		窗框采用深咖啡色断热金属窗框		定位及尺寸详见暖通图纸	
	图例	立面未填充区域		图例			图例			图例			图例					FD17	

工程名称	经济技术开发区安置区项目 14＃楼	图名	①～⑭轴立面图	图别	建筑	图号	12

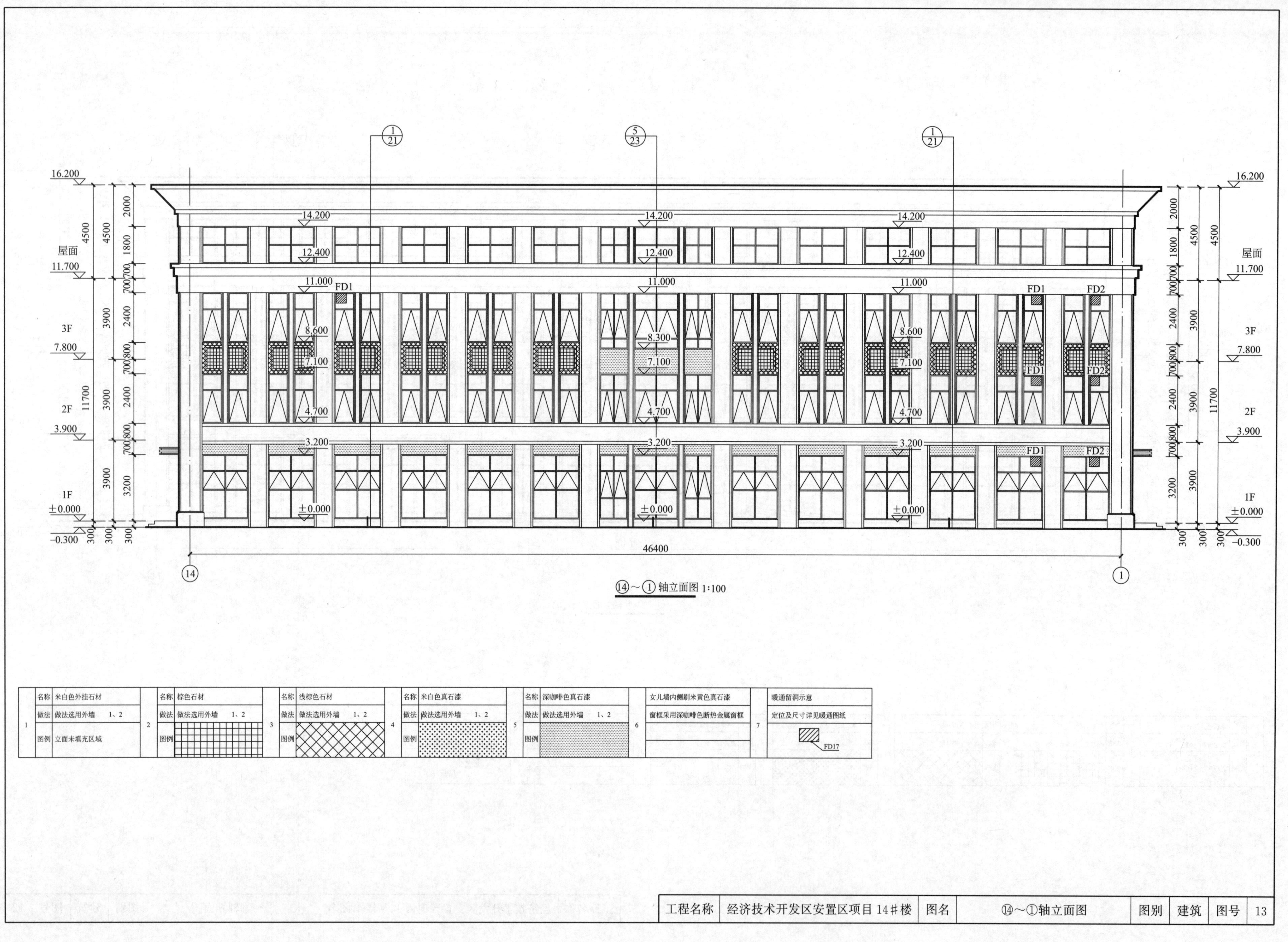

⑭～①轴立面图 1:100
46400
16.200
14.200
12.400
屋面 11.700
11.000
3F 7.800
8.600
8.300
7.100
2F 3.900
4.700
3.200
1F ±0.000
-0.300
FD1
FD2
名称 米白色外挂石材 做法 做法选用外墙 1、2 图例 立面未填充区域
名称 棕色石材 做法 做法选用外墙 1、2 图例
名称 浅棕色石材 做法 做法选用外墙 1、2 图例
名称 米白色真石漆 做法 做法选用外墙 1、2 图例
名称 深咖啡色真石漆 做法 做法选用外墙 1、2 图例
女儿墙内侧刷米黄色真石漆
窗框采用深咖啡色断热金属窗框
暖通留洞示意
定位及尺寸详见暖通图纸
FD17
工程名称 经济技术开发区安置区项目 14#楼 图名 ⑭～①轴立面图 图别 建筑 图号 13

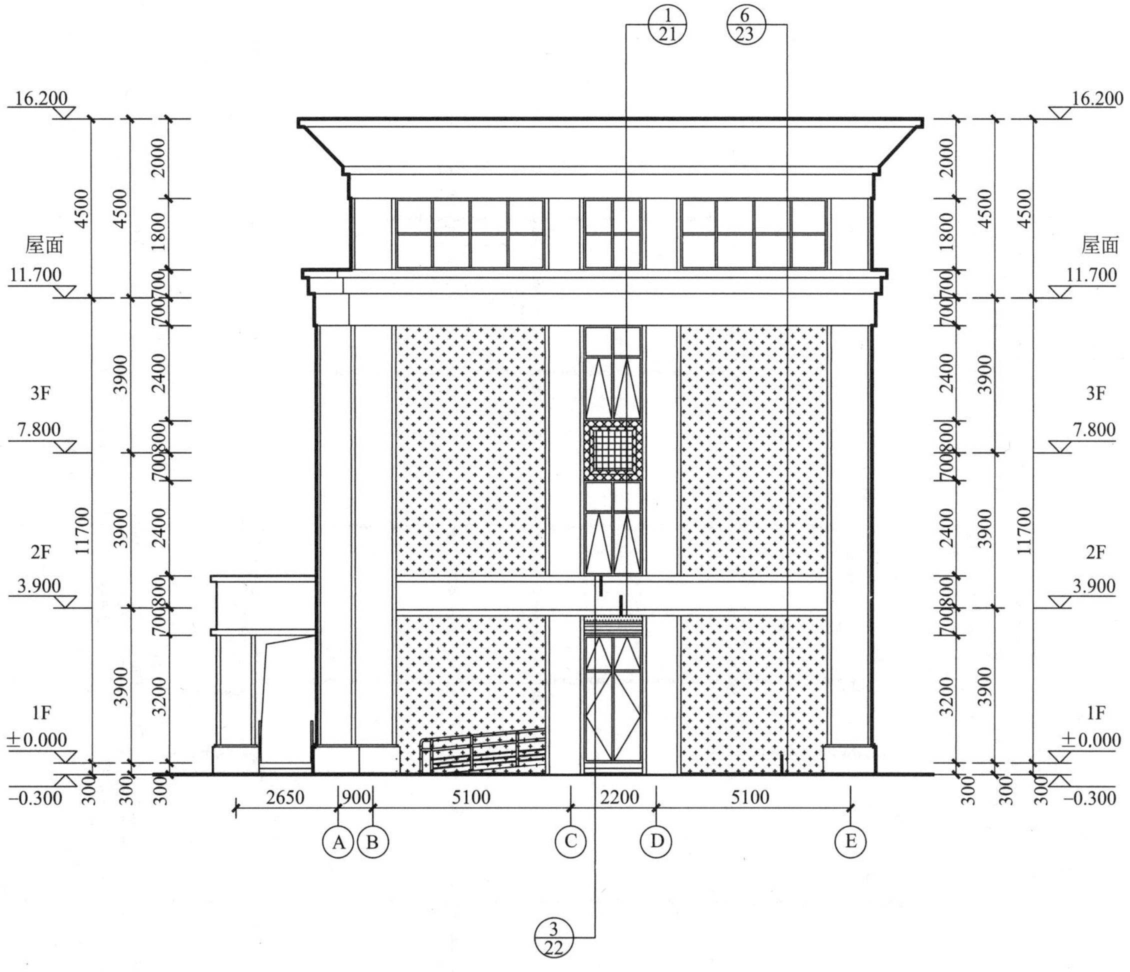

Ⓐ～Ⓔ轴立面图 1:100

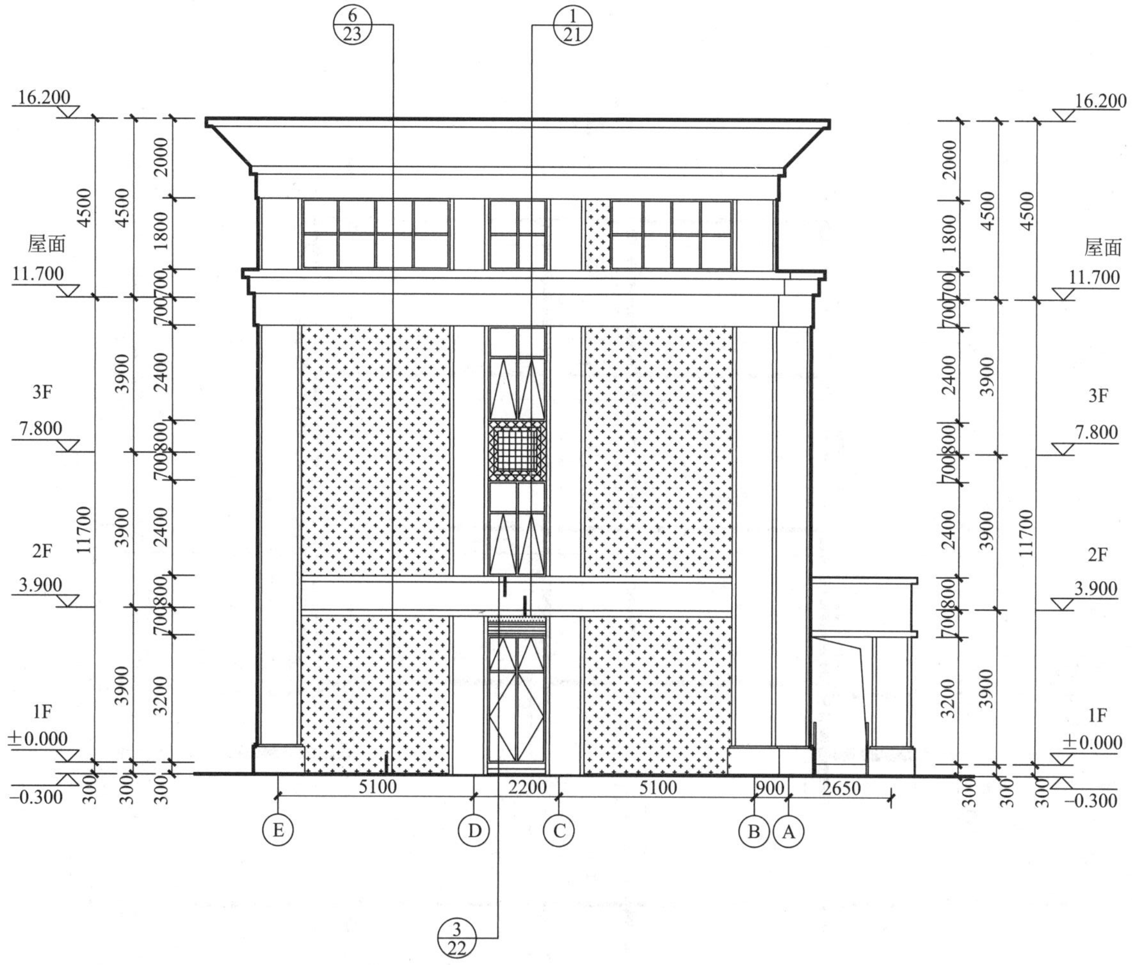

Ⓔ～Ⓐ轴立面图 1:100

1	名称	米白色外挂石材	2	名称	棕色石材	3	名称	浅棕色石材	4	名称	米白色真石漆	5	名称	深咖啡色真石漆	6	女儿墙内侧刷米黄色真石漆	7	暖通留洞示意
	做法	做法选用外墙 1、2		做法	做法选用外墙 1、2		做法	做法选用外墙 1、2		做法	做法选用外墙 1、2		做法	做法选用外墙 1、2	窗框采用深咖啡色断热金属窗框		定位及尺寸详见暖通图纸
	图例	立面未填充区域		图例			图例			图例			图例				FD17

工程名称	经济技术开发区安置区项目14＃楼	图名	Ⓐ～Ⓔ轴立面图 Ⓔ～Ⓐ轴立面图	图别	建筑	图号	14

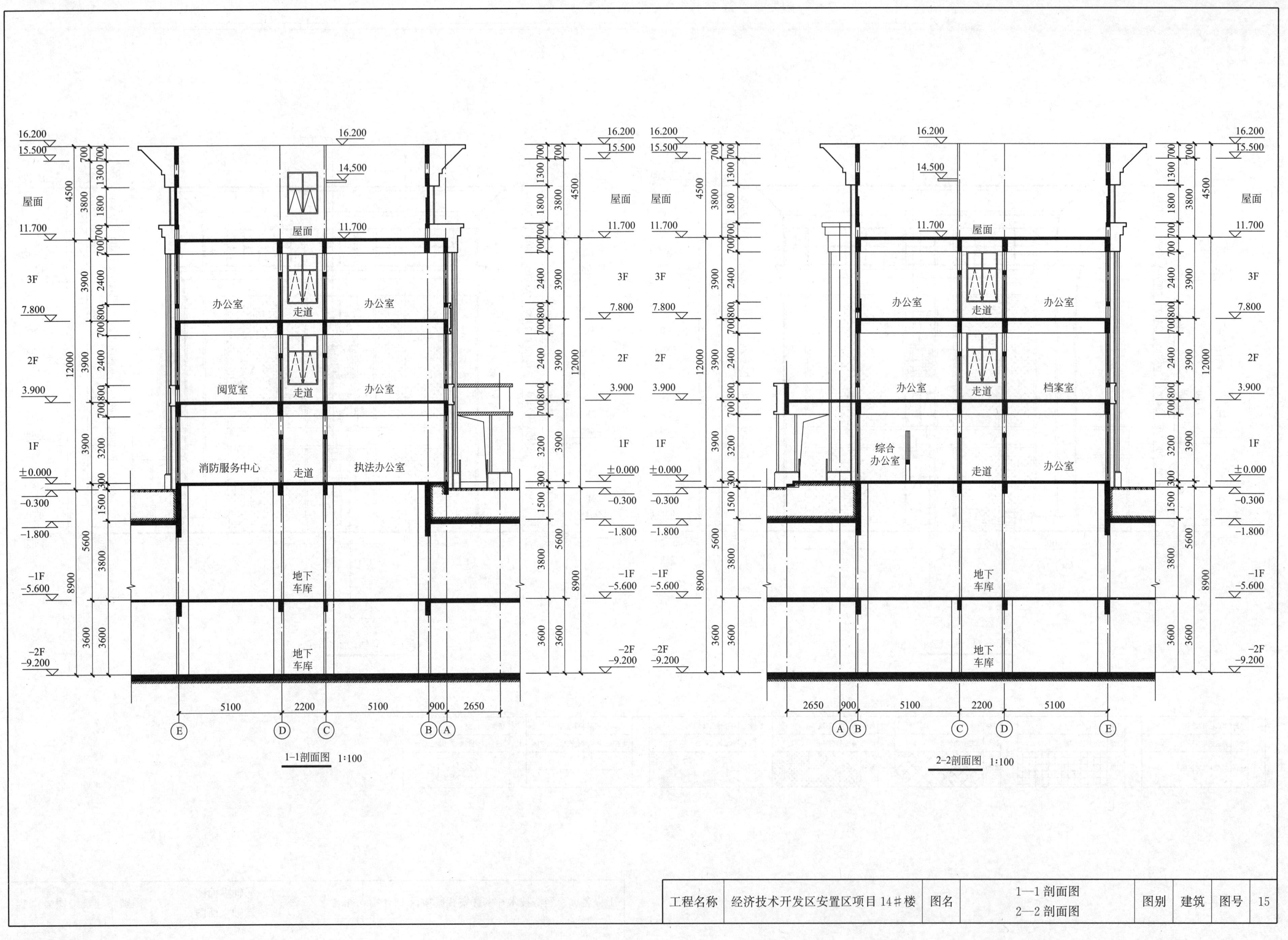

工程名称	经济技术开发区安置区项目14#楼	图名	1—1剖面图 2—2剖面图	图别	建筑	图号	15

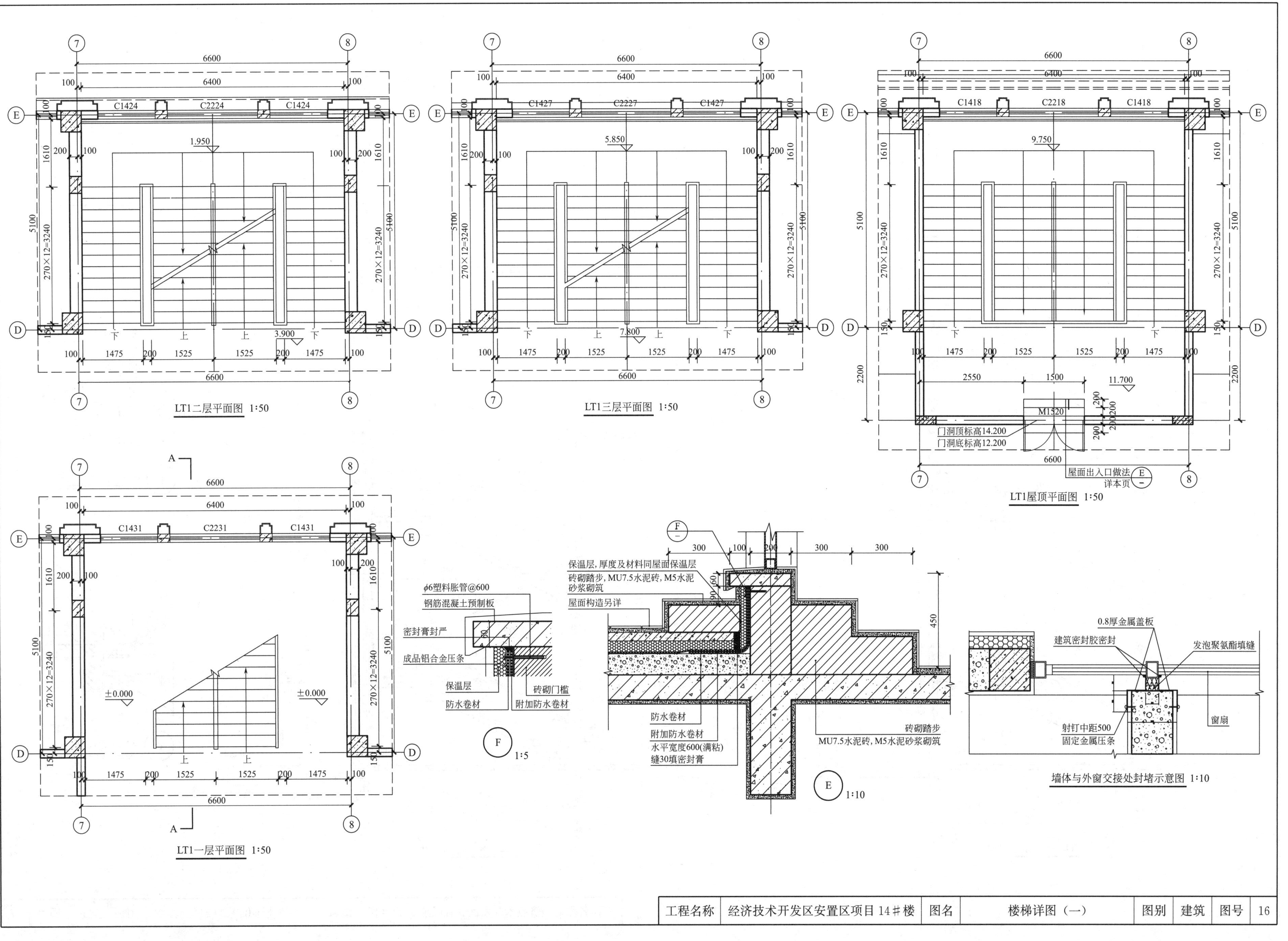

工程名称	经济技术开发区安置区项目14＃楼	图名	楼梯详图（一）	图别	建筑	图号	16

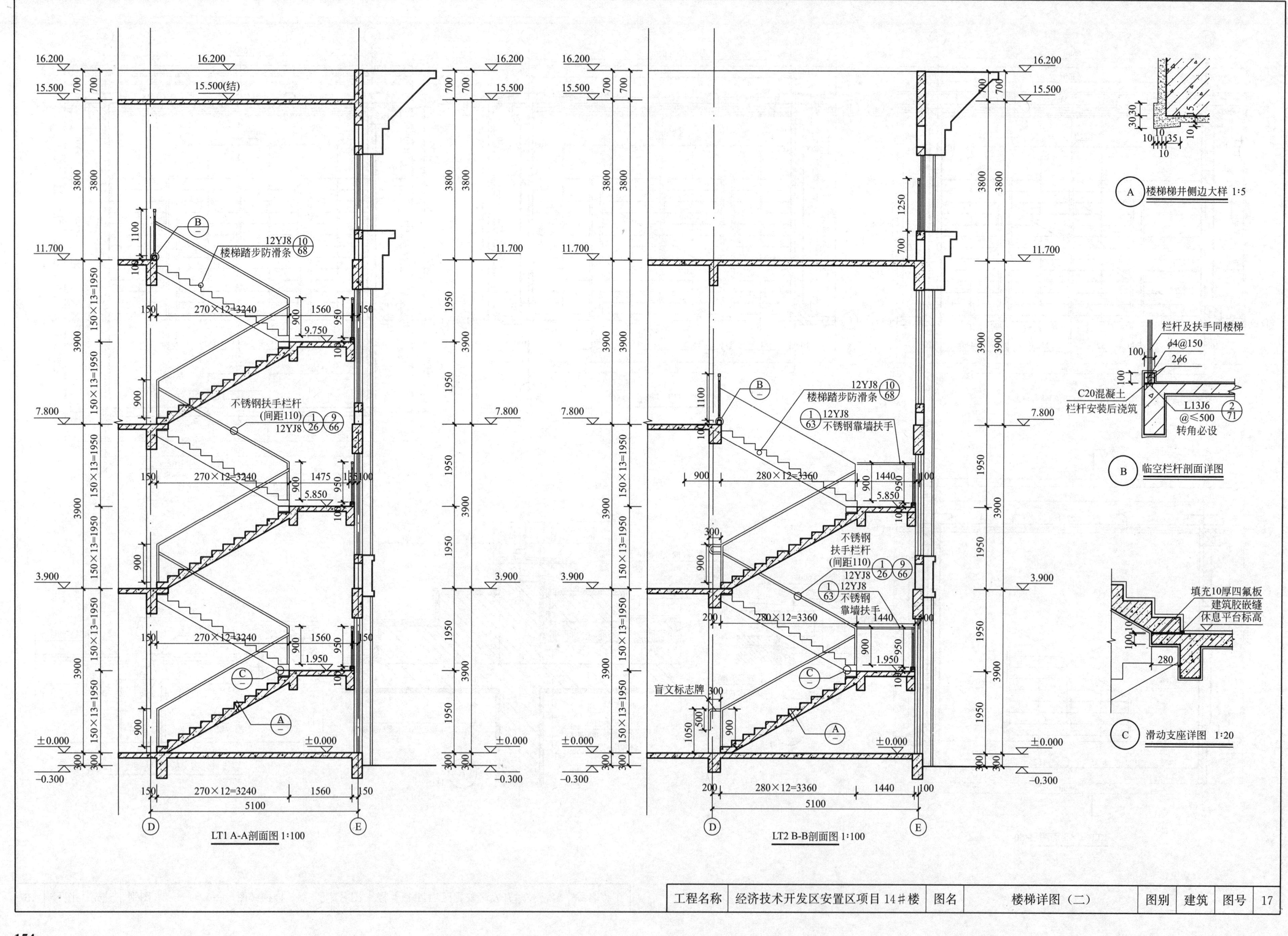

LT1 A-A剖面图 1:100
LT2 B-B剖面图 1:100
楼梯踏步防滑条
不锈钢扶手栏杆
(间距110)
不锈钢靠墙扶手
盲文标志牌
15.500(结)
A 楼梯梯井侧边大样 1:5
栏杆及扶手同楼梯
C20混凝土
栏杆安装后浇筑
转角必设
B 临空栏杆剖面详图
填充10厚四氟板
建筑胶嵌缝
休息平台标高
C 滑动支座详图 1:20
工程名称
经济技术开发区安置区项目14＃楼
图名
楼梯详图（二）
图别
建筑
图号
17

LT2二层平面图 1:50

LT2三层平面图 1:50

LT2一层平面图 1:50

门窗表

类型	设计编号	洞口尺寸(mm)	1F	2F	3F	屋面	数量	图集名称	页次	选用型号	备注
防火门	FM甲1121	1100×2100		1			1	12YJ4-2	3	GFM01-1021	钢质/木质甲级防火门(地下及屋顶钢质，其余木质，300高门槛)
	FM丙0718	700×1800	1	1	1	1	4	12YJ4-2	13	参MFM07-0718	钢质/木质丙级防火门(地下及屋顶钢质，其余木质，300高门槛)
	FM丙0818	800×1800	2	2	2	1	7	12YJ4-2	13	参MFM07-0818	钢质/木质丙级防火门(地下及屋顶钢质，其余木质，300高门槛)
普通门	M0821	800×2100	1	1	2		4	12YJ4-1	79	PM-0821	平开夹板百叶门
	M1121	1100×2100	3	8	21		32	12YJ4-1	78	PM-1021	平开夹板门
	M1121a	1100×2100	2	2	4		8	12YJ4-1	79	参PM-1021	平开夹板百叶门
	M1520	1500×2000				1	1	12YJ4-1	78	参PM-1520	钢制平开门
	M1521	1500×2100	11	7			18	12YJ4-1	78	PM-1521	平开夹板门
	M1532	1500×3200	2				2	详建施		平开全玻门	60系列断桥铝合金窗(5+12A+5)
	M2832	2800×3200	1				1			平开全玻门	
普通窗	C1024	1000×2400		44	44		88				60系列断桥铝合金窗(5+12A+5)
	C1418	1400×1800				4	4				
	C1424	1400×2400		4			4				
	C1427	1400×2700			4		4				
	C1431	1400×3100	4				4				
	C1518	1500×1800				2	2				
	C1520	1500×2000				1	1				
	C1524	1500×2400		2	2		4				
	C2018	2000×1800				2	2				
	C2218	2200×1800				1	1				
	C2224	2200×2400		1			1				
	C2227	2200×2700			1		1				
	C2231	2200×3100	1				1				
	C2318	2300×1800				22	22				
	C2331	2300×3100	21				21				
	C2818	2800×1800				1	1				
	C2824	2800×2400		1			1				
	C2827	2800×2700			1		1				
	C3418	3400×1800				1	1				
	C3918	3850×1800				3	3				
	C2331′	2300×3100	1				1				
	JYC2024	2000×2400		1			1				
	JYC2027	2000×2700			1		1				
	JYC2031	2000×3100	1				1				
	JYCa2024	2000×2400		1			1				
	JYCa2027	2000×2700			1		1				
	JYCa2031	2000×3100	1				1				

注：1. 本门窗表数量仅供参考，施工前与各楼层平面核对无误后方可加工制作。
2. 悬窗开启扇开启角度均大于70度。
3. 外窗开启扇应有加强牢固窗扇、防脱落的措施。
4. 可开启的高窗扇应设置手动机械开窗机。
5. 北向和南向卫生间外窗玻璃均采用磨砂玻璃遮挡视线。
6. 无障碍出入口门应满足《无障碍设计规范》GB 50763—2012中3.5.3条的相关规定。

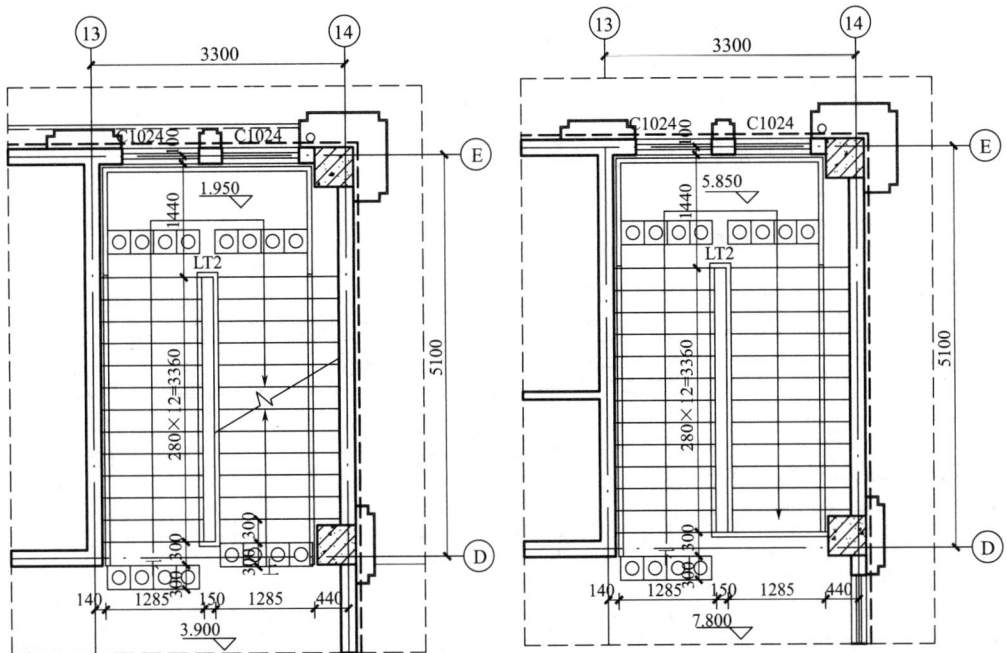

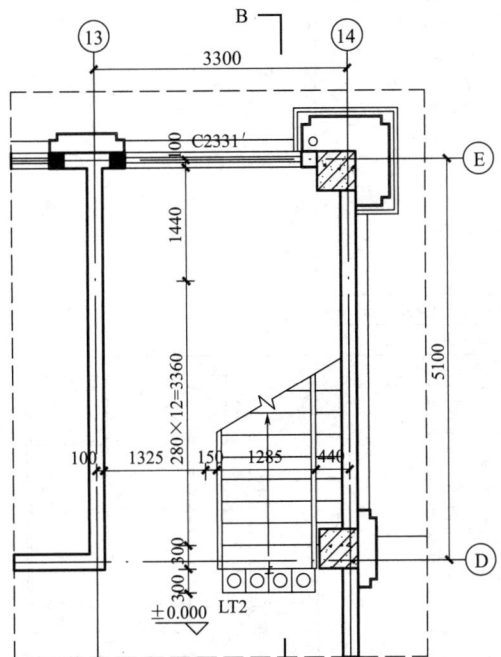

工程名称	经济技术开发区安置区项目14＃楼	图名	楼梯详图（三） 门窗表	图别	建筑	图号	18

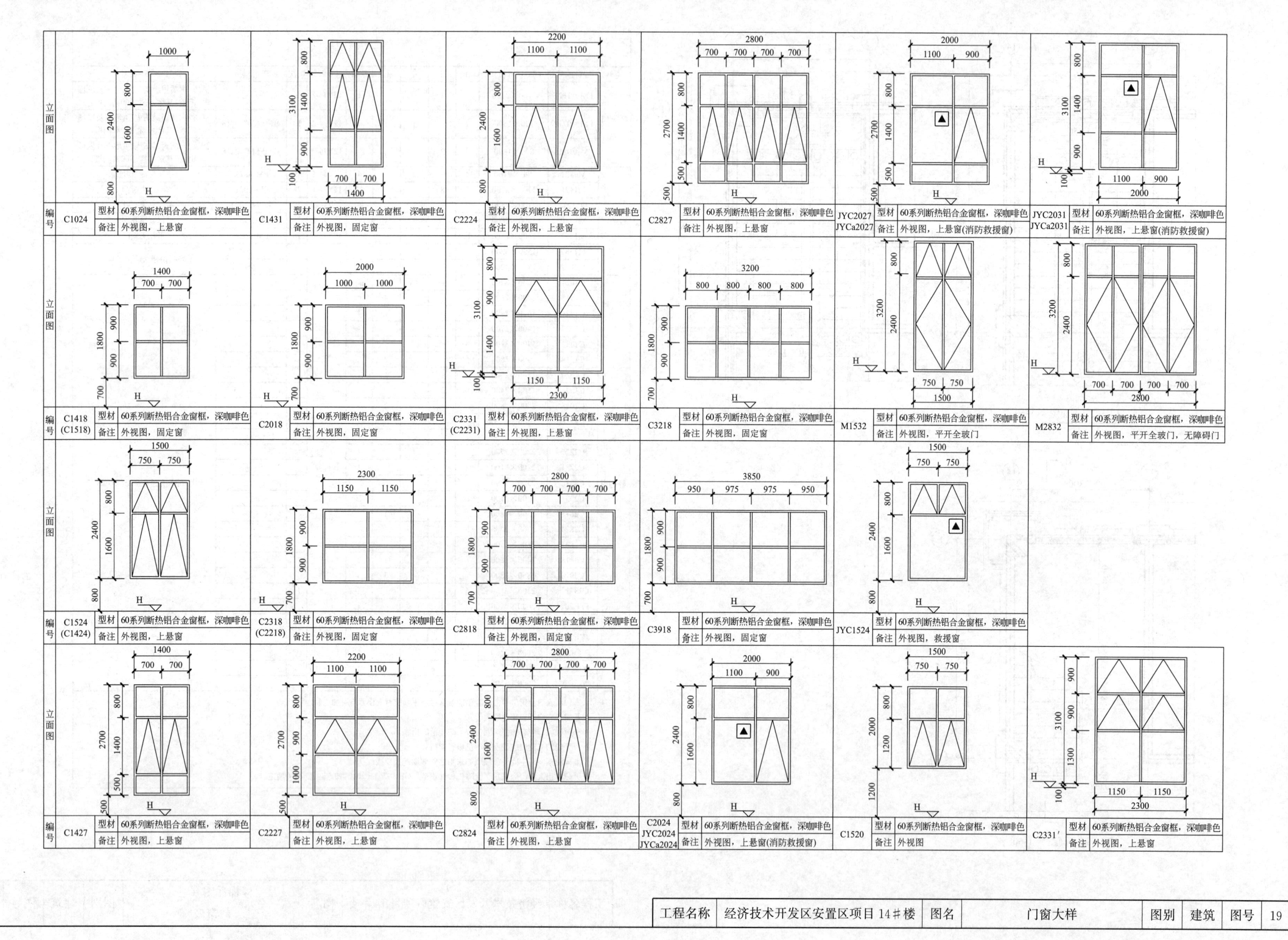
立面图
编号 C1024 型材 60系列断热铝合金窗框，深咖啡色 备注 外视图，上悬窗
编号 C1431 型材 60系列断热铝合金窗框，深咖啡色 备注 外视图，固定窗
编号 C2224 型材 60系列断热铝合金窗框，深咖啡色 备注 外视图，上悬窗
编号 C2827 型材 60系列断热铝合金窗框，深咖啡色 备注 外视图，上悬窗
编号 JYC2027 JYCa2027 型材 60系列断热铝合金窗框，深咖啡色 备注 外视图，上悬窗(消防救援窗)
编号 JYC2031 JYCa2031 型材 60系列断热铝合金窗框，深咖啡色 备注 外视图，上悬窗(消防救援窗)
编号 C1418 (C1518) 型材 60系列断热铝合金窗框，深咖啡色 备注 外视图，固定窗
编号 C2018 型材 60系列断热铝合金窗框，深咖啡色 备注 外视图，固定窗
编号 C2331 (C2231) 型材 60系列断热铝合金窗框，深咖啡色 备注 外视图，上悬窗
编号 C3218 型材 60系列断热铝合金窗框，深咖啡色 备注 外视图，固定窗
编号 M1532 型材 60系列断热铝合金窗框，深咖啡色 备注 外视图，平开全玻门
编号 M2832 型材 60系列断热铝合金窗框，深咖啡色 备注 外视图，平开全玻门，无障碍门
编号 C1524 (C1424) 型材 60系列断热铝合金窗框，深咖啡色 备注 外视图，上悬窗
编号 C2318 (C2218) 型材 60系列断热铝合金窗框，深咖啡色 备注 外视图，固定窗
编号 C2818 型材 60系列断热铝合金窗框，深咖啡色 备注 外视图，固定窗
编号 C3918 型材 60系列断热铝合金窗框，深咖啡色 备注 外视图，固定窗
编号 JYC1524 型材 60系列断热铝合金窗框，深咖啡色 备注 外视图，救援窗
编号 C1427 型材 60系列断热铝合金窗框，深咖啡色 备注 外视图，上悬窗
编号 C2227 型材 60系列断热铝合金窗框，深咖啡色 备注 外视图，上悬窗
编号 C2824 型材 60系列断热铝合金窗框，深咖啡色 备注 外视图，上悬窗
编号 C2024 JYC2024 JYCa2024 型材 60系列断热铝合金窗框，深咖啡色 备注 外视图，上悬窗(消防救援窗)
编号 C1520 型材 60系列断热铝合金窗框，深咖啡色 备注 外视图
编号 C2331′ 型材 60系列断热铝合金窗框，深咖啡色 备注 外视图，上悬窗
工程名称 经济技术开发区安置区项目14#楼 图名 门窗大样 图别 建筑 图号 19

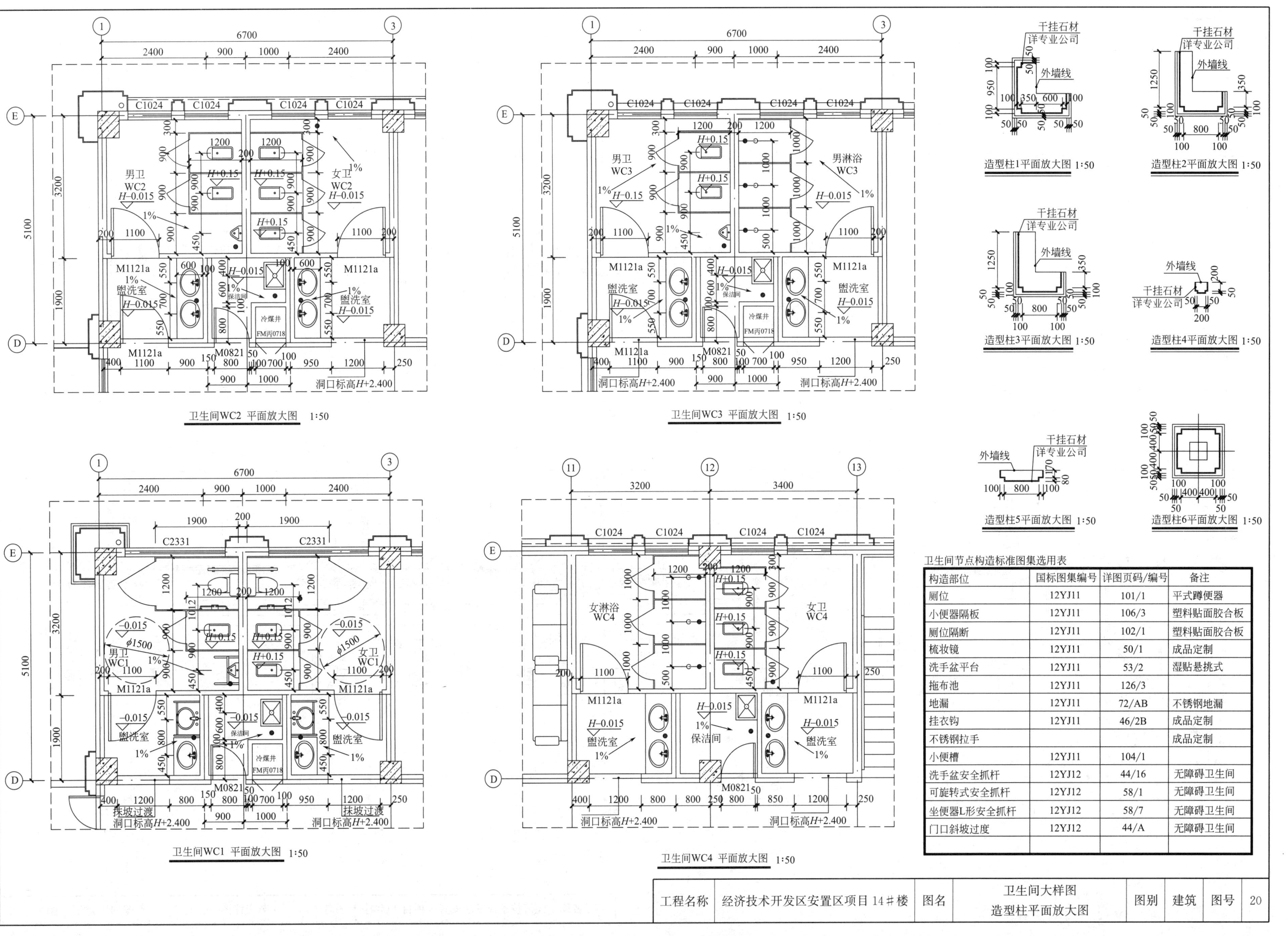

卫生间WC2 平面放大图 1:50

卫生间WC3 平面放大图 1:50

卫生间WC1 平面放大图 1:50

卫生间WC4 平面放大图 1:50

造型柱1平面放大图 1:50

造型柱2平面放大图 1:50

造型柱3平面放大图 1:50

造型柱4平面放大图 1:50

造型柱5平面放大图 1:50

造型柱6平面放大图 1:50

卫生间节点构造标准图集选用表

构造部位	国标图集编号	详图页码/编号	备注
厕位	12YJ11	101/1	平式蹲便器
小便器隔板	12YJ11	106/3	塑料贴面胶合板
厕位隔断	12YJ11	102/1	塑料贴面胶合板
梳妆镜	12YJ11	50/1	成品定制
洗手盆平台	12YJ11	53/2	湿贴悬挑式
拖布池	12YJ11	126/3	
地漏	12YJ11	72/AB	不锈钢地漏
挂衣钩	12YJ11	46/2B	成品定制
不锈钢拉手			成品定制
小便槽	12YJ11	104/1	
洗手盆安全抓杆	12YJ12	44/16	无障碍卫生间
可旋转式安全抓杆	12YJ12	58/1	无障碍卫生间
坐便器L形安全抓杆	12YJ12	58/7	无障碍卫生间
门口斜坡过度	12YJ12	44/A	无障碍卫生间

工程名称	经济技术开发区安置区项目 14＃楼	图名	卫生间大样图 造型柱平面放大图	图别	建筑	图号	20

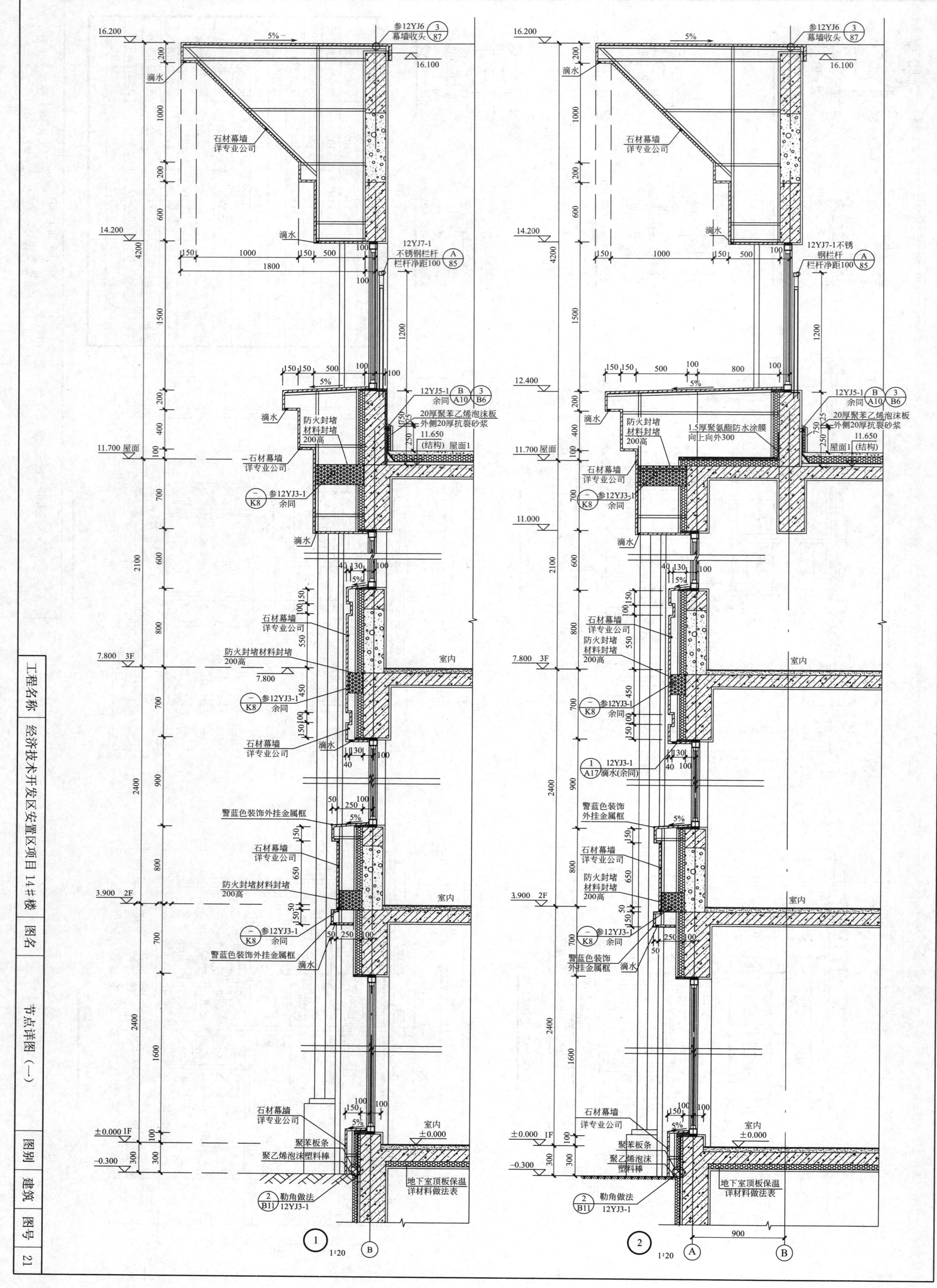

工程名称
经济技术开发区安置区项目14#楼
图名
节点详图（一）
图别
建筑
图号
21
16.200
参12YJ6 3/87 幕墙收头
16.100
5%
滴水
石材幕墙
详专业公司
14.200
12YJ7-1
不锈钢栏杆
栏杆净距100
A/85
12YJ7-1不锈
钢栏杆
12.400
12YJ5-1 B/A10 3/B6
余同
20厚聚苯乙烯泡沫板
外侧20厚抗裂砂浆
防火封堵
材料封堵
200高
1.5厚聚氨脂防水涂膜
向上向外300
11.650
(结构) 屋面1
11.700 屋面
参12YJ3-1 —/K8
余同
11.000
防火封堵材料封堵
200高
7.800 3F
室内
12YJ3-1 1/A17
滴水(余同)
警蓝色装饰外挂金属框
警蓝色装饰
外挂金属框
3.900 2F
室内
±0.000
±0.000 1F
-0.300
聚苯板条
聚乙烯泡沫塑料棒
地下室顶板保温
详材料做法表
2/B11 勒角做法
12YJ3-1
1
1:20
2
1:20
A
B
900

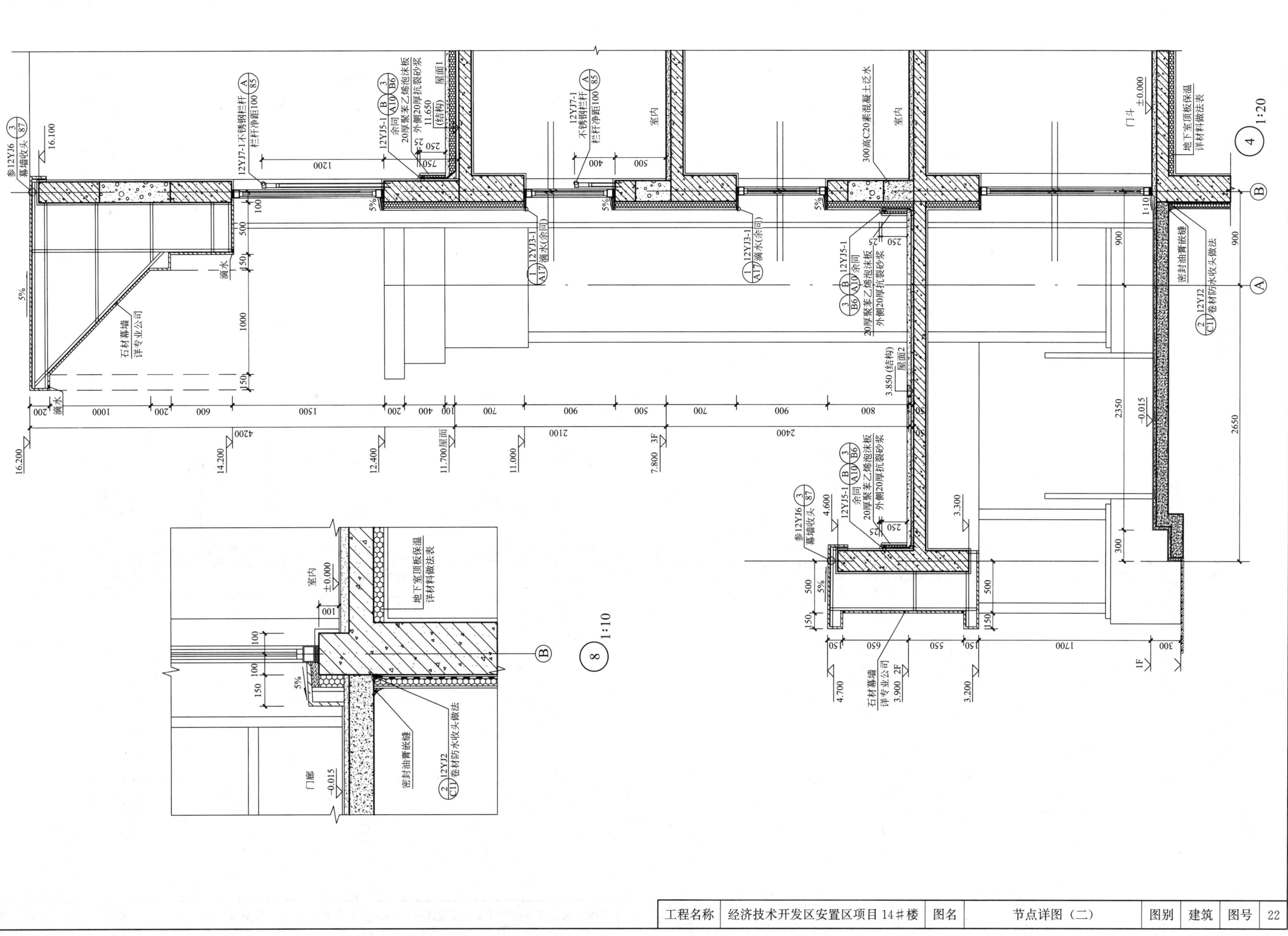

工程名称	经济技术开发区安置区项目14#楼	图名	节点详图（二）	图别	建筑	图号	22

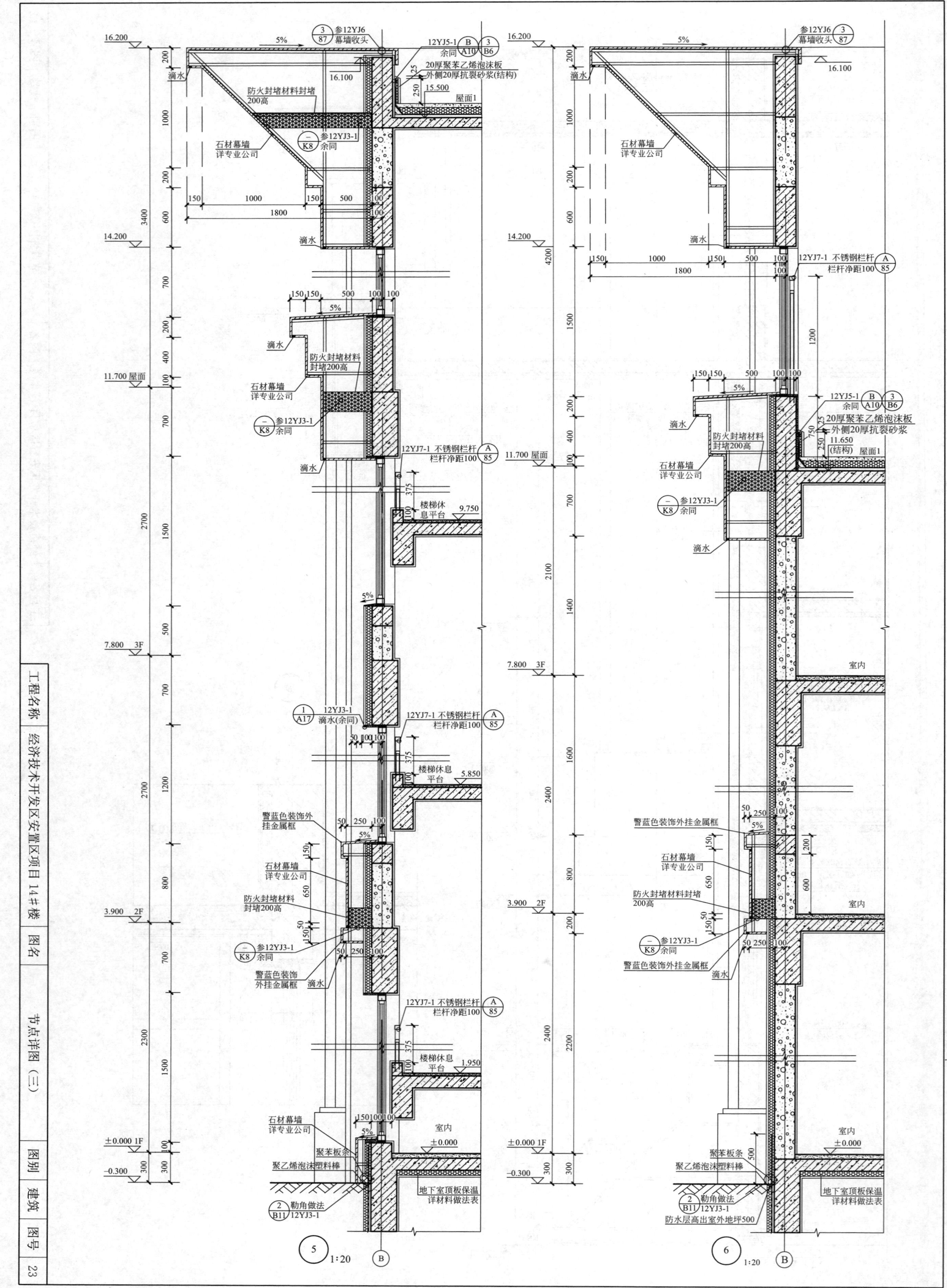

工程名称
经济技术开发区安置区项目 14＃楼
图名
节点详图（三）
图别
建筑
图号
23
16.200
14.200
11.700 屋面
7.800 3F
3.900 2F
±0.000 1F
−0.300
16.100
15.500
11.650
9.750
5.850
1.950
5%
3 87 参12YJ6 幕墙收头
12YJ5-1 B A10 3 B6 余同
20厚聚苯乙烯泡沫板
外侧20厚抗裂砂浆(结构)
屋面1
滴水
防火封堵材料封堵 200高
石材幕墙 详专业公司
参12YJ3-1 K8 余同
12YJ7-1 不锈钢栏杆 A 85 栏杆净距100
楼梯休息平台
1 A17 12YJ3-1 滴水(余同)
警蓝色装饰外挂金属框
室内
聚苯板条
聚乙烯泡沫塑料棒
2 B11 勒角做法 12YJ3-1
地下室顶板保温 详材料做法表
防水层高出室外地坪500
5 1:20
6 1:20
B

学习参考

一、地下室防水构造	二、外墙外保温构造	三、外墙饰面构造	四、内墙饰面构造	五、楼地面构造	六、顶棚构造
七、楼梯踏步防滑条构造	八、楼梯金属栏杆构造	九、楼梯玻璃栏板构造	十、楼梯栏杆连接构造	十一、楼梯靠墙扶手	十二、楼梯栏杆预埋件
十三、平屋面卷材（涂膜）防水构造	十四、坡屋面构造	十五、挑檐沟构造	十六、泛水构造		

参考文献

[1] 李瑞，李小霞. 建筑识图与构造 [M]. 2 版 . 北京：中国建筑工业出版社，2022.
[2] 童霞，邢洁. 建筑构造 [M]. 5 版 . 北京：高等教育出版社，2023.
[3] 夏玲涛，邬京虹. 施工图识读 [M]. 2 版 . 北京：高等教育出版社，2021.
[4] 赵研. 建筑识图与构造 [M]. 3 版 . 北京：中国建筑工业出版社，2014.